AF536051

Verbotene Erfindungen

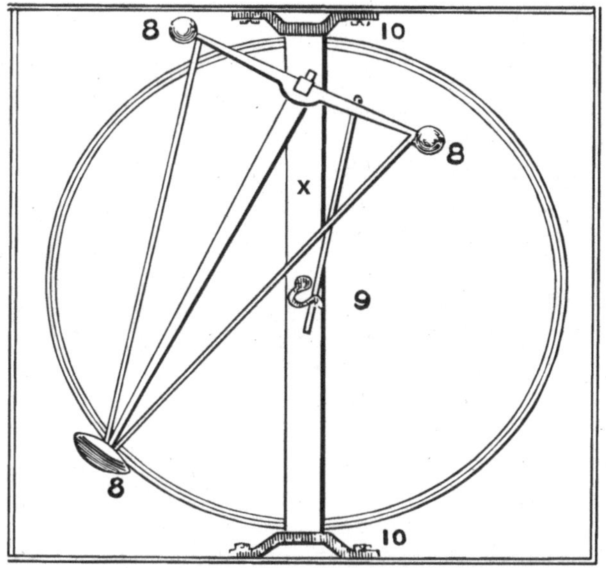

1. Auflage Oktober 2017
2. Auflage Mai 2019 als Sonderausgabe
3. Auflage Mai 2020 als Sonderausgabe
4. Auflage April 2021 als Sonderausgabe
5. Auflage Mai 2022 als Sonderausgabe
6. Auflage April 2023 als Sonderausgabe
7. Auflage April 2024 als Sonderausgabe
8. Auflage Januar 2025 als Sonderausgabe

Titel der ungarischen Originalausgabe: *Tiltott Találmányok*

Umschlaggestaltung: Nicole Lechner
Übersetzung aus dem Ungarischen: Sebastian Domoszlai
Lektorat: Karen Görlitz, Dávid Padányi-Gulyás, Helmut Kunkel
Zeichnungen: Hajnal Eszes und Tamás Gáspár
Satz und Layout: Helmut Kunkel

ISBN: 978-3-86445-673-2

Gerne senden wir Ihnen unser Verlagsverzeichnis
Kopp Verlag
Bertha-Benz-Straße 10
D-72108 Rottenburg
E-Mail: info@kopp-verlag.de
Tel.: (0 74 72) 98 06-10
Fax: (0 74 72) 98 06-11

Unser Buchprogramm finden Sie auch im Internet unter:
www.kopp-verlag.de

György Egely

Verbotene Erfindungen

- Energie aus dem »Nichts«
- Geniale Erfinder – verspottet, behindert und ermordet

KOPP VERLAG

Inhalt

Einleitung

❶ Anfänge

❷ Entstehung und Entwicklung der Grundbegriffe

Nachwort

Anhang

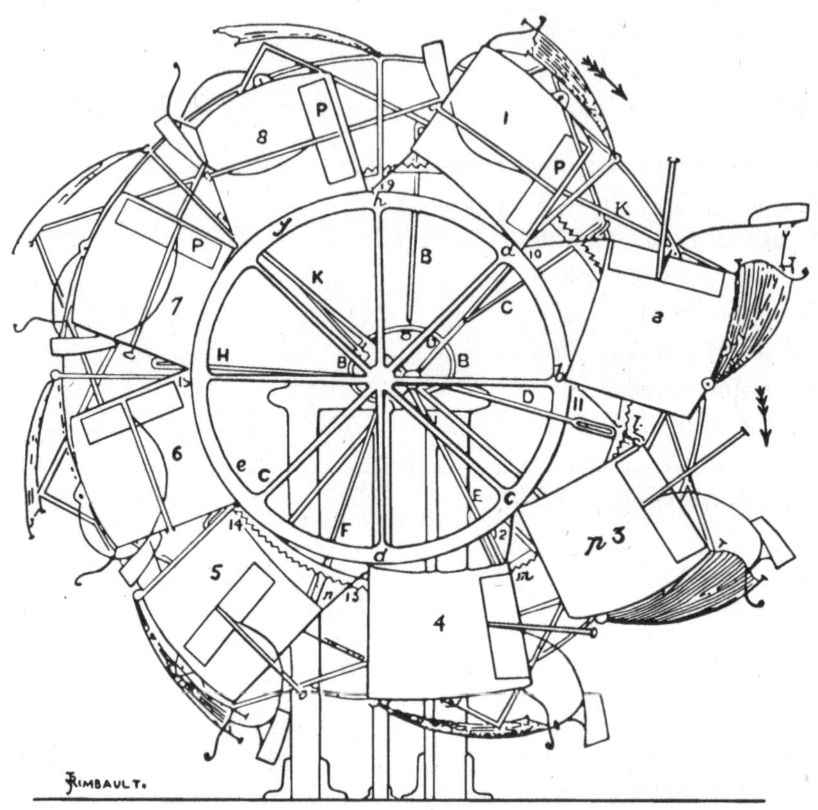

Abb. 1 *Bauplan eines nicht funktionsfähigen Perpetuum mobile aus dem 19. Jahrhundert*

Einleitung

Wozu eigentlich die Beschäftigung mit diesem Thema? Gibt es überhaupt so etwas wie verbotene oder verschwiegene Erfindungen? Wer am Ende des Buches angelangt ist, wird mit Sicherheit wissen: Ja, es gibt sie. Zum Teil sind sie sogar wertvoller und interessanter als die erlaubten. In vielen Bereichen der Technik liegt die Forschung brach oder ist mit einem Tabu belegt. Unzählige Erfindungen sind in Panzerschränken eingeschlossen und werden nicht realisiert, weil sie den Interessen gewisser Personen oder Kreise zuwiderlaufen. Und immer wieder werden Forschungsberichte zu Unrecht verunglimpft oder gar nicht erst veröffentlicht.

Vornehmlich in zwei großen Bereichen gibt es ohne jeden Zweifel verbotene und verschwiegene Erfindungen: in der Pharmaindustrie und in der Energetik. Die Pharmaindustrie, die ihre steile Karriere im 20. Jahrhundert einem amerikanischen Ölkartell verdankt, hat heilsame, natürliche Medikamente und Behandlungsmöglichkeiten systematisch unterdrückt oder verschwinden lassen. Gleichzeitig wurden immer mehr chemische Präparate und bisweilen aggressive Therapien gefördert, deren Wert oft mehr als zweifelhaft ist. Ich denke dabei insbesondere an die Propagierung der ultrakonservativen »Heilmethoden« in der Krebsindustrie. Tumorpatienten werden standardmäßig mit Bestrahlung und gefährlichen Giften behandelt – den Zytostatika, die selbst krebserregend sind. Dabei gab und gibt es eine Reihe alternativer, wirksamer Heilmethoden gegen Krebs, die ohne solche schädlichen Nebenwirkungen auskommen. Auch sind Medikamente bekannt, die chronische Krankheiten wie Geschwüre oder chronische Blutarmut schnell heilen könnten. Es liegt jedoch nicht im Interesse der Pharmaindustrie, die besten Medikamente auf den Markt zu bringen, da große Gewinne dann entstehen, wenn die Patienten ein Medikament über einen längeren Zeitraum einnehmen müssen.

Natürlich ist ein Leben ohne Medikamente heutzutage kaum vorstellbar. Auch wäre es falsch, alle Ärzte und medizinischen Forscher über einen Kamm zu scheren, denn sehr viele sind seriös und leisten großartige Arbeit. Doch wie in jedem System, bei dem viel Geld im Spiel ist, wird es auch hier schwarze Schafe geben. Während aber in der Pharmaindustrie die Zahl der schädlichen Medikamente (hoffentlich) nicht mit der der echten und nützlichen vergleichbar ist, sieht es im Bereich der Energetik vollkommen anders aus. Hier tummeln sich heutzutage fast nur schwarze Schafe, und Erfindungen, die die Energiekrise der Menschheit lösen könnten, dürfen sich nicht verbreiten.

Im vorliegenden Buch geht es in erster Linie um Erfindungen in diesem Bereich. Dabei soll das Thema auf zwei Ebenen angegangen werden. Einerseits erzähle ich die Geschichten von Erfindungen, die ich selbst ausgegraben habe und die sich oft wie ein Krimi lesen. Andererseits halte ich es für wichtig, die Entstehung des Begriffs der Energie und ihr physikalisches Wesen zu klären, da sonst der Hintergrund des Ganzen unverständlich bliebe und somit auch die prekäre Lage, in die wir Menschen geraten sind und die uns nach wie vor bedroht …

Die Bedeutung der Energie

Warum sind die Energie und die Energieindustrie eigentlich so wichtig für uns? Heutzutage gibt jeder zwei Drittel seines Gehalts für Energie in irgendeiner Form aus. Ich denke dabei nicht nur an Heizungs-, Beleuchtungs- oder Benzinkosten, sondern auch an die auf indirekte Weise entstehenden Energiekosten. Beim Bau eines Hauses etwa machen die Energiekosten den größten Anteil aus. Die Herstellung und der Transport des Baumaterials sind sehr kostspielig; Dachpfannen, Ziegelsteine und Zement beinhalten ebenfalls einen großen Anteil Energie. Aber auch beim Gemüsehändler oder Bäcker zahlen wir die Energie, die betriebsbedingt verbraucht wird, mit. Wenn wir alles zusammenrechnen, werden wir sehen, dass bei einer Kinokarte allein die Hälfte des Preises von Energiekosten herrührt. Aber auch im Urlaub oder im Bereich der Bildung entfällt der größte Teil der Kosten auf Energie.

Daneben zahlen wir jedoch auch noch in anderer Form für Energie. Wie wir wissen, emittieren die heutige Industrie, der Verkehr und die Stromerzeuger Schadstoffe, die die Widerstandsfähigkeit unseres Körpers schwächen. Deshalb müssen wir häufiger zum Arzt gehen, mehr Medikamente kaufen, und letztendlich kann sich dadurch sogar unser Leben verkürzen. Der Arzt und die Medikamente wiederum müssen bezahlt werden, und das ist nicht gerade billig. Die Energieindustrie und die damit verbundenen Kosten sind in jedem Moment unseres Lebens präsent. Sogar wenn unsere Steuern zur Aufrechterhaltung und Entwicklung der Armee verwendet werden, zahlen wir indirekt für Energie, weil nämlich die Aufgabe der Armee unter anderem der Schutz der strategischen Energie- und Rohstoffquellen ist.

Auch auf lange Sicht ist die negative Wirkung der Energieindustrie bedeutend. Heutzutage wird ja häufig davon gesprochen, dass die Durchschnittstemperatur auf der Erde steigt und deshalb die Eisdecke an den Polen schmilzt; dies wiederum führe zu einem Anstieg des Meeresspiegels. Diese Darstellung ist jedoch irreführend und geht am Problem vorbei. Man sagt, es gibt drei Kategorien von Lügen: kleine Lügen, große Lügen und Statistiken. Die Daten zur Durchschnittstemperatur gehören zur dritten Kategorie, denn nicht der Durchschnitt, sondern die Abweichung davon, die Streuung, ist entscheidend. Wir erleben immer häufiger, dass das Wetter erstaunliche Werte hervorbringt, das heißt, schnelle Abkühlung und schnelle Erwärmung folgen direkt aufeinander. Der Durchschnitt unterscheidet sich kaum von dem der letzten Jahrzehnte, die Streuung jedoch umso mehr. Darüber hört man aber nur wenig.

Das Problem ist jedoch spürbar, da sich kein Lebewesen – auch wir Menschen nicht – innerhalb weniger Stunden ohne Schwierigkeiten an solche Temperaturschwankungen anpassen kann. Dies ist der Grund dafür, dass beim Durchzug einer Front plötzlich die Sterbequote ansteigt. Es ist überflüssig, zu berechnen, dass die Durchschnittstemperatur im Frühling 20 °C beträgt, wenn die Temperatur an einem Tag auf 30 °C steigt, am anderen aber auf 10 °C fällt. Dies tut weder Pflanzen noch Menschen gut.

Diese extremen Veränderungen sind aber nicht nur bei der Temperatur, sondern auch beim Niederschlag zu beobachten. Oft treten unerwartet heftige Wolkenbrüche auf, gefolgt von einer langen Dürre. All dies geschieht, weil der Kohlendioxidgehalt der Luft ansteigt, sodass diese mehr Sonnenlicht verschlucken kann. Das wiederum führt zur sogenannten Rayleigh-Bénard-Instabilität (siehe Abb. 2), die durch extreme Wetterschwankungen verursacht wird. Aprikosen beispielsweise kann man in Ungarn schon seit Langem kaum noch ernten, da auf eine plötzliche, zu frühe Erwärmung, die die Knospen aufblühen lässt, ein kurzer Frost folgt, der die gesamte Ernte vernichtet. Auch an den Überschwemmungen im Frühjahr ist zum Teil das schnelle Schmelzen der Schneedecke infolge einer plötzlichen Erwärmung schuld.

Mit vielen Dingen kann und sollte man sogar experimentieren, mit dem Wetter und dem Klima der Erde aber *darf* man es nicht. Hier ist nur eine ultrakonservative Haltung akzeptabel.

Der Klimawandel hat aber auch direkte Folgen: Wenn nicht genügend Regen fällt, trocknen auch die noch vorhandenen Wälder und Savannen aus. Mensch und Tier können sich den Veränderungen einigermaßen anpassen, Pflanzen jedoch nicht. Sie können in den heißen, trockenen Sommern nicht einfach 400 oder 500 Kilometer weiter nach Norden ziehen. Eine Eiche kann es sich nicht einfach anders überlegen und ab dem nächsten Tag als Akazie weiterleben, damit sie die Hitze besser verträgt. Der Anstieg des Kohlendioxidgehalts, die Temperaturschwankungen und die Übersäuerung des Bodens sind Folgen der jetzigen Methode zur Energiegewinnung.

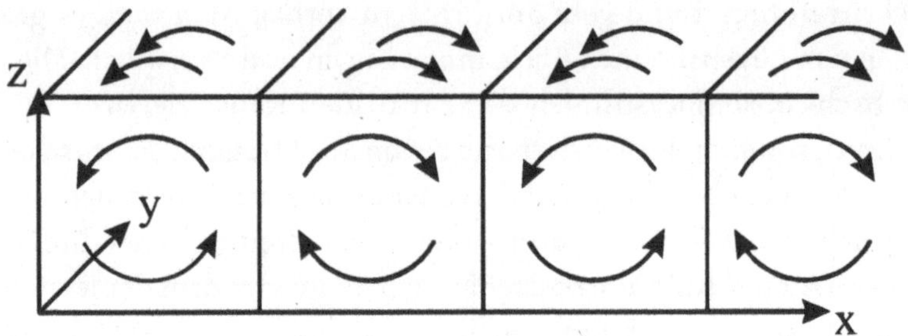

Abb. 2 *Die Rayleigh-Bénard-Instabilität. Die thermische Strömung, die über der von unten beheizten Oberfläche entsteht, teilt sich in Zellen auf.*

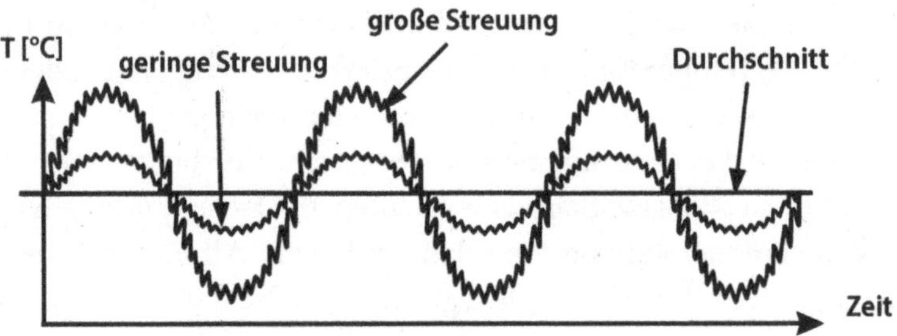

Abb. 3 *Durch die wachsende Instabilität steigt auch die Abweichung von der Durchschnittstemperatur*

Die Energetik beeinflusst das Leben eines jeden Menschen. Am auffälligsten spiegelt sich dies in der Armut wider, an die sich der Mensch heutzutage leider schon fast gewöhnt hat. Die Technik eines Landes entwickelt sich umsonst weiter, denn die Armut, dieser in unserer Geschichte so ausdauernde und effektive Serienmörder, ist überall anzutreffen, auch in den als reich geltenden Staaten. Deshalb sind die Physik und die Technik der Energetik nicht nur eine wissenschaftliche Frage, sondern auch eine menschliche. Jedes kleinste Detail muss überprüft, der dünnste Strohhalm ergriffen und neue Wege gesucht werden, um das größte Problem unserer Zeit zu lösen.

Natürlich hat die Technik in den vergangenen Jahrhunderten auch große Fortschritte gemacht: So wäre beispielsweise das Diplom eines Arztes oder Elektroingenieurs von vor 100 Jahren heute nicht mehr viel wert. Ein Telefonist oder ein Landarbeiter von damals würde sich in Anbetracht der Veränderungen nur an den Kopf fassen. Anders verhält es sich in der Energetik. Die heute verwendeten Gasturbinen, Gasthermen oder Verbrennungsmotoren sehen fast noch genauso aus wie zur Zeit ihrer Erfindung. Die wichtigsten von der Energetik heute benutzten Maschinen stammen aus der Zeit der Jahrhundertwende. Wenn sich um uns herum so vieles weiterentwickelt und verändert hat, warum hat sich dann gerade der Energiesektor keinen Schritt vorwärtsbewegt? Warum sind wir auf diesem Gebiet kaum weiter als vor 100 Jahren? Dieses Buch versucht, eine Antwort hierauf zu finden.

Vielleicht wäre es logischer, sich gleich am Anfang mit der Physik der Energie und den Grundlagen der Energetik zu beschäftigen, trotzdem möchte ich mich als Erstes mit dem Schicksal einer Erfindung und ihres geistigen Vaters beschäftigen, der im frühen 18. Jahrhundert ein mechanisches Perpetuum mobile konstruierte. Ich bitte den Leser darum, das Buch jetzt nicht zuzuschlagen: Bitte haben Sie Geduld. Am Ende des Buches werden Sie verstehen, dass es möglich ist, ein mechanisches Perpetuum mobile zu bauen, ja, dass es im Laufe der Geschichte sogar mehrere gegeben hat. Sie werden auch sehen, wie und unter welchen Umständen diese Erfindungen verschwanden.

Es ist müßig, davon zu sprechen, wie anders nicht nur die Technik und die Wissenschaft, sondern auch das Schicksal der Menschheit verlaufen wäre, hätte man diese Erfinder leben und schaffen lassen und hätten sie sich über ihre kleinlichen menschlichen Ambitionen, ihre Gier nach Macht und Geld hinweggesetzt. Wie oft hätte jemand die Menschheit weiterbringen können – und wie oft hat er es nicht getan. Auch davon handelt dieses Buch.

Die erste Geschichte – der Fall Bessler – ist eigentlich beispielhaft, denn das Drehbuch ist immer das gleiche, nur der Hintergrund, das Alter des Darstellers und der Name des Falls ändern sich wie bei einem Theaterstück – dramatischer Beginn, dramatisches Ende. Leider haben auch wir unter diesem Drama zu leiden. Mehrere Milliarden Menschen mussten Jahre, ja Jahrzehnte früher sterben, weil sich gewisse Erfindungen nicht verbreiten konnten. Es ist wohl nicht übertrieben zu behaupten, dass der größte und leiseste Krieg der Menschheit auf diesem Gebiet geführt wird – und das schon seit 300 Jahren.

Sicher könnte man ein noch umfangreicheres Buch über dieses Thema schreiben, doch auch dann würde es nicht die nötige Aufmerksamkeit erhalten. Es werden so viele Bücher über überflüssige, irreale Dinge geschrieben; den wahren Schicksalsfragen dagegen wird kaum Beachtung geschenkt. Auch wenn dieses Buch scheinbar von Erfindern, Forschung und Macht handelt, will es auf die bitteren Probleme, die unseren Alltag durchziehen, aufmerksam machen. Ich hoffe, dass die beschriebenen Fälle jeden, der dieses Buch aufmerksam liest und mitdenkt, dazu veranlassen, ja ihn sogar dazu zwingen, zu diesem Thema Stellung zu beziehen.

Abb. 4 *Naive Vorstellung eines frühen Perpetuum mobile, als man noch nichts von Physik wusste*

Kapitel 1

Die Anfänge

Der Fall Bessler

Die Geschichte der Physik und der Technik ähnelt ein wenig der Geschichtsschreibung der Kommunistischen Partei der Sowjetunion, die bekanntlich nicht immer die ganze Wahrheit offenlegte. In Osteuropa pflegte man zu sagen, nur die Zukunft sei sicher, die Vergangenheit sei immer ungewiss. Sobald nämlich ein »starker« Mann die politische Bühne verlassen hatte, wurden die Geschichtsbücher kurzerhand umgeschrieben, und der Betreffende wurde einfach von den Kreml-Fotos wegretuschiert. Ähnlich erging es in der chinesischen Geschichte jenen, die ihre Würde verloren, weil sie den Vorstellungen des aktuellen Machthabers nicht entsprachen.

Auch in Technik und Wissenschaft wird diese Methode angewandt: Wichtige Entdeckungen verschwinden im Nachhinein, Spuren sind nur schwer zu finden. So erging es auch dem Erfinder des ersten mechanischen Perpetuum mobile, Johann Bessler (1681–1745). Glücklicherweise arbeitete der englische Schriftsteller John Collins, dessen Buch[1] die meisten der hier beschriebenen Tatsachen entnommen sind, den Fall Bessler auf. Auch in einem mehr als 150 Jahre alten Buch zur Geschichte der Technik von Henry Dircks, das sich umfassend mit mechanischen Perpetua mobilia befasst,[2] wird BesslersName erwähnt, doch Collins' Werk ist detaillierter und gründlicher. In ihm stecken mehr als 10 Jahre Arbeit.

Laut alten Chroniken ist der erste sich ständig bewegende Apparat der Arbeit des englischen Adligen Marquis von Worcester zu verdanken. Seine Maschine entstand in Jahre 1638. In einem Rad von ca. 4,5 Metern Durchmesser bewegten sich vierzig Bleikugeln mit einem Gewicht von je 22,5 Kilogramm. König Charles I. und seine Höflinge sahen, dass diese Maschine funktionierte, Messdaten

Abb. 5 *Bessler auf dem Höhepunkt seiner Karriere*

oder ein Protokoll darüber sind jedoch nicht erhalten. Somit ist Besslers Erfindung die erste offiziell vorgeführte Maschine, von der dokumentiert ist, dass sie ohne äußere Energiezufuhr physikalische Arbeit leisten konnte.

Der Mann mit dem mysteriösen Rad

Johann Ernst Elias Bessler (auch Orffyreus genannt) wurde 1681 im sächsischen Zittau geboren – zu einer Zeit, als sich das Land gerade vom Dreißigjährigen Krieg und der anschließenden Pestepedemie zu erholen begann. Über Bessler ist uns viel weniger bekannt als zum Beispiel über Sir Isaac Newton, obwohl beide bedeutende Forscher waren. Newton schuf die Grundlagen der Experimentellen und der Theoretischen Physik (in einigen Bereichen der Mechanik wurde bis heute kein weiterer Fortschritt erzielt). Besslers Arbeit und sein Perpetuum mobile hätten unsere Sicht der Physik und der Technik bedeutend verändern können. Doch an dieser Weggabelung wählte die Menschheit einen anderen Weg. Gehen wir also 300 Jahre in die Vergangenheit.

Bessler führte ein Wanderleben; er zog von Stadt zu Stadt und kam sogar bis nach Prag. Als Geselle besuchte er auch Deutschlands kleinere Städte und erlernte dabei mehrere Berufe. Geheime Dokumente zogen ihn an, und so suchte er den Kontakt zu jüdischen Rabbis, Priestern und Verfechtern geheimer Lehren. Vielleicht weckten sie sein Interesse am Perpetuum mobile. Während seiner Wanderjahre lebte er vom Heilen; man könnte ihn auch als Wanderarzt bezeichnen. Damals waren die Grenzen zwischen den Naturwissenschaften nämlich noch verschwommen. Heilen durfte jeder, der irgendeine Zauberkur oder ein Rezept kannte. Diese »Ärzte« wanderten von Ort zu Ort.

Als Bessler um die 20 Jahre alt war, kehrte er nach Deutschland zurück. Er ließ sich in der Nähe seines Geburtsortes nieder und begann mit großer Energie an einem Perpetuum mobile zu arbeiten. Diese Arbeit blieb jedoch lange Zeit ohne nennenswerte Ergebnisse, was ihn so stark unter Druck setzte, dass er wiederholt in tiefe Depressionen verfiel.

Schließlich ließ er seine Arbeit liegen und zog zu einem Verwandten, der Orgelbauer war. Dort erhielt er Einblick in die modernsten Technologien seiner Zeit und lernte dabei auch die Mechanik gründlich kennen. So sammelte er auf dem Gebiet des Baus und des Wirkens von Kräften, Hebeln und Konstruktionen zur Kraftübertragung weitreichende praktische Erfahrung. Angeblich hatte er zu dieser Zeit einen Traum, in dem ihm die entscheidende Idee zu einem Perpetuum mobile kam, sodass er sich mit frischem Elan ans Werk machte. Er arbeitete hart, und schließlich waren seine Bemühungen von

Erfolg gekrönt: Sein erster Apparat von ca. einem Meter Durchmesser funktionierte. Bei der Konstruktion handelte es sich im Prinzip um ein rotierendes Rad, an dem sich Gewichte auf einer speziellen Bahn bewegten. Diese Bahn war das Geheimnis der Konstruktion, und obwohl Bessler nichts Konkretes über ihre Form und Konstruktionsweise hinterließ, geben die später gebauten Räder doch einen Anhaltspunkt für den möglichen Aufbau seines Perpetuum mobile.

Als Bessler sein Ziel endlich erreicht hatte und sein erstes Rad funktionsfähig war, überkam ihn eine große Ruhe. So geschah es, dass er seine weitere Arbeit unterbrach, als sich zwei reiche Kranke bei ihm meldeten. Von jetzt an betätigte er sich wieder als Heiler, um mit dem so verdienten Geld weitere Forschungen finanzieren zu können.

Eine seiner Patientinnen im Städtchen Annaberg war die Tochter des Bürgermeisters. Nach eigenen Angaben gelang es ihm mit Gottes Hilfe, sie schnell zu heilen, und kurz darauf (1711) nahm er sie zur Frau. Damals war er um die 30 Jahre alt. Er ließ sich mit seiner Frau in der Stadt Gera nieder und baute dort ein kleineres Perpetuum mobile (wieder ein Rad), das er später auch der Öffentlichkeit vorstellte. Aus dieser Maschine konnte er eine enorme Leistung herausholen. Sie bestand ausschließlich aus mechanischen Teilen und konnte pausenlos schwere Säcke und Steine hochheben. Die Bewegung verdankte sie Gewichten, die sich auf uns unbekannten, raffinierten Bahnen bewegten. Obwohl Bessler im Laufe seines Lebens mehrere Perpetua mobilia baute, gab er ihr Innenleben niemals preis.

Am 6. Juni 1712 sah eine Gruppe von Interessenten zum ersten Mal sein Rad von ca. einem Meter Durchmesser, das sich ohne Unterbrechung drehte. Anhalten konnte man es nur unter großem Kraftaufwand. Wenn man den Haltestift wieder aus dem Rad herauszog, fing es erneut an, sich zu drehen und die Gewichte zu heben. Alle wollten den Apparat sehen; jeden Sonntag stand eine lange Menschenschlange vor Besslers Haus.

Natürlich gab es auch viele Kritiker. Sie dachten, die Maschine würde sicher von einer aufgezogenen Feder oder von etwas anderem, etwas Geheimnisvollem, angetrieben. Andere wieder waren der Meinung, die Maschine sei nur ein Spielzeug, einen echten Sinn habe sie nicht. Wirklich anerkannt haben den Apparat nur wenige. Aus Wut darüber zerstörte Bessler sein Perpetuum mobile und verließ die Stadt. Er zog nach Draschwitz, wo er ein noch größeres Exemplar baute. Auch hier zeigte er seinen Apparat mit den sich hörbar bewegenden Gewichten im Inneren der Öffentlichkeit, und natürlich blieb auch hier das Konzept sein Geheimnis.

Inzwischen interessierten sich auch schon einige Adlige für sein Perpetuum mobile, und so hörte auch Andreas Gärtner davon, der selbst ausgebildeter Mechaniker war und später Besslers Erzfeind werden sollte. Auch er konstruierte geistreiche Maschinen und dachte, er wüsste alles über Mechanik. Außerdem hielt er sein Ansehen als Mechaniker des polnischen Königs für unantastbar. Er glaubte, die Natur sei so, wie er sie sah, und es existiere nur das, was er kannte. Für ihn war es inakzeptabel, dass ein junger Zimmermann – seinem Alter, seiner Herkunft und seiner Bildung nach ein Niemand – etwas erfand, was sogar für einen königlichen Mechaniker unmöglich war. Das alles weckte seinen Neid und seine Eifersucht gegenüber Bessler und dessen Erfindung. Deshalb begann er, Bessler und dessen Perpetuum mobile ins Lächerliche zu ziehen. Gärtner schrieb viele Briefe an Bessler, in denen er sich nach den Einzelheiten des Apparats erkundigte. Natürlich versuchte dieser, konkrete Antworten zu vermeiden, und gab weiterhin nur das an, was die vielen Augenzeugen sowieso schon bestätigt hatten: Sein Apparat funktioniere ununterbrochen und ohne äußere Energie und sei fähig, schwere Lasten zu heben.

Halten wir nun einen Moment lang inne, versetzen wir uns an den Ort und in die Zeit, in der Bessler lebte, und sehen wir uns die Bedingungen an, unter denen er arbeitete. Was wusste die Wissenschaft damals überhaupt, und wie war die politische Lage? Diese beiden Faktoren üben nämlich einen entscheidenden Einfluss auf das Schicksal jeder Erfindung aus.

Besslers Zeitalter

Bessler lebte in einem Deutschland, das aus vielen größeren und kleineren, voneinander unabhängigen Herzogtümern und Fürstentümern bestand. Zu dieser Zeit lagen die Zerstörungen des Dreißigjährigen Krieges schon in der Vergangenheit. Deutschland begann, sich selbst zu finden, und Preußen entwickelte sich zu einem Machtfaktor in der deutschen Politik. Der preußische König Friedrich Wilhelm I., der von 1713 bis 1740 herrschte, begleitete die schöpferische Arbeit Besslers bis zum Ende, denn der junge Erfinder stellte sein Perpetuum mobile das erste Mal im Jahre 1712 vor. 5 Jahre nach dem Tode Friedrichs, im Jahre 1745, starb auch Bessler. Er lebte also auch noch einige Jahre in dem Preußen Friedrichs des Großen.

Friedrich Wilhelm I. war ein absolutistischer Herrscher, ein gläubiger Calvinist, aber ein verschworener Gegner des denkenden Menschen. Er betonte oft seine Ansicht, dass jeder studierte Mensch verrückt sei. Er hasste alles, was französisch war, und alles, was mit Luxus oder Vergnügen zu tun hatte. Mit seiner expansiven Außenpolitik war er in Europa nicht allein: Peter der Große in Russland, der Sonnenkönig in Frankreich und auch die spanischen Herrscher verfolgten eine ähnliche Politik. Für sie waren Krieg, Macht, der Aufbau einer Armee und die Vergrößerung ihres Herrschaftsgebiets das einzig Erstrebenswerte. Keiner der großen und mächtigen Herrscher verstand, wie wichtig eine Verbindung von Technik und Industrie gewesen wäre. Zu dieser Zeit wurden auch die preußische Bürokratie und die sogenannte »preußische Mentalität« geboren, die für Jahrhunderte die deutsche Denkweise beeinflussen sollten. Friedrichs Lieblingsspruch war: »Die Erlösung gehört Gott, alles andere ist meine Sache.« Die preußischen Angelegenheiten wurden von einer schlecht bezahlten, überarbeiteten, jedoch sehr angesehenen Armee von Bürokraten verwaltet, die wenig an einem technischen Fortschritt interessiert war.

Zeitgenossen von Friedrich Wilhelm I. berichteten darüber, wie er seinen Sohn erzog, den zukünftigen König Friedrich den Großen, den er für schwach, faul und feige hielt. So soll es oft vorgekommen sein, dass er ihm mit Absicht ins Essen spuckte, um ihm beizubringen, dass ein Soldat auch mit wenig Essen auskommt. Als Strafe dafür, dass sein Sohn versucht hatte zu fliehen, ließ er dessen besten Freund erschießen. Diese Erziehungsmethoden verraten viel über den Geist der Zeit, die wir heute das »Zeitalter der Aufklärung« nennen.

Der Staat, den Friedrich Wilhelm I. erschaffen hatte, diente eigentlich nur der Armee. Friedrich Wilhelm I. war der erste europäische Herrscher, der regelmäßig in einer Soldatenuniform auftrat. Die Beamten interessierte nur – wie auch heute oft – der Unterhalt der Armee. Friedrich II. setzte später die Arbeit seines Vaters fort: Er schuf ein noch stärker zentralisiertes, militarisiertes Preußen. Die preußische Mentalität war auch für die kleineren deutschen Staaten typisch geworden. Heute nennen wir diese Art von Regierung »aufgeklärten Absolutismus«, doch alle wichtigen Entscheidungen lagen weiterhin in der Hand des Herrschers. Er war für alles verantwortlich. Die Minister und Ratgeber stellten keine echte Herausforderung für die Machthaber dar. So hing der Erfolg einer Regierung entscheidend von den Fähigkeiten und der Leistung des Herrschers ab. Doch auch wenn dieser hart arbeitete, konnte er nur einen mäßigen Erfolg haben, da die Betätigung begabter Menschen unmöglich gemacht worden war.

Die damalige Zeit war von Dienstbereitschaft und Obrigkeitsdenken geprägt, natürlich nicht nur in der Politik und bei der Armeeführung, sondern auch in der Wissenschaft. Die gesellschaftliche Elite wurde durch die ranghohen Offiziere und nicht mehr durch die reichen Grundbesitzer gebildet – und schon gar nicht durch die relativ wohlhabenden Bankiers oder Handelsleute. Adlige Herkunft war zwar die Eintrittskarte zum Aufstieg, echte Anerkennung erhielt man aber nur, wenn man die Offizierslaufbahn einschlug. Eine Mittelschicht, aus der ein Erfinder oder Wissenschaftler hätte stammen können, existierte praktisch nicht.

Wenn Bessler seine Erfindung an die Öffentlichkeit gebracht und sie sich verbreitet hätte, dann hätte dies einen großen Fortschritt für die Welt bedeuten können. Man kann ohne Übertreibung sagen, dass die Menschheit zu dieser Zeit, als sie zwischen »Krieg und langsame Entwicklung« und »Frieden und schnellem Wachstum« wählen musste, ihren größten Verlust erlitt.

Aber auch wenn Bessler in einem anderen Land geboren worden wäre, hätte er kein besseres Schicksal gehabt. In Russland hatte der Absolutismus seinen Höhe- und die Rückständigkeit ihren Tiefpunkt erreicht, in Polen herrschte feudalistische Anarchie, und die miteinander streitenden Adligen hatten nicht das geringste Interesse an Technik und Wissenschaft. Vielleicht hätte Bessler eine kleine Chance gehabt, wäre er in England geboren worden, aber auch das ist nur eine Hypothese. Es hätte schon ausgereifter Patentgesetze bedurft, damit seine Erfindung gefahrlos an die Öffentlichkeit hätte gelangen können; denn Erfinder genossen in jener Zeit einfach keinen wahren Schutz. Auch in England gab es damals nur Anfänge solcher Gesetze, in den zerstückelten deutschen Fürstentümern gab es diese nicht einmal ansatzweise.

So blieb Bessler nichts anderes übrig als ständige Geheimhaltung, die bei ihm schon fast paranoide Ausmaße annahm; wahrscheinlich deshalb, weil der Apparat selbst keine überaus komplizierte Konstruktion war. Wenn jemand gesehen hätte, auf welcher Bahn sich die Gewichte im Innern des Rades bewegten, hätte er den Apparat möglicherweise nachbauen können, und der eigentliche Erfinder hätte keinen Nutzen mehr von seinem Werk gehabt.

So viel zum historischen Hintergrund. Wir haben gesehen, unter was für Herrschern Bessler und andere Größen wie Bach, Händel und Vivaldi lebten.

Die Naturwissenschaften zu Besslers Zeit

Wie war der Wissensstand der Forscher und Wissenschaftler zu jener Zeit, als Bessler erstmals seinen Apparat vorstellte? Als Bessler sich auf dem Höhepunkt seiner Schaffenskraft befand, hatte Newton schon lange sein Werk *Philosophiae Naturalis Principia Mathematica* herausgegeben, die man zu Recht als den Beginn der Naturwissenschaft betrachtet, während Newton als ihr Bote gilt, da er als Erster die mathematische Analysis mit der Physik verknüpfte. Obwohl seine Arbeit größtenteils metaphysische Spekulation war, ist sie trotzdem die erste wirklich wissenschaftliche Arbeit, deren Wirkung bis heute spürbar ist. Newton beschrieb jedoch nur die Bewegung eines Massepunktes und somit nur einen Bruchteil aller möglichen Fälle. In den *Principia*, seinem Hauptwerk, fällt kein Wort über Punktsysteme, feste Körper oder die Wechselwirkung fester Körper. Diese Probleme erschienen erst viel später.

Ungefähr 100 Jahre danach kristallisierten sich gewisse Schwierigkeiten bei den Berechnungen heraus. Zwar waren die Drehbewegung, die Zentripetal- und Zentrifugalkraft auch Newton schon bekannt gewesen, und er hatte sie auch zum Teil in Formeln gefasst. Trotzdem war die damalige Wissenschaft aber noch weit davon entfernt, das Geheimnis von Besslers Apparat – selbst wenn er es der Öffentlichkeit preisgegeben hätte – verstehen zu können. Der Versuch, die Mechanik zu begreifen und die auftauchenden Probleme zu klären, fand in den Jahrzehnten nach den *Principia* erst einmal ein Ende.

Als Bessler seinen Apparat vorstellte, war Leonhard Euler gerade 5 Jahre alt. Er war der Einzige, mit dem sich der dahinsiechende Erfinder einige Jahre später, als Euler sich auf dem Höhepunkt seiner Kraft und seiner Schöpfungstätigkeit befand, hätte unterhalten können. Leider haben sich die beiden aber niemals getroffen. Euler gab erst 1752 seinen Artikel heraus, in dem er Newtons zweites Gesetz in seiner heutigen Form vorstellte, welches besagt: »Kraft ist gleich dem Produkt von Masse und Beschleunigung« (Newton hatte die Kraft mit der zeitlichen Veränderung des Impulses definiert).

Wie wir sehen, befassten sich die Forscher dieser Zeit ca. 70 Jahre lang kaum mit der Mechanik, da sie einfach zu schwer zu verstehen war. Wie könnte man dann erwarten, dass sie einen Apparat, der viel komplizierter war, als dass ihn die Wissenschaft der Zeit hätte erklären können, verstehen würden? Nur ein Schweizer Zeitgenosse, Johann Bernoulli, begann den vereinfachten Begriff der Energie und den Energieerhaltungssatz in Ansätzen zu verstehen.

Gottfried Wilhelm Leibniz war der einzige zeitgenössische Wissenschaftler, der sich den Bessler-Apparat ansah, mehrere Briefe an den Erfinder schrieb und ihn bei seiner Arbeit unterstützte. Daher werden wir uns später noch eingehender mit ihm beschäftigen. Leider hassten sich Newton und Leibniz wegen einer Prioritätsdiskussion, und so versuchte jeder der beiden, den anderen lächerlich zu machen, sobald der etwas Neues herausgefunden hatte.

Leibniz erahnte als Erster, dass der Impuls, der »Masse mal Geschwindigkeit« ist, etwas anderes sein könnte als Energie. Die Energie nennt er noch »lebendige Kraft«, die gleich »Masse mal Geschwindigkeit zum Quadrat« ist. Leibniz erkannte auch, dass es potenzielle Energie gibt, und er versuchte als

Erster, die Impulserhaltung auch auf Zusammenstöße zu beziehen. Doch auch dieses Wissen hätte nicht dazu ausgereicht, Besslers Apparat zu verstehen.

Der Stand der Technik

Werfen wir zunächst einmal einen kurzen Blick auf die technischen Errungenschaften dieser Zeit. Viele Errungenschaften wie zum Beispiel die Eisenherstellung, der Hausbau, das Brustblattgeschirr für Pferde oder der Bau von Wasser- und Windmühlen erleichterten schon das tägliche Leben und machten es erträglicher. Diese Erfindungen waren selbstverständlich auf empirischem Weg entstanden; die zeitgenössische Wissenschaft hatte dazu keinen Beitrag geleistet. Auch die Drucktechnik entwickelte sich weiter, die Alchemie begann brauchbare Rezepte herauszugeben, man kannte schon die verschiedenen chemischen Elemente, und man war sogar zufällig auf das Geheimnis der Porzellanherstellung gestoßen. Der erste Heißluftballon wurde angefertigt, die Uhr, die Pumpe und das Mikroskop wurden perfektioniert und die ersten Tunnel gebohrt.

Die wichtigste technische Errungenschaft dieser Zeit war jedoch die Dampfmaschine. Nach Denis Papin (1647–1712), dem französischen Naturforscher, und nach der langen Forschungsarbeit des Engländers Thomas Savery war es schließlich Thomas Newcomen als Erstem gelungen, eine brauchbare Dampfmaschine herzustellen. Erst viel später sollte James Watt diese Erfindung noch perfektionieren. Seine Maschine war deutlich praktischer und konnte sogar zum Antreiben von beweglichen Vorrichtungen benutzt werden.

Wir können also sagen, dass sich zu der Zeit, als Bessler sein erstes Rad vorstellte, Technik und Wissenschaft auf einem für uns unvorstellbar primitiven Niveau befanden.

Doch kehren wir nun zu Bessler und seiner Beziehung zu Leibniz, dem größten deutschen Wissenschaftler dieser Zeit, zurück.

Bessler und Leibniz

Die Arbeiten von Gottfried Wilhelm Leibniz sind auch heute noch wissenschaftlich anerkannt und Leibniz selbst ist berühmt für seine unglaubliche Vielseitigkeit. So schuf er Neues auf dem Gebiet des Rechts, trat außergewöhnlich geschickt auf religiösen Versammlungen auf, erwies sich als guter Diplomat, war ein guter Historiker und Schriftsteller und hinterließ wichtige Arbeiten im Bereich der Logik. Zu Recht und ohne Übertreibung wird er als

Universalgenie bezeichnet. Newton erforschte zwar ein bedeutendes Gebiet der Mathematik: die Analysis; die wichtigsten Schritte der Analysis, nämlich die Differenzial- und Integralrechnung, wurden jedoch von Leibniz erkannt und weiterentwickelt. Im Gegensatz zu Newton publizierte Leibniz in einem großen Umfeld, und mithilfe der schweizerischen Familie Bernoulli breitete sich die Analysis allmählich in Europa aus. Newton dagegen hielt seine Entdeckungen geheim und brachte auch seine *Principia* nicht an die Öffentlichkeit.

Außer der mit gleichbleibenden Mengen arbeitenden Analysis kam Leibniz auch in der diskreten Mathematik zu wichtigen Erkenntnissen, und lange Zeit trug die Kombinatorik nur seine Handschrift. Es ist einzigartig, dass jemand auf zwei so unterschiedlichen Gebieten der Mathematik Wichtiges und Bedeutendes erreicht. 150 Jahre lang konnte das wissenschaftliche Umfeld weder Leibniz' Ergebnisse in der Kombinatorik noch in der mathematischen Logik verstehen und würdigen. Lange Zeit musste vergehen, bis seine universale und symbolische Argumentation bei den Mathematikern auf Verständnis stieß und sich zu verbreiten begann. Erst in den 1840er-Jahren konnte man einen Teil seiner Arbeiten verstehen. In ihrer wahren Tiefe gelang dies jedoch erst Anfang des 20. Jahrhunderts.

Leibniz verbrachte fast sein ganzes Leben im Dienst deutscher Fürsten, hauptsächlich für das Haus Braunschweig. So hielt er sich auch eine Zeit lang als Diplomat in England auf, wo er Newton kennenlernte. Zu Beginn gab es noch keine Differenzen zwischen ihnen. Diese wurden erst später künstlich durch weniger talentierte »Freunde« der beiden entfacht. Ihr Verhältnis wurde durch die Frage belastet, wer zuerst die Infinitesimalrechnung, das heißt die Differenzial- und Integralrechnung, erfunden habe.

Leibniz arbeitete als Bibliothekar und Historiker für Herzog Johann Friedrich von Braunschweig-Calenberg und vertrat dessen Angelegenheiten als Diplomat. Zudem trug er viel zur Gründung der Berliner Akademie der Wissenschaften bei; auch die Petersburger Akademie der Wissenschaften entstand nach seinen Plänen. Zu dieser Zeit ähnelten die Akademien eher Forschungsinstituten. An den Universitäten wurden keine bedeutenden Forschungen durchgeführt, sondern es fand ausschließlich dogmatischer Unterricht statt. Die Begegnung, die Unterstützung und der Zusammenhalt der einzelnen Forscher war aber dringend notwendig. So waren die ersten Akademien entstanden. Sie waren also die wahren Stätten der Forschung – mit mehr oder weniger großem Erfolg. Leibniz war Gründer der Preußischen Akademie der Wissenschaften. Darüber hinaus waren er und Newton die ersten ausländischen Mitglieder der Französischen Akademie der Wissenschaften.

Als Leibniz Bessler traf, war er schon recht alt, Ende 60. Damals stand er nicht mehr in den Gnaden höfischer Kreise. Als man seinen Herrn auf den englischen Thron berief, hatte Leibniz damit gerechnet, ihm folgen zu dürfen. Stattdessen beauftragte man ihn aber damit, die Familiengeschichte des Fürstenhauses Braunschweig weiterzuschreiben. Er starb in ärmlichen Verhältnissen und allein. Im letzten Abschnitt seines Lebens versuchte er jedoch, im Fall Bessler weiterzuforschen und dessen Erfindung zu verstehen. Da auch Leibniz an der Entstehung der Begriffe des Impulses, der statischen und der dynamischen Energie beteiligt gewesen war, wäre Besslers Sache in den besten Händen gewesen. Leider verhinderte Leibniz' Tod eine weitere Zusammenarbeit der beiden. Im folgenden Abschnitt wollen wir darlegen, wie Leibniz Bessler und dessen Apparat entdeckte und wie er versuchte, bei der Entwicklung des Perpetuum mobile behilflich zu sein.

Besslers Leben nach seiner Zeit in Draschwitz

Nachdem Bessler Draschwitz verlassen hatte, kam er in das Herrschaftsgebiet des Zeitzer Herzogs Moritz Wilhelm. Am 19. Januar 1714, etwa eineinhalb Jahre nach der ersten öffentlichen Vorstellung des Perpetuum mobile in Gera, schrieb der wissenschaftlich sehr interessierte Hofdiakon aus Zeitz, Gottfried Teuber, folgenden Brief* an Leibniz:

> Ich habe eine wichtige Nachricht für Sie. Ein Heiler namens Bessler hat angeblich ein Perpetuum mobile gebaut – im nahegelegenen Zeitz, wohin er kurz zuvor gezogen war. Er zeigte Herrn Buchta und mir den Apparat. Er besteht aus einem ca. 18 cm dicken, hohlen, hölzernen Rad mit einem Durchmesser von ca. 3,3 m. Der Erfinder hat es mit einem dünnen Holzbrett abgedeckt, damit man das Innenleben nicht sehen kann. Die Achse ist auch aus Holz. An jeder Seite des Rades ragen 33 cm heraus. In der Achse stecken je drei Stifte am Ende, die jeweils drei schwere Holzhämmer heben, ganz wie in einer Mühle. Diese Hämmer sind sehr schwer, und der Apparat hebt und senkt sie ständig. Die Metallenden der Achse laufen in offener Lagerung, und genau dies ist es, was beweist, dass äußere Energiequellen oder andere Schummeleien weder möglich noch nötig sind.

---

* Die im Folgenden zitierten Briefe und Originalquellen wurden aus John Collins' Buch *Perpetual Motion: An Ancient Mystery Solved?* übersetzt. In den meisten Fällen existiert kein deutsches Original, da der Briefverkehr unter deutschen Gelehrten zu Leibniz' Zeiten vornehmlich in lateinischer Sprache stattfand. Bei Texten, für die ein deutsches Original vorliegt, wurden der Lesbarkeit zuliebe Rechtschreibung und Ausdruck angepasst. [Anmerkung der Redaktion]

> Nachdem wir den Erfinder getroffen hatten, um den Apparat zu begutachten, sahen wir, dass auf den äußeren Rand ein Tau aufgewickelt war. Sobald das Tau losgelassen wurde, fing der Apparat an, sich mit starkem Lärm und großer Kraft zu drehen, und behielt lange Zeit seine Geschwindigkeit bei. Nur mit sehr großem Kraftaufwand war es möglich, den Apparat anzuhalten und das Rad wieder mit dem Tau zu befestigen. Der Erfinder verlangt 100 000 Taler dafür, dass er das Geheimnis des Apparats lüftet oder ihn verkauft. Wie ist die Meinung Eurer Exzellenz zu diesem Apparat?

Leibniz antwortete am 21. Februar 1714 Folgendes:

> Ich glaube nicht, dass jemand ein Perpetuum mobile erfunden hat. Meiner Meinung nach widerspricht dies den Gesetzen der Natur. Ich glaube, dass das, was Sie gesehen haben, die Wirkung starker Pressluft war. Natürlich müsste diese dann bald ausgehen. Doch wenn sich das Rad an einem versiegelten, geschlossenen Ort oder in der Gegenwart eines Augenzeugen einen Tag lang ohne Energienachschub drehen und dann immer noch große Kraft ausüben würde – zum Beispiel durch

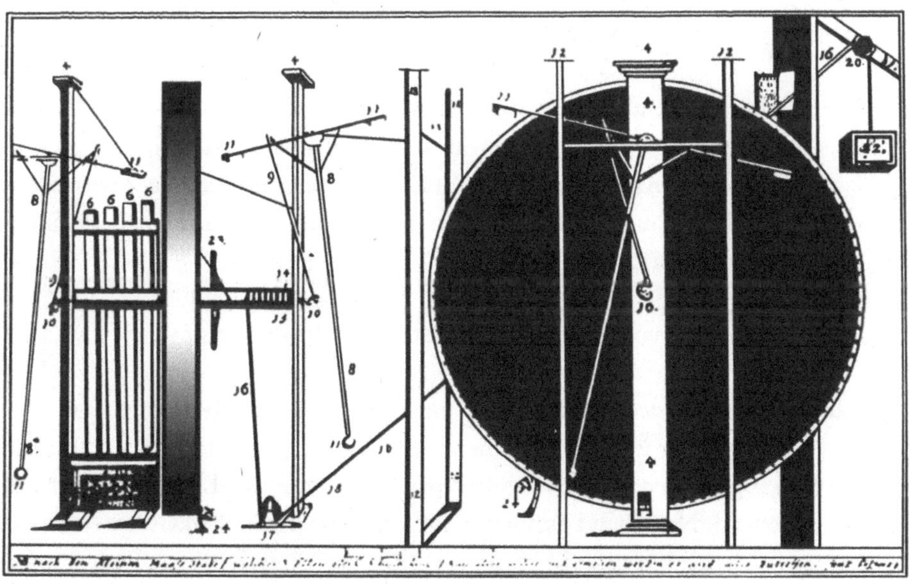

Abb. 6 *Seiten- und Vorderansicht des Besslerrades. Das Pendel regelte die Umdrehungszahl. Der Erfinder benutzte es aber nicht bei allen Apparaten dieser Art. Auf dem Bild hebt das Rad vier schwere Baumstämme und lässt sie dann wieder fallen.*

> das Anheben schwerer Baumstämme –, dann wäre das schon äußerst interessant. Aber vielleicht ist die Bewegung auch dann noch nicht rein mechanisch, sondern das Ergebnis eines anderen physikalischen Phänomens.

Das Gerücht über das Rad ließ Leibniz jedoch nicht zur Ruhe kommen, und so schrieb er einen Monat später erneut einen Brief an Teuber, in dem er nur noch von dem »Apparat« sprach:

> Neulich schrieb ich an Sie und an Herrn Buchta, dass ich nicht an die Erfindung des Perpetuum mobile glaube. Es ist jedoch durchaus vorstellbar, dass der Apparat, falls er 24 Stunden lang funktioniert und immer noch die Kraft mehrerer Menschen oder Pferde aufbringt, sehr bedeutend ist, auch wenn man ihn nach 24 Stunden wieder aufladen muss. Wenn Sie einen solchen Apparat in Draschwitz gesehen haben, dann hat er einen riesigen Wert. Ich glaube, es wäre gut, wenn mehrere zuverlässige Personen sich diesen Apparat ansehen würden, die dann bestätigen könnten, dass sich das Rad wirklich 24 Stunden lang dreht.

Leibniz betonte also die Wichtigkeit entsprechender Messungen und wartete mit großem Interesse auf einen neuen Brief von Teuber und Buchta. Am 15. April 1714 antwortete Buchta:

> Herr Bessler hat nichts dagegen, seinen Apparat für eine Untersuchung 4 Wochen lang laufen zu lassen. Er fragte auch, ob Sie vielleicht den Apparat im Namen eines Großherzogs kaufen möchten. Der Erfinder ist ein sehr interessanter Mensch, und es würde sich für Eure Exzellenz lohnen, ihn und uns zu besuchen. Es ist zu Fuß nur eine Stunde entfernt.

Auch Teubers Brief vom 26. April 1714 ist voller Begeisterung:

> Ich habe den Erfinder des Perpetuum mobile besucht und die Bewegung des Apparats geprüft. Der Erfinder versicherte, dass sich das Rad nicht nur 24 Stunden, sondern sogar einen Monat lang drehen könne. Dieses Rad ist außerordentlich überraschend. Natürlich kann ich nicht sagen, nach welchen Gesetzen es sich bewegt, aber ich bin mir sicher, dass es nicht mit Pressluft funktioniert, da es viele Öffnungen an dem Apparat gibt. Je größer der Durchmesser des Rades ist, desto größer ist seine Leistung. Das Modell, das man sich jetzt auch in Draschwitz ansehen kann, hat einen Durchmesser von 3,3 Meter und kann ungefähr 90 Kilogramm heben.

Leibniz antwortete auf diesen Brief im Mai 1714 immer noch sehr vorsichtig:

> Vielen Dank, dass Sie mir so detailliert über den Draschwitzer Apparat berichtet haben. Doch bedenken Sie Folgendes: Das Vorhandensein von Öffnungen bedeutet nicht automatisch, dass sich im Innern keine Pressluft befindet, da es nicht unbedingt erforderlich ist, dass die äußere Oberfläche auch der Behälter für die Luft ist. Es scheint, dass Pressluft allein aber nicht ausreicht. Es könnte auch eine andere Energiequelle geben, die den Apparat immer in den vorherigen Zustand versetzt. Ich würde keinem Großfürsten den Kauf vorschlagen, solange nicht ein Experte mit entsprechendem Fachwissen den Apparat untersucht hat. Wenn sich aber herausstellt, dass die Angaben des Erfinders richtig sind, dann glaube ich, kann dieser Apparat sehr wichtig sein und es würde sich lohnen, ihn zu kaufen.

Einige Wochen später äußerte Leibniz weitere Gedanken über das Rad:

> Falls der Apparat Ihres Bessler irgendeine starke innere Energiequelle besitzt, die Stunden oder Tage anhält, glaube ich nicht, dass es etwas anderes als Pressluft sein kann. Ich bin mir sicher, dass die dünnen Holzplatten der Pressluft nicht standhalten könnten, was natürlich nicht heißt, dass sich nicht etwas anderes hinter den Platten verbirgt. Sicher ist, dass ein mechanisches Perpetuum mobile aus solch einer Quelle unmöglich ist. In diesem Falle kann die Energie nur von außen kommen. Wenn wir von Tieren, Wasser, Wind, äußeren Gewichten oder einem im Inneren arbeitenden Diener absehen – was die Chance auf ein langes Funktionieren ausschließen würde – kommt für mich nur noch Pressluft in Betracht. Solange aber niemand die Maschine gründlich untersucht hat, können wir uns in nichts sicher sein. Wenn der Erfinder seinem Versprechen Genüge tun kann, bin ich mir sicher, dass er das Geld bekommt, das er verlangt.

Teuber antwortete Leibniz am 30. Juli:

> Ich weiß nicht, was ich von Besslers Apparat halten soll. Die Wirkung ist ganz eindeutig, doch die Ursache dafür ist ein Geheimnis. An dem Apparat ist sehr eigenartig, dass sich die Bauteile mit der Achse zusammen bewegen. Ich würde Eure Meinung, dass das Geheimnis nur Pressluft sein kann, teilen, doch es ist keine äußere Energiequelle sichtbar. Meiner Meinung nach reicht die im Inneren platzierbare Pressluft nicht aus, um das Rad zu bewegen. Obwohl Eure Meinung die einzig plausible Erklärung zu sein scheint, bleiben immer noch Zweifel bestehen.

> Vor einiger Zeit kamen Menschen aus verschiedenen Gegenden, einige von ihnen waren sogar von hohem Rang. Auch Seine Exzellenz, der Prinz von Zeitz, sah sich den Apparat an, und er gefiel ihm sehr. Ich sprach mit vielen interessanten und gebildeten Menschen aus Preußen, Brandenburg und Sachsen. Allen gefiel der Apparat ungemein. Ich würde mich sehr freuen, wenn Eure Exzellenz ihn sich bald ansehen könnte.

Am 14. August erwiderte Leibniz in einem Brief an Teuber:

> Ich möchte berechnen, welche Kraft Besslers Rad entfalten kann. Mit anderen Worten: Welches Gewicht kann der Apparat heben? Und was nicht weniger wichtig ist: Wie lange kann er das ohne Unterbrechung tun? Der Apparat muss gründlich untersucht werden, damit wir die Möglichkeit jeglichen Betrugs ausschließen können, einschließlich der äußeren Energiequelle. Der Graf von Zeitz schrieb mir, er möchte eine gründlichere Untersuchung einleiten. Es stimmt, dass Pressluft allein – ohne eine äußere Energiequelle – nicht ausreicht, um das Rad zu drehen. Da wir aber alle anderen äußeren Energiequellen ausgeschlossen haben, bleibt nur noch Pressluft. Wenn Gott will, verlasse ich Wien noch vor Einbruch des Winters und gehe nach Hannover. Ich werde versuchen, Sie auf meiner Reise zu besuchen. Dann können wir alles besprechen.

Leibniz sah sich Besslers Apparat tatsächlich an, als er von Wien nach Hannover reiste. Er hielt sich vom 9. bis 12. September 1714 in Zeitz auf. Sein Brief über diesen Besuch blieb uns dank dem Leibarzt Peters des Großen, Robert Erskine (Robert Karlowitsch Areskin), erhalten. Leibniz schrieb darin Folgendes:

> Bessler wurde mein Freund und erlaubte mir, ein paar Versuche an seiner Erfindung durchzuführen. Während meiner Anwesenheit drehte sich das Rad 2 Stunden lang mit großer Kraft. Leider konnte ich nicht länger bleiben, da ich zusammen mit dem Großfürsten von Zeitz weiterreisen wollte. Ich riet dazu, eine gründliche, mehrwöchige Untersuchung einzuleiten, die in einem geschlossenen Raum stattfinden sollte und bei der alles im Interesse einer größtmöglichen Messgenauigkeit getan werden müsse, um so jede Möglichkeit eines Betrugs auszuschließen und sich von der Leistung des Apparats überzeugen zu können. Wenn diese Untersuchung erst einmal stattgefunden hat, werden einige Prinzen ihr Hab und Gut geben, um diese Erfindung zu kaufen, da bin ich mir sicher. Auch wenn das Rad kein Perpetuum mobile ist – was viele behaupten –, kann es trotzdem

> sehr nützlich sein, wenn es sich mehrere Wochen lang dreht. Der Prinz versicherte mir, er werde eine solche Untersuchung einleiten.

Nach diesem Besuch reiste Leibniz weiter nach Hannover. Hier stellte sich heraus, dass das Haus Braunschweig, deren Oberhaupt nun in England als König Georg I. Ludwig gekrönt werden sollte, ihn zu seiner größten Enttäuschung nicht mit nach England nehmen wollte. Er erhielt nicht einmal sein Gehalt, weil er sich ohne Georgs Erlaubnis in Wien aufgehalten hatte.

In Hannover hielt Leibniz folgende Gedanken über Besslers Apparat fest:

> Dieses Rad ist etwas ganz Besonderes und darf nicht außer Acht gelassen werden, da es sehr nützlich sein kann. Ich bin überzeugt, dass man, wenn seine Nützlichkeit nach den Untersuchungen bewiesen ist, dem Erfinder eine große Geldsumme dafür bieten wird – besonders, wenn sich dabei herausstellen sollte, dass ein größerer Apparat dieser Art noch mehr Arbeit leisten kann, zum Beispiel Wasser aus einem Teich schöpfen. Der Kaufpreis könnte entweder in einer Summe oder in mehreren Teilen, auf jeden Fall jedoch innerhalb kürzester Zeit ausgezahlt werden. Damit sowohl der Erfinder als auch die Menschheit einen Vorteil von dem Ganzen haben, muss Folgendes beachtet werden:
>
> 1) Es muss eine sehr genaue Messung durchgeführt werden, um festzustellen, ob es möglich ist, einen größeren funktionierenden Apparat dieser Art zu bauen. Außerdem muss ausgeschlossen werden, dass jemand eine Anzeige wegen Betrugs erstattet.
> 2) Man muss sich über den Preis der Erfindung einigen.
> 3) Es wäre angebracht, dem Erfinder schon jetzt eine gewisse Summe für seine bisher geleistete Arbeit zukommen zu lassen. Danach bekäme er weitere Zahlungen, bis die ganze Summe für die Erfindung bezahlt ist.

Am 23. September 1714 schrieb Leibniz Folgendes an Teuber:

> Es würde mich freuen, wenn Bessler nicht auf die finanzielle Unterstützung seiner Angehörigen und Freunde angewiesen wäre, da diese ihm keine große Hilfe sind. Vielleicht kann ich etwas bei dem Prinzen von Zeitz erreichen. Ich hoffe, er wird Bessler unterstützen, denn diese Erfindung verdient es.

Am 7. Oktober 1714 wandte sich Leibniz in einem Brief höchstpersönlich an Prinz Wilhelm Moritz:

> Ich glaube, dass Besslers Erfindung sehr wichtig ist, und es wäre von großem Vorteil, wenn man sie so bald wie möglich in Betrieb nehmen könnte. Meiner Meinung nach würde der Apparat im Bergbau den größten Nutzen bringen. Der Erfinder lebt zurzeit unter Menschen, die nicht unbedingt sein Bestes wollen. Deshalb wäre es gut, ihm aus dieser Umgebung herauszuhelfen. Wie auch immer, sein Zuhause sollte er nicht verlassen müssen, denn es ist vorstellbar, dass er die Früchte seiner Erfindung in einer fremden Umgebung nicht genießen könnte. Wenn Eure Exzellenz dem Erfinder Eure Gütigkeit erweisen und ihn eine Zeit lang unterstützen könnte, wäre dies der Nutzung des Rades sehr förderlich. Ich werde dies auch dem Herrn Buchta und dem Herrn Teuber schreiben, denn sie können Euch in dieser Frage die größte Hilfe sein.

Leibniz hatte keinen Erfolg. Wegen innerer Streitigkeiten musste sich Bessler mit seiner Familie wieder einmal ein neues Zuhause suchen. Er verließ Draschwitz Ende November, nachdem er – wie immer – sein Perpetuum mobile vernichtet hatte. Dies war für ihn eine Art Sicherheitsvorkehrung, womit er verhinderte, dass jemand während des Transports das Geheimnis des Apparats entschlüsseln könnte. (Als er starb, fand man seinen letzten Apparat in Stücken auf dem Boden. Niemand konnte ihn wieder zusammenbauen.)

Den kommenden Winter verbrachte er in einem kleinen Dorf. Im Frühling reiste er in das 29 Kilometer von Leipzig entfernte Merseburg weiter. Er hatte viel über die Beschuldigungen im Zusammenhang mit seinem Apparat nachgedacht und daraufhin ein Rad entwickelt, das sich in beide Richtungen drehen konnte. So konnte keiner mehr behaupten, die geheimnisvolle Energiequelle sei eine aufgezogene Feder. Natürlich weiß man auch von diesem Rad nicht, wie sein Innenleben aussah. Besslers Biograf fand Spuren von insgesamt sieben Perpetua mobilia, aber nichts über ihr Innenleben. Demnach war es Bessler gelungen, dieselbe Grundidee auf unterschiedliche Weise zu verwirklichen. Er baute immer größere Apparate. Das letzte dokumentierte Rad (dies sollte er später in Kassel bauen) hatte einen Durchmesser von 3 bis 4 Metern.

Die erste Untersuchung

Währenddessen hatte sich die Nachricht über den Apparat weiter verbreitet. Im Januar 1715 erschien in der Fachzeitschrift *Acta Eruditorum* eine kurze wissenschaftliche Abhandlung, in der Leibniz' Freund und Schüler, Prof. Christian Wolff, schrieb: »Bessler, der eigentlich von der Heilung lebt, aber auch in der Chemie und der Mechanik erfolgreich ist, hat ein Perpetuum mobile erfunden.« Aber natürlich ruhten auch Besslers Skeptiker nicht. Der Mechaniker Gärtner und dessen Freunde verbreiteten in Dresden das Gerücht über einen Betrug Besslers.

In der Zwischenzeit hatte Bessler sich am Kopf verletzt und wurde ernsthaft krank. Er hütete auch dann noch das Bett, als seine Widersacher Gärtner, Borlach und Wagner frühmorgens zu ihm kamen, um sein Rad zu untersuchen. Offensichtlich waren sie extra zu so früher Stunde gekommen, damit Bessler selbst der »Untersuchung« nicht beiwohnen konnte.

Wahrscheinlich zeigte einer von Besslers jüngeren Brüdern ihnen den Apparat. Schon nach einigen Minuten war die Untersuchung dann auch beendet, und die Besucher verließen das Haus. Wenn sie wirklich eine gründliche Untersuchung durchgeführt hätten, zu der Leibniz schon lange gedrängt hatte, hätten sie sehr viel länger bleiben müssen. Sie hatten nur den Eindruck erwecken wollen, sie hätten den Apparat untersucht, um ihn dann als Betrug entlarven zu können. Eigentlich wäre dafür aber gar keine Untersuchung nötig gewesen, da sie schon von vornherein »gewusst« hatten, dass dieser Apparat nicht funktionieren kann. Auf dem nebenstehenden Bild ist zu sehen, auf welche Art Bessler betrogen haben soll: Man glaubte, das Rad werde von einem äußeren versteckten Mechanismus angetrieben, der durch die Haltesäulen des Rades funktioniert. Diese Meinung verbreiteten seine Gegner sogar in einem Pamphlet, das sie in großer Auflagenzahl drucken ließen. Teuber schrieb Leibniz am 22. Juli 1715 folgenden Brief über den Besuch:

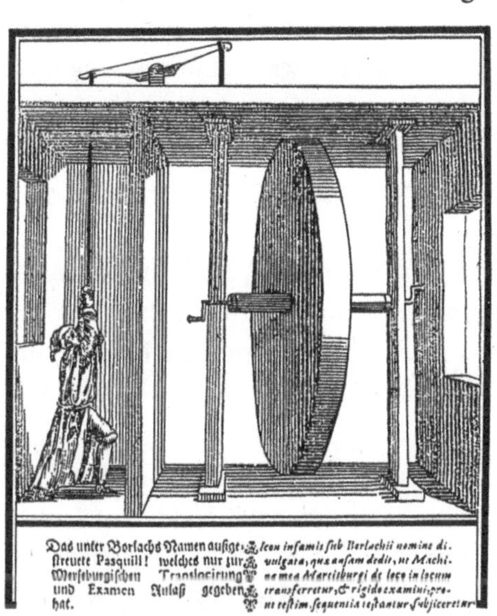

Abb. 7 *Spottbild von Borlach. Er war überzeugt, jemand treibe das Rad durch das hohle Gestell von außen an. Der Beweis für einen Betrug konnte jedoch weder so noch anderweitig erbracht werden. Es wurde zugleich unterstellt, dass alle Augenzeugen die Unwahrheit gesagt hatten.*

> Herr Gärtner aus Dresden behauptet, er habe herausgefunden, wie Bessler den Betrug durchführt. Aber wie hat er das herausgefunden? Hat er den Apparat geöffnet? Ich weiß nicht, ich will es einfach nicht glauben.

Leibniz antwortete schon 2 Wochen später auf Teubers Brief:

> Wenn Herr Gärtner wirklich den Betrug aufgedeckt hat, dann muss er den Apparat ja nachbauen können. Was mich betrifft: Ich glaube nicht, dass die Bewegung ausschließlich mechanischer Herkunft ist, sondern dass sie auf ein anderes physikalisches Phänomen zurückgeführt werden kann. Was das genau ist, weiß ich allerdings selbst nicht. Auf jeden Fall ist der Apparat nützlich, da er über einen langen Zeitraum große Energie produziert. Wenn er also leistet, was der Erfinder verspricht, würde ich dies nicht als Betrug bezeichnen. Leider bin ich mir über die folgenden Dinge aber immer noch nicht im Klaren:
>
> 1) Welches Gewicht kann das Rad mit einer Umdrehung heben?
> 2) Wie hoch kann es das Gewicht mit einer Umdrehung heben?
> 3) Wie viele Umdrehungen schafft es in einer Stunde?
>
> Nur wenn wir diese Daten haben, sind wir in der Lage, die Leistung des Apparats zu berechnen.

Es ist verständlich, dass Leibniz gern so viele Angaben wie möglich über den Apparat gehabt hätte. Wahrscheinlich blieb er aber mit seinem Eifer allein.

Auch Buchta berichtete Leibniz am 27. August 1715 von den Feindseligkeiten Gärtners:

> Ich weiß nicht, ob Eure Exzellenz ein Exemplar der »Gärtneranie« erhalten hat, und ich weiß auch nicht, was Herr Gärtner jetzt vorhat. Der beigelegte Briefausschnitt berichtet einiges über Besslers Apparat. Ich bin sicher, dass der Ruf von Herrn Gärtner dadurch in naher Zukunft großen Schaden erleiden wird.

Eine Folge hatte der Streit zwischen Gärtner und Borlach jedenfalls: Bessler musste so schnell wie möglich beweisen, dass sein Apparat doch funktioniert, bevor die Schmähschriften ihn endgültig unglaubwürdig machten. Also bat er den Herzog von Zeitz, eine offizielle Untersuchung zu unterstützen. Diese fand auch statt und ist als das erste amtliche Ergebnis in dieser Angelegenheit zu betrachten.

Diese Untersuchung hätte ein Wendepunkt für die Menschheit sein können, da sie der erste verlässliche Beweis dafür war, dass der Apparat wirklich funktioniert. Eine Leipziger Zeitung kündigte das große Ereignis am 19. Oktober 1715 an:

Herr Bessler, der Erfinder des Perpetuum mobile, wohnhaft in Merseburg, möchte uns an ein Versprechen erinnern, das er einer Leipziger Zeitung in einer früheren Ausgabe gegeben hatte. Damals hatte er versprochen zu zeigen, dass sein Apparat auch auf einem anderen Gestell laufen würde. Er hält es für sehr wichtig, dieses Versprechen einzuhalten, da in letzter Zeit spöttische und verletzende Gegenmeinungen in der Presse geäußert worden waren. Auch einige andere Personen haben angeblich ein »Perpetuum mobile« gebaut (offensichtlich ein Hinweis auf Gärtner), das oberflächlich gesehen seiner Maschine ähnelt. Es kann jedoch nicht bestritten werden, dass es sich hier um Fälschungen handelt.

Herr Bessler ist erst vor Kurzem von einer Krankheit genesen und möchte den Bau seines neuen Perpetuum mobile so schnell wie möglich beenden. Dann wird er seine Erfindung mit Gottes Hilfe in der Gegenwart verschiedener Fachleute vorführen. Die Vorstellung und die Prüfung werden am 31. dieses Monats in Anwesenheit zahlreicher bekannter Mathematiker und Mechaniker stattfinden. Der Erfinder erwartet, dass das Prüfungskomitee unvoreingenommen sein wird. Den Personen, die ihre Zweifel in der Presse veröffentlicht haben, wird er nicht antworten.

Die entscheidende Untersuchung fand wirklich an dem besagten Tag statt. Moritz Wilhelm, Herzog von Zeitz, hatte die Anwesenden persönlich ausgewählt. Zwei von ihnen beauftragte er mit der Abwicklung der Untersuchung, die anderen Anwesenden verfügten jeweils über besondere wissenschaftliche Kenntnisse auf unterschiedlichen Gebieten. Einige waren für ihr technisches Wissen bekannt, andere für ihre Integrität. Die Leiter der Prüfungskommission waren Julius Bernhard von Rohr und Caspar Johann Bretnuetz. Rohr war damals 27 Jahre alt und konnte Abschlüsse in Recht, Mathematik, Physik, Chemie und Wirtschaft vorweisen. Er hatte an der Universität Halle studiert, zeitweise auch in Holland, war dann aber wieder nach Halle zurückgekehrt. Auch der Bezirksmagistrat Johann Andreas Weise war gebeten worden, an der Untersuchung teilzunehmen. Er sollte die Ergebnisse protokollieren. Seinem Protokoll, dem Bericht des Vorsitzenden der Prüfungskommission, den er im Namen des Prinzen anfertigte, und dem Bericht Rohrs verdanken wir viele Details über den Ablauf der Untersuchung.

Das Ziel der ersten Untersuchung war zu beweisen, dass das Rad sich auf einem anderen Gestell mit einer anderen Achse ebenso drehen würde. So konnte ausgeschlossen werden, dass das Rad durch irgendeinen versteckten Mechanismus von außen angetrieben wird. Im Protokoll kann man hierzu Folgendes lesen:

Der Erfinder stieß das Rad mit einem Durchmesser von ca. 3 Metern und einer Breite von ca. 30 Zentimetern sanft an. Es ruhte auf demselben Holzgestell, auf dem es erbaut worden war. Nachdem das Rad angefangen hatte, sich zu drehen, hielt der Erfinder es wieder an. Dann ließ er das Rad sich mal nach links, mal nach rechts drehen, sooft es das Prüfungskomitee verlangte. Das Rad setzte sich schon auf den leisesten Anstoß hin in Bewegung; die Kraft von zwei Fingern reichte aus, um es zu beschleunigen und ein Gewicht in seinem Inneren zum Fallen zu bewegen. Nach der ersten Umdrehung drehte sich das Rad schon schnell und gleichmäßig, auch wenn man es belastete. Die Last war ein Kasten, in dem sich ca. 35 Kilogramm Ziegelsteine befanden. Der Apparat hob das Gewicht mithilfe eines Seils durch ein Fenster. Das Seil reichte bis zum Dach. Zwischen dem Dach und dem Fenster waren mehrere Meter Abstand. Der Apparat hob das Gewicht hoch, sooft es die Prüfungskommission verlangte.

Später nahm der Erfinder das Perpetuum mobile vor der gesamten Prüfungskommission von seinem ursprünglichen Gestell herunter. Wir untersuchten es sehr gründlich von oben bis unten, besonders dort, wo man auch nur den kleinsten Kratzer erblicken konnte. Ebenso gründlich untersuchten wir die aus den Holzachsen herausragenden Eisenachsen und die Lagerungen, doch auch hier fanden wir nichts Verdächtiges.

Um einen weiteren Beweis für eine innere Kraft zu bekommen, befestigten wir das Rad danach auf einem anderen Gestell, auf dem man sowohl beide Lager

Abb. 8 *Bessler vor der Prüfungskommission (Zeichnung von Hajnal Eszes)*

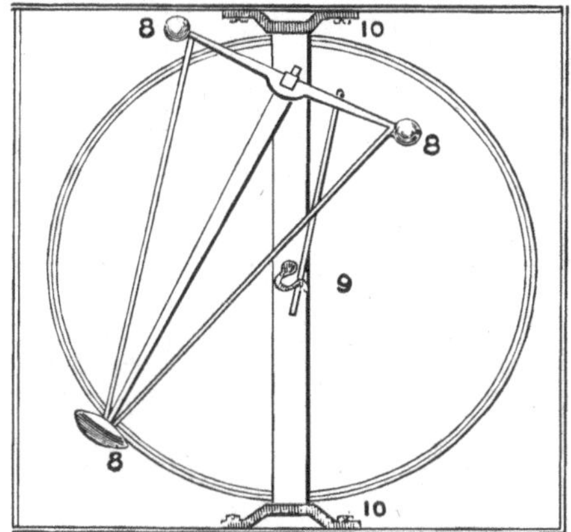

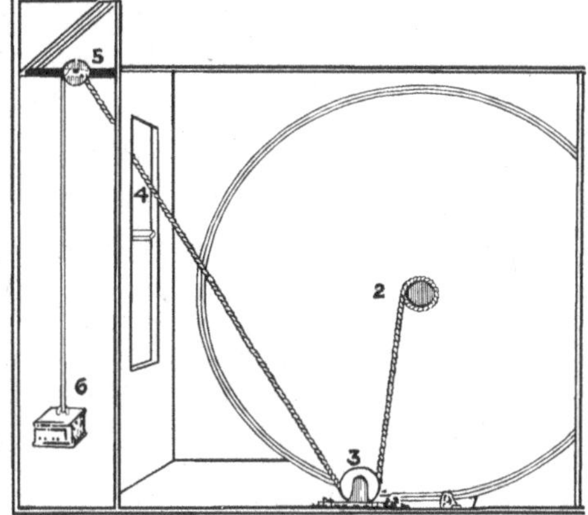

Abb. 9 *Seitenansichten des Besslerrades. Das Wichtigste jedoch, sein Innenleben, blieb ein Geheimnis.*

als auch das Rad von allen Seiten gut sehen konnte. Wir baten alle Anwesenden, sich die Achsen noch einmal genau anzusehen, doch niemand fand ein Loch oder Ähnliches. Man konnte den Apparat also von einem Ort zum anderen bringen. Außerdem konnte sich das Rad in beide Richtungen drehen, sooft es die Prüfungskommission wünschte. Nach jedem Eingriff drehte es sich wieder schnell, kraftvoll und gleichmäßig. Die Bewegung des Rades wurde von einem lauten Geräusch aus dem Inneren begleitet, das so lange anhielt, wie sich das Rad drehte. Wir konnten nichts Verdächtiges entdecken.

Es ist uns außerdem wichtig zu betonen, dass wir vor der Untersuchung alle benachbarten Räume überprüft hatten, also alle, die sich neben, unter und über dem Apparat befanden. Wir hatten auch festgestellt, dass kein Teil des Gestells hohl war, und wir hatten keine Spur von irgendwelchen Mechanismen oder Seilen, mit deren Hilfe das Rad von außen hätte bewegt werden können, gefunden.

Alles, was hier niedergeschrieben wurde, entspricht der Wahrheit. Wir versehen dieses Dokument ohne jeglichen Vorbehalt mit unseren Zeichen. Dieses Protokoll wurde auf die respektvolle und gehorsame Bitte des Erfinders ausgestellt. Unterzeichnet in Merseburg am 31. Oktober 1715.

Nur zwölf Zeugen unterzeichneten dieses Protokoll, aber man weiß, dass sehr viel mehr Personen anwesend waren. Drei Mitglieder des Prüfungskomitees gehörten zum Hof des sächsischen Kurfürsten August des Starken, es waren aber auch Gesandte des polnischen Königs dabei gewesen. Ein Mitglied der Prüfungskommission, Prof. Christian Wolff, befand sich in Anstellung bei

August dem Starken. Zur Zeit der Untersuchung war der Professor 36 Jahre alt und hatte an den Universitäten von Breslau, Jena und Leipzig studiert. Er war ein Schüler von Leibniz gewesen, der ihn der Universität Halle als Professor für Mathematik empfohlen hatte. Wie Leibniz, so war auch Wolff Mitglied der Royal Society in London (der englischen Akademie). Später wurde er wissenschaftlicher Berater von Zar Peter dem Großen und unterstützte die Gründung der Akademie der Wissenschaften von Sankt Petersburg. Auch war er Rektor der Universität Halle. Zwischenzeitlich wurde er jedoch wegen des Besslerrades für einige Zeit an die Universität Marburg verbannt.

Das Buch von John Collins zählt alle Persönlichkeiten, die bei der Untersuchung anwesend gewesen waren, und ihre Fachgebiete detailliert auf. Wir wollen uns jedoch damit zufriedengeben, dass die einzig mögliche äußere Energiequelle, also der Antrieb über die Lager, laut Prüfungskommission auszuschließen ist. Besslers Rad konnte sich also fortwährend drehen und dabei außerdem noch viel Energie abgeben. Es konnte sogar auf ein anderes Gestell gesetzt werden, was ebenfalls einen Antrieb über die Lager ausschließt. Es weist also tatsächlich alles darauf hin, dass Besslers Apparat wirklich ohne äußere Energiequelle fortwährend Energie abgeben konnte.

Sehen wir uns nun die Aufzeichnungen eines anderen Kommissionsmitglieds an, nämlich Johann Weise:

> Der Erfinder führte uns zuerst im Haus umher und bewies so, dass sein Perpetuum mobile von keiner äußeren Energiequelle angetrieben wurde – was einige zuvor zu Unrecht behauptet hatten. Der kreisförmige Apparat hat einen Durchmesser von ca. 3 Metern und ist ca. 30 Zentimeter breit. Der Erfinder setzte das Rad mit einem minimalen Kraftaufwand in Gang. Sobald das erste innere Gewicht zu fallen begann, drehte sich das Rad und schaffte ca. 40 Umdrehungen pro Minute. Man konnte es nur sehr schwer und mit viel Kraft wieder anhalten. Buchta und Wolff, ebenfalls Mitglieder der Prüfungskommission, sprachen nach der Demonstration mit Bessler, um eventuelle Meinungsverschiedenheiten zwischen ihm und Leibniz zu klären.

Buchta schrieb am 3. November 1715 Folgendes an Leibniz:

> Bessler sprach sehr positiv von Eurer Exzellenz. Er bedauerte, das Angebot nicht angenommen zu haben, das Eure Exzellenz ihm in meiner Gegenwart vorgelegt hatte. Er verriet mir im Vertrauen, dass einige böswillige Menschen ihn dazu überredet hätten, es abzulehnen. Er bat darum, Eure Exzellenz möge so schnell

wie möglich kommen, um den Apparat genau zu untersuchen, wenn Eure Exzellenz schwört, ihn nicht nachzubauen, und bereit ist, 3000 Taler zu bezahlen. Wenn es jedoch gelänge, den Apparat zu verkaufen, bekäme Eure Exzellenz sofort 9000 Taler.

Vergangenen Donnerstag war ich mit Prof. Wolff, Herrn Hoffmann und Herrn Mencke aus Leipzig, die Eure Exzellenz ebenfalls beauftragt hatten, an der Untersuchung teilzunehmen, in Merseburg. Ich habe mit eigenen Augen gesehen, wie der Erfinder den Apparat von dem Gestell nahm und ihn ca. 2 Meter weiter auf ein anderes setzte. Ich sah es aus nächster Nähe, deshalb kann ich behaupten, dass Gärtners Vorwürfe gegen Bessler unerhört sind.

Leibniz nahm dieses Angebot jedoch nicht an, wahrscheinlich, weil er keine 3000 Taler auftreiben konnte. Er schrieb:

Ich freue mich sehr, dass Bessler so vorteilhaft über mich gesprochen und mich nicht missverstanden hat, denn er hat sich angeblich darüber beklagt, dass ich sein Geheimnis entschlüsseln wolle. Ich denke in erster Linie an die Nutzung seines Rades, aber ohne das Geheimnis zu kennen, kann ich nicht darüber entscheiden. Sobald der Erfinder wieder ganz in Ordnung ist, muss man ihm eine wertvolle Auszeichnung zukommen lassen, damit er noch zu Lebzeiten seinen Ruhm genießen kann.

Leibniz bat auch Prof. Wolff, seine Eindrücke von der Untersuchung niederzuschreiben. Dieser entsprach der Bitte und schrieb am 19. Dezember 1715 (dieser Brief wurde bei der Veröffentlichung des Briefwechsels zwischen Wolff und Leibniz nie abgedruckt, wohl seines Inhalts wegen):

Auch ich nahm an der Vorstellung von Besslers ungewöhnlichem Rad teil. Der Mechaniker Gärtner, der für seine mechanischen Erfindungen bekannt ist, hatte unter dem Publikum einen Kupferdruck verteilt, auf dem er Besslers Namen in den Schmutz zieht. Er behauptet nämlich, der Apparat würde mithilfe eines Seils aus einem benachbarten Zimmer angetrieben. Wir haben jedoch bewiesen, dass Besslers Apparat in Wahrheit sehr weit von jeglichem Betrug entfernt ist.

Die Untersuchung fand in Anwesenheit von Vertretern des Prinzen und anderen Gästen statt. Als das Rad zur Inbetriebnahme bereit war, öffneten wir alle benachbarten Räume und legten den Blick auf die Lager frei. Man konnte allerdings nur die obere Hälfte sehen, die untere hatte der Erfinder verhüllt, damit niemand ihr Innenleben zu Gesicht bekäme. Er verriet uns, dass der Apparat mit

> Gewichten angetrieben würde. Danach gab er uns einige in Tücher gewickelte Gewichte, damit wir ihr Gewicht schätzen könnten. Wir schätzten jedes davon auf ca. 2 Kilogramm. Sie waren eindeutig zylinderförmig. Nicht nur deswegen, sondern auch aufgrund anderer Hinweise denke ich, dass der Erfinder die Gewichte an irgendwelchen beweglichen oder elastischen Armen am äußeren Rand des Rades befestigt hatte.
>
> Beim Drehen des Rades war gut zu hören, dass die Gewichte an Holzplatten schlagen. Durch einen Spalt bekam ich diese Platten zu Gesicht: Sie waren leicht gewölbt. Als er den Apparat auf ein anderes Gestell setzte und die Gewichte wieder an ihrem ursprünglichen Platz anbrachte, bemerkte ich, wie er eine Eisenfeder hinunterdrückte, die beim Hinausrücken einen lauten Ton von sich gab. Deshalb bin ich mir sicher, dass das Rad von einer inneren Energiequelle angetrieben wird. Es ist aber nicht sicher, dass diese Energie für immer erhalten bleibt. Außerdem ist der Apparat nicht viel wert, wenn er nicht weiterentwickelt werden kann. Zurzeit kann er mit einem Vierfach-Flaschenzug ca. 30 Kilogramm anheben, was das Heben allerdings sehr verlangsamt. Der Durchmesser des Rades beträgt ca. 4 Meter. Das Eisenlager ist sehr dünn, sein Durchmesser beträgt ca. 6 Millimeter, und nur ein Sechstel seiner Gesamtlänge produziert Reibungswiderstand.

Leibniz war über diese genauen Informationen sehr erfreut und antwortete Wolff am 23. Dezember 1715:

> Ich bin Ihnen sehr dankbar, dass Sie mir von dem Apparat berichtet haben. Ich muss gestehen, er scheint fantastisch zu sein. Wenn nur ein reicher Prinz die Erfindung kaufen würde! Es würde sich sogar lohnen, wenn der Apparat jetzt noch nicht viel leisten kann. Vielleicht kann man ihn ja später weiterentwickeln, wenn sein Innenleben erst einmal bekannt ist.
>
> Gärtner wird zwar für seine Erfindungen gelobt, aber man sollte ihm klarmachen, dass er anderen, die nicht so bekannt sind, mehr Respekt erweisen sollte. Er hat sich selber nichts Gutes getan, als er Bessler einen Betrüger nannte.

Im Dezember 1715 erschien ein kleines Büchlein über die Untersuchung, das auch der Öffentlichkeit zugänglich war. Natürlich wird auch hier das Geheimnis des Rades nicht enthüllt, der oben stehende Brief liefert uns jedoch einige wichtige Informationen: Erstens, dass sich Gewichte in dem Apparat bewegten, und zwar auf schrägen, vielleicht gebogenen oder spiralförmigen Bahnen, und zweitens, dass auch Federn in dem Rad zu finden waren. Der Mechanismus löste also irgendeine Aufgabe bei der Energiespeicherung.

Vielleicht beginnt der Leser nach Beendigung dieses Buches selbst zu spekulieren, wie das Innenleben des Besslerrades wohl ausgesehen haben könnte. In den späteren Abschnitten wird sich zeigen, dass dies wohl gar nicht so kompliziert war, nur die Anordnung der Gewichte war ungewohnt.

Trotz des Protokolls der Untersuchungskommission hielten die Intrigen gegenüber Bessler weiter an. Für das Geld, das Bessler für seine Demonstration erhalten und das er unter den Armen verteilt hatte, wurden Steuern erhoben – wohl um ihn seiner Geldquelle und seiner Beliebtheit zu berauben. Wieder verfiel er in eine 4 Monate währende Depression, und wieder einmal zerstörte er, wohl auch aus anderen Gründen, seinen Apparat. Leibniz schrieb in diesem Zusammenhang am 14. April 1716 folgenden Brief an Teuber:

> Es beschäftigt mich sehr, was mit Bessler geschehen sein mag, und ich würde mich freuen, wenn Sie nachschauen würden, ob nicht vielleicht jemand aus seinem Dorf etwas über ihn weiß. Dieser gute Mensch hat so vieles durchgemacht; er ist die Regeln des sozialen Zusammenlebens einfach nicht gewöhnt. Ich befürchte, dass seine Erfindung verloren geht, wenn er sie nicht veröffentlicht oder einem Freund zeigt.

Bessler am Hof des Landgrafen Karl

Leibniz hatte mit seiner Einschätzung recht. Besslers Misstrauen sowie das fehlende Verständnis und die Feindseligkeiten seiner Umwelt führten tatsächlich dazu, dass Besslers Geheimnis, das Innenleben seines Apparats, bis heute unbekannt geblieben ist.

Bessler zerstörte also wieder einmal sein Rad und suchte sich eine neue Bleibe, diesmal in Kassel. Am 3. Juli 1716 schrieb Leibniz wieder an Teuber und informierte ihn darüber, dass er von Hannover aus noch einmal nach Zeitz reisen würde, um die noch verbliebenen Probleme mit seinem Rechner zu klären. (Dieser Rechner war ein echtes Wunder seiner Zeit. Er konnte nicht nur addieren und subtrahieren, sondern auch dividieren, multiplizieren und sogar Wurzeln ziehen.)

Er erwähnte in diesem Brief, dass er auch Graf Moritz Wilhelm besuchen wolle. Laut Hofprotokoll kam Leibniz am 10. Juli 1716 dort an und wurde als hochrangiger Gast empfangen. Er blieb eine Woche, verbesserte etwas an seinem Rechner, der dort angefertigt worden war, und besuchte Bessler nochmals auf dem Rückweg.

Am 3. August 1716 schrieb er an Teuber:

> Ich habe mit Herrn Bessler gesprochen. Er möchte nach Kassel ziehen. Er hegt große Hoffnungen, dass die Nachricht von seinem Perpetuum mobile durch das Ansehen und die Unterstützung des Landgrafen in Kassel zu zahlreichen Adligen gelangen könnte und er vielleicht endlich eine Belohnung erhält. Dazu müsse sich sein Rad aber mindestens 2 Wochen lang drehen.

Leibniz verließ Zeitz am 17. Juli. Zu dieser Zeit wusste er also schon, dass Bessler nach Kassel ziehen würde. Leibniz hoffte, dass dort nach dem Bau eines neuen Apparates endlich alles in Ordnung kommen würde und dass auch er bei der Weiterentwicklung und der Entschlüsselung des Geheimnisses helfen könne.

Leibniz' Mitarbeit wurde jedoch durch seinen Tod am 14. November 1716 für immer unmöglich gemacht. Er starb im Alter von 70 Jahren. Damit war die Möglichkeit, dass ein anerkannter – vielleicht der anerkannteste Forscher des Kontinents überhaupt – an der Aufdeckung des Geheimnisses teilnehmen könnte, nicht mehr gegeben. Leibniz' Ansehen, sein Wissen, sein sichtliches Interesse und seine Unterstützung waren für immer verloren.

Nun begann ein neuer Abschnitt in Besslers Leben, und obwohl er nicht mehr auf die Hilfe von Leibniz zählen konnte, hatte er die Hoffnung noch nicht aufgegeben.

Neue Möglichkeiten eröffneten sich, als er in die Dienste eines der reichsten und angesehensten Männer seiner Zeit trat, des 62-jährigen Herrschers von Hessen-Kassel, Landgraf Karl. Karl lebte auf Schloss Weißenstein im Reichsfürstentum Hessen-Kassel und galt europaweit als bedeutende Persönlichkeit. In seinem kleinen Fürstentum herrschten gute wirtschaftliche Verhältnisse, was in erster Linie den Söldnern zu verdanken war, die Karl immer mit großem Gewinn an die gerade kämpfenden Parteien verlieh. Während sich in England der Handel mit Sklaven und Kolonialprodukten als gewinnbringend erwies, erwarb sich also der Landgraf von Hessen-Kassel seinen Reichtum und sein Ansehen durch die Ausrüstung und den Verleih von Söldnerheeren.

Der Graf hatte lange Zeit seines Lebens mit Krieg verbracht. In seiner zweiten Lebenshälfte aber wandte er sich immer mehr der Kunst und den Wissenschaften zu. So konnte man beispielsweise die erste Dampfmaschine des kontinentalen Europa an seinem Hof bewundern. Der Landgraf hatte sie erworben, um damit die Wasserspiele im Hof anzutreiben und seine hochrangigen Gäste in Erstaunen zu versetzen.

Alle fünfzehn Kinder Karls schlossen vorteilhafte Ehen; so wurde zum Beispiel einer von ihnen schwedischer Thronfolger. Wir sehen also, dass er zur Oberschicht seiner Zeit gehörte und in den höchsten und vornehmsten Kreisen verkehrte. So konnte er Besslers Arbeit tatsächlich ernsthaft fördern.

Hier erreichte Bessler den Höhepunkt seiner Karriere – bis zum Tod des 76-jährigen Karl im Jahre 1730.

Abb. 10
Landgraf Karl von Hessen-Kassel

Der Herrscher hatte sich sehr um sein kleines Reich bemüht, besonders um den Handel. Er hatte sogar eine Handelskammer ins Leben gerufen, wo er Bessler eine Stelle anbot. So wurde dieser 1716 Kommerzienrat und erhielt 300 Taler pro Jahr, was damals recht viel Geld war. Endlich hatte er eine Anstellung, einen Rang und ein regelmäßiges Einkommen.

Das Interesse an der Technik hatte den Herrscher ein Leben lang begleitet. Als guter Protestant hatte er auch die aus Frankreich verbannten Hugenotten an seinen Hof gerufen. Mit ihnen war 1688 auch ein Hugenotte namens Denis Papin gekommen, der sich bei der Entwicklung der Dampfmaschine sehr verdient gemacht hatte. In Paris war Papin ein Kollege von Christiaan Huygens gewesen, in London hatte er mit Robert Boyle zusammengearbeitet. Er erfand das Sicherheitsventil und den Schnellkochtopf. Später wurde er an der Universität Marburg Professor für Mathematik.

Papin zog 1695 nach Kassel, wo er mit der Unterstützung des Landgrafen mehrere bekannte Versuche durchführte. Die Versuche mit seiner Dampfmaschine setzte er aber nicht lange fort, da sich ein Modell des Erfinders John Theophilus Desaguliers als besser erwies. Papin diente dem Landgrafen 20 Jahre lang.

Der Landgraf verfügte also außer einem Interesse auch über ein Gefühl für Technik. In seinem Schloss stellte er sogar zahlreiche Maschinen und Apparate aus. Nach 38 Ehejahren starb jedoch seine Frau. Sie hatte ihm während ihrer Ehe zehn Söhne und fünf Töchter geschenkt. In seinen letzten Jahren hatte der Graf die Gunst von zwei Damen genießen können, die jedoch in ständigem Streit miteinander lagen. Dies sollte sich später auch auf Besslers Schicksal ungünstig auswirken.

Graf Karl war der Einzige, dem der Erfinder seinen Apparat von innen gezeigt hatte – jedoch nicht umsonst, sondern angeblich für 4000 Taler, was damals eine immense Summe war. Nachdem der Graf sich davon überzeugt hatte, dass alles mit rechten Dingen zuging und das Rad wirklich nur von internen Gewichten betrieben wurde – also tatsächlich ein Perpetuum mobile war –, stellte er sich mit seinem Ansehen voll und ganz hinter den Erfinder und dessen Rad.

Besslers Lage wurde dadurch zwar verbessert, die grundlegenden Probleme blieben aber bestehen.

Erneute Untersuchungen

Das Leben ging weiter, und Gärtner und seine Anhänger schrieben neue Pamphlete. Diesmal behaupteten sie, der Apparat könne auf keinen Fall länger als 2 Wochen funktionieren. Bessler nahm dies gelassen und bat den Landgrafen Karl, eine erneute Untersuchung einzuleiten, bei der sich das Rad unter kontrollierten Bedingungen, also in einem abgesicherten Raum, mehr als 2 Wochen lang drehen sollte. Diese neue Untersuchung fand dann wirklich statt und war auch erfolgreich. Daraufhin ließ der Landgraf das folgende Dekret veröffentlichen, das sogenannte Carolo-Attestat:[3]

Abb. 11
Bessler zeigt dem Landgrafen Karl von Hessen-Kassel das Innenleben seines Rades. Außer dem Grafen hat der Erfinder niemandem jemals einen Blick in die Mechanik seines Apparats gewährt. Aus diesem Grunde tappen wir in dieser Hinsicht nach wie vor im Dunkeln. (Zeichnung von Tamás Gáspár)

Der erwähnte Apparat funktionierte vor unseren adligen Augen, und wir untersuchten ihn, um alle zukünftigen Zweifel auszuschließen. Bei der Untersuchung verschlossen und versiegelten wir alle Türen, um sicherzugehen, dass niemand an das Rad herankommen kann. Außerdem ließen wir die geschlossenen Fenster und Türen bewachen.

Nach Ablauf der festgelegten Zeit werden wir uns das Rad erneut ansehen, und wir garantieren, dass – wenn es sich noch immer dreht – der Erfinder ein offizielles Dokument mit unserer Unterschrift erhalten wird, mit dem er jede zukünftige unbegründete Kritik von sich weisen kann …

Nachdem 3 Monate lang zahlreiche Menschen unterschiedlichen Ranges, die zum Teil von weit her gekommen waren, das Rad angesehen hatten, ordneten wir am 12. November des vergangenen Jahres 1717 an, den Apparat zu versiegeln, einzuschließen und 2 Wochen lang niemanden in seine Nähe zu lassen. Am 26. November sahen einige meiner Minister und meine Person uns den Apparat erneut an. Wir brachen das Siegel auf und bestätigen hiermit, dass sich das Rad noch immer drehte.

Wir untersuchten alles sehr gründlich und hielten das Rad mit den Händen an. Dann setzten wir es mit einem kleinen Stoß und ohne Hilfe des Erfinders erneut in Bewegung. Anschließend versiegelten wir das Rad und die benachbarten Räume, Fenster und Türen wieder. In den darauffolgenden 6 Wochen durfte niemand in die Nähe des Apparats kommen. Nach Ablauf dieser Zeit, also am 4. Januar 1718, kamen wir mit Gottes Hilfe wieder auf unser Schloss Weißenstein, wo wir nicht nur die Siegel unversehrt vorfanden, sondern auch Besslers Apparat, der sich unverändert weiterdrehte. Weder in dem Raum selbst noch in der Nähe war etwas Auffälliges zu entdecken. Der Erfinder hätte seinen Apparat auch über eine noch längere Zeit prüfen lassen, doch mit Rücksicht darauf, dass seine Gegner nur eine 4-wöchige Untersuchung verlangt hatten und diese ohnehin schon 8 Wochen gedauert hatte, stimmten wir gnädig zu, dass die bisherigen Untersuchungen ausreichten, um ein schriftliches Zeugnis über den Apparat ausstellen zu können.

Im Anschluss daran zählte Karl verschiedene Möglichkeiten auf, den Apparat zu nutzen. Eine davon war, mithilfe einer archimedischen Schraube Wasser zu schöpfen. Er bezweifelte nicht, dass im Falle eines Verkaufs von Besslers Apparat auch ein größeres Modell gebaut werden könne, das entsprechend mehr Leistung brächte. Dazu hätte der Erfinder aber einen größeren Raum und mehrere Assistenten gebraucht. Am Ende des Zertifikats gab der Graf folgende Anweisung:

> Wir fordern jeden, egal, welchen Ranges oder welcher Position, besonders aber unsere eigenen Untertanen dazu auf, jede Störung unseres Kommerzienrates Bessler und jede verletzende Äußerung über seine großartige Erfindung zu unterlassen. Wir erwarten, dass man ihn unterstützt und es ihm ermöglicht, seinen Erfolg zu genießen. Jeden, der ihn unterstützt, werden auch wir unterstützen, unabhängig von seinem Rang und davon, ob er unser Untertan ist.
>
> — Datum: 27. Mai 1718, Kassel

Vier Monate später war der Landgraf mit neuen diplomatischen Aufgaben beschäftigt. Er schloss eine Vierer-Liga mit dem Kurfürsten von Hannover, Zar Peter dem Großen, dem schwedischen König Karl XII., Kaiser Karl VI., dem gewählten Fürsten des Heiligen Römischen Reiches, und noch mit zahlreichen Fürstentümern wie Preußen, Sachsen, Polen und Litauen. Dieses Bündnis wurde vom Landgrafen Karl, Herrscher von Hessen-Kassel, dem Förderer von Bessler, zustande gebracht. Besslers Gegner, die sogenannte »Gärtner-Gruppe«, schwieg erst einmal. Es folgten ein paar friedliche Jahre, die Bessler aber leider keinen nennenswerten Durchbruch brachten.

Am 31. Oktober 1715 erschien jedoch in der Zeitschrift *Acta Eruditorum* ein längerer Artikel über das Perpetuum mobile und die Untersuchung in Merseburg. In diesem Artikel wurde zuerst kurz über Besslers Erfindung berichtet, danach über den Angriff der Gärtner-Gruppe mit ihrer Behauptung, das Rad würde von außen aus einer geheimen Kammer angetrieben. Auch andere Arbeiten des Erfinders wurden aufgezählt, wobei anerkannt wurde, dass er Kritik nicht mit Worten, sondern mit Taten zum Schweigen brachte. Der Artikel zählte auf, welche berühmten Personen an der Untersuchung teilgenommen hatten. Wie weiterhin erklärt wurde, habe Bessler nicht vor

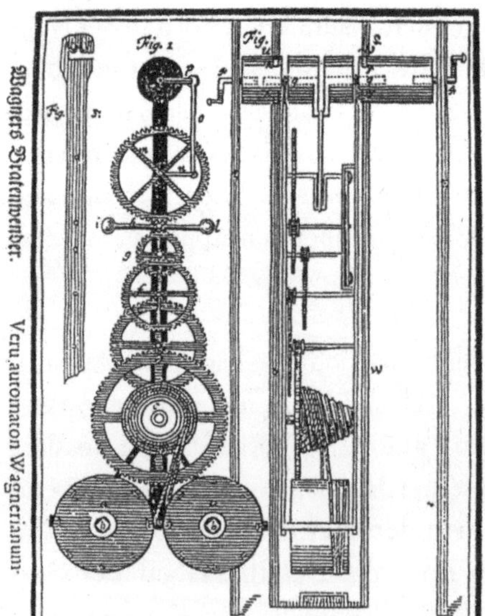

Abb. 12
Nach einer zeitgenössischen – jedoch falschen – Vorstellung waren in dem Rad aufgezogene Federn und Zahnräder versteckt. Alle Augenzeugen hatten aber von sich bewegenden, rutschenden und fallenden Gewichten berichtet.

ihnen verheimlicht, dass das Rad von Gewichten angetrieben wurde. Indirekte Beweise, so der Autor, belegten, dass die Gewichte in ihrer Mitte ein Loch hatten, über das sie mit Federn verbunden waren.

Von diesem Punkt an verhinderte auch Besslers eigene Sturheit seinen Erfolg, denn obwohl er mehrere Kaufangebote bekam, wurde kein Geschäft abgeschlossen. 1719, also 7 Jahre nach der ersten Prüfung, erschien ein Buch des Erfinders mit dem Titel *Das Triumphirende Perpetuum mobile Orffyreanum* auf Deutsch und Latein. Die deutsche Version war für den Durchschnittsbürger, die lateinische für Wissenschaftler bestimmt. Einige Exemplare seines Buches sind noch heute in den USA, Russland und Europa zu finden.

Gründlicher Bericht/
Von dem
Durch den anitzo zu Merseburg sich befindenden
MATHEMATICUM
Herrn ORFFYREUM
Glücklich inventirten
PERPETUO
ac per se
MOBILI,
Nebst dessen accurater
Abbildung/
Wie solches seit dem Monath Junio dieses 1715ten Jahres zu gedachten Merseburg von einer grossen Menge Hoher Standes-Personen, gelehrter Leute, Künstler und Curiosorum in Augenschein genommen, und genau examiniret, auch allda noch zu sehen ist.
Cum Censura & Approbatione.

Gedruckt Mens. Decembr. 1715.
und zu haben
Bey JOHANN THEOD. BOETIO zu Leipzig.

Abb. 13
Einband von Besslers Buch. Der Erfinder lobt sich selbst, beschimpft seine Feinde, lüftet sein Geheimnis aber auch jetzt nicht.

Allerdings lüftet Bessler auch hier sein Geheimnis nicht. Er beschreibt nur ausführlich, wofür man die Erfindung benutzen könnte, ansonsten enthält das Buch hauptsächlich rhetorische Wendungen.

In seinem Buch beschreibt Bessler die Geschichte des Perpetuum mobile, zählt sogar seine persönlichen Feinde auf und teilt sie in vier Gruppen: Eine Gruppe bestehe aus Wissenschaftlern, eine zweite aus hochrangigen Persönlichkeiten, eine dritte aus Durchschnittsmenschen und eine vierte aus Journalisten. Demnach zählte also fast die gesamte Menschheit zu seinen Feinden, was eine gestörte Seele vermuten lässt. Nur den Landgrafen Karl würdigt er als seinen Beschützer, der Name Leibniz taucht nicht auf. Er beschreibt, wie er anfing, sein Perpetuum mobile zu bauen, über das Innenleben äußert er sich jedoch sehr wortkarg:

> Das Innenleben entspricht den Gesetzen eines Perpetuum mobile, wonach die Gewichte, sobald sich das Rad zu drehen beginnt, aus ihrer eigenen Bewegung heraus Energie gewinnen und sich so lange bewegen, bis ihre Position und geometrische Anordnung die begünstigende Stellung verliert. Während es bei Automaten wie

> zum Beispiel Uhren oder Federn nötig ist, sie immer wieder aufzuziehen, arbeiten die Gewichte in diesem Apparat anders. Sie sind seine wichtigsten Bestandteile; sie ermöglichen erst die ständige Bewegung. Diese universale Bewegung müssen sie so lange beibehalten, bis sie aus dem Zentrum der Gravitation heraus sind. Man muss sie so anordnen, dass sie niemals ins Gleichgewicht kommen, was die Gewichte mit ihrer schnellen, wunderbaren Bewegung auch einhalten. Das eine oder andere drückt senkrecht mit seinem Gewicht auf die Achse, und diese Achse bewegt sich auch.

Aus dieser Beschreibung werden wir natürlich nicht viel klüger. So erfahren wir auch von dem Autor nur, dass er diese Aufgabe wirklich mit Gewichten auf ungewöhnlichen Bahnen löste – er hütet sich, eine detaillierte technische Anweisung zu liefern.

Neue Augenzeugenberichte

Bessler hatte schon in zwei Untersuchungen bewiesen, dass man mit Gewichten, die sich auf schrägen Bahnen bewegen, und mit Federn ein Perpetuum mobile bauen kann. Es war ihm aber auch mit seinem Buch nicht gelungen, diesen außergewöhnlichen Apparat zu verkaufen.

Im Jahre 1721 bekam Bessler vom Landgrafen Karl ein Haus mit Garten und einer Weidefläche geschenkt. Obwohl dies das Leben des Erfinders erheblich erleichterte, kam er in seiner Sache auch jetzt nicht viel weiter.

In diesem Jahr bekam Bessler jedoch Besuch von zwei Wissenschaftlern, deren Briefe uns einige neue Informationen liefern und damit einen etwas tieferen Einblick in die Funktionsweise des Apparates ermöglichen. Der eine war der junge Architekt und Bautechniker Joseph Emanuel Fischer von Erlach, der mit Desaguliers zusammengearbeitet hatte, um das Patent der Dampfmaschine von Savery und Newcomen zu verstehen und zu verwerten. Fischer hatte sich also eingehend mit Dampfmaschinen und Kraftmaschinen beschäftigt und verstand etwas von Physik. Auch er war mit 28 Jahren an Karls Hof berufen worden. Fischer schickte damals folgenden Brief an Desaguliers nach England:

> Als Zeichen meiner Anerkennung schreibe ich Ihnen diesen Brief über das Perpetuum mobile in Kassel, das mir schon in London empfohlen worden war. Doch zuerst möchte ich klarstellen, dass ich Dingen, die ich nicht verstehe, sehr kritisch gegenüberstehe.

Ich habe in Anwesenheit des Landgrafen Karl – er ist der anständigste Graf, den ich kenne – eine 2-stündige Untersuchung an dem Gerät durchgeführt und muss zugeben, dass es keinen Grund gibt, es nicht als Perpetuum mobile zu bezeichnen. Es handelt sich um ein Rad mit einem Durchmesser von ca. 3 Metern, das mit einem ölimprägnierten Leinentuch bedeckt ist. Bei jeder Umdrehung des Rades hört man etwa acht Gewichte gedämpft fallen, und zwar auf jener Seite, die in Drehrichtung vorne liegt. Das Rad dreht sich überraschend schnell und führt etwa 26 Umdrehungen pro Minute aus, wenn die Achse nicht belastet ist. Legt man einen Keilriemen oder ein Seil an der Achse an, um damit eine archimedische Schraube anzutreiben und so Wasser zu schöpfen, schafft das Rad nur 20 Umdrehungen pro Minute.

Ich habe dies mehrere Male überprüft und immer das gleiche Ergebnis erhalten. Danach hielt ich das Rad unter großem Kraftaufwand an. Es war so stark, dass es sogar einen Menschen hätte hochheben können, wenn er es zu plötzlich anhalten wollte.

Nachdem ich es angehalten hatte, blieb es stehen, und dies, mein Herr, ist der größte Beweis dafür, dass es sich um ein Perpetuum mobile handelt! Ich startete es ganz vorsichtig wieder, um zu sehen, ob es die vorherige Geschwindigkeit erneut aufnehmen könne. Was dies betrifft, hatte ich ernste Zweifel, denn in London hatte man mir gesagt, dass es sich nur so lange drehen würde, bis die anfängliche Impulswirkung ausläuft.

Doch zu meiner größten Überraschung drehte sich das Rad immer schneller, bis es nach zwei Umdrehungen erneut die vorherige Geschwindigkeit erreicht hatte. Es schaffte wieder 26 Umdrehungen pro Minute ohne und 20 Umdrehungen mit Gewicht.

Dieser Versuch, mein Herr, zeigt, dass das Rad trotz meines sehr geringen Anstoßes schnell beschleunigt, was mich mehr überzeugt, als wenn ich ihm ein ganzes Jahr lang beim Drehen zugesehen hätte, denn während eines Jahres könnte es ja auch immer langsamer werden. Aber jetzt, wo ich gesehen habe, dass das Rad nach dem Start an Geschwindigkeit zunimmt, obwohl Reibung vorhanden ist, glaube ich nicht, dass es noch jemanden gibt, der an der Richtigkeit der Sache zweifelt.

Als ich das Rad in die entgegengesetzte Richtung drehte, zeigte es den gleichen Effekt. Ich untersuchte die Lagerungen, um sicherzugehen, dass es dort keine geheime Vorrichtung gibt, aber ich fand lediglich zwei kleine Lager, an denen das Rad aufgestützt ist.

Seine Hoheit, der ein wirklich großzügiger Herr ist, hat sich immer sehr positiv über Bessler geäußert und möchte dessen Erfindung nicht benutzen, solange

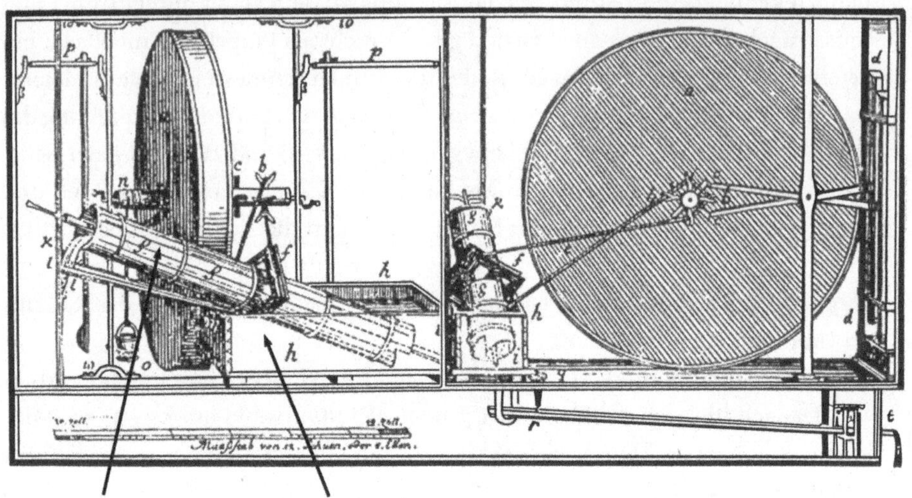

Abb. 14 *Abbildung aus Besslers Buch (Querschnitt des größten Bessler-Apparats). Auf dem Bild treibt das Rad eine Schraubenpumpe und eine kleine Mühle an, die aus zwei stabförmigen Gewichten besteht. Hier ist das Pendel zur Regelung der Umdrehungszahl nicht abgebildet.*

dieser nicht den ihm gebührenden Lohn bekommen hat. Seine Hoheit, die sich auf dem Gebiet der Mathematik gut auskennt, versicherte mir, dass das Innenleben so unkompliziert sei, dass es sogar ein Schreinergeselle leicht nachbauen könnte, wenn er es kennen würde. Der Graf würde seinen Namen nicht durch solch eine Behauptung riskieren, wenn er sich seiner Sache nicht ganz sicher wäre.

Meiner Meinung nach – und dies habe ich auch seiner Hoheit vorgeschlagen – müsste man in London eine Gesellschaft gründen, die die Erfindung kauft. Der Graf wäre sehr glücklich, wenn eine solche Gesellschaft dem Erfinder 20 000 Pfund für das Rad zahlen würde. Dann könnte man bei einer erneuten Untersuchung endlich das Geheimnis lüften. Wenn sich das Rad dann tatsächlich als Perpetuum mobile behauptet, darf der Erfinder das Geld behalten – wenn nicht, muss er es zurückgeben. Dies würden wir vorher mit geeigneten offiziellen Dokumenten verbriefen. Ich habe seiner Hoheit schon gesagt, dass ich mir keine geeignetere Person für die Gründung dieser Gruppe vorstellen kann als Sie, der sich immer für das Gemeinwohl eingesetzt hat. Stellen Sie sich vor, wie gut es wäre, wenn die aufgeklärteste Nation Europas das Geheimnis des Perpetuum mobile besäße, mit dem man unendlich viele, heute noch unbekannte Erfindungen machen könnte!

> Da ich nicht lange hierbleiben kann, bitte ich Sie, Kontakt zu Herrn Roman, dem Baumeister Seiner Hoheit, aufzunehmen. Er wird Ihnen alle Briefe zeigen, die an den Grafen geschrieben wurden, und Sie werden zu einer Einigung kommen. Ich bitte Sie, auch mit Ihrem Freund Sir Newton zu sprechen und ihm meine Meinung über diese Maschine darzulegen. Ich hoffe, Sie werden bald von Herrn Gravesande aus Leiden hören, der sich gerade auf einer Rundreise befindet und zum Hof des Grafen unterwegs ist. Seine Hoheit ließ ihn durch Herrn Roman bitten, ihn hier zu besuchen.

Fischer wusste nicht, dass Desaguliers sich schon der Savery-Newcomen-Dampfmaschine verpflichtet hatte. Da er auch an ihrer Entwicklung teilnahm, lag es nicht in seinem Interesse, Besslers Rad populär zu machen. Hier haben wir ein typisches Beispiel für einen frühen Interessenkonflikt der Industrie.

Ein Brief an Newton

Mit dem Brief des Leidener Physikprofessors Willem Jacob 's Gravesande an Sir Isaac Newton wollen wir uns etwas ausführlicher beschäftigen. Gravesande schrieb Folgendes:

> Wahrscheinlich hat Dr. Desaguliers Ihnen den Brief gezeigt, in dem Baron Fischer ihm von Besslers Apparat berichtet, den er als Perpetuum mobile bezeichnet. Der Graf liebt die Wissenschaften und die Kunst und lässt keine Möglichkeit aus, eine Erfindung zu unterstützen. Er möchte das Rad der ganzen Welt vorstellen, damit es öffentlich genutzt werden kann. Deshalb bat er mich zu untersuchen, ob die Angaben des Erfinders stimmen und ob wir den Apparat den Gelehrten zeigen können. Sie sollten dann darüber nachdenken, wofür man diese unvergleichliche Erfindung benutzen könnte.
>
> Ich hoffe, es nimmt Ihnen nicht die Lust, dass meine Untersuchung nur indirekt ist. Ich erzähle alles, was ich gesehen habe, da die Meinungen über das Rad sehr gespalten sind; fast alle Mathematiker sind dagegen. Die Mehrheit beruft sich auf die Unmöglichkeit einer permanenten Bewegung. Deshalb hat die Erfindung auch nicht die ihr gebührende Aufmerksamkeit erhalten. Ich muss zugeben, dass meine Fähigkeiten nicht an die derjenigen Personen heranreichen, die die Unmöglichkeit des Perpetuum mobile bewiesen haben, aber wegen gewisser Umstände bin ich doch darauf aufmerksam geworden.
>
> Vor ca. 7 Jahren bemerkte ich nämlich, dass man falsch gegen das Perpetuum mobile argumentiert. Obwohl die Argumente in sich stimmten, sind sie nämlich

nicht ohne Widerspruch auf alle beliebigen Maschinen anwendbar. Ich bin weiterhin überzeugt, dass es möglich ist, eine Maschine zu bauen, die sich permanent bewegt. Es schien mir damals, dass Leibniz einen Fehler machte, als er die Möglichkeit einer endlosen Bewegung axiomatisch von sich wies. Trotzdem habe ich nicht daran geglaubt, dass Bessler ein Perpetuum mobile gebaut hat, denn dafür müssten meiner Meinung nach vorher noch andere Erfindungen gemacht werden, die man dann weiterentwickeln könnte. Nachdem ich den Apparat untersucht habe, ist es mir jedoch unmöglich, meine Überraschung zu verbergen.

Der Erfinder ist ein echter Mechaniker, aber kein guter Mathematiker. Sein Rad ist überraschend genial. In den folgenden Zeilen werde ich das Äußere des Apparates beschreiben, denn das Innenleben durfte ich nicht sehen – der Erfinder hat Angst, dass sein Geheimnis gestohlen wird.

Der Apparat ist ein hohles Rad – oder eher eine Trommel. Er hat einen Durchmesser von ca. 3 Metern und ist ca. 30 Zentimeter dick. Er besteht aus vielen Holzlatten und ist sehr leicht. Das Ganze hat der Erfinder mit einem Tuch bedeckt, damit man das Innenleben nicht sehen kann. In der Mitte des Rades – oder der Trommel – verläuft eine Holzachse mit einem Durchmesser von ca. 15 Zentimetern, die an beiden Enden ein Metalllager mit einem Durchmesser von ca. 2 Zentimetern besitzt – um diese Lagerungen dreht sich das Rad. Ich habe diese Lager untersucht und bin mir ganz sicher, dass keine äußere Beeinflussung der Bewegung vorhanden ist.

Stieß ich das Rad nur ganz leicht an, hielt es gleich wieder an, sobald ich meine Hand wegnahm. Wenn ich es jedoch stärker anstieß, konnte ich es nur schwer wieder anhalten, denn nach 2-3 Umdrehungen erreicht es seine Maximalgeschwindigkeit und schafft etwa 26 Umdrehungen in der Minute. Diese Bewegung bleibt für mindestens 2 Monate erhalten, wie kürzlich hier in einem Zimmer des Schlosses bewiesen wurde. Bei dieser Untersuchung wurden alle Türen und Fenster um das Zimmer herum verschlossen und versiegelt, sodass niemand Zugang zu dem Apparat hatte und somit kein Betrug vorliegen kann.

Nach 2 Monaten befahl der Graf, das Zimmer zu öffnen und das Rad anzuhalten, denn es könnten einige Teile des Apparats abgenutzt sein. Schließlich war es ja nur ein Modell.

Bei meinen Untersuchungen war auch der Graf persönlich vor Ort. Ich wagte es, ihn zu fragen, ob er das Innenleben gesehen habe, nachdem sich das Rad eine Weile gedreht hatte, und ob sich nicht einige Teile verändert hätten und vielleicht auf diese Art betrogen worden sei. Seine Hoheit versicherte mir jedoch ausdrücklich, dass dies nicht der Fall gewesen sei. Außerdem erzählte er mir, dass das Innenleben sehr einfach sei. Auch dies zeigt, dass das Grundgesetz der Bewegung

> sich wahrscheinlich im Innenleben des Apparates verbirgt und dass es sich hier offensichtlich um das Gesetz der endlosen Bewegung handelt.
>
> Auch ich kann meine positive Meinung über den Erfinder nicht verbergen. Der Graf gab ihm ein sehr schönes Geschenk dafür, dass er das Innere des Rades sehen durfte. Die Hauptsache aber darf er nicht verraten, und er darf das Konzept nicht benutzen, solange der Erfinder seine Erfindung nicht verkauft hat.
>
> Ich bin mir sicher, mein Herr, dass nur England, wo Kunst und Wissenschaft in so weiten Kreisen verbreitet sind, dem Erfinder eine angemessene Belohnung geben kann. Bessler möchte nur eine Zusage, dass er seine Belohnung bekommt, wenn sich herausstellt, dass sein Apparat ein Perpetuum mobile ist. Außerdem möchte er sichergehen, dass sein Rad unvoreingenommen untersucht wird, weil er die Untersuchung sonst nicht zulassen wird.
>
> In Anbetracht dessen, dass es dem Gemeinwohl und dem Fortschritt der Wissenschaft dienen würde, wenn sich endlich herausstellen würde, ob die Erfindung ein Perpetuum mobile oder eine Fälschung ist, denke ich, mein Herr, sind diese Bedingungen akzeptabel.

Wir wissen nicht, ob Newton jemals auf diesen Brief geantwortet hat, da er zu dieser Zeit wegen seines fortgeschrittenen Alters kaum noch arbeitete. Immerhin lebte er aber noch 6 Jahre, in denen er vielleicht etwas in diesem Fall hätte unternehmen können. Es ist aber auch vorstellbar, dass er deshalb kein Interesse an dem Perpetuum mobile zeigte, weil Leibniz sich für den Apparat eingesetzt hatte.

Aber auch aus den vorhandenen Augenzeugenberichten können wir schon ein paar Schlussfolgerungen ziehen. Diese sollen nun vorgestellt werden.

Einige Schlussfolgerungen

Wie wir gesehen haben, bewegten sich in dem Rad Gewichte mit einfacher Mechanik auf schrägen Bahnen, während an einigen Stellen auch Stahlfedern beteiligt waren. Nach den zahlreichen Untersuchungen können wir sicher sein, dass der Apparat nicht durch die Lagerungen von außen angetrieben wurde. Mehrfach war festgestellt worden, dass das Rad schon bei einem leichten Anstoßen anfing, sich zu drehen, und dabei immer schneller wurde. Hierzu reichte schon ein minimaler Kraftaufwand aus.

Deshalb fällt es schwer, die Anschuldigungen zu glauben, der Apparat würde von außen angetrieben. Die lange Funktionszeit beweist, dass das Rad nicht durch Pressluft angetrieben wurde, und die Beobachtungen des einzigen

Augenzeugen, des Landgrafen Karl, über das Innenleben besagen dasselbe. Es ist allerdings auch eindeutig, dass der Apparat nicht unendlich belastet werden konnte, da er sich bei der Arbeit mit der archimedischen Schraube verlangsamte. Es kann sein, dass das Rad bei noch größerer Belastung stehen geblieben wäre.

Sicher glauben viele nicht an das, was sie gerade lesen. Schließlich hat die Wissenschaft schon vor langer Zeit bewiesen, dass es weder ein mechanisches noch ein anderes Perpetuum mobile geben kann. Außerdem ist es unvorstellbar, dass keiner der unzähligen Wissenschaftler und Ingenieure darauf gekommen sein soll, wie man ein Perpetuum mobile baut, besonders wenn es so einfach ist.

Ich glaube, die Realität sieht etwas anders aus. Man kann den vielen klugen Menschen nämlich auch die Lust nehmen, in dieser Richtung weiterzuforschen. Im Verlauf des Buches wird der Leser genügend Beispiele finden, dass es jemandem gelungen ist, ein Perpetuum mobile zu bauen, dass sich ihm aber die »Gärtners« seiner Zeit in den Weg stellten und die Verbreitung seiner Erfindung verhinderten.

Der Wert einer solchen Erfindung ist zweifellos so hoch, dass schon allein das Finanzielle ein riesiges Hindernis darstellt. In diesen Fällen entsteht nämlich ein eigenartiges Gemisch aus Prestige, Neid und Dummheit, das fast jeden Erfolg verhindern kann. Selbst viele gute Absichten kommen nicht gegen ein bisschen Bosheit an.

Was kann das wohl für ein Geheimnis sein, das seit 300 Jahren kein Physiker oder Mathematiker lüften konnte? Ich hoffe, im zweiten Kapitel dieses Buches wird das klar werden. Zunächst aber wollen wir Besslers Schicksal weiterverfolgen.

Die bisherigen Ereignisse zeigen uns, dass Bessler gegen Windmühlen ankämpfte. Die Newcomen-Dampfmaschine breitete sich langsam aus, obwohl sie noch sehr primitiv war und einen sehr niedrigen Wirkungsgrad besaß. James Watt wurde 1736 geboren, und Dampfmaschinen mit höherem Wirkungsgrad entstanden erst gegen zu Beginn des 19. Jahrhunderts. Aus diesem Grunde kann man der Dampfmaschinenlobby auch nicht die Schuld für die Erfolglosigkeit des Perpetuum mobile geben, sondern muss sie eher in der menschlichen Natur suchen: bei der Dummheit und dem Neid der betroffenen Personen.

Einen Monat nachdem Gravesande seinen Brief an Newton geschrieben hatte, wurde das Schriftstück in Holland publiziert. Auf diese Weise wuchs die Bekanntheit des Besslerrades so sehr, dass der misstrauische Erfinder seinen

Apparat wieder einmal (zum dritten Mal) zerstörte, um zu verhindern, dass sein Geheimnis gestohlen wurde. Man weiß nicht, ob er es deshalb tat, weil er ein kleines Haus in der Nähe des Schlosses erhalten hatte und er nach seiner Gewohnheit vor jedem Umzug seinen Apparat zerstörte, oder ob er es wegen Gravesandes Brief tat.

Später äußerte sich Gravesande folgendermaßen über das Problem des Perpetuum mobile:

> Ich denke, es ist müßig, über die Möglichkeit oder Unmöglichkeit eines Perpetuum mobile zu spekulieren. Die Tatsache, dass es mathematisch unmöglich ist, sollte uns jedoch nicht davon abhalten, die Erfindung in Kassel zu untersuchen, nämlich ein Rad, das von einer inneren Bewegung gesteuert wird, sich bei dem kleinsten Kraftaufwand in beide Richtungen drehen kann und sogar nach mehreren Millionen Umdrehungen nur sehr schwer zu stoppen ist. Mir scheint, dass ein Apparat dieser Art auf jeden Fall Lob verdient, auch wenn es sich nicht gerade um das handelt, was der Erfinder behauptet. Wenn es ein Perpetuum mobile ist, verdient es den verlangten Preis. Wenn nicht, haben wir trotzdem eine interessante Erfindung vor uns.

Der letzte Hoffnungsstrahl

Gravesande war 33 Jahre alt, als er den Apparat in Kassel untersuchte. Er lebte noch 20 Jahre lang, nämlich bis 1742, und schrieb über diesen Apparat. In den 1730er-Jahren war er einer der bekanntesten Experimentalwissenschaftler an der Universität Leiden. Die Universität zählte zu den anerkanntesten ihrer Zeit, und die Vorträge Gravesandes zogen mehrere hundert Zuhörer an – er verstand es, gut und interessant über die Physik zu sprechen. All dies half Bessler aber nicht viel weiter. Ein letzter, dünner Hoffnungsstrahl zeigte sich, als Peter der Große, der russische Zar, sich als potenzieller Käufer bei ihm meldete. Christian Wolff und Johann Daniel Schumacher übernahmen die Verhandlungen. Wolff war ein Freund und Mitarbeiter von Gottfried Leibniz, mit dem er im Auftrag des Zaren gemeinsam die Organisation der Akademie von Petersburg begonnen hatte. Schumacher war Bibliothekar und ein Vertrauter des Zaren.

An dieser Stelle könnte man lange Briefe mit ausgeprägten Wirtschafts- und Finanzbeschreibungen zitieren, ich möchte mich aber auf den fast schon wissenschaftlichen Bericht beschränken, in dem Professor Wolff Zar Peter dem Großen seine Meinung über Besslers Apparat darlegte:

Dies ist der unvoreingenommene Bericht über das Besslerrad, den ich am 3. Juli 1722 für Eure Kaiserliche Hoheit, den Zaren, in Halle verfasste:

1) Wir können ohne jeglichen Zweifel feststellen: Besslers Rad wird von keiner äußeren Kraft bewegt, sondern ausschließlich durch die inneren Gewichte. Folgende Fakten veranlassten mich zu dieser Schlussfolgerung:
   a) Ich sah mit eigenen Augen, dass sich das Rad so lange mit konstanter Geschwindigkeit und Drehzahl ohne äußere Einwirkung drehte, bis es angehalten wurde. Jegliche äußere Beeinflussung ist ausgeschlossen, da ich die Lager untersucht habe. Sie waren auf beiden Seiten offen, und es war sichtbar, wie die Achsen sich in den Lagern drehten. Auf meine Bitte hin hob man das Rad auf ein anderes Gestell.
   b) Bevor das Rad auf das andere Gestell gelegt wurde, hatte der Erfinder, der seinen Apparat der offiziellen Prüfungskommission vorstellte, die Gewichte herausgenommen. Diese waren in Tücher gewickelt, und man erlaubte uns, sie zu berühren. Die Enden der Gewichte hielt er jedoch verborgen (wahrscheinlich befanden sich hier irgendwelche Löcher, Stifte oder Bolzen). Sie waren zylinderförmig und nicht sehr dick. Man konnte hören, wie die Gewichte auf der »Überschussseite« ankamen, als würden sie herüberfallen. Daraus schließe ich, dass das Ungleichgewicht nach Aufschlagen der Gewichte eintritt.

   Mir liegt außerdem die Aussage des Grafen von Hessen-Kassel vor, der in der Untersuchung mechanischer Apparate viel Erfahrung hat. Er hat das Innenleben des Rades gesehen und kann auch bezeugen, dass es sich mehrere Wochen lang in einem geschlossenen Raum gedreht hat. Er selbst hat alle Türen und Fenster mit seinem Siegel versehen. Den Schlüssel zu dem Raum trug er während der ganzen Zeit bei sich. Er gab sowohl eine mündliche als auch eine schriftliche Erklärung darüber ab, dass das Rad ausschließlich von den inneren Gewichten bewegt würde und es sich so lange dreht, wie man die innere Struktur unverändert lässt.

2) Da ein Apparat solcher Art mathematisch unmöglich ist, muss das Rad von irgendeiner äußeren Energiequelle angetrieben werden. Wir können diese Kraft aber nicht mit unseren Sinnesorganen erfassen. Auch solche Personen müssten den Apparat noch einmal untersuchen, die über mehr Kenntnisse im Bereich der Natur verfügen.

   Die Gewichte sind wahrscheinlich mit Stangen an der Außenkante befestigt. Wenn sie sich an der leichteren Seite des Rades befinden, kann man sie anheben. Sobald sie aber beginnen zu fallen (nachdem sich das Rad weitergedreht hat), wirken sie mit der Kraft, die sie beim Fall erhalten haben, und stoßen so an ein Stück Holz, das am Rand des Rades angebracht ist. Auf diese Art beginnt sich das Rad zu drehen, was wegen der inneren Gewichte gut hörbar ist. Aber die Kraft kommt nicht von dem Rad selbst, sondern von den Gewichten, vielleicht auch aus irgendeiner unsichtbaren Flüssigkeit, die die Gewichte immer schneller fallen lässt. Besslers Erfindung beruht auf der kunstvollen Anordnung der Gewichte, die von irgendetwas angehoben werden, wenn sie unten sind, und die beim Fallen Energie gewinnen. Dafür spricht auch, dass laut Bessler jeder, der das Innenleben sieht, den Apparat leicht nachbauen könne.

3) Es ist möglich, dass nach der Offenlegung des Innenlebens einige Mathematiker darauf kommen würden, dass der Apparat gar kein Perpetuum mobile ist, sondern eine von einer unbekannten Substanz ausgehende Kraft, die den fortwährenden Druck auf die fallenden Gewichte ausübt oder bei ihrem Einschlagen wirkt.
4) Da diese Substanz überall vorhanden ist und ihre Wirkung überall ausübt, funktioniert der Apparat an jedem beliebigen Ort.
5) Solange wir die Anordnung der inneren Gewichte nicht kennen, wissen wir auch nicht, wie man diese Wirkung steigern kann. Vielleicht könnte man die Leistung des Rades noch erhöhen, aber es ist auch möglich, dass sie mit der Größe des Rades nicht mehr zunimmt.
6) In der nächsten Zeit erwarte ich in Bezug auf den Apparat keinen großen Durchbruch. Das Rad, das ich gesehen habe, hatte sehr dünne und hohle Wellenenden, weshalb es sich auch so schnell drehen und Lasten heben konnte. Dies ist nicht unbedingt vorteilhaft, denn wenn man das Rad lange benutzt, würden die Wellenenden wahrscheinlich sehr bald abgenutzt werden und womöglich brechen. Es ist jedoch ein großer Unterschied, ob man einen Apparat pausenlos einsetzt oder ihn nur ab und zu etwas heben lässt.
7) Wer das Besslerrad kaufen möchte, muss auf jeden Fall entscheiden, ob er das Rad als Kuriosum oder zum Arbeiten benutzen möchte. Im ersten Fall müssen der 2. und der 3. Punkt beachtet werden, im zweiten Fall der 5. und der 6.

Erwähnenswert ist auch ein Brief Schumachers, der in Verbindung mit Wolffs Einladung nach Sankt Petersburg geschrieben wurde und aus dem eindeutig hervorgeht, dass Zar Peter der Große sich ernsthaft für den Apparat interessierte:

Nichts macht mich glücklicher, als den Hofrat Professor Wolff im Dienste Eurer Hoheit zu sehen. Erst wollte er diese Stelle nicht annehmen, denn wie er sagte,

> hat er hier alles, was er sich wünscht: Er dient einem guten Herrn, ist beliebt bei seinen Schülern, hat eine feste Anstellung und bekommt ein großzügiges Gehalt. Außerdem verdient er mit seinen Büchern, Geschäften und Unterricht 4000 Taler im Jahr. Darüber hinaus liebt er das hiesige Klima. Daneben befürchtet er, dass er vielleicht das Vertrauen Eurer Hoheit nicht gewinnen kann, dass die Wissenschaftler und Adligen seine Ansichten nicht akzeptieren, dass er bald Heimweh bekommen oder er der deutschen Wissenschaft fehlen könnte, wenn er nach Russland zieht.

Aus diesem Brief wird ersichtlich, dass Wolff sich nur schweren Herzens dazu entschloss, in die Dienste Peters des Großen zu treten. Positiv beeinflusste ihn jedoch, dass eine seiner Aufgaben an der Akademie die Untersuchung des Besslerrades sein sollte. Dies geht auch aus dem folgenden Brief von Schumacher hervor:

> Bevor ich mit Bessler sprach, habe ich auch mit Professor Wolff darüber diskutiert. Ich habe ihm den Vorschlag Eurer Hoheit vorgelegt und ihm gesagt, dass Eure Hoheit bereit sind, dem Gemeinwohl eine beträchtliche Summe zu opfern. Um das Geld nicht zu verschwenden, erkundigte er sich auch nach der Meinung des Professors. Dieser antwortete, dass wir wenig über das Thema wissen, und obwohl Bessler ein Rad angefertigt habe, das mithilfe von Drehungen schwere Gewichte hebt, wüssten wir nicht, ob es wirklich ein Perpetuum mobile sei. Unsicher sei auch, ob es der Menschheit gute Dienste leisten würde, da wir das Innenleben nicht sehen dürften. Er bat mich also, mit dem Erfinder darüber zu sprechen und ihm anschließend schriftlich darüber zu berichten.
>
> So begab ich mich unverzüglich nach Kassel in den Palast von Weißenstein in der Hoffnung, Bessler dort zu finden. Der Graf hatte ihn jedoch mit den zerstörten Teilen seines Rades nach Karlshafen, dem früheren Sieburg, geschickt, das ca. 11 Kilometer entfernt ist. Dort hat er ihm ein Haus geschenkt, damit er seine Ideen in Ruhe umsetzen kann. Außerdem belästigen ihn dort auch keine unerwünschten Besucher.
>
> Eure Kaiserliche Hoheit interessieren sich wahrscheinlich dafür, warum der Erfinder sein Rad zerstört hat: Landgraf Karl hatte Professor Gravesande aus Leiden zu sich gebeten, damit er die psycho-mathematischen Versuche vorführt, von denen er in seinem Buch berichtet hat. Dabei kamen sie auf das Thema »Perpetuum mobile« zu sprechen und darauf, ob das Besslerrad wirklich ein solches sei. Der Graf versicherte dem Professor, dass es wahr sei, und befahl Bessler, dem Gast seinen Apparat vorzuführen. Er stellte ihm Gravesande aber nicht vor. Bessler

zeigte also seinen Apparat. Doch Gravesande stellte so viele Fragen und interessierte sich so sehr für das Innenleben, dass Bessler misstrauisch wurde und sein Geheimnis gefährdet sah. Deshalb hielt er keine weiteren Vorführungen, sondern zerstörte sein Rad, sobald die Besucher ihn verlassen hatten.

Ich durfte einige Tage bei dem Erfinder in Karlshafen verbringen. Nach einiger Zeit berichtete ich ihm von dem großzügigen Vorhaben Eurer Kaiserlichen Hoheit. Seine erste Frage war jedoch, ob Herr Schumacher denn überhaupt so viel Geld habe. Ich antwortete ihm, dass mehr Geld zur Verfügung stehe, als er sich vorstellen könne, und dass Eure Kaiserliche Hoheit einen hohen Rang und sehr viel Geld für die Erfindung versprächen, sofern diese den Untersuchungen standhält. Der Erfinder versicherte mir, dass sein Rad selbstverständlich die Untersuchungen bestehen und dass er dafür sogar seine Hand ins Feuer legen würde.

Ich schlug vor, zwei renommierte Mathematiker zu bitten, vor dieser Untersuchung in einem Dokument zu versichern, dass sie nichts über das Innenleben verraten würden. Die vorher vereinbarte Summe sollte bis zur Untersuchung auf einem Konto hinterlegt werden. Er willigte jedoch nicht ein. Er beharrte darauf, dass sein Rad echt sei und er niemanden einweihen werde, da die Welt voller böser, unzuverlässiger Menschen sei. Sein letzter Satz war: »Herr Schumacher, legen Sie 100 000 Taler auf den Tisch, und ich überreiche Ihnen meine Erfindung.« Mehr konnte ich nicht erreichen – selbst wenn ich 1 Jahr lang mit ihm verhandelt hätte. Also reiste ich zurück nach Halle und berichtete Professor Wolff von den Ereignissen.

Die Nachricht von dem Perpetuum mobile löste sehr interessante Diskussionen aus. Professor Gravesande meint, die ständige Bewegung widerspräche den bisherigen mathematischen Regeln nicht. Man könne aber nicht genau sagen, ob Besslers Erfindung der Menschheit Nutzen bringen würde oder nicht, außer einige geschickte Mathematiker dürften das Rad perfektionieren. Ich habe auch Gärtners Perpetuum mobile in Dresden gesehen. Es ähnelt einem Mühlstein, ist mit Sand gefüllt und mit einem Tuch bedeckt. Es bewegt sich nach vorn und nach hinten, kann aber laut dem Erfinder in keiner größeren Version gebaut werden. Die französischen und englischen Mathematiker wiederum sind der Ansicht, dass es sich nicht lohnt, Erfindungen dieser Art zu beachten, da sie den Gesetzen der Mathematik widersprächen. Professor Wolff hat mir seine Meinung schriftlich überreicht. Ich lege sie diesem Brief bei.

Schumacher beendete seinen Brief an Zar Peter den Großen auf folgende Weise:

> Aus dem, was ich geschrieben habe, werden Eure Hoheit ersehen, dass das Besslerrad noch lange nicht perfekt ist. Der Erfinder schrieb mir, dass er sein Geheimnis erst nach der Unterzeichnung eines Vertrages verrät, wenn ein Herrscher die Erfindung erwirbt. Deshalb bittet er Eure Kaiserliche Hoheit bescheiden, ein wenig zu den Kosten beizutragen.

Dem Briefwechsel folgten lange Verhandlungen, die wohl daher so schwierig waren, da dem Erfinder schon zu oft falsche Hoffnungen gemacht worden waren. Am 1. Juni 1723 hatte Professor Wolff endlich einen vorläufigen Vertrag ausgearbeitet. Die Erfindung sollte nur noch 90 000 Taler kosten, Bessler sollte jedoch weitere 10 000 Taler für ein Buch über seine Erfindungen erhalten.

Schließlich reiste Detlef Klefeker aus Sankt Petersburg nach Deutschland, um die Erfindung im Namen des Zaren zu kaufen. Aber auch diese Verhandlungen führten – wahrscheinlich wegen Besslers Sturheit – zu keinem Ergebnis. Vielleicht wäre der Kauf aber trotzdem noch getätigt worden, wenn Peter der Große nicht am 28. Januar 1725 im Alter von 52 Jahren plötzlich gestorben wäre. Seine Nachfolger zeigten weder an Besslers Erfindung noch an der Akademie Interesse. So lebte zum Beispiel der junge Euler, der seine Laufbahn an der Akademie für Wissenschaften in Sankt Petersburg begonnen hatte, lange in großer finanzieller Unsicherheit.

Das weitere Schicksal der Erfindung

Zu dieser Zeit hatte Besslers Laufbahn ihren Höhepunkt schon überschritten, und nun begann der Abstieg. Landgraf Karl starb bald, und seine Nachkommen waren vollauf damit beschäftigt, die ständigen Streitereien zwischen seinen beiden Geliebten zu schlichten; so wurden Bessler und seine Erfindung von niemandem mehr beachtet. Der Kurfürst hatte insgesamt mehr als 100 000 Taler für die zwei Damen ausgegeben; er hätte das Produktionsrecht für Besslers Erfindung also ohne Weiteres kaufen können. So aber entging der Menschheit eine große Gelegenheit – und zwar für Jahrhunderte.

Bald darauf starb Besslers Frau. Zwar heiratete er noch einmal, aber von seiner zweiten Frau bekam er nicht mehr die nötige mentale Kraft und Unterstützung, sodass sich die Probleme zu häufen begannen.

Mit dem Tod des Landgrafen Karl hatte Bessler seine wichtigste Stütze verloren. Seine Feinde – in erster Linie Gärtner – taten wieder alles, um ihm zu schaden. Am 28. November 1727 brachten sie die Magd des Erfinders dazu, ein Dokument zu unterzeichnen, in dem sie behauptete, das Rad sei mithilfe einer raffinierten Anlage von außen bewegt worden. Folgendes war in dem Dokument zu lesen:

Besslers Magd, Anne Rosine Mauersbergerin, geboren in Drebach bei Annaberg in Sachsen, 38 Jahre alt, bestätigte, dass sie seit Jahren, genauer gesagt seit 1711, für Bessler arbeite und alle Details rund um die Erfindung kenne. Das Rad sei von Anfang an von außen bewegt worden, es habe sich nie von alleine gedreht. Sogar dort, wo der Apparat eingeschlossen war – in Merseburg und Weißenstein – hätten Besslers Frau, sein Bruder und sie das Rad abwechselnd angetrieben. Bessler habe 2 Groschen für jede Stunde Bewegung gezahlt, sie habe jedoch nur 9 Taler erhalten und auch die erst vor ein paar Monaten. Gottfried, der das Rad die meiste Zeit bewegt habe, habe 100 Taler bekommen. Er sei gezwungen worden, das Rad Tag und Nacht in Bewegung zu halten, da Bessler befürchtete, dass man das Rad auch nachts besichtigen könne. Wenn die archimedische Schraube an das Rad montiert worden war, sei das Rad noch schwerer zu bewegen gewesen. Das Haltegestell habe man ausgebohrt und eine lange, eiserne Zahnstange darin befestigt, die zur Achse des Rades führte. Gedreht habe man von Besslers Schlafzimmer aus, das sich in der Nähe des Rades befand. In dem Weißensteiner Zimmer könne sie sogar zeigen, wie alles arrangiert gewesen sei. Das Eisen habe der Hofschmied in Kassel angefertigt. Sie, die Magd, der Bruder Gottfried, Besslers Frau und ihre Tochter hätten sich alle mit einem Schwur dazu verpflichten müssen, das Geheimnis nicht zu verraten.

Als das Rad in Weißenstein 8 Wochen lang Tag und Nacht bewegt werden musste, habe sie sich einmal beschwert, denn es war Winter und es war kalt,

Abb. 15 a
So beschreiben Augenzeugen das Ende der Achse. Kein Zahnrad, kein Platz für eine Zahnstange.

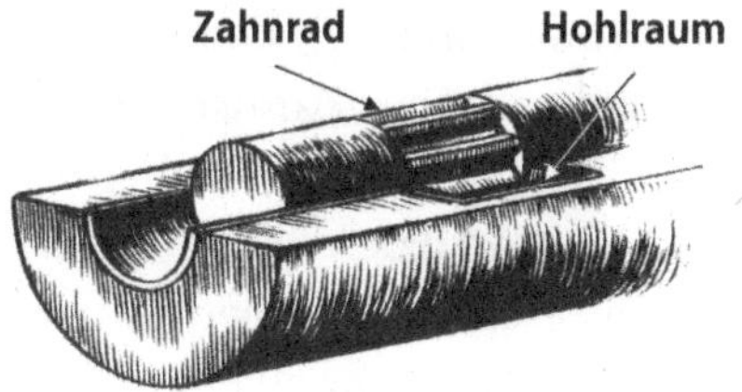

Abb. 15 b
So beschrieb es die Magd in ihrer falschen Zeugenaussage. Wäre das Rad so betrieben worden, hätte man das Zahnrad und die Einkerbung der Zahnstange sehen müssen. (Zeichnungen von Tamás Gáspár)

> und sie konnte das Rad nicht länger bewegen. Bessler habe geantwortet, dass sie sich nicht beschweren solle, und ihr mehr Lohn versprochen. Auf die Frage hin, was geschehe, wenn jemand das Rad anhielt und wieder anstieß oder wenn die Drehrichtung geändert werden sollte, antwortete sie, dass Bessler sich in einem Zimmer nebenan befunden habe, von wo aus er sie mit Husten, Räuspern oder anderen Zeichen angeleitet habe. Zuerst wollte Bessler den Lohn nicht bezahlen, doch als sie drohte, alles zu erzählen, habe er es doch getan.

Wir müssen natürlich jetzt im Nachhinein aufgrund der Dokumente entscheiden, wer wohl gelogen hat: die Magd oder Bessler.

Zu dieser Zeit gab es noch Hexenverfolgungen. Mehrere hunderttausend Frauen wurden gezwungen zu gestehen, dass sie mit dem Teufel verbündet waren und dass sie in der Walpurgisnacht auf Besen reiten. (Diese Art von Geständnissen gab es auch noch nach dem 18. Jahrhundert.) Noch vor einigen Jahren konnte man in Osteuropa Geständnisse von überzeugten Kommunisten lesen, die angeblich CIA-Agenten waren oder eine faschistische Vergangenheit besaßen. Das breite Spektrum von erzwungenen Geständnissen ist bekannt, deshalb wollen wir lieber die Zeugenaussage des Dienstmädchens auf eventuelle Widersprüche untersuchen.

Ein echter Beweis für eine Lüge ihrerseits wäre natürlich eine Reproduktion des Besslerrades gewesen. Man darf wohl annehmen, dass der Apparat nicht einmalig ist und somit also nachgebaut werden kann. Einen eindeutigen Beweis erhalten wir aber erst, wenn wir selbst einen Apparat dieser Art bauen können und das Konzept seines Innenlebens verstehen. Dieses Konzept werden wir uns am Ende des nächsten Kapitels näher ansehen. Kehren wir jedoch zunächst zum Geständnis der Magd zurück.

An dem Geständnis fällt Folgendes auf: Die Tatsache, dass das Rad mehrere Male vor Augenzeugen von einem Gestell auf ein anderes gesetzt worden war, kann die Zeugin nicht erklären. Hinzu kommt, dass die Besucher die Achse und das Gestell sehr gründlich untersucht haben. Und selbst wenn man annimmt, dass die Mitglieder aller Untersuchungskomitees entweder blind waren oder verstockte Lügner, bleibt doch die Tatsache bestehen, dass es praktisch unmöglich ist, eine Achse mit einem Radius von ca. 1,5 Zentimetern aus einem anderen Zimmer nur mithilfe eines Seils und einer Zahnstange anzutreiben. Auf dem glatten Ende der Achse kann die Zahnstange nämlich gar nicht genug Drehmoment weitergeben. Auch wenn man das Achsenende mit einer Verzahnung versehen hätte, wäre es sehr schwer gewesen, einen Antrieb dieser Art zu bauen. Nicht einmal die Hofschmiede und Mechaniker konnten

Zahnräder und dazu passende Zahnstangen von einer solch hochgradigen Belastbarkeit und Genauigkeit herstellen, dass sie diese Aufgabe hätten versehen können. Wir wissen, was das damals geschmiedete Metall für eine Qualität hatte, und damit ist vollkommen ausgeschlossen, dass eine Zahnstange diese Aufgabe bei einem solchen Durchmesser hätte bewältigen können. Fragwürdig ist außerdem, wie man eine lang anhaltende Bewegung in eine Richtung mit einer Zahnstange erzeugen kann und wie man ein Zahnrad mit einem Seil antreiben kann. An der Achse hat keiner der Augenzeugen irgendwelche Einkerbungen gesehen. Dieser Bericht ist fachlich genauso unklar und paradox, wie die Schriften von Schauprozessen es im Allgemeinen sind.

Gärtner und seine Freunde hätten sich eine plausiblere Geschichte ausdenken müssen. Natürlich gibt es Leute, die sich mit allen möglichen Lügen zufriedengeben, nur um der Wahrheit nicht ins Auge sehen zu müssen. Und natürlich hat auch Bessler selbst mit seiner fast krankhaften Geheimnistuerei zur Verbreitung der Lügen beigetragen. Wie zu erwarten war, verlor der Erfinder seine Gönner und blieb allein im Kampf gegen die Verunglimpfungen seines Namens. Die Zeit machte ihn einsam und verbittert. Zu alldem kam auch noch die Armut hinzu.

Sehen wir uns jetzt Besslers letzten Brief an, den er in seinem großen Elend an den ehemaligen Hofrat des Landgrafen Karl, Baron Schrader von Schliestedt, schrieb:

> Sehr geehrter Herr Hofrat, Herr Baron, ich habe Ihnen schon öfters geschrieben, mein sehr geehrter Herr, habe jedoch keine Antwort erhalten. Vor Hunger, Trauer und Kälte habe ich schon lange keine Kraft und keinen Willen mehr, und schon lange habe ich kein Stück Holz mehr von dem Herrn Bezirksmagistrat bekommen. Oft esse ich nur trockenes Brot und trinke Wasser dazu. Endlich habe ich das göttliche Glück, ein Perpetuum mobile bauen zu können, das Herr Mannsberg aus England bestellt hat. Am 14. April war es auch fertig, so fuhr ich am selben Tag nach Karlshafen, um den Herrn Pfarrer um 2 Gulden zu bitten. Am 15. April musste ich aber direkt von der Kirche aus nach Hause fahren, weil ich so krank war. Außer der Erkältung setzten mir auch mein Elend und die Sorgen zu. 8 oder 9 Tage lang war ich sehr krank, und ich war mir schon sicher, dass mein Ende nun gekommen sei. Zu alledem kommen noch die Folgen des Unfalls hinzu, der mir bei der Arbeit in Fürstenberg zustieß. Ich hoffe, mit Gottes Hilfe bald wieder nach Fürstenberg arbeiten gehen zu können.
>
> Es wäre mir eine große Hilfe, wenn Sie meinen Brief beantworten würden. Es wäre eine Geste, die Gott gefallen würde, denn er sieht in meiner Seele, dass

ich Ihnen dienen möchte und dass ich ehrliche Absichten habe. Ich glaube, das habe ich wohl verdient. Ich wage zu hoffen, dass mein hoher und ehrwürdiger Herr meine Lage versteht und sieht, wie die Dinge stehen. Er hat die Macht, mir zu helfen, mein Leben zu verändern, es zu verlängern oder zu verkürzen. Ich kann in diesem unglaublichen Elend und mit den wachsenden Schulden nicht weiterleben. Daneben schmerzt mich auch, dass weder ich noch meine Familie etwas zu essen haben. Der Bezirksmagistrat hat mir keinen Weizen geliehen, wir leben seit Langem unter unmöglichen Umständen. Mein Herz schmerzt, wenn ich, manchmal sogar täglich, höre, was trotz meiner christlichen Ehrenhaftigkeit über mich gesagt wird. Ich kann nichts dagegen tun, nur still leiden. Es tut meiner Seele sehr weh, wenn ich harte Worte aus dem Mund eines Fremden höre, und wenn er sagt, Sie seien mein Feind geworden … Ich betone noch einmal meine Ehrlichkeit vor Ihnen und empfehle mich Eurer gnädigen Aufmerksamkeit, als ein armer, schwacher Mensch, der Euren Schutz sucht. Euer bescheidenster Diener. Karlshafen, 26. April 1745.

Nach diesem Brief lebte Bessler nicht mehr lange. Der Erfinder des ersten nachgewiesenen Perpetuum mobile starb am 30. November 1745 im Alter von 64 Jahren. Über sein Leben und sein Werk kann man sicher unterschiedlicher Meinung sein. Wenn sein Name heute überhaupt noch erwähnt wird, dann wird er unter Berufung auf das Zeugnis seiner Dienerin als billiger Betrüger bezeichnet. Einige aber – zu ihnen zählt auch der Autor dieser Zeilen – sind der Meinung, dass Bessler seinen Apparat tatsächlich in mehreren Ausführungen gebaut hat. Die Zeugenberichte sind glaubhaft, logisch, stimmen überein und sind frei von inneren Widersprüchen. Daraus müssen wir aber schließen, dass wir schon in der klassischen Mechanik einige entscheidende Dinge nicht richtig verstehen. Wir müssen also akzeptieren, dass unzählige Ingenieure und Forscher in solch grundlegenden und leicht zu überprüfenden Dingen jahrhundertelang einem Irrtum erlegen sind.

Wir werden sehen, dass wir genug Grund dazu haben zu zweifeln, denn nicht nur Bessler hat das Konzept der Nutzung von Überschussenergie entdeckt. Nach ihm errieten nämlich noch mehrere Dutzend, vielleicht sogar mehrere hundert Personen dieses Geheimnis. Vielleicht hätte Bessler den Preis für seine Erfindung so weit senken sollen, bis ihn jeder reiche Gutsherr hätte bezahlen können. Stattdessen führte er ein elendes Leben, und seine Familie hungerte. Bis zu seinem Ende hielt er daran fest, dass das Geheimnis ausschließlich seines sei. Er erkannte nicht, dass eine Erfindung von dieser Tragweite großen Neid und Feindseligkeit erwecken und ihm selbst hunderte von Gegnern schaffen würde. Er dachte, dass seine Ausdauer, sein Fleiß und seine Klarsicht irgendwann belohnt würden.

Wenn aber in der Geschichte der Menschheit etwas sicher ist, dann ist es die Tatsache, dass gerade Ehrlichkeit, Gutmütigkeit und Ausdauer nicht unbedingt immer belohnt werden. Bessler und die meisten Erfinder nach ihm gingen mit ihren Erfindungen auf ähnliche Weise um: Erst schufen sie sie unter großen Schwierigkeiten, danach zerstörten sie sie wieder. Bessler ist ein typisches Beispiel für einen Erfinder, der nur an sich selbst und an Geld denkt, der unfähig ist, Verantwortung gegenüber der Gesellschaft zu übernehmen, der sich zwar auf Gott beruft, das göttliche Geschenk aber für sich selbst behalten will. Die große Katastrophe der Menschheit ist nicht nur, dass Menschen wie Gärtner immer alles dafür taten, dass Erfindungen von solcher Bedeutung schon am Anfang ihr Ende finden, sondern auch, dass die Erfinder selbst mit ihrer Habgier, Selbstsucht und ihrer beschränkten Sichtweise zum Untergang ihrer Erfindung beitragen.

Es ist unumstritten, dass zur Umsetzung einer solchen Erfindung unglaublich viel Wissen, Fleiß, Ausdauer und Sturheit notwendig sind. Die in der Phase der Erarbeitung so notwendige Sturheit ist aber bei der Verbreitung der Erfindung nur noch hinderlich. Das vollkommene Fehlen von Flexibilität und die Habgier bedeuteten immer den sicheren Tod für solche Erfindungen. Der Erfinder liefert seinen Skeptikern mit seiner Geheimnistuerei nur einen weiteren Vorwand für ihre Angriffe. Es ist naiv zu glauben, dass wichtige Erfindungen sich früher oder später sowieso verbreiten und dass sie bei wissenschaftlichen Untersuchungen gezwungenermaßen ans Licht kommen. Dem ist leider nicht so, eher das Gegenteil ist der Fall.

Im nächsten Kapitel werden wir untersuchen, wie sich die Naturwissenschaften, jene Grundbegriffe und Verfahren, die die Voraussetzung dafür sind, Apparaturen und Einrichtungen der Energieerzeugung zu verstehen, seit Besslers Zeit entwickelt haben.

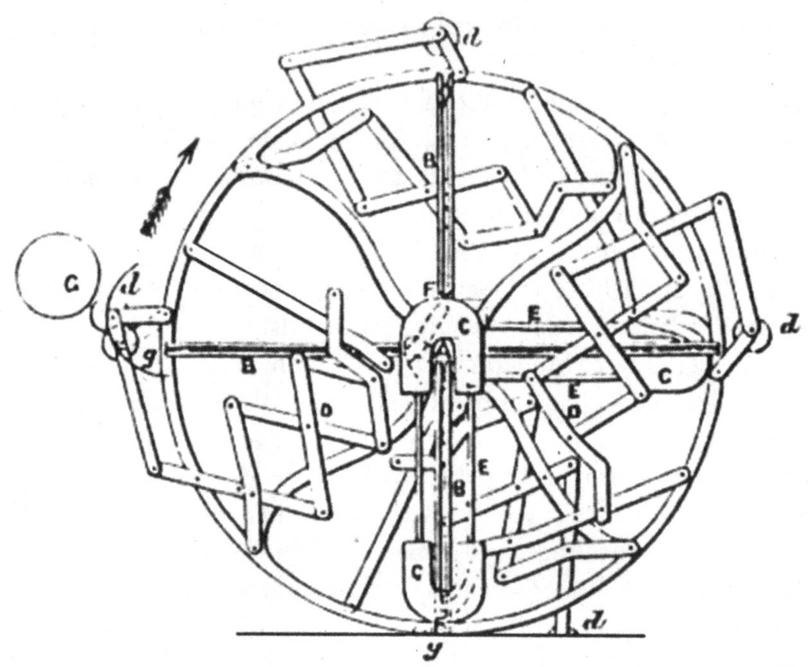

Abb. 16 *Plan eines nicht funktionsfähigen Perpetuum mobile aus dem 19. Jahrhundert*

Kapitel 2

Entstehung und Entwicklung der Grundbegriffe

Fehlende Definitionen

In den Briefen über Bessler und seine Erfindung finden wir oftmals das Argument, dass es nach den Regeln der Mathematik und der Natur gar kein Perpetuum mobile geben könne. Deswegen sei es überflüssig, sich mit solchen Apparaten auch nur zu beschäftigen. Diese Aussagen wurden aber zu Anfang des 18. Jahrhunderts gemacht, als die Physik noch nicht weit genug entwickelt war, um irgendwelche Aussagen über Phänomene im Bereich der Energie machen zu können. Die Begriffe »Energie«, »Energieerhaltung« oder »Erhaltungsgesetz«, ja nicht einmal »Naturgesetz« an sich waren klar definiert. Damals herrschte noch ein vollkommenes Chaos bei Begriffen wie »Kraft«, »Energie« und »Impuls«. Diese Umstände wollen wir in diesem Kapitel näher betrachten.

Die obenstehenden Begriffe sind in Westeuropa entstanden – was die Wissenschaftshistoriker im Allgemeinen auch für ganz selbstverständlich halten. Im 18. Jahrhundert gab es jedoch vornehmlich vier Zentren, wo die Voraussetzungen für die Entwicklung eines wissenschaftlichen Denkens gegeben waren: Die Einwohnerzahl dieser vier Länder war sehr groß und das Verlangen nach technischen Hilfsmitteln, welche das Resultat klarer Gedankengänge sind, allgegenwärtig. Die einzige Region jedoch, wo eine solche Entwicklung tatsächlich stattfand, war Europa – und auch hier nur im kleineren, protestantischen Teil des Kontinents. Der restliche Teil Europas – das katholische und das orthodoxe Europa, das spanische und das portugiesische Weltreich wie auch die italienische, katholische Halbinsel – befand sich in den tödlichen Fängen der Inquisition, die jeden auch noch so kleinen Fortschritt sogleich unterdrückte.

Im orthodoxen Russland begann die Verbreitung der technischen Zivilisation erst nach Peter dem Großen. In dem größten und reichsten Land der Welt, dem chinesischen Reich, das in Bezug auf seine wirtschaftliche Kraft, seine Einwohnerzahl und seine Organisation dem Rest der Welt weit überlegen war, herrschte vollkommene geistige Stagnation. Hier wurde das mathematische oder physikalische Denken schon im Keim erstickt; im Laufe der Zeit wurde sogar die Schifffahrt in Küstennähe verboten. Bleibt nur noch das Reich der Moguln in Indien, wo es ebenfalls genug kluge Leute und genug Geld gab, um sich technisch weiterzuentwickeln. Dieses Reich aber befand sich in den Fängen des militanten Islam und des Kastensystems des konservativen Hinduismus – unter solchen Umständen war jedes tiefere Nachdenken über die Natur ausgeschlossen.

So blieb diese Art des Denkens das Privileg der sich manchmal gegenseitig bekämpfenden protestantischen Länder Europas. Hier, auf diesem verschwindend kleinen Gebiet, wurde das Denken nämlich nicht immer bestraft; der Tod war nicht immer sicher, wenn jemand es wagte nachzudenken. Besslers Beispiel zeigt zwar, dass die revolutionäre, neue Denkweise nicht notwendigerweise belohnt wurde, das lag aber in diesem Fall auch an dem Erfinder selbst.

Als Bessler 1712 zum ersten Mal sein Perpetuum mobile vorführte, machte die Wissenschaft – auf den Spuren von Newton, Leibniz und Huygens – die ersten Schritte zum Verstehen der Theorie der Mechanik. Die Bewegung und die Bahn eines Massepunktes wurden verständlich und berechenbar. Hierzu war ein bis dahin unvorstellbares Maß an Abstraktion nötig gewesen, es mussten die Begriffe »Masse«, »Weg«, »Geschwindigkeit« und »Beschleunigung« verstanden und die mathematischen Methoden für deren Beschreibung erarbeitet werden. Dies ist zweifellos das Verdienst von Newton und Leibniz; solche Höhen hatte vor ihnen weder die Wissenschaft der Inder noch die der Araber, der Mayas oder der Chinesen erreicht.

Diese Errungenschaften blieben auch in den autoritär geführten Ländern unerreichbar. Selbst im protestantischen Europa, wo der Autoritarismus nicht so stark ausgeprägt war, ging es mit der Wissenschaft nur langsam und stockend vorwärts.

Wir werden sehen, dass der hartnäckige Glaube, alles zu wissen, und die Annahme, dass nur noch wenige »Details« fehlen, ein wiederkehrender, grober Fehler der Wissenschaft als Institution ist. Das andere Problem ist, dass die anerkannten Forscher der Institute Erfinder, die diese »Festung« von außen einzunehmen versuchen, ungern, oft sogar feindselig empfangen. Diese »Eindringlinge« verfügen nämlich im Allgemeinen über keinen Rang, besitzen nicht genügend Vorwissen oder haben nur durch Glück oder ihr außergewöhnliches Talent bestimmte Lösungen gefunden. Ihr Weg ist immer beschwerlich.

Grundbegriffe der Mechanik

Sehen wir uns zunächst einmal an, wie die wichtigsten Grundbegriffe der Mechanik entstanden sind und wie es Schritt für Schritt dazu kam, dass die Wissenschaftler die Mechanik heute als abgeschlossen und vollständig bekannt ansehen.

Hierzu müssen wir uns mit drei mehr oder weniger zusammenhängenden Themen befassen: Das eine ist die Entwicklung der Physik und der analytischen Mechanik, wobei wir untersuchen werden, wie der Begriff »Kraft« entstanden ist. Danach geht es um die relative Bewegung und die Beschreibung mehrerer miteinander verbundener starrer Körper sowie die Entstehung der Begriffe »Wirbelfelder«, »nichtkonservative Kräfte« und »nichtkonservative Felder«. Der zweite Bereich umfasst die Geschichte von Energie, Impuls und Drehimpuls, wobei es auch um die Erkenntnis, Existenz und Erhaltung dieser Größen geht. Das dritte und gleichzeitig neueste Gebiet ist die Geschichte der Symmetrie, welches für unsere Betrachtungen hier das wichtigste ist. Wir werden sehen, dass das allgemeine Festhalten an der Energieerhaltung im 18. Jahrhundert die vielleicht größte Tragödie der Menschheit und zugleich der gröbste Fehler der Wissenschaft war. Dadurch wurde nämlich die Möglichkeit einer neuen, umweltfreundlichen Technik von vornherein ausgeschlossen.

Den Begriff der »Kraft« kennt der Mensch schon lange. Ohne ein gewisses Grundwissen im Bereich der Statik hätten die Baumeister des antiken Griechenland und Rom nämlich ihre wunderbaren Gebäude gar nicht errichten können. Sie kannten auch schon einfache Maschinen, Hebel, Räder und Flaschenzüge. Die Menschheit hatte also eine Art intuitives Bild davon, was Kraft, Arbeit und Leistung sind. Das Gesamtbild jedoch blieb unklar und war eher qualitativ als quantitativ.

Abb. 17
Sir Isaac Newton (1643–1727), der letzte große Mystiker und Alchemist, gleichzeitig aber auch der erste Physiker, der die Untersuchung der Natur auf die Grundlage der Mathematik verlegte

Den Begriff der Kraft führte zwar Galileo Galilei ein, es war aber das Verdienst Newtons, diesen Begriff zu einer numerisch bestimmten, messbaren Quantität zu erheben. Die Kraft als Vektor, als Wert mit Richtung und Größe, erschien zuerst bei ihm, wobei die Masse nur skalar ist, also eine Größe, aber keine Richtung besitzt. Diese Begriffe werden in Newtons Werk *Principia* geklärt. Hierbei ist zu beachten, dass er die Kraft als Bewegungswert, also als zeitliche Veränderung des Impulses, definierte.

Bei Newton, den eigentlich die Alchemie viel mehr interessierte und der die Mechanik fast nebenbei begründete, ist der Begriff der Masse noch nicht eindeutig spezifiziert, er entstand erst später. Newton unterschied aber klar zwischen dem Begriff der beschleunigten Masse und dem des durch die Gravitation erzeugten Gewichts. Deshalb konnte er auch die Probleme der Himmelsmechanik und sogar die der Kreisbewegungen lösen. Er war auch der Erste, der die Zentrifugalkraft einführte. Den Namen der Kraft (*vis*) benutzt Newton in mehrfachem Sinne. So spricht er in seinem zweiten Axiom von der *vis impressa,* also der Druckkraft, mit der wir auf einen Körper einwirken. Diese Größe wird heute schlicht als »Kraft« bezeichnet. Newton grenzt sie aber noch nicht eindeutig von der *vis insita* ab, die wir heute als Trägheits- oder Inertialkraft kennen. Was diese Kraft eigentlich ist, ist immer noch verwirrend; auch heute noch forscht man nach der tieferen physikalischen Grundlage dieses Begriffs.

Die andere Hauptperson unserer Geschichte ist Leibniz, der die Infinitesimalrechnung zur selben Zeit wie Newton begründete (jedoch in sehr viel schönerer und akzeptablerer Form) und der den Begriff der *vis viva,* also der »lebendigen Kraft«, einführte.

Er definierte sie als das Produkt der Masse eines Körpers mit dem Quadrat seiner Geschwindigkeit. Das

Abb. 18
Gottfried Wilhelm Leibniz (1646–1716), der letzte echte Universalgelehrte, dessen Erkenntnisse auch heute noch gültig sind. Er überprüfte persönlich die Funktionsfähigkeit von Besslers Perpetuum mobile und versuchte dem Erfinder zu helfen.

entspricht dem zweifachen Wert der heutigen kinetischen Energie (Bewegungsenergie). Sie hat allerdings nicht viel mit der Trägheitskraft von Newton zu tun, die von Newton selbst auch als *vis mortual* (»tote Kraft«) bezeichnet wurde. Da der Begriff »Kraft« also noch nicht genau definiert war, konnten auch die Begriffe »Impuls« und »Energie« zum Teil erst Jahrzehnte später geklärt werden.

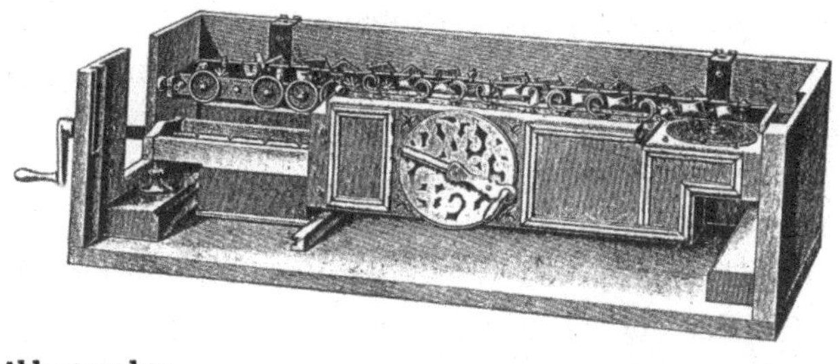

Abb. 19 und 20
Der rekonstruierte Teil der Leibniz'schen Rechenmaschine.
Die größte Neuheit ist ein Zahnrad von variabler Länge. Die Maschine konnte nicht nur addieren und subtrahieren, sondern auch multiplizieren und dividieren.

Zu dieser Zeit mussten in der Mathematik und Physik viele Begriffe erst noch genau definiert werden, weshalb die Mathematiker auch Physik betrieben, wie man den Briefen und Manuskripten im Fall Bessler entnehmen kann. Es ist also kein Fehler, dass die Physiker auch Mathematiker genannt werden, denn damals waren diese zwei Wissenschaften noch nicht voneinander getrennt.

Aus der Zeit nach dem Tod von Leibniz und Newton verdient die Arbeit von Johann Bernoulli (1667–1748) besondere Beachtung. Bernoulli entdeckte in der Statik, dass alle Aufgaben im Bereich des Gleichgewichts mit der sogenannten »virtuellen Arbeit« lösbar sind. Er führte das Produkt der Kraft und der in Richtung der Kraft verlaufenden virtuellen Geschwindigkeit ein, wobei die Kraft von der Größe des Winkels zwischen Kraft und Geschwindigkeit abhängig ist. Vielleicht können wir ihn als Vorboten der »kleinsten Wirkung« betrachten, vielleicht hatte er sogar als Erster diesen Gedanken. Bernoulli überlebte Newton, und obwohl er ein Zeitgenosse Besslers war, kannten die beiden die Arbeit des anderen wohl nicht.

Newton hatte also die Begriffe »Impuls« und »Kraft« geklärt und aus ihnen Berechnungsmethoden formuliert.

Die Kräfte konnte man aber nicht immer berechnen, woraus Newton schloss, dass in allen Fällen eine gleich große Gegenkraft wirken müsse. Auf dieser Annahme beruhen viele zukünftige unklare und falsche Konzeptionen. Leider ist es in der Geschichte der Wissenschaft schon häufig vorgekommen, dass viele Anhänger trotz offensichtlicher Fehler »ihres Meisters« weiterhin an ihm festhalten. Newtons Physik ist die Physik der Punktsysteme und beruht auf Kräften, Beschleunigungen und Geschwindigkeiten. Man kann sich der Physik aber auch von einer anderen Seite nähern, die wir umfassend Prinzip der »kleinsten« Wirkung nennen. Später werden wir sehen, dass es genau diese beiden Ansätze sind, mit denen die Probleme der Mechanik gelöst werden können. Die letztere, die sogenannte analytische Methode, zeigt vielleicht noch umfassendere, noch tiefere Zusammenhänge in der Physik als die newtonsche.

Wie schon erwähnt, war Leibniz derjenige, der nicht nur die kinetische Energie, die *vis viva,* sondern auch den Begriff der potenziellen Energie begründete. Vielleicht haben wir ihm auch die Grundlagen der Impulserhaltung zu verdanken. Leibniz dachte eher in Form von potenzieller und lebendiger Energie und betrachtete das System als Ganzes, wohingegen man bei der newtonschen Sicht die Massepunkte mithilfe von Kräften betrachtet. So hat also auch Leibniz einen bedeutenden Teil zur allgemeinen analytischen Mechanik beigetragen.

Zu Besslers Zeiten war die Mechanik jedoch noch sehr wenig entwickelt. Deshalb sind die damaligen Zweifel an der Funktionsfähigkeit des Besslerrades aufgrund der mathematischen Unerklärbarkeit zwar verständlich, aus heutiger Sicht aber unbegründet. Wir wissen nämlich, dass sich Besslers Rad drehte und dass sich in diesem Rad mechanische Massen bewegten. Um damals das Konzept des Apparates verstehen zu können, hätte man sich zuerst über einige Begriffe im Klaren sein müssen, zum Beispiel über »relative Bewegung«, »Pseudokräfte«, »miteinander in Wechselwirkung stehende Körper« oder auch »Wirbelkräfte«, das heißt das »Wirbelkraftfeld«. Diese Begriffe entstanden jedoch erst ca. 100 Jahre später. So können wir also mit Sicherheit feststellen, dass zu Besslers Zeit sogar die besten Wissenschaftler noch weit davon entfernt waren, eine fundierte Meinung über Besslers Gerät äußern zu können.

Ein weiterer bedeutender Mathematiker, der einen großen Beitrag zur Physik leistete, ist der Franzose Jean Baptiste le Rond d'Alembert (1717–1783). Er führte die Probleme der dynamischen Bewegung auf einen statischen Gleichgewichtsfall zurück, indem er die Inertial-, also Trägheitskräfte, mit den aktiven, dynamischen Kräften gleichsetzte und hierzu Gleichgewichtsgleichungen aufstellte. Dieses Konzept ist allerdings nur auf einen stark begrenzten Bereich

Abb. 21
Jean-Baptiste le Rond d'Alembert (1717–1783) entdeckte als Erster die Analogie zwischen den statischen und dynamischen Phänomenen sowie die bedeutende Abweichung zwischen dem Impuls und der mechanischen Energie.

innerhalb der Dynamik anwendbar, zu dem das Besslerrad nicht gehört. Dieses gewisse »Minimalprinzip« fiel auch Pierre Louis Moreau de Maupertuis (1698-1759) auf. Er war allerdings weniger bewandert in der Mathematik, weshalb er zwar das Prinzip interessanterweise richtig beschrieb, ihm bei den Ableitungen jedoch mehrere Fehler unterliefen.

Der Schweizer Mathematiker Leonhard Euler (1707-1783), der teils an der Akademie in Sankt Petersburg, teils an der Berliner Akademie arbeitete, hinterließ Unmengen von Manuskripten und löste zahlreiche Probleme in der Physik und der Mathematik. Man kann ihn als Begründer der mathematischen Analyse und der modernen Mechanik ansehen. Euler war derjenige, der nicht nur Massepunkte, sondern auch die Mechanik von sich drehenden Körpern beschreiben konnte und sogar von starren Körpern, die sich um mehrere Achsen drehen. Er war auch der Erste, der endgültig einsah, dass es nicht immer nötig ist, den Begriff »Kraft« zu benutzen, weil man auch aus potenzieller und kinetischer Energie eine Menge formen kann. Diese nannte man später »Wirkung«.

Abb. 22
Leonhard Euler (1707–1783), ein sehr fleißiger Mathematiker, dem wir viele Erkenntnisse in der Physik und der Mathematik zu verdanken haben. Einen Großteil seines Lebens verbrachte er in Sankt Petersburg und Berlin.

Charakteristisch für diese Wirkung ist, dass ihr Wert bei Bewegungen, die in der Natur vorkommen, minimal ist. Wenn sich unser Körper auf einer anderen Bahn bewegen würde, wäre der Wirkungswert größer. Die dynamischen Probleme führte Euler auf ein Variationsprinzip zurück, das heißt die Aufgabe, das Minimum zu bestimmen. Damals beschäftigten solche Optimalisierungs-, Minimalisierungs- und Maximalisierungsrechnungen die besten Mathematiker. Newton, Leibniz und die Mitglieder der Bernoulli-Familie arbeiteten seit ihrer Entdeckung intensiv mit der mathematischen Analyse. Die heute in der Mechanik bekannte Form des Kraftgesetzes führte Euler ein. Er sprach als Erster die Formel $F = m \cdot a$ aus.

Die analytische Mechanik, wie wir sie heute kennen, wurde vom französischen Mathematiker Joseph-Louis Lagrange (1736–1813) begründet. Er entwickelte die beste Lösung für die Minimalprobleme: die Variationsrechnung. Er erkannte, wie gut die Variationsgesetze, also die Theorie der geringsten Wirkung, auf die mechanischen Verfahren anwendbar ist. Lagrange war es auch, der den Begriff und die Nutzung der allgemeinen, der jeweiligen Aufgabe angepassten Koordinaten einführte. Bei seinem Verfahren bleiben die Aufgaben auch bei beliebigen Koordinatenänderungen und -transformationen invariant, man muss sie also auf dieselbe Weise lösen. So kann man immer das Koordinatensystem anwenden, das am besten dazu geeignet ist. Auf diese Weise wurden viele Probleme gelöst, die mit dem geraden, rechtwinkligen Koordinatensystem unlösbar waren.

In dem System von Lagrange wurde auch schon zwischen kinetischer und potenzieller Energie unterschieden. Diese erschienen in abstrakter, analytischer Form.

Sein Verfahren ermöglichte den ersten tieferen Einblick in die Natur. Trotzdem war dieser immer noch sehr beschränkt, denn nur solche Aufgaben, die

Abb. 23
Joseph-Louis Lagrange (1736–1813), Begründer der analytischen Mechanik. Er ist der Mathematiker, der die Physik am meisten voranbrachte. Die Erkenntnis des Minimalprinzips brachte eine grundsätzliche Wende bei der Erkundung der Natur.

mit konservativem Raum beschrieben wurden, waren auf diese Weise lösbar. Wenn ein Kraftfeld, in dem sich die Körper bewegen, nichtkonservativ ist (zum Beispiel ein Wirbelfeld, ein geschwindigkeits- oder zeitabhängiges Kraftfeld), kann man die Aufgaben auch mit dem Verfahren von Lagrange nicht beschreiben oder gar verstehen. Besslers Rad und andere ähnliche Apparate fallen aber genau in diesen Bereich, wodurch sie sich an der Peripherie der wissenschaftlichen Untersuchungen befinden und oft als nichtexistent angesehen werden.

So trug die Mathematik zwar zur Lösung vieler Probleme bei, einige wichtige und große Bereiche aber blieben weiterhin ungelöst. Dazu gehörte zum Beispiel die große Gruppe von Systemen mit Körpern, die sich drehen, miteinander in Wechselwirkung stehen und relative Bewegungen beinhalten. Diese konnten nicht einmal der brillante Lagrange und seine Nachfolger beschreiben. Wir sehen also, dass die Wissenschaft überwiegend in die einfachen Bereiche vorgedrungen war. Kluge Mathematiker können zwar für eine bestimmte Art von Problemen der Mechanik elegante Lösungen liefern, aber nicht für die gesamte Natur. Es ist erfreulich, dass man als Ergebnis der Arbeiten von Euler und Lagrange viele schwierige Probleme mit dem Minimalprinzip lösen konnte. Dies weckte jedoch bei vielen die falsche Vorstellung, dass sie damit alles lösen könnten. Bei diesen eleganten analytischen Lösungen fehlt aber zum Beispiel die Untersuchung von Körpern, die sich auf einem rotierenden Körper befinden und miteinander in Wechselwirkung stehen. Mit den sogenannten Coriolis- oder Pseudokräften begann die Mechanik erst später zu rechnen.

Als Erster nahm der französische Mathematiker Gaspard Gustave de Coriolis (1792–1843) den Fall unter die Lupe, dass sich ein Körper auf einem anderen, rotierenden bewegt, wenn also zum Beispiel Flüssigkeiten auf der Erdoberfläche fließen. Wir sehen hier, wie spät diese Wirkung das Interesse der Physiker erregte, nämlich erst ca. 150 Jahre nach Newton, obwohl sie doch in der Natur schon immer existiert hatte. Um diese Zeit entwickelten sich auch die Begriffe der konservativen und nichtkonservativen Felder und Kräfte; erst danach wurde eine Unterscheidung bei ihnen vorgenommen (allerdings nicht immer klar und zweckmäßig).

Die Arbeit von Lagrange wurde von dem Iren Sir William Rowan Hamilton (1805–1865), der ebenfalls Mathematikprofessor war, fortgesetzt. Er kam einen entscheidenden Schritt weiter. Es gelang ihm nämlich, die etwas schwerfälligen Differenzialgleichungen zweiter Ordnung, mit denen Lagrange die Bewegungsgleichungen beschrieben hatte, so zu transformieren, dass sie zu einfacheren Gleichungen wurden, die nur einfache Derivate enthielten. So wurden die Variationsaufgaben wesentlich vereinfacht. Diese Gleichungen werden heute »kanonische« Gleichungen genannt.

Die konservativen Probleme, die Euler und Lagrange formuliert hatten, konnte Hamilton noch ein wenig ausweiten. Bis heute wurde jedoch kein eindeutiger Beweis dafür erbracht, dass die Energie oder der Impuls in allen physikalisch und mechanisch denkbaren Problemen und Aufgaben erhalten bleibt. Es gibt also keinen fundierten mathematischen Beweis dafür, dass in einem nichtkonservativen Feld – zum Beispiel einem Wirbelfeld, das mehrere starre Körper enthält – die Energie unter allen Umständen erhalten bleibt.

Abb. 24
Sir William Rowan Hamilton (1805–1865), der große Mathematiker der Mechanik. Er begründete das Vorläufersystem der Vektoranalyse.

Nun wollen wir uns die Entstehung des Begriffs »Energie« – im weiteren Sinne der Energie, des Impulses und des Drehimpulses, etwas genauer ansehen, denn diese Begriffe sind eng miteinander verbunden. Bis jetzt hatten also Mathematiker die Begriffe in der Physik formuliert; hauptsächlich hatten sie den Begriff »Kraft« entwickelt. Dieser Begriff war jedoch zu Besslers Zeit und auch Jahrzehnte danach noch sehr verschwommen.

Zunächst können wir die Kräfte in zwei grundlegende Gruppen einteilen: Zu der einen gehören die Kräfte, die mit Fernwirkung übertragen werden, wie zum Beispiel Gravitation, elektrische Anziehungskraft und Magnetismus. Die andere große Gruppe bildet die sogenannte Kontaktkraft, die bei dem Kontakt zweier Körper entsteht. Genau genommen sind auch diese Kräfte elektromagnetischer Herkunft, nur dass hier ein Kontakt zwischen den wechselwirkenden Körpern bestehen muss. Solche Kräfte sind beispielsweise Feder-,

Druck- oder Zugkräfte, aber auch die verschiedenen Reibungs-, Auftriebs- und Schubkräfte sowie Kräfte, die sich aus dem Druck ergeben. Ein Teil der Kräfte gehört, wie schon erwähnt, zur Inertial- oder Trägheitskraft, deren Rolle man zu dieser Zeit gerade erst zu verstehen begann. Zur Ergänzung des Begriffs »Kraft« durch »Kraftfeld« und »Feld« im Allgemeinen kam es aber auch Jahrzehnte danach noch nicht, sondern erst etwa in den 1860er-Jahren. Obwohl es sich hier schon um ein sehr viel tiefergehendes Konzept handelte, waren in den Köpfen der Forscher die konservative Kraft und die Kraftfelder auch jetzt noch nicht deutlich von den die Energie nicht erhaltenden, nichtkonservativen Kraftfeldern getrennt. Zu Letzteren sind zum Beispiel das breite Spektrum der Wirbelkräfte und die zeit- oder geschwindigkeitsabhängigen Kräfte zu zählen.

Wie wir sehen, wurde die Definition des Begriffs der »Kraft« sowie der konservativen und nichtkonservativen Kräfte, die das Kraftfeld beschreiben, bis in die 1860er-Jahre ausgearbeitet. Insofern kann der Begriff der aus den Kräften abzuleitenden Energie als sehr jung angesehen werden. Die Definition von Kraft, Energie, Arbeit und Leistung war lange Zeit unklar und kaum von den Begriffen des Impulses, des Drehimpulses und von den konstanten Größen, die erhalten bleiben, abgrenzbar.

Der Begriff der Energie erwies sich nicht nur in der Physik, sondern auch in unserem Leben als sehr bedeutend. Dies ist auch bei der Relativität der Fall. Das Konzept der Relativität ist inzwischen ebenfalls vollkommen in unseren Alltag eingegangen. Es ist wohl nicht übertrieben zu behaupten, dass der Begriff der Energie und sein Verständnis die wichtigste Frage der Physik, der Technik und der Gesellschaft überhaupt ist. Deshalb muss man manchmal sehr ins Detail gehen, um ihn vollständig zu verstehen, auch wenn es manchem als Haarspalterei erscheinen mag. Heutzutage misst man den Reichtum eines Landes neben dem BIP schon in Energieverbrauch pro Kopf. Dabei sind dieselben Ungleichheiten zu beobachten wie beim BIP. Man könnte sagen: Wer mehr Energie besitzt, ist reicher.

Inzwischen behandeln wir die Energie in der Physik natürlich als invariant, als eine Symmetrie, eine konstante Größe. Der Begriff selbst aber entstand erst Anfang des 20. Jahrhunderts. Durchsetzen konnte er sich sogar erst in den 1950er- und 1960er-Jahren – also sehr lange nach Besslers Erfindung. Aber nicht nur die Geschichte des Begriffs »Energie« ist lang, sondern auch die Liste der Auseinandersetzungen um ihn. Einige Physiker wie zum Beispiel Ernst Mach (1838-1906) verneinten die Existenz von Energie sogar ganz und hielten hartnäckig daran fest, dass es unvorstellbar sei, ein Perpetuum mobile zu bauen. Auch viele andere verstanden den Energieerhaltungssatz so, dass es unmöglich ist, einen Apparat zu bauen, der permanent Arbeit auf sein Umfeld ausübt. Dieser konzeptionelle Irrtum hat wohl mehr Menschenleben gefordert und Leiden verursacht als alle religiösen, politischen und ideologischen Irrtümer zusammen. (In dieser Beziehung ähnelt die Geschichte der Physik der Geschichtsschreibung der Kommunistischen Partei der Sowjetunion. Auch dort treffen wir auf den »Hurra-Optimismus«: Die Geschichte wurde aus dem Blickwinkel der Gewinner verfasst, die Verlierer durften nicht an die Öffentlichkeit; ihre Meinung wurde verschwiegen.) Nach langen Geburtswehen wurde endlich der Begriff »Energie« in der klassischen Mechanik geboren. Die Begriffe »Energie« und »Impuls« sind für uns heute untrennbar mit dem der allgemeingültigen Erhaltungssätze verbunden.

Die Formulierung des ersten Prinzips, das man halbwegs als Erhaltungssatz bezeichnen kann, ist mit dem Namen René Descartes (1596-1650) verbunden. Er kam bei der Untersuchung von Zusammenstößen darauf, dass bei diesen »irgendetwas« erhalten bleibt. So leitete er den Begriff der »Erhaltung des linearen Impulses« ab, von ihm auch »Erhaltung der Größe der Bewegung« genannt. Descartes war sich seiner Entdeckung so sicher, dass er dachte, die Größe der Bewegung bliebe im ganzen Universum konstant. Er erkannte auch, dass jene Größe, jene Kraft, die für die Änderung der Bewegung verantwortlich ist, proportional zur zeitlichen Veränderung der Bewegungsgröße ist. Auch Newton hatte diesen Gedanken, denn man kann ihn in seinem Werk *Principia* finden.

Unser alter Bekannter Leibniz war mit den Gedanken von Descartes nicht einverstanden. Er publizierte 1686 in den *Acta Eruditorum* einen kurzen Aufsatz in lateinischer Sprache, in dem er Descartes der Verfälschung der Mechanik bezichtigte. Er meinte, Bewegung sei nicht als das Produkt von *Masse und Geschwindigkeit*, sondern als das von *Masse und dem Quadrat der Geschwindigkeit* zu definieren, was er als lebendige Kraft bezeichnete. Hiermit gelangte die erste Formulierung der Bewegungsenergie in das öffentliche Denken.

Leibniz bemerkte jedoch nicht, dass beide Gedanken, seiner und der von Descartes, unabhängig voneinander stimmen können. Ihr Konflikt dauerte fast ein halbes Jahrhundert, also zwei Generationen, und wurde erst von d'Alembert gelöst. Dieser entdeckte nämlich, dass es sich um zwei grundlegend verschiedene Größen handelt, weshalb man sie auch nicht miteinander vergleichen sollte, obwohl es stimmt, dass sie miteinander in Zusammenhang stehen. Der Gedanke von Descartes hängt mit dem zeitlichen Integranden der Kraft zusammen:

$$\int_{t_0}^{t_1} F dt = mv_1 - mv_0$$

D'Alembert entdeckte, dass wir die »lebendige Kraft« von Leibniz erhalten, wenn wir die Kraft nicht über die Zeit, sondern über den Weg integrieren:

$$\int_{S_1}^{S_2} F ds = \frac{1}{2}\left(mv_2^2 - mv_1^2\right)$$

D'Alembert leistete also einen wichtigen Beitrag zur Klärung des Konzepts des linearen Impulses und der Energie. In der Öffentlichkeit verbreitete sich dieses Denken natürlich erst sehr viel später. In d'Alemberts Theorie erschien noch kein Erhaltungssatz, da er den Begriff der potenziellen und der Bewegungsenergie noch nicht kannte. Diese Terminologie entstand erst 1788 in der analytischen Mechanik von Lagrange. Newton, Leibniz und Bessler lebten zu dieser Zeit schon lange nicht mehr, und an Bessler erinnerte sich auch niemand mehr.

Lagrange benutzte als Erster den Begriff der zeitlich konstanten Energie. Er behauptete, dass sie eine Größe in der Mechanik sei, die erhalten bleibt, solange der Massepunkt sich in einem konservativen Raum bewegt. Obwohl dies ein großer Schritt nach vorn war, gibt es doch vieles, was damals noch nicht verstanden wurde. Der Begriff »Energie« kristallisierte sich zwar mit der Zeit heraus, und man unterschied auch »Kraft« und »Impuls« voneinander, aber die Begriffe der »Drehbewegung«, der »Relativbewegung« und der sogenannten »nichtkonservativen Kraftfelder« – zum Beispiel Wirbelfelder – gab es damals noch nicht. Diese Gebiete waren noch nicht klar voneinander abgegrenzt. Probleme, die mit Wirbelfeldern oder relativen Bewegungen beschrieben werden müssen, wurden ignoriert. Da man den Begriff der Energie noch nicht kannte, benutzte man stattdessen den Terminus »lebendige Kraft« von Leibniz. Lange Zeit blieb dies auch so.

Auch dem Arzt Julius Robert von Mayer (1814-1878), den wir gleich kennenlernen werden, war im ersten Teil seiner Arbeit der markante Unterschied zwischen Kraft und Energie noch nicht klar. Obwohl also die Arbeit von Lagrange ein Meilenstein war, reichte sie immer noch nicht aus, um Energie in ihrer physikalischen Bedeutung wirklich zu verstehen. Darauf musste man noch fast 100 Jahre warten.

Die Praxis verlangte die Klärung dieses Begriffs jedoch immer dringender. Ende des 18. Jahrhunderts begannen riesige Rauchschwaden den Himmel über England zu bedecken; immer mehr Dampfmaschinen wurden in Gang gesetzt. Zahlreiche Ingenieure und Erfinder arbeiteten an neuen Maschinen, und immer mehr Unternehmer investierten ihr Geld in Fabriken, die Dampfmaschinen herstellten. Damit begann die industrielle Revolution (die in der Energetik eigentlich eine Gegenrevolution war). Das Maschinenzeitalter hatte ganz ohne die Hilfe der Wissenschaftler seinen Anfang genommen. Sie standen dem Ganzen eher gleichgültig gegenüber, denn die Begriffe »Materie«, »Masse« und »Wärme« waren Gegenstand der wildesten Spekulationen, Diskussionen und Prestigekämpfe.

Ärzte in der Physik

Nun werden wir die Mathematiker für eine Weile verlassen. Sie haben zwar den größten Beitrag zur Klärung der Begriffe in der Mechanik geleistet, werden aber erst einige Generationen später, nämlich im 19. Jahrhundert, erneut die Bühne betreten. Bis dahin übernehmen Ärzte die Führung bei der Klärung des Begriffs »Energie«.

Es mag verwundern, dass nicht die Physiker auf diesem Gebiet weitergeforscht haben, aber dies wird vielleicht verständlich, wenn wir bedenken, dass es weder um die Jahrhundertwende noch in den Jahren danach Physiker im heutigen Sinne gab. Damals gab es lediglich Naturwissenschaftler, und auch sie waren nicht sehr zahlreich. Nur eine Handvoll begabter und eine Handvoll weniger begabter, dafür aber umso fleißigerer Männer – hauptsächlich Adlige – beschäftigten sich überhaupt mit Naturwissenschaften.

Im Jahre 1774 verkündete die Französische Akademie der Wissenschaften, dass sie sich nicht mehr mit Perpetua mobilia beschäftigen werde – in erster Linie deshalb, weil auf diesem Gebiet zu viele Misserfolge zu verzeichnen gewesen seien. Dies hätte den Tod für die Gedanken, die Besslers Arbeit angeregt hatte, bedeutet, wenn nicht Amateure, sogenannte »Dilettanten«, weitergeforscht hätten. Im 19. Jahrhundert versuchten einige von ihnen sogar, ein Perpetuum mobile zu bauen. Leider sind keine verlässlichen Aufzeichnungen darüber vorhanden, ob sie dabei auch erfolgreich waren.

Doch jetzt wollen wir uns erst einmal wieder dem Werdegang des Begriffs »Energie« zuwenden.

Der Energieerhaltungssatz der 40er- und 50er-Jahre des 19. Jahrhunderts betrifft grundsätzlich die Thermodynamik und besagt die thermische und mechanische Gleichwertigkeit. Nachdem Leibniz seine erste Erhaltungsthese formuliert hatte, schrieb er Folgendes: »Die Körper des Universums können mit anderen Körpern, welche in dem Universum nicht enthalten sind, nicht kommunizieren. Das Universum ist also ein System von Körpern, welche mit anderen nicht kommunizieren, und daher erhält sich in ihm immer dieselbe Kraft.« Diese »Definition« ist recht verwirrend und unklar formuliert und damit unbrauchbar. Später versuchten Pierre Louis Moreau de Maupertuis, Denis Diderot, Sir Benjamin Thompson (Graf Rumford), Sir Humphry Davy und Daniel Bernoulli sie zu präzisieren, was ihnen aber nur bedingt gelang. Größere Fortschritte dagegen machten Julius Robert von Mayer, Ludwig August Colding, James Prescott Joule und Hermann Ludwig Ferdinand von Helmholtz.

In der heutigen Wissenschaftsgeschichte ist man sich darüber einig, dass der Heilbronner Arzt Julius Robert von Mayer eine entscheidende Rolle bei der Formulierung des allgemeinen Energieerhaltungssatzes gespielt hat. Seine Biografen erwähnen, dass er in seiner Kindheit versucht habe, aus kleinen Wasserrädern und archimedischen Schrauben ein Perpetuum mobile zu bauen. Er war sein Leben lang kränklich und labil und hatte empfindliche Nerven, was sowohl in seinem Privat- als auch in seinem Berufsleben viele Probleme verursachte. Es ist schon eigenartig, dass gerade ein Arzt Erkenntnisse über eine bestimmte Form des Energieerhaltungssatzes erlangte. Die Physiker seiner Zeit waren in erster Linie schon mit dem Elektromagnetismus und der Elektrochemie beschäftigt. Den Massenerhaltungssatz hatte man (wegen der Errungenschaften in der Chemie) schon anerkannt, obwohl man von der Materie noch kaum etwas wusste.

Abb. 25
Hermann von Helmholtz (1821–1894), ein weiterer Arzt, der wie Mayer wichtige Beiträge zur Physik leistete. Er erreichte, dass der Energieerhaltungssatz allgemein akzeptiert wurde.

Einmal fuhr Mayer als junger Schiffsarzt auf einem holländischen Schiff nach Batavia (Jakarta). Auf seiner Reise in die Tropen beobachtete er, dass das im Normalfall dunkelrote Venenblut in den Tropen ebenso hellrot ist wie Arterienblut. Er ging von der Theorie des Franzosen Antoine Laurent de Lavoisier aus, nach der die Wärme bei Tieren durch Oxidation im Blut hervorgerufen wird. Da in wärmeren Gebieten weniger Wärme verbraucht werde, so argumentierte er, sei auch der Oxidationsgrad kleiner, denn der menschliche Körper gebe in den Tropen weniger Wärme ab. In den Tropen würde weniger »chemischer Treibstoff« (heute würde man sagen »Kalorien«) benötigt. Damit lieferte Mayer eigentlich eine chemische Lösung für den Energieerhaltungssatz. Seine Biografen erwähnen auch, dass der Steuermann des Schiffes ihn darauf aufmerksam machte, dass das von einem Gewitter aufgepeitschte Meer immer wärmer sei als ruhiges Wasser. Vielleicht kam ihm deshalb der Gedanke, dass Chemie, mechanische Arbeit und Wärme gleichwertig sind.

Wenn man das Kausalitätsprinzip in der Chemie immer anwenden kann, so dachte Mayer, müsste es auch in der Physik so sein. Diese Gedanken kamen ihm in den 1840er-Jahren, als in weiten Landstrichen Deutschlands und Englands schon Dampfmaschinen arbeiteten und die ersten Dampfschiffe fuhren. Bis dahin war man nämlich in der Physik davon ausgegangen, dass ein Teil der Kraft infolge von Reibung oder Zusammenstößen etc. spurlos verschwindet. Allerdings gab es auch damals schon Experimente, besonders im Zusammenhang mit der Bohrung von Kanonen, die zeigten, dass eine mit Reibung verbundene Bewegung immer Wärme abgibt und die Energie der Bewegung irgendwie mit der erzeugten Wärme zusammenhängen muss.

Mayers Gedankengang war logisch: Bewegung kann sich ebenso wenig in nichts auflösen, wie aus dem Nichts Wärme entstehen kann. Er mutmaßte auch, dass dies eine allgemeine Gesetzmäßigkeit ist, dass sie also nicht nur in der Mechanik, sondern auch in der Elektrizität und auf allen Ebenen des Lebens zutrifft. Zu Beginn seiner Arbeiten sprach Mayer allerdings noch von »Kraft« statt »Energie« und benutzte als Maßeinheit der Bewegung nicht die kinetische Energie, sondern die Bewegungsgröße, also den Impuls. 1841 fasste er seine Gedanken im Aufsatz »Über die quantitative und qualitative Bestimmung der Kräfte« zusammen und schickte sie an Johann Christian Poggendorff, Herausgeber der *Zeitschrift Annalen der Physik und Chemie.* Poggendorff nahm dieses Manuskript jedoch nicht an. Erst nach Mayers Tod kam es 1881 mit Hilfe des deutschen Physikers Karl Friedrich Zöllner wieder ans Tageslicht. Da Mayer in Physik und Mathematik nicht sehr bewandert war, war ihm die Grenze zwischen Impuls und kinetischer Energie lange Zeit unklar.

Der Unterschied zwischen diesen beiden Begriffen klärte sich in seinen Überlegungen im Juli 1842. In diesem Jahr heiratete er auch, lebte verhältnismäßig gut und setzte seine Forschungen über die unterschiedlichen Formen und Verwandlungen der Energie fort. Die noch heute gebräuchliche Form des Energieerhaltungssatzes formulierte er aber erst 1845. Die Arbeit dazu, *Die organische Bewegung im Zusammenhang mit dem Stoffwechsel*, gab er auf eigene Kosten heraus, weil er wusste, dass das Thema zu dieser Zeit niemanden interessierte. Im Sommer 1846 wandte er sich erneut an die Akademie der Wissenschaften in Frankreich – ohne Erfolg. Auch diese Arbeit wurde nicht angenommen, und so schrieb er sie neu, diesmal auf Deutsch, und gab sie – wieder auf eigene Kosten – beim »Verlag von Johann Ulrich Landherr« in Heilbronn heraus. 1848 erschienen 500 Exemplare mit dem Titel *Beiträge zur Dynamik des Himmels in populärer Darstellung*. Mayer hatte Glück, denn inzwischen hatten auch andere begonnen, in diese Richtung zu denken. Im Jahre 1847 hielt ein anderer Arzt, Hermann Ludwig Ferdinand von Helmholtz, ähnliche Gedanken fest wie Mayer. Auch er stieß anfangs auf Desinteresse.

Abb. 26
James Prescott Joule (1818–1889), Amateurforscher und Besitzer einer Brauerei. Er bestimmte die Gleichwertigkeit der mechanischen Arbeit und Wärme durch Experimente.

Am 23. August desselben Jahres wurde dann an der Französischen Akademie der Wissenschaften die Arbeit des Bierbrauers und Privatforschers James Prescott Joule aus Manchester vorgeführt (*Über das mechanische Äquivalent der Wärme*). Dabei stellte sich eindeutig heraus, dass mechanische Arbeit in Wärme umgewandelt werden kann. Von nun an überschlugen sich die Ereignisse, und unter den Wissenschaftlern brachen hässliche Prioritätsdiskussionen aus. Joule und Mayer lernten die Arbeiten des anderen 1849 kennen. Sie waren auf zwei vollkommen verschiedenen Wegen zu derselben Schlussfolgerung gekommen, dass nämlich mechanische Arbeit immer in die gleiche Menge und Größe an Wärme umgewandelt werden kann.

Mayers Leidensweg

Das Jahr 1848 war in ganz Europa ein bewegendes, revolutionäres Jahr. Mayer war seinen zwei älteren Brüdern, die zu den Aufständischen gehörten, gefolgt. Eigentlich hatte er sie nur überreden wollen, nach Hause zurückzukehren, geriet aber in die Gefangenschaft der Freikorps und entging nur knapp der Hinrichtung.

Abb. 27
Julius Robert von Mayer (1814–1878), der erste Arzt, der einen grundlegenden Beitrag zur Physik leistete. Seine Erkenntnisse wurden aber nur schwer akzeptiert, was zu seiner Zwangsbehandlung beitrug.

Natürlich hatte auch Mayer seine Feinde, seine »Gärtner«. Dr. Otto Ernst Julius Seyffer griff Mayer heftig an und bezeichnete dessen Ausführungen, dass eine echte Umwandlung von Bewegung in Wärme stattfinden könne, als paradox, weil sie der Wissenschaft und allen natürlichen Abläufen widersprächen. Mayers Vergleich einer Dampflokomotive mit einem Destilliergerät, bei dem die Wärme in Bewegung übergeht und sich dann bei der Achse der Räder in Form von Wärme ablagert, bewies für Seyffer am besten die Unhaltbarkeit der ganzen Theorie. Mayer hoffte, dass sein Gegner seinen Irrtum eingestehen und ihn öffentlich richtigstellen würde. Seine Hoffnung erfüllte sich jedoch nicht, weshalb er in eine schwere Nervenkrise geriet. Infolge eines plötzlichen Deliriums stürzte er sich am 28. Mai 1850 vor den Augen seiner Frau aus einem Fenster in ca. 9 Meter Höhe auf die Straße hinab. Er blieb bis an sein Lebensende behindert und musste sich in psychiatrische Behandlung begeben.

Auch später wurden seine Ergebnisse kaum anerkannt, obwohl er sie an die Universitäten von München, Wien und Paris schickte. Erst 1853 erwähnt die Akademie in Paris in einem kurzen Nebensatz die Arbeiten von Joule und Mayer.

Wegen der Anfeindungen der wissenschaftlichen Welt verfiel Mayer in eine immer tiefere Depression. Deshalb beschloss er im Frühling 1852, sich in ein Institut in Kennenburg bei Esslingen zu begeben, um sich dort einer Kaltwasserkur zu unterziehen. Danach reiste er nach Winnental, um dort einen anderen Kollegen zu konsultieren. Dieser Arzt verwies ihn an seinen jungen Kollegen Heinrich Landerer, der in Göppingen ein privates Nervenheilzentrum betrieb. Landerer peinigte Mayer 3 Monate lang, dann wurde er am 31. Juli 1852 wieder nach Winnental gebracht, wo ihn der Direktor Ernst Albert von Zeller selbst 13 Monate lang mit der Behauptung, er sei größenwahnsinnig, regelrecht folterte. Laut seiner Biografen wurde Mayer in eine Zwangsjacke gesteckt, gequält und geschlagen, damit er seine »Wahnvorstellungen« vergaß. Man hielt ihn also für wahnsinnig, wobei sein Energieerhaltungssatz eine entscheidende Rolle spielte. Im Gegenzug wurden später, als der Erhaltungssatz allgemein akzeptiert worden war, diejenigen, die ihn ablehnten, für verrückt erklärt. Im Zusammenhang mit diesem Satz wird wohl immer irgendjemand für verrückt gehalten.

Irrtümliche Verallgemeinerung

Im Jahre 1853 äußerte Helmholtz die Meinung, dass Mayer als Erster den Erhaltungssatz formuliert habe. 1854 wurde offiziell anerkannt, dass Mayer den Satz tatsächlich selbstständig und unabhängig von anderen verfasst hatte. In England wurde die Akzeptanz des Satzes jedoch durch einen Prioritätskonflikt noch lange hinausgezögert.

Laut John Tyndall besteht Mayers Hauptverdienst darin, den Energieerhaltungssatz von der Mechanik auf die ganze Physik, Chemie und Physiologie ausgeweitet zu haben. Anfangs glaubte Mayer nämlich, der Satz gelte nur in der Thermodynamik. Er fand aber kein System, das seine Hypothese widerlegt hätte. Da Besslers Apparat längst vergessen war, konnte man den Energieerhaltungssatz als absolut universal betrachten (der Energieerhaltungssatz besagt, dass die Energie eines geschlossenen Systems unter allen Umständen erhalten bleibt).

Dass der Satz in der Thermodynamik gilt, heißt aber noch lange nicht, dass er auf alle nur denkbaren Fälle der Physik zutrifft. Diesen Irrtum verdeutlicht auch Besslers Apparat – kaum jemand hat aber von ihm gehört. Grund für die Verallgemeinerung dieses Satzes ist wahrscheinlich der noch sehr wenig entwickelte Begriff der Materie. Damals hatten die Forscher nämlich noch keine Vorstellung davon, was Materie eigentlich ist. Sie wussten nicht, dass sie aus Atomen besteht und dass sich diese Atome mit einem zentralen, konservativen elektrischen Kraftfeld verbinden. Zu dieser Zeit war der Unterschied zwischen konservativen und nichtkonservativen Kraftfeldern noch nicht klar. Man konnte die Energie, den Impuls und den Drehimpuls nicht einmal allgemein als Symmetrie deuten, und so konnte die tiefere physikalische Bedeutung dieser Begriffe auch nicht verstanden werden. Man beging also wie so oft in den Naturwissenschaften den Fehler, ein Gesetz als allgemeingültig zu deklarieren, ohne dass die Grenzen seiner Gültigkeit und Anwendbarkeit bestimmt worden wären. Wir werden sehen, dass es mithilfe nichtkonservativer Kraftfelder sehr wohl möglich ist, Apparate zu bauen, bei denen die Energie nicht erhalten bleibt.

In Mayers Zeit und Weltbild wurden generell zwei Wirkursachen (*causae*) angenommen: Die eine war die Materie, die Masse, deren Gewicht messbar und undurchdringlich ist; die andere Wirkursache besitzt keine solchen Eigenschaften; dies sind die sogenannten »Imponderabilien« oder Kräfte. Laut Mayer sind Kräfte nämlich unzerstörbar, bleiben unverändert und sind Dinge mit einem undefinierbaren Gewicht. So dachte er also über Energie, und hier wird deutlich, dass nicht nur in seinen Gedanken, sondern auch in der Auffassung seiner Epoche der Unterschied zwischen Kraft und Energie unklar war.

Wir sehen also, dass in dem Zeitalter, in dem der so wichtige Energieerhaltungssatz verallgemeinert wurde, die Naturwissenschaft immer noch tief in den Kinderschuhen steckte. Nach dieser irrtümlichen Verallgemeinerung des Energieerhaltungssatzes wurde der Bau eines Perpetuum mobile für sinnlos und unmöglich erklärt, was unglaublich negative und zerstörerische Folgen hatte. Aus diesem Grunde wurden nämlich keine neuen Maschinen gebaut, keine neuen Verfahren entwickelt und auch keine neuen technischen Lösungen gesucht.

Erst viel später, Anfang des 20. Jahrhunderts, erkannte die deutsche Mathematikerin Amalie Emmy Noether, dass die Energie, der Impuls und der Drehimpuls symmetrisch sind. Eigentlich hätte diese Erkenntnis die langjährige Fessel lösen und der Technik wie auch der Wissenschaft einen riesigen Auftrieb geben müssen. Doch das Dogma der Energieerhaltung hatte inzwischen schon so tiefe Wurzeln geschlagen, dass gar nicht erst über die möglichen Konsequenzen des Noether-Theorems nachgedacht wurde. Nur eine Handvoll Mathematiker des Fachgebiets Algebra schenkte ihrer Arbeit überhaupt Beachtung; das Interesse der Physiker zog sie nicht auf sich. Wie auch? Bessler war schon vergessen, und damit war kein praktisches Beispiel mehr vorhanden, das eindeutig das Gegenteil bewiesen hätte.

Zwar erschienen ein paar Zeitungsartikel über mechanische und dampfbetriebene Perpetua mobilia, die einige Amateure gebaut hatten, aber man konnte diesen Artikeln nie vollen Glauben schenken. Dagegen häuften sich jedoch die empirischen Beweise dafür, dass mechanische Arbeit immer zu Wärme umgeformt werden kann und bei diesen Vorgängen die Energie erhalten bleibt. Auch in der Industrie bewiesen die Dampfmaschinen, die Gas- und später die Benzinmotoren, dass chemische Energie zu Wärme und Wärme zu mechanischer Arbeit umgeformt werden kann. Die Verbreitung der Wärmekraftmaschinen verstärkte die Forderung, den Energieerhaltungssatz vollständig zu etablieren, ebenfalls. Mit Wärmekraftmaschinen konnte wirklich kein Apparat gebaut werden, der mehr Energie abgibt als den chemischen Gegenwert des zugeführten Brennstoffs. Hinsichtlich der Thermodynamik war der Energieerhaltungssatz also gültig, und mit Apparaten wie dem Besslerrad beschäftigte sich zu dieser Zeit niemand.

Vielleicht hat Bessler die Menschheit mit seiner Sturheit um eine beispiellose Gelegenheit gebracht, denn Wissenschaft und Technik hätten sich vollkommen anders entwickeln können, wenn der Erfinder nicht so hartnäckig an dem Glanz seiner 100 000 Taler festgehalten, sondern auch an die Menschheit gedacht hätte.

Seitdem traten nur sehr wenige Menschen in seine Fußstapfen, und nur eine geringe Zahl von ihnen konnte bisher mit unterschiedlichen technischen Lösungen das Geheimnis lüften. Da aber der Energieerhaltungssatz inzwischen zu einem wissenschaftlichen Dogma geworden war, konnten sie diese Wand nicht mehr durchbrechen. Wenn Bessler das Konzept seiner Erfindung veröffentlicht hätte, hätten wahrscheinlich auch viele seine Errungenschaften kennenlernen können, und die Entwicklung von Apparaten, die Überschussenergie abgeben, wäre unaufhaltsam gewesen. Stattdessen geschah jedoch genau das Gegenteil.

Die Entstehung eines Dogmas

Die wohlgemeinten Arbeiten von Mayer, Joule, Helmholtz, Thomson und anderen waren also in dieser Hinsicht eher eine Katastrophe für die Menschheit. Fängt eine These erst einmal an, sich zu verbreiten, findet sie immer mehr Anhänger und wird scheinbar durch immer mehr Beweise bestätigt. Der Däne Ludwig August Colding zum Beispiel baute einen ähnlich einfachen Apparat wie Joule, der durch Reibung Wärme erzeugt. So wurden Joules Angaben wieder einmal bestätigt.

Anfang der 1850er-Jahre hatte der Begriff der Energie schon eine gewisse Akzeptanz in den Kreisen der Wissenschaft erlangt. 1853 wurde sie von William Thomson, besser bekannt als Baron Kelvin, wie folgt definiert:

> Als Energie (Fähigkeit, Arbeit zu leisten) eines materiellen Systems in einem bestimmten Zustand bezeichnen wir den in mechanischen Arbeitseinheiten gemessenen Betrag aller Wirkungen, welche außerhalb des Systems hervorgerufen werden, wenn dasselbe aus seinem Zustand auf beliebige Weise in einen nach Willkür fixierten Nullzustand übergeht.

Diese Definition trifft auch auf konservative Kraftfelder zu. Die Wirkung von Wirbelfeldern oder gar zeitabhängigen, das heißt nichtkonservativen Kraftfeldern, zog Baron Kelvin nicht in Betracht.

Der Energieerhaltungssatz wurde also allgemein akzeptiert, und der Fortschritt der Thermodynamik, der Wärmelehre und der Wärmekraftmaschinen zog dann gezwungenermaßen auch die Akzeptanz des sogenannten zweiten Hauptsatzes nach sich. Dieser besagt, dass man auch kein Perpetuum mobile der zweiten Art bauen kann, das heißt einen Apparat, in dem ein Teil der Materie sozusagen von allein abkühlt und ein anderer sich erwärmt. Durch Ausnutzung des Temperaturunterschieds zwischen den zwei Behältern könnte man Arbeit gewinnen. Wenn wir den Effekt, mit dessen Hilfe man die schnellen und die langsamen Moleküle eines Gases trennen kann, hervorrufen könnten, hätten wir eine unerschöpfliche Energiequelle. Das Gesetz der großen Zahlen und die statistischen Gesetze verhindern jedoch das Entstehen solcher Effekte.

Natürlich musste viel Zeit nach dem Aussprechen des Energieerhaltungssatzes vergehen, bis dies vollständig klar wurde. Man darf Mayer, Thomson und seinen Zeitgenossen aber wegen der falschen Verallgemeinerung keinen Vorwurf machen – den Fehler begingen die nachfolgenden Generationen, die den Erhaltungssatz, ohne nachzudenken und ohne die neueren Erkenntnisse zu überdenken, bis heute wie ein Dogma behandeln.

Es ist schon oft in der Naturwissenschaft vorgekommen, dass die Aussage eines Theorems später durch eine experimentelle Überprüfung relativiert wurde und man darauf kam, dass ein bestimmter Satz doch nicht unter allen Umständen gültig ist, es also Grenzen gibt. Leider ist es nach der Verallgemeinerung des Energieerhaltungssatzes nicht zu einer solchen Überprüfung gekommen, denn schon allein der Gedanke daran löste große Entrüstung aus. Heute – so scheint es – ist es nur noch wichtig, den Status quo aufrechtzuerhalten. Der Energieerhaltungssatz ist keine wissenschaftliche Frage mehr, sondern eine Frage der Macht und der Politik.

Doch jetzt ist es an der Zeit, den anderen Weg des wissenschaftlichen Fortschritts zu untersuchen – diesmal wieder in der Mathematik und der Physik. Der Begriff »Symmetrie« entstand nämlich hier. Eigentlich hätte er zur Widerlegung der Allgemeingültigkeit des Energieerhaltungssatzes führen müssen. Dazu hätte man nur darauf kommen müssen, dass Energie als Symmetrie nicht unter allen Umständen konstant bleiben kann. Leider ist dies aber nicht geschehen. Wir werden sehen, wie viele Umwege Mathematik und Physik machten, bis der Begriff der Symmetrie schließlich entstand, und dass er eigentlich umsonst entstanden ist, denn in seinem Verständnis, seiner Anwendung und seiner Umsetzung ins praktische Leben sind wir bis heute kaum weitergekommen.

Die Geschichte der Symmetrie in der Physik

Wir haben also gesehen, wie grundlegend und allgemeingültig die Begriffe »Energie«, »Impuls« und »Drehimpuls« sind. Außer ihnen gibt es aber noch einen sehr wichtigen Begriff in der Natur, nämlich den der »Symmetrie«. Ohne das Verständnis von Symmetrie werden wir die Begriffe »Energie« und »Impuls« und damit auch das zwangsläufige Schicksal der verbotenen Erfindungen nicht verstehen. Wir werden im Folgenden sehen, wie eng unser Schicksal mit den verbotenen Erfindungen und der Geschichte der Symmetrie verbunden ist.

Drei Bereiche müssen im Zusammenhang mit der Symmetrie hervorgehoben werden: Der erste ist die Technik. Hier benutzen wir den Begriff der Symmetrie in der Praxis, obwohl sein tieferes Verständnis noch auf sich warten lässt. Auf die Wichtigkeit der Symmetrie und den Nutzen von Symmetrieoperationen und Symmetrieabnahme stieß man immer nur durch Zufall und Intuition. Der zweite große Bereich, wo sich der Begriff der Symmetrie langsam entwickelt hat, ist die Physik, der dritte die Mathematik. Man ist zwar auch hier viele Umwege gegangen, dafür hat sich der Begriff hier aber am deutlichsten herauskristallisiert.

Beginnen wir mit der Physik. Wir werden die Entwicklung nur kurz skizzieren. Dann folgt, etwas detaillierter, die Mathematik und im Anschluss daran die Technik. In diesem Zusammenhang werden wir auch die Geschichte und die Wirkung von Symmetrien zusammen mit wirtschaftlichen und politischen Aspekten kennenlernen.

Der Begriff der Symmetrie ist ein weitverbreitetes und »abgenutztes« Wort, fast so wie das Wort »Liebe« oder »Sozialismus«, weshalb so ziemlich jeder etwas anderes darunter versteht. Der Mathematiker Hermann Weyl (1885-1955), ein Erforscher der Symmetrie, schreibt darüber Folgendes:

> Die Symmetrie ist diejenige Idee, mit deren Hilfe der Mensch im Laufe der Jahrhunderte versuchte, Ordnung, Schönheit und Vollkommenheit zu begreifen und zu schaffen – im weiteren oder engeren Sinne, je nachdem, wie wir die Bedeutung dieses Begriffs formulieren. In Physik und Technik verbindet man Symmetrie eher mit Ordnung, in der Kunst steht ihre Schönheit im Vordergrund. Im Allgemeinen empfindet man, dass eine gerade Linie, ein Kreis oder eine Schraube eine gewisse Symmetrie, Wiederholung, Form oder Ordnung besitzen.

Es ist kein Zufall, dass der Begriff der Symmetrie in der Physik vor allem in der Kristallografie, bei der Systematisierung von Kristallen, entstanden ist, denn in der Natur begegnen wir vielen Arten von Kristallgittern. Hier verstehen wir unter Symmetrie, dass ein Kristall aus ähnlichen, sich wiederholenden Anordnungen aufgebaut ist. Ein kubischer Kochsalzkristall kann in kleine Teile zermahlen werden. In jedem einzelnen Teilchen findet man die gleiche wohlbekannte Symmetrie des Würfels. Hier ist das Wesentliche der Symmetrie die regelmäßige Wiederholung. Aufgabe der Kristallografie war, die Symmetrie der physikalischen Phänomene in den Kristallen zu erforschen und einen Zusammenhang zwischen dieser Symmetrie und der geometrischen Symmetrie des Kristalls zu finden. Dabei stellte sich heraus, dass jedem Kristall, abhängig von seiner Form und seinem Aufbau, bestimmte typische Eigenschaften zugeordnet werden können.

Seine Festigkeit, seine Elastizität, seine Durchsichtigkeit, seine elektrischen, magnetischen und optischen Eigenschaften hängen alle von seinem Aufbau ab. Grundsätzlich sind also nicht nur das Material, aus dem der Kristall besteht, sondern auch der Aufbau des Kristallgitters und dessen räumliche Symmetrie entscheidend. Ein und dasselbe Material – zum Beispiel Eisen – kann in einem Kristallgitter magnetisch und in einem anderen nichtmagnetisch sein. Kohlenstoff zum Beispiel ist in seiner Erscheinungsform als Diamant außerordentlich hart und durchsichtig, in einer anderen Anordnung und einer anderen Symmetrie weich, ein guter elektrischer Leiter und undurchsichtig. Diese Form kennen wir als Grafit. Die repetitive Anordnung der Kohlenstoffatome beeinflusst die Eigenschaften des Materials also stark. Beim Phosphor beeinflusst die Kristallform der Atome die Eigenschaften ähnlich extrem.

Dass Kristalle eine regelmäßige Struktur besitzen, hat einer Erzählung nach zuerst der zurückhaltende, schüchterne Lehrer eines französischen Priesterseminars, René-Just Haüy, entdeckt. Eine Anekdote erzählt, wie er auf das Prinzip der regelmäßigen Strukturen stieß: Einmal war er bei einem kunstliebenden Kristallsammler zu Besuch und nahm eine sogenannte prismatische Druse aus Kalzitkristallen in die Hand, die er dann aus Versehen fallen ließ. Dabei fiel ihm auf, dass die Bruchstücke eine ähnliche Form hatten wie zuvor der große Kristall.

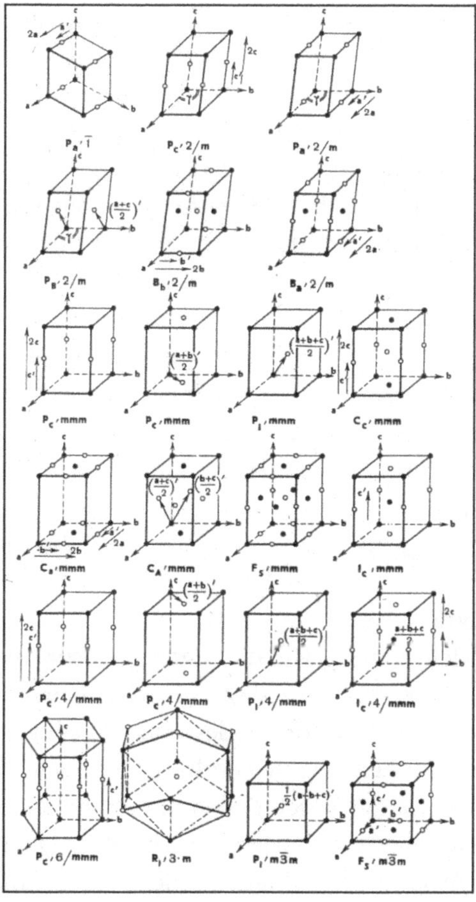

Abb. 28

Eine Gruppe von Kristallgittern, die über unterschiedliche Spiegelungs- und Dreheigenschaften – also unterschiedliche Symmetrien – verfügen

Daraufhin spaltete Haüy zu Hause alle Kalzitkristalle seiner Sammlung. Obwohl diese die unterschiedlichsten Formen gehabt hatten und bei einigen überhaupt nicht die Form des Rhomboeders zu erkennen gewesen war, fand er unter den Bruchstücken ausschließlich diese Form; die Bruchstücke zerfielen zu immer kleineren Rhomboedern. Danach soll Haüy ausgerufen haben: »Alles klar – ich hab's!«

Dies war ein weiterer Schritt zum Verständnis der Symmetrie. Durch Glück, Zufall und Erfahrung kam man der Kristallphysik und damit dem Begriff der Symmetrie immer näher. Heute wissen wir schon, wie viele sich regelmäßig wiederholende Formen es auf einer Ebene geben kann und dass auch in einem dreidimensionalen Raum die Zahl der sich regelmäßig wiederholenden Gitterformen begrenzt ist. Unter der Symmetrie einer Form versteht man heute die Eigenschaft, dass sich ihre Bestandteile nach einem bestimmten Gesetz in sich selbst wiederholen. Wenn wir zum Beispiel einen Würfel um eine beliebige der drei Achsen, die die Mittelpunkte der jeweils gegenüberliegenden Seiten miteinander verbinden, um 90° drehen, sieht der Würfel immer gleich aus.

Oder nehmen wir eine etwas weniger regelmäßige Form, ein Parallelepipedon. Schneiden wir es entlang der Halbierungspunkte beliebiger Kanten entzwei und vertauschen die Teile, so erhalten wir die gleiche Form wie zuvor. Diese auf den ersten Blick einfach erscheinenden Spiegelungen und Drehungen spielten bei der Entstehung des Begriffs »Symmetrie« eine grundlegende Rolle. Nach einigen Transformationen, Verschiebungen und Drehungen erhält man nämlich wieder die ursprüngliche Form. Die Frage ist nur, nach wie vielen Drehungen oder Spiegelungen. Es ist also nicht die Größe, sondern diese Transformationen sind es, die die Symmetrie der Kristalle und der Formen ganz allgemein charakterisieren.

Als man noch nicht wusste, wie die Materie aufgebaut ist, und sie als homogen betrachtete, bemerkte man, dass ein Kristall ein homogenes, kontinuierliches und anisotropes Medium ist, dessen äußere Eigenschaften durch die Symmetrie, das heißt durch die Wiederholungsgesetze der Teile, bestimmt wird. Den Zusammenhang zwischen den physikalischen Eigenschaften und der Form, das heißt den Symmetrien der Morphologie, erkannte man aber erst Ende des 19., Anfang des 20. Jahrhunderts. Erst dann wurde klar, dass die Symmetrie der Form die physikalischen Eigenschaften entscheidend beeinflusst. Diese Erkenntnis wird in erster Linie mit den Namen Franz Ernst Neumann, Pierre Curie und Woldemar Voigt verbunden. In den 1930er-Jahren vervollständigte der russische Forscher Aleksej Wassiljewitsch Schubnikow die Arbeit auf diesem Gebiet.

Abb. 29
Bilder von Schneeflocken mit verschiedenen Formen, die jedoch die gleichen Symmetrieeigenschaften besitzen. Die Frage ist nur, warum die einzelnen Zweige der Schneeflocke die gleiche Form haben und woher ein Ende »weiß«, wie die Eiskristalle am anderen Ende wachsen, und diese Form dann nachahmen kann.

Diskrete und kontinuierliche Symmetrien

Im Alltagsleben entstand der Begriff der Symmetrie in der Biologie, der Architektur und der Bildhauerei als Synonym für Harmonie und Schönheit etwa gleichzeitig. Dabei stand hier nur das räumliche Verhältnis von Gegenständen und deren Bestandteilen im Vordergrund. Unter Symmetrie verstand man zuerst nur die Spiegel- und Drehsymmetrie. Selbstverständlich umfasst der Begriff der Symmetrie aber viel mehr. Die Spiegelsymmetrie, das heißt die Symmetrie zwischen der linken und der rechten Seite, ist allgemein bekannt und in der Natur weit verbreitet.

Auch die Drehsymmetrie verstehen wir gut: Wenn man ein regelmäßiges Drei- oder Viereck um einen bestimmten Winkel dreht, bildet es sich auf sich selbst ab.

Abb. 30
Spiralen, die diskrete künstliche Symmetrien enthalten

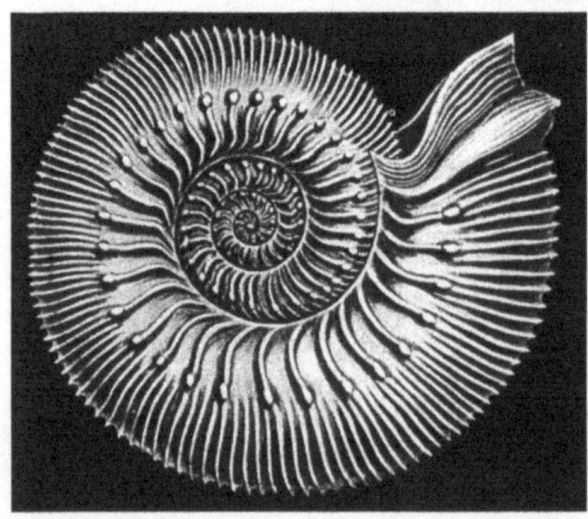

Abb. 31
Kontinuierliche Symmetrie einer natürlichen Spirale

In der Wissenschaft sagt man, das regelmäßige Dreieck besitze eine »dreizählige Symmetrie«, da es dreimal gedreht werden kann, bis nach einer Drehung von 120° wieder die Ausgangsform entsteht. Beim Quadrat sprechen wir von einer »vierzähligen« Symmetrie, da diese Figur viermal um jeweils 90° gedreht werden kann. Das Fünfeck müssen wir demnach fünfmal drehen, bis es wieder seine ursprüngliche Form erhält. Diese »fünfzählige« Symmetrie kommt in der Natur sehr häufig vor – unter anderem beim Kerngehäuse eines Apfels. Bei Kristallen kommt sie jedoch nie vor. Einige Theorien behaupten, dass die fünfzählige Symmetrieachse bei Lebewesen eine besondere Form der Verteidigung im Kampf ums Überleben sei. Sie sei eine Art Versicherung gegen eine Versteinerung und Kristallisierung, da es ja bei den Kristallen keine fünfzählige Symmetrie gibt. Die Symmetrie der Kristalle ist dagegen eine gefrorene, tote Ordnung, die keinerlei Bewegung oder Veränderung zulässt, was für Lebewesen grundsätzlich wichtig ist.

Alle diese Symmetrien enthalten eine endliche Zahl an Symmetriebestandteilen. Wir können also das Element, das sich wiederholt, mit einer endlichen Anzahl an Spiegelungen und Drehungen, vielleicht auch Verschiebungen, immer wieder neu erstellen und somit die häufigsten und auffallendsten geometrischen Eigenschaften beschreiben. Was aber passiert, wenn wir die Zahl der Drehungen bis ins Unendliche steigern? Wenn wir kein Fünfeck und kein Fünfzigtausendeck untersuchen, sondern eine Form, die unendlich viele Seiten besitzt?

Dann kommen wir zum Kreis. Beim Kreis – und bei der Drehbewegung im Allgemeinen – ist das Interessante, dass es egal ist, um wie viel Grad wir die Form drehen, denn wir erhalten immer die gleiche. Egal, ob der Winkel winzig klein ist oder sehr groß – wenn wir einen Kreis drehen, kommen wir immer zu der gleichen Form, nämlich zu ihm selbst zurück. Ähnlich sieht es mit der Geraden aus. Wenn wir ein Stück aus ihr herausschneiden und dies dann entlang derselben Gerade beliebig weit verschieben, haben wir immer noch eine Gerade. Auch wenn wir sie spiegeln, ändert sich nichts. So sind wir also von den endlichen, diskreten Symmetrien in die Welt der konstanten Symmetrien gelangt. Diese spielen in der Physik eine sehr wichtige Rolle.

Die historische Bedeutung der Symmetrie

Vielleicht sieht der Leser die Untersuchung der geradlinigen Bewegung und der Kreisbewegung als Haarspalterei an. Das Schicksal ganzer Völker, Kontinente und Kulturen hing jedoch davon ab, ob sie, wenigstens auf praktischer Ebene, diese Symmetrien erkannt hatten oder nicht. Deshalb gab es auch nicht in allen Kulturen Räder, Wagen und Mühlen. In Eurasien zum Beispiel kannte man das Rad, in Afrika, Australien und Amerika dagegen entwickelten sich Kulturen ohne Rad. In Japan durfte lange Zeit nur der Herrscher ein Fahrzeug mit Rädern benutzen; für alle anderen war die Fortbewegung nur auf Pferderücken oder auf den Knien rutschend erlaubt.

Warum hat sich die Benutzung des Rades wohl bei den süd- und nordamerikanischen Indianern nicht verbreitet? In aztekischen Gräbern wurden (in Form von Kinderspielzeug) kleine Wagen mit Rädern gefunden, und es ist sehr wahrscheinlich, dass die Steinblöcke für die Konstruktion der beeindruckenden Monolithbauten auf Baumstämmen gerollt wurden. In Eurasien ermöglichte das Rad den Transport von schweren Lasten über große Entfernungen. So konnten der Handel, der Bergbau und die Arbeitsteilung überhaupt erst entstehen. Auch bei der Nutzung von Wasser- und Windkraft sowie bei der Verbreitung von Wasser- und Windmühlen war die Kenntnis der Drehsymmetrie eindeutig eine große Hilfe. Mit diesem praktischen Wissen konnten sehr nützliche Maschinen gebaut werden, zum Beispiel Hebel, Flaschenzüge und mithilfe der archimedischen Schraube sogar Pumpen. So entstanden also gravierende Unterschiede zwischen den Zivilisationen.

Südamerika zum Beispiel, das Reich der Inka, war von mehreren tausend Kilometer langen Pfaden durchzogen. In regelmäßigen Abständen warteten Boten auf die Nachrichten der Herrscher und brachten sie an ihren Bestimmungsort; Güter wurden den Wegen entlang auf Schlitten gezogen. Dieses Reich funktionierte also auch ohne Rad. Die mehreren Millionen Untertanen wurden durch ein zentralisiertes, stark autoritäres System regiert. Dann kam jedoch der historische Zeitpunkt, wo eine Zivilisation, die die Drehsymmetrie kannte, auf eine solche traf, die die Drehsymmetrie nicht kannte.

Ort der Begegnung war Cajamarca auf dem peruanischen Plateau, in der nördlichen Andenregion, Zeitpunkt der 16. November 1532. Hier begegneten sich zwei brutale und primitive Zivilisationen: die Spanier aus Europa und die Inka aus Südamerika. Die Brutalität der beiden war etwa gleich, sie unterschieden sich jedoch dadurch, dass den Spaniern die Drehsymmetrie schon bekannt war, den Inka aber nicht. Natürlich hatten die Spanier auch Gewehre, aber um sie benutzen zu können, brauchten sie Schwarzpulvermühlen. Die wichtigsten Bestandteile von Schwarzpulver – Schwefel und Salpeter – kamen zwar auch im Reich der Inka vor, sogar sehr viel häufiger als in Spanien, aber die Indios kannten keine Mühlen.

Atahualpa, der Herrscher der Inka, lagerte also mit seiner Armee von ca. 80 000 Mann in der Stadt. Der spanische Konquistador, der goldgierige Abenteurer Francisco Pizarro, Anführer von nur 168 Mann, betrat als erster Europäer diese Stadt (ca. 1600 Kilometer von der Haupttruppe der Spanier entfernt), ohne Hoffnung auf Unterstützung. Atahualpa fühlte sich in der Mitte seines Reiches, umgeben von seinen Soldaten, in größter Sicherheit. Trotzdem konnte Pizarro schon wenige Stunden nach Beginn des Kampfes über die Leichen zehntausender Indios hinwegziehen und den Herrscher gefangen nehmen.

Dies war einer der bizarrsten Kämpfe in der Menschheitsgeschichte, denn es hatten sich noch nie zwei Gegner gegenübergestanden, die sich auf so unterschiedlichem technischem Niveau befanden wie diese. In der Nacht vor dem Kampf sahen die Spanier die zahlreichen Lagerfeuer der Indianer um sich herum, was ihnen große Angst machte. Es gab jedoch kein Zurück mehr, sie waren umzingelt, und es ging nur noch um Leben oder Tod. Nicht einmal die

Spanier waren sich des Ausmaßes ihrer technischen Überlegenheit bewusst. Die Bronzeschwerter der indigenen Bevölkerung rutschten von den Stahlrüstungen der Spanier ab, die Stahlspitzen der spanischen Speere bohrten sich jedoch fast mühelos durch die Bronzerüstungen der Eingeborenen. Die primitiven und langsamen Gewehre und die Pferde waren zwar eher psychologische Waffen, aber auch sie trugen zum Sieg der Spanier bei.

Abb. 32
Die Bronzerüstung der indigenen Bevölkerung konnte den Stahlschwertern der Spanier nicht standhalten. Deren technische Überlegenheit erwies sich als unglaublicher militärischer Vorteil. (Zeichnung von Hajnal Eszes)

Bis heute ist dieser Kampf beispiellos in der Zivilisationsgeschichte der Menschheit. Eine verschwindend kleine Anzahl Soldaten vernichtete eine gut ausgebildete Übermacht, die sich sogar logistisch im Vorteil befand, innerhalb weniger Stunden. Die technische Überlegenheit, die in jedem Detail auf der Kenntnis der Drehsymmetrie beruht, erwies sich als ein erdrückender Vorteil. Pizarro ließ einige Indianer martern, damit sie verrieten, wo die Inka ihr Lager hatten. Er verlangte das höchste Lösegeld der Geschichte, 120 Kubikmeter Gold, für die Freilassung des Herrschers. Es dauerte Monate, bis das Gold auf Befehl von Atahualpa aus allen Ecken des Reiches zusammengetragen war. Aber natürlich hatte Pizarro nicht im Traum daran gedacht, ihn freizulassen. Sobald er den Schatz bekommen hatte, tötete er den Inka.

Zu einem Gefecht, bei dem sich die Gegner auf ähnlich unterschiedlichem technischem Niveau befanden, kam es im Jahre 1853. Der amerikanische Admiral Matthey Perry drang mit seiner Schwarzen Flotte gewaltsam in den japanischen Hafen der Stadt Uraga ein und erzwang mithilfe seiner modernen Kanonen eine Landung. So öffnete er das bis dahin für den Rest der Welt verschlossene Japan – und die Japaner waren dagegen vollkommen machtlos.

Obwohl die Japaner seit dem Mittelalter Handfeuerwaffen kannten, entwickelte sich ihre Geschichte auf besondere Art. Sie perfektionierten nämlich die primitiven europäischen Handfeuerwaffen so sehr, dass dadurch unzählige Samurai im Feudalkrieg umkamen. Deshalb entschieden sich die wenigen Überlebenden für die totale Verschließung gegenüber der Außenwelt und das Verbot von Handfeuerwaffen (eine kluge Entscheidung, denn selbst ein einfacher Bauer kann aus einiger Entfernung den besten Samurai abschießen).

Beim letzten Beispiel einer solchen technischen Überlegenheit geht es um Radar. Vor der Schlacht um Pearl Harbor im Dezember 1941 konnten die amerikanischen Radarbeobachter die sich nähernde große Menge japanischer Kampfflieger auf ihren Schirmen sehr gut sehen. Das aus Anfängern bestehende Personal gab aber bei seinem Funkspruch an die Zentrale nicht die Anzahl gesichteter Flugzeuge durch. Die Meldung wurde nicht ernst genommen. Der japanische Angriff endete mit einer Katastrophe für die US-Flotte.

Im Juni 1942 konnte die amerikanische Armee bei der Schlacht von Midway mithilfe des Radars die an Schiffen und Flugzeugen stark überlegene japanische Übermacht zerschlagen. Die amerikanischen Piloten bemerkten die japanischen Flugzeuge und Flugzeugträger nämlich dank ihres Radars rechtzeitig und konnten sie deshalb zerstören.

In jedem dieser Fälle ist die technische Überlegenheit eindeutig. Sie ist nachweislich das Ergebnis davon, wie viele Symmetrien die gegebene Zivilisation kennt und wie sie mit diesem Wissen umgeht. Jene Zivilisationen, bei denen die Erforschung von Symmetrien verboten ist, sind gegenüber solchen, bei denen die Erforschung und Nutzung zwar nicht gerade unterstützt, aber doch zumindest geduldet wird, klar im Nachteil.

Symmetrie in der Physik

Nach diesem kleinen Streifzug durch die Geschichte wollen wir uns nun wieder dem Zusammenhang zwischen Physik und Symmetrie zuwenden. Am Beispiel des Diamanten und des Grafits haben wir gesehen, dass die Eigenschaften einer Materie stark von der Symmetrie ihrer Bestandteile abhängen.

Wir nutzen aber nicht nur diese endlichen Symmetrien, sondern auch die schon erwähnten kontinuierlichen Symmetrien, die vielleicht sogar die wichtigsten sind. Ebenso wie alle Eigenschaften des entstandenen Stoffes durch die Symmetrie des Kristallgitters bestimmt werden, charakterisieren die einzelnen Symmetrien bestimmte physikalische Größen. Sowohl die Energie als auch der Impuls und der Drehimpuls können mit Symmetrien beschrieben werden, ebenso wie Kraft, Geschwindigkeit, Drehmoment und sogar die elektrische Ladung.

Alle Größen, die für uns wichtig sind, zeigen bei bestimmten Einwirkungen eine für sie charakteristische Veränderung, das heißt, ihre Symmetrie verändert sich nach einer Transformation auf eine ganz bestimmte Art und Weise. Heutzutage benutzt man hin und wieder den Begriff »Symmetrie« statt »Energie«, und manchmal gelingt es sogar, ihm auch einen physikalischen Inhalt zuzuordnen. Dabei basiert die Praxis natürlich nie auf der Theorie; das Aufdecken von Symmetrien gelang schon immer auf gut Glück.

Wenn es um Bewegung oder unterschiedliche physikalische Größen wie zum Beispiel Energie geht, denken nur wenige an den Begriff der Symmetrie, obwohl sie das wichtigste und umfassendste Prinzip der Physik ist. Erinnern wir uns nur daran, wie die Mechanik erschlossen wurde. Zuerst mussten die Begriffe »Entfernung«, »Geschwindigkeit« und »Beschleunigung« sowie die des Weges und der Zeit eingeführt werden. Danach kam der Begriff der mathematischen Analyse, also der Differenzial- und Integralrechnung auf. Die Erkenntnis, dass zum Beispiel Kraft und Geschwindigkeit mit einem Vektor beschrieben werden können, also nicht nur über eine Größe, sondern auch über eine Richtung verfügen, setzte sich nur langsam durch. Man stellt sie heute dementsprechend mit kleinen Pfeilen dar, deren Länge und Richtung die zu beschreibende physikalische Größe charakterisiert.

Auch das Drehmoment und der Drehimpuls werden mit einem Pfeil gekennzeichnet, obwohl wir einen Unterschied zwischen Drehmoment und Kraft wahrnehmen. Kraft wird in unserer Betrachtung mit geradlinigen, aber durch nichtkonstante Geschwindigkeit charakterisierbaren Bewegungen in Verbindung gebracht. Das Drehmoment dagegen hängt mit der Rotationskraft zusammen. Beide kennzeichnen wir aber mit demselben Pfeil, und beide verstehen wir als Vektor. Dies ist jedoch irreführend und hat auch schon zu schwerwiegenden Fehlern geführt. Die Beschreibung der Eigenschaften und Symmetrien einzelner physikalischer Größen begann erst lange nach dem Erkennen dieser Begriffe. Energie beispielsweise ist skalar, hat also keine Richtung – eine solche hat nur der Energiefluss. Der Skalar kann an jedem Punkt mit nur einer Zahl, einem Wert charakterisiert werden. Seine Symmetrieeigenschaften werden mit einer Kugel beschrieben.

Die Kugel, die ja durch skalare Eigenschaften (zum Beispiel Temperatur, Masse oder Druck) charakterisiert ist, ist richtungsneutral. Sie bleibt immer gleich, egal aus welcher Richtung wir sie betrachten. Sie besitzt die meisten Symmetrien, da sie ihre Form bei Drehungen um unendlich viele Achsen immer beibehält. Dies ist auch bei der Spiegelung an unendlich vielen Ebenen, die den Mittelpunkt schneiden, sowie bei der Spiegelung an ihrem Mittelpunkt der Fall. In der Kugel, das heißt in dem Skalar, sind also sehr viele Symmetrien versteckt. Deshalb sind auch sehr viele Schritte nötig, um diese Symmetrien zu brechen.

Für alle Symmetrien – wie auch für alle anderen physikalischen Größen – ist bezeichnend, dass man sie mit verschiedenen Eingriffen brechen bzw. reduzieren kann. Doch obwohl diese Erkenntnis, dieses Vorgehen vielleicht das grundlegendste in Physik und Technik ist, ist es am wenigsten bekannt.

Ein unbewegter Massepunkt hat sehr viele Symmetrien. Seine Position ist konstant und seine Winkelgeschwindigkeit beträgt null, das heißt, er ist auch in der Zeit konstant. Diese vielen Symmetrien machen ihn langweilig und uninteressant. Fangen wir jedoch an, ihn um immer mehr Achsen zu drehen und zu bewegen, dann kommen zunehmend interessante Eigenschaften ans Licht, die man an dem ruhenden Körper nicht beobachten konnte. Ein Kreisel, der sich um zwei Achsen dreht, zeigt im Vergleich zu einem um eine feste Achse kreisenden Körper sehr viele neue und bizarre Eigenschaften. Der Kreisel zum Beispiel behält seine ursprüngliche Orientierung, seine räumliche Position, bei, was ausschließlich auf die Rotation zurückzuführen ist. Wenn wir einen Kreisel anstoßen, weicht er rechtwinklig zur Richtung der Kraft aus. Bei einer geradlinigen Bewegung gibt es keinen ähnlichen Effekt, dort weicht er in Richtung der Kraft aus. Wenn wir also die »überflüssigen« Symmetrien eines Körpers nach und nach »entfernen«, kommen immer bizarrere, aufregendere und nützlichere Eigenschaften ans Tageslicht.

Dies trifft auch auf die Elektrizität zu. Der Raum um eine ruhende Ladung herum ist nicht allzu interessant, doch wenn wir zulassen, dass die Ladung sich bewegt, werden wir ein Magnetfeld um sie herum entdecken. Wenn dieses Magnetfeld zeitlich verändert wird, wir also auch die Symmetrie der zeitlichen Konstanz »entfernen« – es als Wechselstrom benutzen –, erhält der Strom eine Reihe neuer, wertvoller Eigenschaften. Die vorangegangenen Beispiele zeigen uns, wie wichtig es ist, die Regeln der Operationen und der Verringerung von Symmetrien kennenzulernen.

Pierre Curies Entdeckung

Der Gedanke, dass bei den Vorgängen in der Natur immer eine physikalische Ursache vorhanden sein muss, ist noch gar nicht alt. Lange Zeit wurden wichtige Fragen einfach mit einem Schulterzucken oder mit einem »weil Gott es so wollte« abgetan. Viele Niederlagen mussten hingenommen werden, bis man darauf kam, dass sich hinter den Geschehnissen Ursachen verbergen. Abgesehen von den wohlbekannten Irrtümern der Antike und dem Mystizismus des Mittelalters ist der Erste, der auf diesem Gebiet Rationalität in unser Denken brachte, unser alter Bekannter Leibniz.

Drei Jahre nachdem Bessler sein Perpetuum mobile vorgeführt hatte, schrieb Leibniz über den Zusammenhang von Mathematik und Physik (was damals noch Naturphilosophie genannt wurde) Folgendes an Dr. Clark:

> Um von der Mathematik zur Naturphilosophie zu gelangen, ist auch eine andere Gesetzmäßigkeit erforderlich, wie ich es auch schon in meiner *Theodizee* beschrieben habe. Ich meine damit, dass es ein Gesetz der notwendigen Ursache gibt, dass also nichts ohne Grund passiert und alles genauso passiert, wie es muss, und nicht anders.

Als Beispiel führte Leibniz eine perfekt ausbalancierte Waage an, die ihr Gleichgewicht beibehalten muss, da es nichts gibt, das sie aus dem Gleichgewicht bringen würde. Leibniz erkannte, dass die Ursache, die ein Phänomen auslöst, auch die Wirkung, also das Resultat, bestimmt. Diese Tatsache kann auch mit der Terminologie der Symmetrien formuliert werden. Auf dieses sehr wichtige und grundlegende Prinzip wurde jedoch erst ca. 200 Jahre später von Pierre Curie hingewiesen (seine Arbeit wird leider oft auf die Radioaktivität reduziert). Er fasste dieses Gesetz in zwei Sätzen zusammen:

> Wenn bestimmte Ursachen bestimmte Wirkungen erzielen, müssen auch in der erzielten Wirkung die Symmetriebestandteile der Ursache zu finden sein.

Dies ist noch immer recht unklar und allgemein formuliert, kann also auch nicht immer handfeste Ergebnisse liefern. Curie ging aber noch weiter und formulierte ein zweites, wichtigeres Gesetz:

> Wenn bestimmte Wirkungen eine gewisse Asymmetrie (Symmetriemangel) aufweisen, ist diese Asymmetrie auch in den Ursachen zu finden, die diese Wirkung ausgelöst haben.

Abb. 33
Pierre Curie (1859–1906), Begründer der Symmetrie in der Physik

Abb. 34
Marie und Pierre Curie (1903), nach der Überreichung des Nobelpreises

Man könnte auch sagen, dass bestimmte Phänomene nur dann auftreten können, wenn schon bei ihren Ursachen die entsprechenden Symmetrien fehlen. Sehen wir uns einmal einige Beispiele für diesen abstrakten, aber sehr bedeutenden Gedanken an: Um ein Magnetfeld zu erhalten, müssen Ladungen zum Beispiel in einem Draht bewegt werden. Der Translationsbewegung der sich bewegenden Ladungen fehlt eine Symmetrie (ihre räumliche Permanenz), da die Geschwindigkeit der Ladungen konstant ist, sie sich also immer mit konstanter Geschwindigkeit (konstanter Stromstärke) bewegen. Wenn aber die zeitliche Permanenz des Stroms aufgehoben wird, bildet sich auch schon ein elektrisches Feld um den Leiter herum. Bei ruhenden Ladungen umgibt den Leiter ein statisches Feld. In diesem Fall gibt es auch kein Magnetfeld – und wir sind um ein Phänomen ärmer.

Sehen wir uns ein anderes Beispiel an. Wenn wir eine Scheibe um zwei Achsen drehen, können wir die interessanten Phänomene der Nutation und Präzession beobachten. Wenn sich die Scheibe nur um eine Achse dreht, beträgt die Winkelgeschwindigkeit bei der zweiten Achse null. Die Symmetrie der Rotation um die andere Achse fehlt also noch nicht, sondern ist noch im System enthalten. Natürlich ist auch keine Nutation oder Präzession zu beobachten. Wenn wir nun aber die Konstanz der Winkelgeschwindigkeit der zweiten Achse entfernen (also die Winkelgeschwindigkeit verändern), kommen diese Phänomene zum Vorschein. Die Verringerung der Symmetrie kann also neue Phänomene hervorrufen. Die technische Mechanik weiß aber immer noch nicht, was bei der gleichzeitigen Rotation eines Massepunktes um drei Achsen geschieht.

Fehlende Symmetrien in der Elektrodynamik

In der Elektrodynamik beginnt der Bereich der zwangsverbotenen Symmetrien schon früher. Die Natur erlaubt nicht nur Massepunkten, sondern auch Ladungen die Rotation. Trotzdem finden wir in den Schulbüchern der Elektrodynamik nur Gleichungen von ruhenden und sich geradlinig bewegenden und beschleunigenden Ladungen. Bei den Maxwell-Gleichungen der Elektrodynamik fehlt die Rotation völlständig – ganz zu schweigen von der Rotation um mehrere Achsen. Hier ist das Schulbuchwissen zu Ende. In der Natur aber zeigt sich dieser Effekt ganz selbstverständlich, da Ladungen in speziellen Fällen auch um mehrere Achsen rotieren können. Der österreichische Physiker Felix Ehrenhaft untersuchte solche Fälle, und so entdeckte er die Methode der experimentellen Herstellung von magnetischen Monopolen (er hatte als Erster die Elementarladung gemessen, und zwar früher und genauer als Robert Andrews Millikan, der für seine Versuche den Nobelpreis bekam).

Ehrenhaft entdeckte ein interessantes Phänomen, als er statt der gewohnten Öltropfen Eisentröpfchen mit Licht bestrahlte (so konnte wegen des fotoelektronischen Effekts ein Ladungsüberschuss in ihnen entstehen). Ein Teil der Eisentröpfchen fing an, sich wie ein nördlicher, der andere wie ein südlicher magnetischer Monopol zu verhalten. Natürlich bewegten sich die niederprasselnden Eisentröpfchen nicht nur mit konstanter Geschwindigkeit nach unten, sie konnten sich auch mit hoher Winkelgeschwindigkeit um ihre eigene Achse drehen, wobei entweder ein Ladungsüberschuss oder ein Ladungsmangel entstehen konnte. In diesem Fall wird der Effekt der magnetischen Ladung von einem kleinen magnetischen Dipol und einer rotierenden Ladung mit einer anderen Anordnung gemeinsam erzeugt.

Ehrenhaft publizierte seine Experimente ab den 1920er-Jahren regelmäßig in anerkannten Physikzeitschriften. Seitdem wurde der Effekt schon oft reproduziert, unter anderem von dem russischen Forscher Viktor F. Michailow. Trotzdem beachtete die Wissenschaft die Ergebnisse von Ehrenhaft nicht, da man schon zu Anfang des 20. Jahrhunderts allgemein akzeptiert hatte, dass es keinen magnetischen Monopol geben kann. Trotz überzeugender experimenteller Beweise hielten sich die Vorurteile hartnäckig, und wieder einmal siegte der Dogmatismus, laut dem es in der Praxis keinen magnetischen Monopol geben kann (obwohl alle theoretischen Physiker der Ansicht sind, dass es ihn geben müsse, da die Gleichungen der Elektrodynamik ihn erlauben).

In diesem Fall ist es ganz offensichtlich, dass die Natur auch für Ladungen Rotation zulässt (dies ist nicht nur in der Mechanik bekannt). Trotzdem wurde die Erforschung von Ladungen, die sich rotierend bewegen, aus »gesellschaftlichen Gründen« verboten. Wenn wir eine Zivilisation fänden, in der die Nutzung von rotierenden Ladungen erlaubt ist, wäre das für uns genauso überraschend, wie es für den Inka Atahualpa war, als er an jenem unglückseligen Tag auf das kleine Heer von Pizarro traf.

Die praktische Kenntnis der Symmetrie von rotierenden Ladungen führt den fleißigen Experimentator nämlich zu magnetischen Monopolen und so zu magnetischem Strom, der uns bisher unbekannte technische Wunder wahr werden ließe. Dieses Verbot bringt uns einen Nachteil ein, der bestimmt nicht kleiner ist als der, den das unterdrückte Volk von Atahualpa durch das Verbot des Rades erlitt. Wo es kein Rad gibt, gibt es keinen Wagen, keinen Flaschenzug, keine Wasser- und keine Schwarzpulvermühle. Wo es keine rotierenden Ladungen gibt, gibt es keinen magnetischen Monopol und keinen magnetischen Strom. Wer weiß, wofür man magnetischen Strom alles verwenden könnte. Ist er vielleicht genauso wichtig wie elektrischer Strom?

Die lebendige Natur und die Biologie erlauben die Symmetrie rotierender Ladungen und nutzen sie sogar. Sicher hat jeder schon einmal spiralförmige Eiweißmoleküle gesehen; alle Lebewesen sind so aufgebaut. Hier können die Ladungen mit hoher Winkelgeschwindigkeit nicht nur um eine, sondern gleich um drei zueinander rechtwinklig angeordnete Achsen rotieren, wodurch neben magnetischem Strom sogar spezielle Felder entstehen, die noch nicht einmal einen Namen haben. Natürlich entstehen diese Felder meistens um Lebewesen herum, zum Beispiel um den Menschen, und hier hauptsächlich um das Organ herum, das am weitesten entwickelt ist, nämlich das Gehirn. Wir sehen und erfahren diese Effekte, aber sie passen nicht zu dem, was wir aus den Schulbüchern kennen. So wie sich ein rotierender, taumelnder Kreisel ganz anders verhält als ein Körper, der geradlinig und ohne Rotation über einen glatten Untergrund rutscht, lassen rotierende Ladungen in der Biologie neue und interessante Phänomene entstehen. Dies ist die Phänomengruppe, die die heutige, offizielle Wissenschaft »paranormale Phänomene« nennt und deren Erforschung sie verbietet.

Dem Curie-Prinzip kann man also entnehmen, dass nicht die Symmetrie, sondern das Fehlen der Symmetrie die Eigenschaften eines Phänomens bestimmt. Um ein besonderes Phänomen erzeugen zu können, müssen wir immer entsprechende Symmetrien entfernen, das heißt, wir müssen die Symmetrien reduzieren, um mehr und mehr neue Phänomene zu erzeugen. Um zum Beispiel die Symmetrie der skalaren Energie entfernen zu können, sind mehrere Schritte nötig, da die Kugelsymmetrie des Skalars sehr komplex ist. Sie enthält gleich mehrere Symmetrien. All diese Symmetrien müssen gebrochen werden, damit die Energie nicht mehr konstant ist. Zur Reduzierung der Symmetrie des Impulses sind weniger Schritte nötig, da der Impuls ein polarer Vektor ist. Außer einer Größe besitzt er auch eine Richtung. Noch weniger Schritte werden benötigt, um die Permanenz des Drehimpulses zu eliminieren, da dieser mit einem rotierenden, axialen Vektor beschrieben werden kann.

Wenn ein System aus Massepunkten über sehr viele Symmetrien verfügt, sehen wir, dass kaum etwas passiert. Nehmen wir beispielsweise ein aus Punkten bestehendes Gas, zum Beispiel Wasserstoff. Dieses Gas wird nur durch seine Dichte und seinen Druck charakterisiert, interessante Eigenschaften aber hat es kaum. Wenn wir es abkühlen, wird es entweder flüssig oder fest; es ist dann viel geordneter, und es bleiben weniger Symmetrien erhalten. Dafür sind aber zahlreiche neue Eigenschaften zu beobachten, die nur für feste Körper charakteristisch sind. Wenn es sich um ein mehratomiges Gas handelt, kann dies wegen seiner Rotationen schon im gasförmigen Zustand über interessante Eigenschaften verfügen. Dasselbe gilt auch für ein geschmolzenes Metall, welches sich am Rande der Kristallisierung, also des festen Aggregatzustandes, befindet. Schmelze verfügt über viele Freiheitsgrade; die Atome können sich in viele Richtungen bewegen und drehen. Das Kristallgitter bindet die Atome und zwingt ihnen eine gewisse Ordnung auf. Die Brechung der Symmetrie bringt jedoch auch viele neue Eigenschaften mit sich. Dem Kristallgitter fehlen viele Symmetrien, die die Schmelze noch hatte. Die fehlenden Symmetrien bedeuten wieder neue Eigenschaften. Ein leeres, weißes Blatt Papier verfügt über praktisch unendlich viele Dreh-, Verschiebungs- und Spiegelungssymmetrien. Wenn wir es beschriften, werden zwar einige Symmetrien gebrochen, dafür bringen die Schriftzeichen aber auch neue Eigenschaften mit sich.

Hier zeigt sich auch das erste Problem: Symmetrien lassen sich nicht am Schreibtisch ausdenken; sie können ausschließlich durch Experimentieren bestimmt werden. In der Vergangenheit ist es schon oft vorgekommen, dass die Reduzierung der Symmetrien durch Zufall gelang. Solchen Zufällen verdanken wir aufschlussreiche Einblicke in die Eigenschaften der Natur. Ein Beispiel für so ein »Versehen« ist die Entdeckung von Faradays Induktionsgesetz. Michael Faraday (1791-1867) und unabhängig von ihm auch Joseph

Henry (1797–1878) entdeckten, dass ein sich zeitlich veränderndes Magnetfeld einen elektrischen Wirbel erzeugt. Es dauerte Jahre, bis Faraday zufällig darauf kam, dass es die Brechung der Symmetrie der zeitlichen Permanenz des Magnetflusses ist, die das neue Phänomen, die Induktion, hervorruft.

Das Platzieren von Materie in starke magnetische und elektrische Felder bedeutete einen großen Fortschritt in der Atomphysik, da ein starkes homogenes – mehr noch ein inhomogenes – magnetisches oder elektrisches Feld die Symmetrie des Raumes abschwächt (Zeeman-Effekt, Stark-Effekt). Man könnte sagen, dass alle großen Entdeckungen in der Physik mit Symmetriereduktion zu tun haben. Die Hauptsache ist immer, wie viele und was für Symmetriebrechungen stattfinden.

Es ist aber nicht nur eine Art der Symmetriebrechung denkbar. Wir können ein Atom entweder in einem homogenen oder in einem inhomogenen elektromagnetischen Feld platzieren und können es dabei sogar drehen oder beschleunigen. Aus jeder Brechung einer Symmetrie ergeben sich neue Phänomene, die es wert sind, untersucht und bewusst gesucht zu werden. So können die Eigenschaften der Phänomene, die sich »hinter« den Symmetrien einer Materie verbergen, aufgedeckt werden. Solch eine zufällige Entdeckung, die mit Symmetrie verbunden ist, ließ zum Beispiel den dänischen Physiker Hans Christian Ørsted den Zusammenhang zwischen der magnetischen und der elektrischen Feldstärke entdecken. All dies geschah zu einer Zeit, in der Symmetrien noch auf praktische Weise oder auf gut Glück erforscht wurden – sofern sie überhaupt erforscht wurden.

Ein praktisches Beispiel: Der Fall Ørsted

Ørsteds Entdeckung des Zusammenhangs zwischen Elektrizität und Magnetismus ist sowohl in Bezug auf Physik und Wissenschaft als auch in Bezug auf den Zusammenhang von Technik, Technologie, Politik und Wirtschaft außerordentlich interessant.

Schon in ägyptischen und mesopotamischen Gräbern wurden Volta-Säulen mit isolierten Drähten aus der Zeit von 2000 v. Chr. bis 600 v. Chr. gefunden. Der Gebrauch dieser Volta-Säulen wurde mit der Zeit aber vergessen. Diese sehr einfache Art der Erzeugung von Elektrizität wurde erst Ende des 18. und Anfang des 19. Jahrhunderts durch die Arbeiten von Luigi Galvani (1737–1798) und Alessandro Volta (1745–1827) wieder neu entdeckt.

Damals experimentierte man mit der statischen Elektrizität schon seit über 100 Jahren, da eines der Highlights auf den Bällen französischer Adliger der

Abb. 35
Hans Christian Ørsted (1777–1851). Der dänische Forscher entdeckte den Zusammenhang zwischen Elektrizität und Magnetismus. Damit änderte sich das bisherige Bild der Natur grundlegend, und der wirtschaftliche Fortschritt wurde vorangetrieben.

Wettbewerb war, wessen höfischer Physiker größere statisch-elektrische Felder und damit größere Funken erzeugen könne. Zur großen Überraschung der Gesellschaft stellten sich plötzlich die Volants der Kleider auf, und den Damen standen die Haare zu Berge. Zwar ähnelte das Ganze eher einer Zirkusvorstellung, aber es trug zum Verständnis der Elektrizität und der elektrostatischen Wirkung bei.

Da die elektrostatische Wirkung aber keinerlei Zusammenhang mit dem Magnetismus zeigte, behaupteten der Franzose Charles Augustin de Coulomb (1736–1806) und der Engländer Henry Cavendish (1731–1810), dass Elektrizität und Magnetismus keine Wirkung aufeinander haben. Die damaligen Forscher akzeptierten diese Ansicht und ließen die Sache auf sich beruhen. In der Wissenschaft gibt es nämlich keine Antwort, wenn es keine Frage gibt. Diese voreilige Meinung genügte, um die Forscher 20 Jahre lang von diesem Forschungsgebiet fernzuhalten.

Deshalb wurde der Zusammenhang zwischen Elektrizität und Magnetismus erst 1820 von dem dänischen Forscher Ørsted entdeckt, der bis dahin eher ein unbedeutender Wissenschaftler gewesen war. Ørsted entdeckte nämlich nach 8 Jahren Experimentieren zufällig, dass ein Draht, der elektrischen Strom führt, eine Magnetnadel anzieht bzw. abstößt. 8 Jahre lang hatte er dasselbe falsche Experiment durchgeführt. In der ersten (falschen) Konfigura-

Abb. 36
Ein zeitgenössisches, aber falsches Bild von Ørsteds Entdeckung. Auf dem Bild ist die Magnetnadel weit von dem Draht entfernt und steht nicht einmal parallel zu ihm. Der Zeichner verstand die Hauptsache der Entdeckung genauso wenig wie die Forscher seiner Zeit.

tion waren der stromdurchflossene Draht und die Magnetnadel rechtwinklig zueinander angeordnet gewesen. Ørsted dachte, wenn es einen Effekt gebe, dann könne dieser ausschließlich bei einer solchen Anordnung auftreten. Da er aber keinen Effekt beobachtete, lehrte er seine Schüler, es sei experimentell nachweisbar, dass es keinen Zusammenhang zwischen Elektrizität und Magnetismus gibt.

Acht Jahre später probierte er dann durch Zufall eine Anordnung aus, bei der die Magnetnadel direkt unter dem Draht, parallel zu ihm aufgehängt war. Beim Schließen des Stromkreises bewegte sich die Nadel gut sichtbar. Dieser Effekt löste dramatische Entwicklungen in Naturwissenschaft und Technik aus. Später werden wir dieses Experiment eingehender untersuchen, um von dem Verhältnis der Symmetrien und der Symmetrieerhaltung ein besseres Bild zu bekommen.

Das Ørsted-Experiment ist womöglich das einzige, das die Wissenschaftler im wörtlichen Sinne schockiert hat. Bereits nach wenigen Wochen beschäftigten sich zahlreiche französische, deutsche und englische Forscher mit dem Effekt. Wir wissen, dass der französische Mathematiker André-Marie Ampère (1775–1836) nur 2 Wochen nach Ørsteds Vorführung das nach ihm benannte Gesetz aufstellte, gemäß dem es einen numerischen Zusammenhang zwischen der Stromstärke und den Kräften gibt, die zwischen den Drähten wirken. Dies führte viele Jahre später zur Erfindung des Telegrafen und dies wiederum zu der des Telefons.

Die Erfindung eines Porträtzeichners

Man könnte meinen, dass die Wissenschaftler schon bald nach der Entdeckung des Ørsted-Effekts über dessen praktische Nutzung nachgedacht hätten. Trotzdem mussten aber noch fast 20 Jahre mit vielen misslungenen Experimenten vergehen, bis wieder einmal ein Außenseiter, der amerikanische Porträtzeichner Samuel Morse (1791-1872), unter großen Schwierigkeiten den ersten brauchbaren Telegrafen erfand und verbreitete. Damit erschuf er das erste globale Informationsnetzwerk.

Diese Erfindung, die die schnelle Übertragung von Informationen ermöglichte, war die erste Revolution auf diesem Gebiet und zog drastische Veränderungen in Politik, Wirtschaft und sogar in der Kriegführung nach sich. Die Voraussetzung für die Erfindung war aber die Entdeckung der Effekte gewesen, die wir mit den Namen Ørsted, Volta und Galvani verbinden.

Zuvor waren Briefe mit berittenen Boten, Brieftauben oder Schiffen verschickt worden. Daher war die Informationsübertragung genauso langsam wie zur Zeit des Römischen oder Chinesischen Reiches gewesen.

Von alters her hatte jedes Königreich seine eigenen Botendienste gehabt. Diese waren sozusagen sein Nervensystem, waren aber im Allgemeinen sehr langsam, unsicher und teuer. Eine schnelle Antwort oder Reaktion war deshalb unmöglich, was den Fortschritt der Technik und die Verbesserung der Lebensqualität stark behinderte. In Frankreich wurde zwar schon vor Napoleon ein System aus optischen Telegrafen gebaut, aber bei schlechtem Wetter war es nicht zu gebrauchen. Jedoch auch bei gutem Wetter ging es nur schleppend voran, da das Einstellen der Signalarme für die Buchstaben sehr schwierig war.

Das erste Morsegerät war aus heutiger Sicht sehr primitiv. Wenn man einen Stromkreis schließt, zieht ein Elektromagnet, also eine stromdurchlaufene Spule, ein Stück Eisen an. Mit diesem einfachen Prinzip kann man längere und kürzere Zeichen sehr weit schicken. Dies war die Grundidee für den Telegrafen, also für eine schnelle Informationsübertragung, die weder von Wetterverhältnissen noch von natürlichen Hindernissen abhängig ist.

Die erste elektronische Nachricht wurde dann 1844 zwischen Washington und Baltimore verschickt. Bevor dies aber möglich war, musste Morse die notwendige Hard- und Software, wie wir heute sagen würden, erfinden. Hierzu entwickelte er einen digitalen Code, da sich Buchstaben und Zahlen technisch nicht durch den Draht leiten ließen. Morse wandelte sie in ein System von langen und kurzen Signale um: das sogenannte Morsealphabet.

Sein Projekt wurde von der Regierung unterstützt – leider zunächst umsonst, denn die Menschen konnten sich monatelang nicht an den Gedanken gewöhnen, dass es möglich sein solle, Signale durch einen Draht zu schicken, und dass diese dann schnell ihr Ziel erreichten. Viele dachten an Schwindel, und diese Skeptiker konnten nur durch zahlreiche Experimente davon überzeugt werden, dass ein Draht wirklich Zeichen übermitteln kann. Als schließlich mehrere hundert Leitungen fertiggestellt waren, kam die Telegrafie natürlich ebenso in Mode wie heute das Internet. Auf einmal war der Telegraf ein ganz normales Gesprächsthema. Trotzdem verstanden viele das eigentliche Prinzip des Telegrafen nicht. So kam es vor, dass eine Frau ihrem Gemahl Suppe durch den Telegrafen schicken wollte, weil sie dachte, man könne damit alles Mögliche schicken …

Zum Telegrafieren wurden sehr viele isolierte Drähte benötigt, sodass eine ganze Branche mit der Herstellung von Kabeln beschäftigt war. Dadurch standen diese auch bei späteren Erfindungen, zum Beispiel dem Telefon, billig zur Verfügung. Die Arbeiten von Volta und Ørsted trugen auf diese Weise also indirekt auch zur späteren Erfindung des Telefons und der Radiokommunikation bei.

Die Telegrafie veränderte sowohl den Stil der Presse als auch das wirtschaftliche und politische Leben drastisch. Die schnelle Verbreitung von Nachrichten ermöglichte es, in der gleichen Zeit wie vorher mehr Umsatz zu machen und mehr Käufe oder Verkäufe zu tätigen, als es bis dahin mit den langsamen Postkutschen möglich gewesen war.

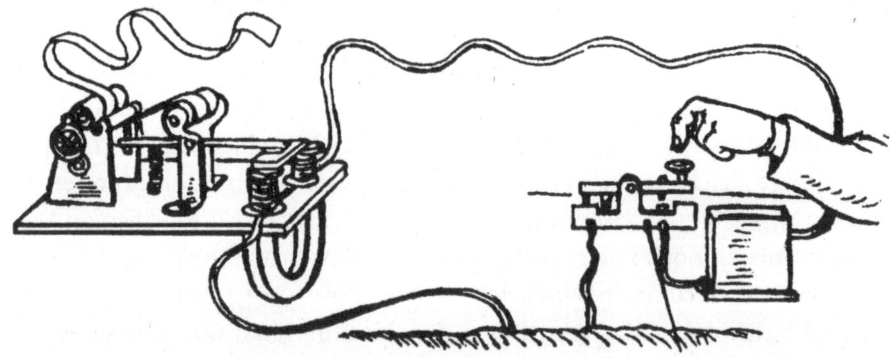

Abb. 37
Die Erfindung des amerikanischen Porträtzeichners Samuel Morse. Er setzte eine regelrechte Kommunikationsrevolution in Gang. So kam es auch zum Ersten Weltkrieg … (Zeichnung von Hajnal Eszes)

Die Erfindung des Unterwasserkabels ermöglichte endlich (nach vielen Niederlagen) eine ständige Verbindung zwischen Europa und Amerika. Dies war der erste Schritt zur Globalisierung. Die Fernschreibeunternehmen gaben tausenden ausgebildeten Fernschreibern Arbeit, und so bildete sich eine elementare technische Kultur, die unerlässlich für die Entstehung der nächsten Erfindungen war: Thomas Alva Edison begann wie viele andere Industriemagnaten seine Laufbahn als Fernschreiber. Damals war dies nämlich die einzige Möglichkeit für junge Menschen, sich mit der Spitzentechnologie ihrer Zeit vertraut zu machen. Doch jetzt wollen wir erst einmal wieder zu Ørsteds Entdeckung zurückkehren.

Axiale und polare Symmetrien

Die Erhaltung von Symmetrien

Man könnte meinen, dass sowohl das elektrische als auch das magnetische Feld mit derselben mathematischen Größe, also demselben Vektor, zu beschreiben seien. Da bei beiden Feldstärken die Kraft über eine Richtung und eine Größe verfügt, wäre dies in der Tat anzunehmen. Diese oberflächliche Ähnlichkeit aber täuscht, und diese Täuschung war einer der Gründe dafür, dass Ørsted erst nach 8 Jahren des Experimentierens – und auch dann nur per Zufall – schließlich die bahnbrechende Entdeckung machte: Elektrizität hängt doch mit Magnetismus zusammen.

Wenn Ørsted gewusst hätte, dass Elektrizität mit Polarvektoren, Magnetismus hingegen mit Axialvektoren beschrieben werden kann, und wenn er die Symmetrieoperationen gekannt hätte, wäre sein Experiment höchstwahrscheinlich in 8 Tagen, vielleicht sogar in 8 Minuten gelungen. Ørsted war insofern toleranter als seine Kollegen, als er wenigstens versuchte, einen Zusammenhang zwischen Elektrizität und Magnetismus zu finden. Die anderen dagegen hatten sich mit den Behauptungen der Forscher Cavendish und Coulomb abgefunden, was allein auf deren fachliches Ansehen zurückzuführen war.

Sehen wir uns nun an, was für Vektoren es gibt, worin der Unterschied zwischen einem Polar- und einem Axialvektor besteht und auf welche Art er sich bei den Symmetrien bemerkbar macht. Wenn wir uns Abb. 38 ansehen, wird dieser Unterschied deutlich: Der Axialvektor kann praktisch mit der Symmetrie eines rotierenden Zylinders beschrieben werden. Wenn wir ein Drehmoment entstehen lassen, also beispielsweise eine Welle drehen, treten immer Axialvektoren auf. Bei der Spiegelung dieser rotierenden Welle weicht

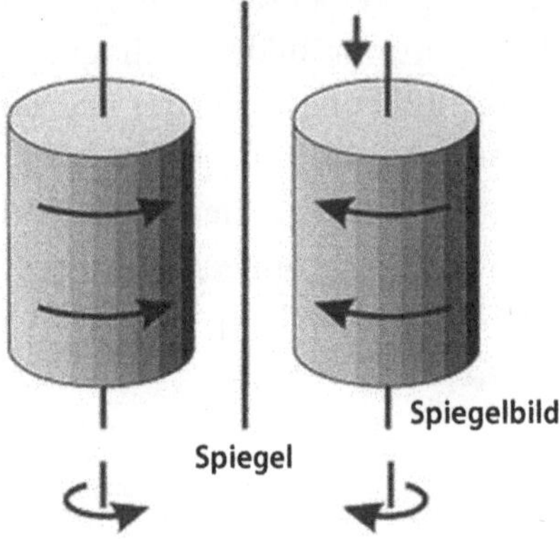

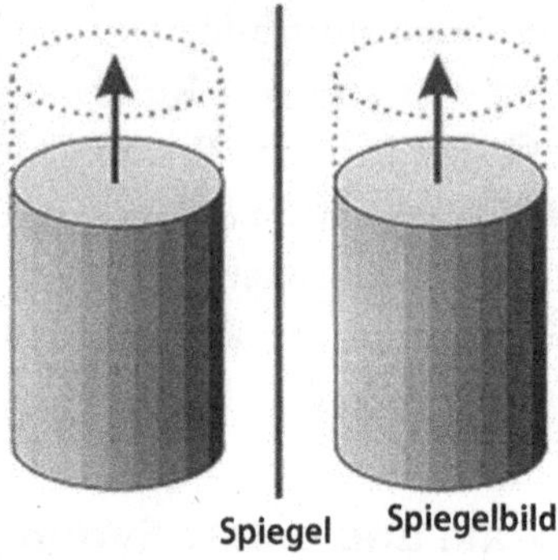

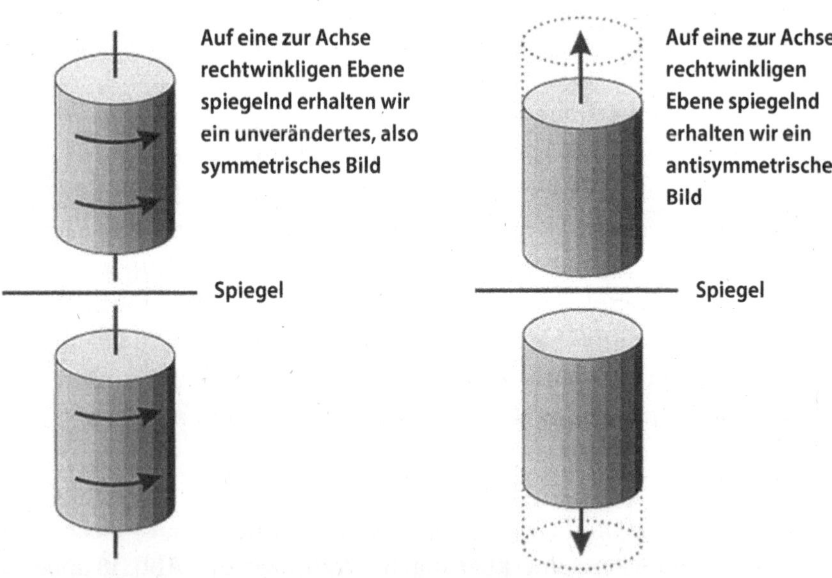

Abb. 38
Die Spiegelsymmetrien des rotierenden (links) und des sich bewegenden Zylinders (rechts). Die Symmetrie des magnetischen Feldes ist axial, die Symmetrie des elektrischen Stroms und des elektrischen Feldes aber polar.

aber die Symmetrie von derjenigen der Spiegelung des Polarvektors ab. Wenn wir den Axialvektor auf die zur Drehachse parallele Ebene spiegeln, kehrt sich seine Richtung um, er wird antisymmetrisch. Wenn wir ihn aber auf die zur Drehachse rechtwinklige Ebene spiegeln, bleibt er unverändert, also vollkommen symmetrisch.

Die Antisymmetrie ist aus dem Grunde interessant, weil hierbei die Größe des Vektors erhalten bleibt, während sich sein Vorzeichen ändert. Der leichter vorstellbare polare Vektor (der beispielsweise bei der Beschreibung von Kraft und Geschwindigkeit zur Anwendung kommt) verfügt über andere Spiegelsymmetrien.

Wenn wir den Polarvektor parallel zur Achse spiegeln, bleibt er unverändert. Hier spricht man von Spiegelsymmetrie. Die Operation der Spiegelung als Transformation verändert den ursprünglichen Zustand nicht, der alte Zustand geht also unverändert in den neuen über.

In diesem Fall kann der Zustand vor der Transformation nicht von dem Zustand danach unterschieden werden. Wenn wir aber rechtwinklig zur Achse spiegeln, erhalten wir ein antisymmetrisches Spiegelbild, dessen Größe zwar der des ursprünglichen Vektors entspricht, dessen Vorzeichen jedoch das Gegenteil ist.

Bei dem Ørsted-Experiment untersuchen wir einen Fall, bei dem zwei Ursachen mit unterschiedlichen Symmetrieeigenschaften eine für uns interessante Wirkung auslösen. Dies ist zweifellos ein komplizierterer Fall, als wenn sich nur eine einzige Symmetrie, also eine einzige Ursache, verändern würde. Aber es macht den zweiten Fall auch anschaulicher.

Sehen wir uns einmal an, wie man das Gesetz der Symmetrieerhaltung auf einen praktischen Fall anwenden kann. Abb. 39 zeigt das erfolglose Experiment von Ørsted.

Nun platzieren wir den Draht – also den Strom – auf eine Symmetrieebene und das Magnetfeld – also die Magnetnadel – auf eine andere, wobei die beiden Ebenen rechtwinklig zueinander stehen. Wir sehen, dass die Ebene 1, die die Symmetrie des magnetischen Feldes der Magnetnadel enthält, in Hinsicht auf den Magnetismus antisymmetrisch ist, da wir hier auf die Ebene parallel zur Achse spiegeln müssen.

Auch wenn wir den Strom *I* rechtwinklig zu dieser Ebene spiegeln, erhalten wir eine antisymmetrische Transformation. Wir haben ja soeben gesehen, dass sich Polarvektoren bei der rechtwinkligen Spiegelung zu einer Ebene antisymmetrisch verhalten, weshalb in der Ebene 1 beide Vektoren antisymmetrisch werden.

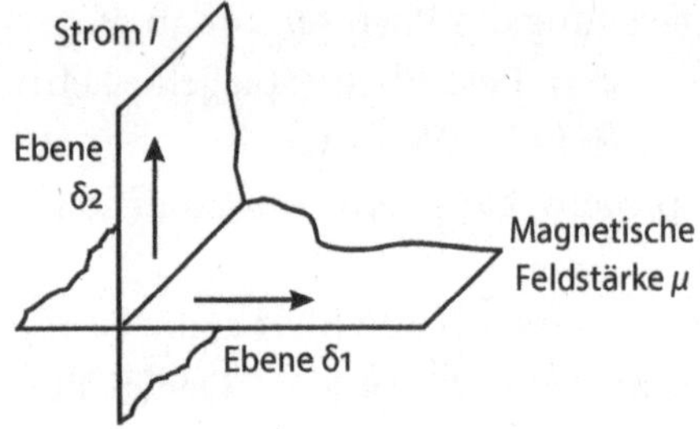

Wenn das System eine Symmetrieebene beinhaltet, darf sich die Magnetnadel nicht drehen, da dies die Symmetrie brechen würde

	Ebene δ1	Ebene δ2
μ axial	Anti- symmetrie	Symmetrie
I polar	Anti- symmetrie	Symmetrie

Die beiden Symmetrieebenen enthalten die gleichen Symmetrien, weshalb es kein neues Phänomen gibt

Abb. 39
Wenn der Strom I und das Magnetfeld μ rechtwinklig zueinander stehen, treten in beiden Symmetrieebenen die gleichen Symmetrien auf. Deshalb gibt es keinen Effekt – es geschieht also nichts.

Was geschieht auf der Ebene δ2? Wir können feststellen, dass im Falle der Symmetrieebene, die den Strom I beinhaltet, die axiale Symmetrie des Vektors des magnetischen Feldes erhalten bleibt; es liegt also eine symmetrische Transformation vor. Dasselbe ist auch beim Strom der Fall, da die Symmetrieebene parallel zur Richtung des Stroms liegt. So erhalten wir eine symmetrische Transformation. Das bedeutet, dass die Symmetrie nach der Spiegelung in beiden Ebenen erhalten bleibt. Die Art der Symmetrien ist in diesem Fall unvereinbar mit jeglicher Rotation. Deshalb kann man bei diesem Experimentaufbau auch keinen Effekt erwarten. Die Symmetrie bleibt in beiden Ebenen erhalten, da wir in der einen nur antisymmetrische und in der anderen nur symmetrische Transformationen finden. Eine Folge des Symmetrieerhaltungssatzes ist nämlich: Wo die Symmetrie erhalten bleibt, ändert sich nichts.

Der Fall ändert sich jedoch, wenn wir Abb. 40 betrachten, wo der Strom und die magnetische Feldstärke parallel zueinander verlaufen. Nehmen wir an, dass die Ebene δ2 sowohl den Polarvektor des Stroms als auch den Axialvektor der magnetischen Feldstärke beinhaltet. In diesem Fall sehen wir in der rechtwinklig angeordneten Ebene δ1, dass der Axialvektor der magnetischen Feldstärke mit einer symmetrischen Transformation in diese Ebene übergeht. Der Polarvektor des Stroms dagegen geht antisymmetrisch in die Ebene δ1 über. So finden wir in dieser Ebene gleich zwei unterschiedliche Arten von Symmetrien. Die Situation wiederholt sich bei der Ebene δ2, wo der

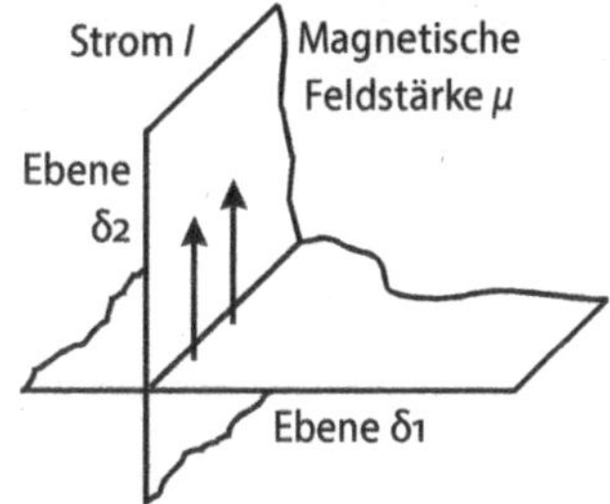

Keine der Ebenen beinhaltet Kraftfelder mit den gleichen Symmetrien. So bleibt die Symmetrie in keiner Ebene erhalten. Daher können neue Phänomene wie Rotation erwartet werden.

	Ebene δ1	Ebene δ2
μ axial	Symmetrie	Antisymmetrie
I polar	Antisymmetrie	Symmetrie

Die Drehsymmetrie verletzt die Symmetrieerhaltung

Abb. 40
Wenn Strom I und Magnetfeld μ parallel zueinander stehen, treten in einer Symmetrieebene Felder mit unterschiedlichen Symmetrien auf. Dann bleibt die Symmetrie nicht erhalten. Man kann also einen Effekt erwarten, wie das Drehen einer Magnetnadel.

Axialvektor (also die magnetische Feldstärke) mit einer antisymmetrischen Transformation in den anderen Zustand übergeht. Strom hingegen tut dies mit einer symmetrischen Transformation, da die Symmetrieebene parallel zur Richtung des Stroms verläuft.

Wie wir sehen, besitzen hier beide Symmetrieebenen je zwei unterschiedliche Symmetrien, weshalb auch beide Ursachen, also beide Effekte, über verschiedene Symmetrien verfügen. In diesem Fall bleibt die Symmetrie nach der Spiegelung nicht erhalten. So kann diesmal theoretisch die Drehtransformation, die aus der Symmetrieebene ausbricht, stattfinden.

Natürlich konnte Ørsted die polare und die axiale Symmetrie damals noch nicht kennen und auch nicht wissen, dass die Stromstärke eine polare, die magnetische Feldstärke jedoch eine axiale Symmetrie besitzt. Das Experiment hätte jedoch zeigen können, dass die beiden Größen nicht über die gleiche Symmetrie verfügen, also verschiedene Eigenschaften haben.

Auch die Ägypter, die Römer, die Chinesen oder die Inder hätten den Telegrafen erfinden können – jedenfalls hatten sie das technische Wissen dazu (einmal abgesehen davon, dass das Morsealphabet nur mit dem lateinischen oder kyrillischen Alphabet funktioniert, mit dem chinesischen oder indischen hingegen nur schwer). Die »qualitative Denkweise« war damals aber nur in einigen wenigen protestantischen Ländern verbreitet, und auch in diesen kam sie nur schleppend voran.

Man sollte meinen, dass Ørsteds Zeitgenossen aus seinen Experimenten den Schluss gezogen hätten, dass Symmetrien nicht in der Theorie, sondern in der Praxis erforscht werden sollten. Endlich, nach vielen Schwierigkeiten, waren nämlich die Experimente von Erfolg gekrönt – leider umsonst, denn niemand zog die richtigen Schlussfolgerungen daraus.

Das Gleiche geschah mit einem anderen Experiment im Zusammenhang mit der Induktion, das genauso wichtige Auswirkungen hätte haben können wie Ørsteds Arbeit: das Faraday-Henry-Induktionsexperiment. Dieses Experiment ist einfacher als das von Ørsted, da hier nur eine Symmetrie, und zwar die der zeitlichen Konstanz des magnetischen Feldes, gebrochen werden muss. Da es nur eine Ursache gibt, können wir die Symmetriesubstraktion hier nicht anwenden. Das allgemeine Prinzip gilt aber auch hier: Die Brechung einer Symmetrie bringt neue Phänomene oder Effekte hervor.

Faraday fand die Wirkung der Induktion nach 8 Jahren des Experimentierens in England heraus, Henry machte die gleiche Entdeckung in den USA. Auch hier ist der Grundeffekt einfach: Wenn wir aus einem Solenoid einen Magneten ziehen oder das magnetische Feld auf irgendeine andere Weise zeitlich verändern, wird im Solenoid elektrischer Strom induziert. Dieses sehr einfach erscheinende Phänomen war damals noch nicht so selbstverständlich, und es ist daher kein Zufall, dass es jahrelang unentdeckt blieb. Im vorherigen Beispiel, dem Experiment von Ørsted, wiesen die zwei Ursachen unterschiedliche räumliche Symmetrieeigenschaften auf. Nicht nur die räumliche, sondern auch die zeitliche Symmetrie kann verändert und reduziert werden.

Stellen wir uns einmal vor, dass wir uns die Größe des Felds, das um einen Magneten herum existiert, in allen Punkten als eine Funktion der Zeit notieren. Wenn wir in einem bestimmten Augenblick etwas verändern, nimmt die Symmetrie des Systems ab. Die konstante Feldstärke ergibt nämlich eine räumliche und eine zeitliche Symmetrie, da die Richtung und die Größe der Feldstärke in allen anderen Momenten konstant sind. Dies ergibt wiederum eine zeitliche Verschiebungssymmetrie, da die Feldstärke unverändert bleibt. Das Verständnis der Konstanz oder Invarianz ist der Schlüssel zum Verständnis der Symmetrie. Natürlich wurde in Faradays Zeit noch nicht in Symmetrien gedacht (der Begriff der verallgemeinerten Symmetrie wird ja noch nicht einmal heute benutzt).

Das Ganze ist deshalb tragisch, weil man versäumt hat, dadurch wieder zur Erforschung der Energie zurückzukehren. Dazu hätten nämlich aus der Untersuchung dieser beiden sehr hilfreichen Effekte die richtigen Schlüsse gezogen werden müssen. Dann wäre offensichtlich gewesen, dass Energie auch eine Form von Symmetrie ist und wie alle Symmetrien auch reduziert werden kann. Wenn schon nicht auf anderem Wege, so hätte man doch auf dem Wege formaler Logik darauf kommen können, dass die Größe der Energie nicht unbedingt konstant ist.

Bisher haben wir gesehen, dass eine Symmetrie beim Vorhandensein von mindestens zwei auslösenden Ursachen erhalten bleibt, wenn sie bei beiden Ursachen gleichzeitig vorhanden ist. In diesem Fall bleibt die Symmetrie auch in der Wirkung erhalten, aber nur diese. Die Symmetrien, die nicht bei jeder einzelnen Ursache vorhanden sind, »verschwinden«, sie werden sozusagen subtrahiert. Diese Beobachtung hätte man zur Reduzierung oder Brechung der Energie als Symmetrie benutzen können. Und dieser Weg führt zur Erzeugung von »kostenloser« Überschussenergie.

Das Curie-Prinzip

Pierre Curie sprach als Erster die wichtige Schlussfolgerung aus, die man aus der Symmetrieerhaltung ziehen kann, nämlich, dass nicht nur die Symmetrie eines Effekts wichtig ist, sondern auch, welche Symmetrien bei ihm fehlen. Curie war der Erste, der den Begriff der Dissymmetrie benutzte, also den des Symmetriemangels. Wie sollten wir diesen Gedanken zur Umgehung der Energieerhaltung anwenden? Aus dem bisher Gesagten kann man den Schluss ziehen, dass man mindestens zwei auslösende Effekte finden muss, bei denen die Energie nicht erhalten bleibt. Wir können diese Wirkung nur nach gegenseitigem Aufeinanderwirken dieser Effekte erwarten, und zwar in Form von Energieüberschuss oder -mangel.

Jetzt müssen wir sehr genau auf die Bedeutung der Worte achten: Wenn wir sagen, dass Effekte gefunden werden müssen, bei denen die Energie nicht erhalten bleibt, dann heißt das nicht, dass schon bei den einzelnen Ursachen ein Energieüberschuss oder -mangel entsteht. Wir stellen nur klar, dass wir auch im Fall eines Effekts einem System Energie zuführen bzw. entnehmen können, es also nicht geschlossen bleibt. Dies ist nur bei nichtkonservativen Systemen der Fall. Davon gibt es in der Praxis sehr viele, zum Beispiel Windmühlen oder Schiffsschrauben. Entweder geben sie Energie an ihre Umgebung ab oder sie entnehmen ihr welche. Bei der Pendeluhr, wo sich ein Körper in einem konservativen Gravitationsfeld bewegt, entnimmt dieser seiner Umgebung keine Energie. Wenn wir das Pendel loslassen, behält es sein ursprüngliches Energieniveau bei. Die potenzielle Energie wandelt sich nur periodisch in Bewegungsenergie um und wieder zurück. Wenn es keine Verluste durch

Reibung gäbe, würde dieser Vorgang sogar bis in die Ewigkeit so weitergehen, da in allen physikalisch konservativen Systemen die Energie erhalten bleibt. Bei Systemen hingegen, die wegen ihrer Geschwindigkeits- oder Zeitabhängigkeit nichtkonservativ sind, zum Beispiel bei Wirbelfeldern, stimmt dies aber nicht. Sie können jederzeit Energie aufnehmen oder abgeben. Nun ist es Zeit, die ursprüngliche Aufgabe ganz einfach mit formaler Logik zu lösen.

Hierzu benötigen wir zwei Systeme, bei denen nichtkonservative Kraftfelder vorhanden sind. Diesen Forderungen entsprechen rotierende, wirbelartige und geschwindigkeits- oder zeitabhängige Kraftfelder. Wenn wir beispielsweise ein Gewicht auf einem starren Arm so verschieben können, dass die Größe der Kraft sich mit der Zeit verändert, erhalten wir dadurch ein zeitabhängiges, nichtkonservatives System, in dem die Energie nicht erhalten bleibt. Dieses kann durch die sich zeitlich verändernde Kraft über immer mehr oder immer weniger Energie verfügen. Wenn wir dieses System nun auch noch um eine Achse drehen, erhalten wir mithilfe des wirbelartigen, nichtkonservativen Kraftfeldes erneut ein nichtkonservatives Kraftfeld, das heißt ein solches Kraftfeld, in dem die Energie des Systems nicht erhalten bleibt.

Wenn wir uns auf Abb. 41 die Symmetrieeigenschaften der beiden Systeme anschauen, sehen wir, dass das System mit Armen so mit dem rotierenden System verbunden werden kann, dass die beiden nur eine einzige gemeinsame Symmetrie besitzen, sodass hier eine Nichterhaltung der Energie auftritt. Dies macht sich auch in der Wirkung bemerkbar. Wenn wir richtig gearbeitet haben, erhalten wir mit der Verbindung einer zeitabhängigen, radialen Bewegung und einer wirbelartigen, tangentialen Bewegung ein System, das die resultierende Symmetrie der Energieerhaltung nicht mehr beinhaltet. So kann ein Energieüberschuss oder -mangel das Resultat sein. Wir haben gute Gründe anzunehmen, dass wir damit Besslers Geheimnis gelüftet haben, was bedeutet, dass wir beispielsweise mithilfe von Spiralbewegungen oder anderen derartigen nichtkonservativen Kraftfeldern oder sonstigen Bewegungen, die durch nichtkonservative Kraftfelder verursacht werden, an einen Effekt gelangen können, der die »Erzeugung« oder »Vernichtung« von Energie ermöglicht.

Das obige Denkmodell ist natürlich sehr formal und nur dann glaubwürdig, wenn es auch experimentell bewiesen werden kann. Wir werden aber sehen, dass fast alle verbotenen Erfindungen auf diesem Grundprinzip aufbauen. Zuerst wollen wir jedoch noch einen kleinen Abstecher unternehmen. Wir werden uns ansehen, wie sich der Begriff der Symmetrie in der Mathematik entwickelt hat, denn solange man ihn nicht mit der kristallklaren Logik der Mathematik erfasst hatte, konnte weder die Physik noch die Technik größere

Fortschritte machen. Es lohnt sich also, den Zusammenhang zwischen Energie, Impuls und Drehimpuls auch aus der Sicht der Mathematik zu untersuchen, weil wir dort zu dem gleichen Schluss kommen werden wie hier.

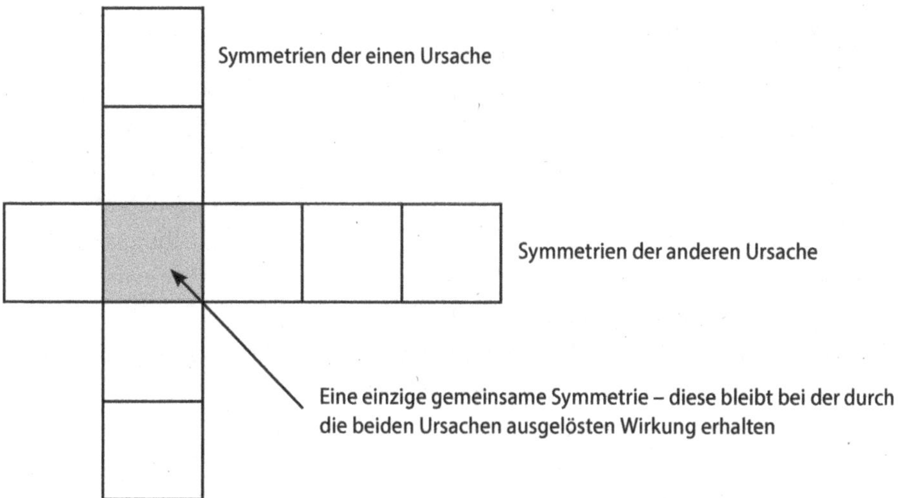

Abb. 41
Das Prinzip von Curies Symmetriesubtraktion: Bei einer durch zwei Ursachen verursachten Wirkung bleiben nur die gemeinsamen Symmetrien der Ursachen erhalten.

Der Symmetriebegriff in der Mathematik

Wie wir sehen, gab es mehrere mögliche Wege, die zur umweltfreundlichen Energieproduktion hätten führen können. Die Verbreitung des fertigen Besslerrades wurde nur durch Dummheit und Neid verhindert. Dabei hätten wir mithilfe des funktionsfähigen Apparates auf seine Funktionsweise kommen können. Ein anderer möglicher Weg im Bereich der Physik wäre gewesen, durch die Analyse der bekannten Phänomene und das Verstehen physikalischer Symmetrien zu solchen Apparaten zu gelangen. Wir haben aber am Beispiel von Faraday und Ørsted gesehen, dass die Kenntnis der Symmetrie damals noch nicht einmal in den Kinderschuhen steckte. Es gab aber noch einen dritten Weg, nämlich den der Mathematik. Dieser ist auch nicht einfacher als die vorher genannten, aber vielleicht ist die Wissenschaft dem Verständnis der Energie als Symmetrie hier am nächsten gekommen.

Nur ein Schritt trennte die Theorie von der Praxis. Um an diesen Punkt zu gelangen, müssen wir aber viel früher beginnen. Wir werden sehen, dass die Arbeiten und die Ergebnisse der Mathematiker genauso menschlich und voller Fehler sind wie die derjenigen, die einen anderen Weg einschlugen.

Das Leben von Galois

Der Erste, der den entscheidenden Schritt zum Verständnis der Symmetrie machte, war der junge Franzose Évariste Galois. Sein Leben ist mindestens ebenso dramatisch wie das Schicksal anderer Erfinder verbotener Erfindungen. Am 30. Mai 1832 wurde er wegen einer simplen Frauengeschichte in ein Duell verwickelt und erschossen. Der 21-Jährige, der ein wohlbekannter Revolutionär war, war erst vor Kurzem aus dem Gefängnis entlassen worden. Deshalb kam der Verdacht auf, dass eventuell die Polizei das Duell provoziert hatte, um sich auf diese Weise eines für sie unangenehmen politischen Aufrührers zu entledigen. Kurz vor seinem Tod verschickte Galois noch zwei Briefe, in denen er über seine mathematischen Erkenntnisse berichtete.

Den einen schrieb er an Augustin-Louis Cauchy, den anderen an Siméon Denis Poisson. Poisson, dessen Ruhm und Anerkennung als Mathematiker bis heute Bestand hat, verstand den Inhalt des Briefes jedoch nicht und schickte ihn an den Absender zurück. Cauchy antwortete nicht einmal. Galois führte dies auf politische Gründe zurück. Er dachte, der konservative Cauchy hätte den Brief aus Abneigung gegen seine politische Einstellung mit Absicht nicht beachtet. Wahrscheinlich jedoch hatte Cauchy den Brief gar nicht gelesen, weil er Frankreich wegen seiner Unterstützung der Monarchie verlassen musste. Als Cauchys Arbeiten in den 1860er-Jahren veröffentlicht wurden, bemerkte einer der wichtigsten Mathematiker des Zeitalters, Marie Ennemond Camille Jordan, unter den Briefen auch den von Galois. Er hatte sich dort schon seit mehr als 30 Jahren befunden; niemand hatte ihn jemals gelesen. Jordan aber verstand die Bedeutung der Arbeit.

Abb. 42 *Évariste Galois (1811–1832), ein echtes Genie und der Begründer des Begriffs der »Gruppe«*

Abb. 43
Der 21-jährige Galois starb bei einem Duell. Es dauerte Jahrzehnte, bis man seine Arbeiten verstand. (Zeichnung von Hajnal Eszes)

Zu dieser Zeit waren sich die Mathematiker über die Begriffe, die der hitzköpfige Galois vor Jahrzehnten definiert hatte, schon im Klaren. In seiner Arbeit hatte sich dieser mit den Lösungen algebraischer Gleichungen beschäftigt. Das Neue daran waren aber nicht seine Lösungen, sondern seine Methoden – die Wege, auf denen er sie gefunden hatte.

Bei der Lösung von algebraischen Gleichungen stellt sich immer die Frage, wievielgradig die Gleichung ist, ob sie eine Lösung hat, und wenn ja, wie diese zu finden ist. Mit diesem Problem beschäftigt man sich bereits seit mehr als einem Jahrtausend, und es gab schon vor Galois viele wichtige Arbeiten dazu. In Europa entwickelte sich die Mathematik im Spätmittelalter nur sehr langsam. Es herrschte wohl die Meinung, dass die Griechen, Assyrer und Araber nicht mehr zu übertreffen seien. Erst nach dem 13. Jahrhundert setzte in Italien allmählich der Fortschritt ein, der mit der Publikation der Werke von Gerolamo Cardano im 16. Jahrhundert Fahrt aufnahm. Danach wurden durch die Arbeiten unserer alten Bekannten Newton, Leibniz, Bernoulli, Euler und Lagrange weitere große Fortschritte erzielt.

Die Scharfsichtigkeit von Galois aber übertraf die aller anderen. Seine Arbeit basierte auf dem »Grad der Symmetrie«. Auf Abb. 44 ist zu sehen, bis zu welchem Grad die Lösungen algebraischer Gleichungen als symmetrisch oder asymmetrisch betrachtet werden können. Auf Abb. 44 a) ist beispielsweise zu erkennen, dass sich die Lösung der Gleichung

$$x^5 - 1 = 0$$

auf einem Kreis befindet und diese symmetrischer ist als die Lösung der Gleichung, die wir auf Abb. 44 b) sehen können:

$$x^5 - x^4 + x^3 + x^2 + 2 = 0$$

Diese sind aber immer noch symmetrischer als die der Gleichung, die in Abb. 44c dargestellt ist:

$$2x^5 - 15x^4 + 29x^3 + 6x^2 - 40x = 0$$

Die Lösungen hierfür sind -1; 0; 2; 2,5 und 4. Den Grad der Symmetrie können wir bestimmen, indem wir uns anschauen, wie oft wir spiegeln und/oder verschieben müssen, um wieder die gleiche Form zu erhalten. So ist ein Quadrat also symmetrischer als ein gleichschenkliges Trapez; das wiederum ist symmetrischer als ein allgemeines Viereck.

Das Verdienst von Galois war gerade die Entdeckung und die systematische Untersuchung dieser Relationen. Er bewertete und gruppierte die Gleichungen danach, ob die Lösungen der Gleichungen nach der Transformation unverändert bleiben oder nicht. Galois entwickelte eine Gruppentheorie für Gleichungen, welche wir heute galoissche Gruppen nennen. Die kleinste Gruppe ist natürlich die der gleichbleibenden Permutationen, wenn wir zur Gleichung selbst zurückgelangen. Diese Gruppe machen diejenigen Gleichungen aus, deren Lösungen immer rationale Zahlen sind. Eine größere Gruppe sind jene Gleichungen, bei denen der Wert der Lösungen irrational ist. Eine noch größere Gruppe bilden Gleichungen, die über komplexe Lösungen verfügen. Galois beschäftigte sich nicht nur mit endlichen, sondern auch mit unendlichen Gruppen und führte den Begriff des komplexen Feldes ein, der seinen Ursprung in den Arbeiten von Lagrange hat.

Wir können die Arbeit von Galois also zu Recht als erste und noch dazu umfangreiche Begründung der Gruppentheorie und Symmetrie betrachten.

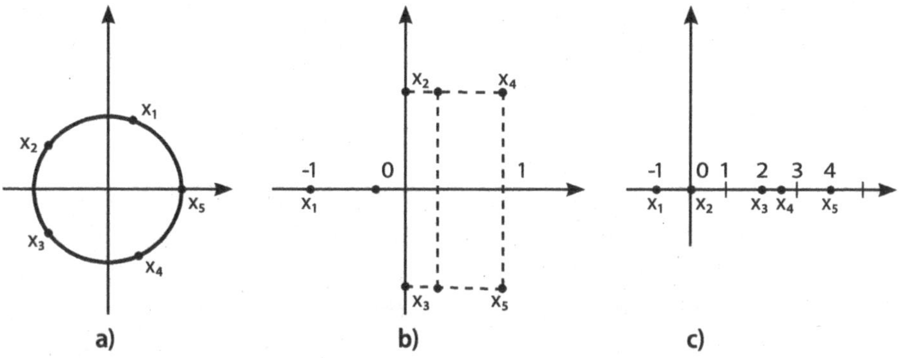

Abb. 44
Die Darstellung der Lösungen einiger algebraischer Gleichungen auf komplexer Ebene. Bei der Anordnung der Lösungen sind die unterschiedlichen Symmetrien gut auszumachen.

Er war der Erste, der die Symmetrie, die endlich viele Elemente beinhaltet – also die diskrete Symmetrie – von der unterschied, die unendlich viele beinhaltet. Die Gruppentheorie wurde inzwischen zu einem charakteristischen und wichtigen Begriff der Mathematik. Die Symmetrien sind bei der Beschreibung geometrischer Eigenschaften unentbehrlich. Später öffnete die Arbeit des norwegischen Mathematikers Marius Sophus Lie dem Denken den Weg zu der Symmetrie, die unendlich viele Elemente beinhaltet, also der kontinuierlichen Symmetrie.

Der Begriff der diskreten Symmetrien und der diskreten Symmetriegruppen wurde nicht nur in der Kristallphysik, sondern auch bei der Klassifikation der Anordnung, der räumlichen Struktur und dem Aufbau von Molekülen sehr wichtig. Die diskreten Symmetrien und Symmetriegruppen beschreiben die Eigenschaften der räumlichen Anordnung einfacher oder komplexerer Moleküle. Deshalb ist die Gruppentheorie ein unentbehrliches Hilfsmittel in der Stereochemie. Die Form eines Moleküls wird nicht nur durch die Zahl der Atome bestimmt, die sich zu dem Molekül verbunden haben, sondern auch durch ihre Anordnung. Kohlen- und Wasserstoffatome der gleichen Anzahl können sich beispielsweise zu Molekülen vieler verschiedener Formen verbinden. Moleküle der gleichen Zusammensetzung kann es in mehreren Versionen geben. Sie können auch das Spiegelbild voneinander, also spiegelsymmetrisch sein. Diese Moleküle weichen nur in ihrer Optik voneinander ab, indem sie die Polarisationsebene des Lichtes in verschiedene Richtungen drehen.

Während die Spiegelsymmetrie in der leblosen, anorganischen Chemie nicht allzu viel Bedeutung hat, kann das Problem der räumlichen Anordnung und Symmetrie in der »Chemie des Lebens«, also der organischen Chemie, über Leben und Tod entscheiden. (Sicher hat der Leser schon von dem Medikament Contergan gehört, nach dessen Einnahme viele schwangere Frauen eine Missgeburt hatten. Die Entwicklungsstörungen wurden dadurch verursacht, dass der Wirkstoff auch in spiegelsymmetrischer Form erschienen war. In der Natur ist die Existenz spiegelsymmetrischer, aber sonst identisch strukturierter Moleküle nicht möglich; es kommt entweder nur die rechts- oder nur die linksdrehende Anordnung vor.)

Doch nun zurück zu den Symmetriegruppen. Heutzutage setzen wir bei jeder Gruppe vier einfache Eigenschaften voraus: ① Sie sollte assoziativ sein, ② ein Einheitsglied besitzen, was die Form in sich selbst zurückführt, ③ eine Inversoperation sein, und ④ es sollten kommutative, das heißt vertauschbare Symmetrieoperationen in ihr vorhanden sein. Hiermit ist gemeint, dass es egal sein sollte, in welcher Reihenfolge die Operationen durchgeführt werden, nur sollte immer das gleiche Ergebnis aus ihr resultieren. Dies trifft beispielsweise dann zu, wenn wir entlang einer Geraden zwei Schritte nach vorn und einen nach hinten oder einen nach hinten und zwei nach vorn machen. In diesem Fall sind die Operationen dann vertauschbar. Diese Gruppen nennen wir zu Ehren des norwegischen Mathematikers Niels Henrik Abel heute abelsche Gruppen.

Das Leben von Abel

Ein Zeitgenosse von Galois, der Norweger Niels Henrik Abel, war es, der als Erster von Symmetrien und Gruppen in der Mathematik sprach. Wie bei Galois, so nahm auch Abels Leben schnell ein tragisches Ende. Abel (1802–1829) wurde in Norwegen, das damals noch ein armes Land war, geboren. Niemand konnte seine genialen Gedanken so richtig verstehen. Glücklicherweise

Abb. 45
Niels Henrik Abel (1802–1829), ein Mathematiker aus Norwegen, der das tiefere Verständnis der Symmetrien in die Mathematik einleitete. Elend und Armut kosteten ihn früh das Leben.

bekam er ein Stipendium von der norwegischen Regierung, sodass er sich trotz seiner Armut mit deutschen und französischen Mathematikern treffen konnte. Seine außerordentliche Schüchternheit aber machte eine Zusammenarbeit auch mit den besten Mathematikern unmöglich. Nur ein deutscher Ingenieur und Investor erkannte sein Talent. In einer von ihm herausgegebenen Zeitschrift wurden Abels Arbeiten zum ersten Mal veröffentlicht. So wurde Moritz Hermann von Jacobi, ein damals bekannter Mathematiker, auf ihn aufmerksam. Wegen seiner Veröffentlichungen wurde Abel von der Universität Berlin zum Professor ernannt. Leider kam aber diese Anerkennung zu spät: Abel war schon an Tuberkulose gestorben.

Wegen der tragischen, frühen Todesfälle von Galois und Abel kam man bei dem wichtigsten Geheimnis der Natur, dem Verständnis der Symmetrien, jahrzehntelang nicht voran. Erst in der zweiten Hälfte des 19. Jahrhunderts machte man auf diesem Gebiet wieder Fortschritte. Bis dahin war der Energieerhaltungssatz aber schon zu einem massiven Dogma in der Physik geworden. Und die Begriffe, die das physikalische Wesen der Energie hätten aufdecken können, gab es in der Mathematik noch gar nicht. Dazu waren noch die Arbeiten des Franzosen Marie Ennemond Camille Jordan, des Deutschen Felix Christian Klein und des Norwegers Marius Sophus Lie notwendig.

Das Leben von Lie

Aus unserer Sicht ist die wichtigste Person in diesem Bereich eindeutig der Norweger Lie, der 1842 als Sohn eines Geistlichen geboren wurde. Der hochgewachsene, einem Wikinger nicht ganz unähnlich sehende Lie studierte zuerst Theologie und fing erst 1868 an, sich für Physik und Mathematik zu interessieren. Danach schrieb er jahrzehntelang fast pausenlos grundlegende, wichtige Arbeiten. 1870 zog er nach Berlin, weil er dort bessere Bedingungen

Abb. 46
Sophus Lie (1842–1899), ein weiterer norwegischer Mathematiker, ermöglichte das Verständnis der kontinuierlichen Symmetrien. Seine Arbeit war auch für die Physik ein Wendepunkt.

für seine mathematische Arbeit vorfand als in Norwegen. Hier schloss er mit dem 7 Jahre jüngeren Felix Klein Freundschaft.

Bis zu ihrem Tod blieben sie, abgesehen von einigen kleinen Unstimmigkeiten, gute Freunde. Lie, der die norwegischen Fjorde und Berge liebte, wanderte oft zur Entspannung in den deutschen Alpen. So sahen die Franzosen ihn wegen seiner nördlichen Gestalt im französisch-preußischen Krieg von 1870 irrtümlicherweise als deutschen Spion an und nahmen ihn fest. Die Franzosen fanden es sehr verdächtig, dass er sich andauernd Notizen in einem kleinen Heftchen machte und nicht gut französisch sprach. Er musste einen Monat in einem Gefängnis in der Nähe von Paris verbringen und wurde erst mithilfe einiger französischer Mathematiker wieder freigelassen.

Während Klein sich mit der Mathematik der diskreten Symmetrien beschäftigte, begründete Lie die Mathematik der kontinuierlichen Symmetrien, die für uns für das Verständnis des physikalischen Wesens der Energie, des Impulses und des Drehimpulses unerlässlich ist.

Eine Schwierigkeit bei den Symmetriegruppen, die unendlich viele Elemente beinhalten, ist, dass wegen dieser unendlich vielen Elemente die Methoden auf Elemente endlicher Zahlen nicht anwendbar sind. Vergleichen wir einmal zwei Symmetrietransformationen, die unendlich viele Elemente beinhalten. Unser erstes Beispiel ist eine Drehtransformation auf einer Fläche, das heißt eine Transformation, bei der die Formen einer Ebene in einem vorgegebenen Winkel um einen Punkt gedreht werden:

$$x' = x \cos\alpha + y \sin\alpha + p$$

$$y' = -x \cos\alpha + y \cos\alpha + q$$

Diese Transformation dreht jegliche Form so um einen Punkt, dass die Fläche, die Winkel, der Umfang und alles andere auch nach der Transformation gleich bleiben, weshalb wir diese Operation »Symmetrietransformation« nennen. Sehen wir uns nach der isometrischen Transformation einmal die viel allgemeinere affine Transformation an, bei der nur die Winkel der Formen erhalten bleiben, die also weniger symmetrisch ist als die vorherige. In diesem Fall sieht die Transformation folgendermaßen aus:

$$x' = ax + by + p$$

$$y' = cx + dy + q$$

Diese zweite Gruppe besitzt schon sehr viel mehr Elemente als die erste, da hier Transformationen verschiedener Art machbar sind. Etwas haben sie aber gemeinsam: Es sind kontinuierliche Gruppen, weshalb hier andere Charakteristika und Eigenschaften gefunden werden müssten als bei den diskreten Transformationsgruppen.

Ohne zu tief in die Einzelheiten vordringen zu wollen: Die Transformationen der kontinuierlichen Gruppen sind eng mit der sogenannten Lie-Algebra verbunden, die wiederum stark mit der Vektorrechnung zusammenhängt. Eine kontinuierliche Gruppe (heute Lie-Gruppe genannt) kann immer mit einer entsprechenden Lie-Algebra verbunden werden. Hier ist sogar die Kommutativität einer kontinuierlichen Gruppe nicht mehr zwingend, wie es bei den abelschen Gruppen der Fall war. Denken wir nur an die kontinuierlichen Rotationen. Nehmen wir einmal einen Würfel und drehen ihn erst um seine vertikale und dann um eine seiner horizontalen Achsen. Wir bekommen zwei unterschiedliche Ergebnisse, wenn wir ihn erst um 90° um die vertikale, dann um die horizontale Achse drehen oder umgekehrt. Schon bei einem so einfachen Fall ist es nicht egal, mit welcher Operation wir anfangen. Die Reihenfolge der Drehungen darf hier nicht vertauscht werden, denn dann erhalten wir ein anderes Ergebnis. Dies ähnelt der Art der eben erwähnten Operationen – »einen Schritt nach vorn, zwei Schritte zurück und zwei Schritte nach vorn, einen Schritt zurück« – gar nicht. Dass Lie die Theorie der Symmetrietransformationen von kontinuierlichen Gruppen und die Lie-Algebra ganz allein ausgearbeitet hat, ist in der Geschichte der Mathematik fast einmalig.

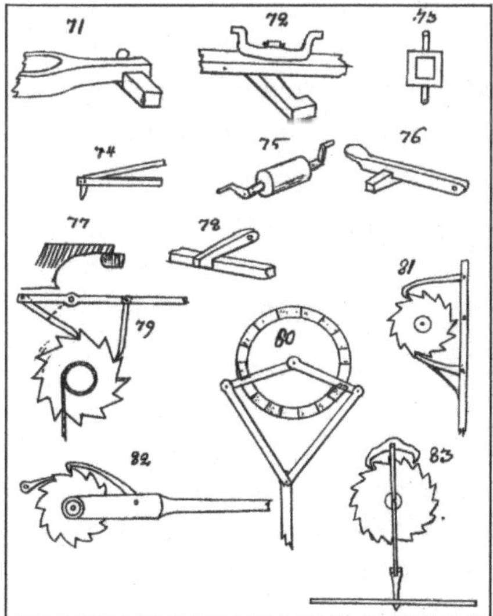

Abb. 47
Eine vielsagende Seite aus einem Buch des schwedischen Grafen Carl Johan Cronstedt von 1729, in dem er das Wissen seiner Zeit über die Mechanismen von Maschinen zusammenfasste. Diese lösten die Aufgaben meist auf einer flachen Ebene. Die Bewegung des Besslerrades aber war wahrscheinlich viel komplizierter und dreidimensional.

Sehen wir uns mithilfe einiger einfachen Aufgaben ein paar Beispiele für kontinuierliche Gruppen an. Das einfachste ist vielleicht der Kreis, den wir auch als ein Vieleck mit unendlich vielen Seiten auffassen können. Die Gruppe der Symmetrien enthält alle Drehungen um einen gegebenen Punkt, den Mittelpunkt, da wir nach der Rotation um einen beliebig kleinen oder großen Winkel wieder dieselbe Form, nämlich den Kreis, erhalten. Zu dieser Gruppe gehören auch alle Spiegelungen um eine Achse und die Kombination zweier beliebiger Spiegelungen, da wir auch diese als Rotation auffassen können.

All diese Symmetrien bilden die zweidimensionale orthogonale Gruppe, die sogenannte O(2)-Symmetriegruppe. Wenn wir nur die Rotationen betrachten, kommen wir zu einer kleineren Gruppe, der sogenannten SO(2) – der speziellen orthogonalen zweidimensionalen Gruppe (das S steht für »spezielle«, das O für »orthogonale« und die (2) weist auf die Anzahl der Dimensionen hin). Wenn wir dreidimensional denken, eröffnen sich neue Möglichkeiten. Die Gruppen der Kugelsymmetrie beinhalten jegliche Drehung um den Mittelpunkt sowie alle Spiegelungen, die durch den Mittelpunkt verlaufen. Diese ergeben zusammen die sogenannte O(3), die orthogonale dreidimensionale Gruppe. Auch hier kommen wir zu einer kleineren Gruppe, wenn wir uns nur die Rotation ansehen. Dies ist die sogenannte SO(3), die spezielle orthogonale dreidimensionale Gruppe. Selbstverständlich können die Gruppen der Drehungen und Spiegelungen auch in höheren Raumdimensionen und sogar in beliebig vielen Dimensionen untersucht werden.

Natürlich hieß die Tatsache, dass das Verständnis des Begriffs »Symmetrie« sich unter den Mathematikern verbreitete und einbürgerte, nicht automatisch, dass die Physiker ihn auch zur Kenntnis nahmen oder gar verstanden. Wie schon erwähnt, wurde bei Curies Gesetzen der Symmetrieerhaltung und der Symmetriesubtraktion die von Klein und Lie entwickelte Symmetrietheorie gar nicht beachtet. In der übernächsten Generation kam eine deutsche Algebraikerin zu einem für unser Thema wichtigen und grundlegenden Ergebnis. Der Name Amalie Emmy Noether verdient es, besonders hervorgehoben zu werden. Ihre Erkenntnisse sollen hier gründlicher untersucht werden.

Das Noether-Theorem

Die Arbeit von Lie war damals unter den Mathematikern sehr populär und anerkannt. Die möglichen Lösungen von Differenzialgleichungen konnte man jetzt mithilfe der Lie-Gruppen beschreiben. In den 1930er-Jahren geriet die zur Jahrhundertwende so beliebte Methode jedoch immer mehr in Vergessenheit, und es wuchs eine Generation heran, der der Name Lie unbekannt war. Seine Arbeit fand erst mit der Entwicklung von Computern und der Verbreitung der numerischen Methoden wieder Beachtung. Wir sehen, die Errungenschaften der Wissenschaft geraten manchmal in Vergessenheit, erhalten jedoch oft einige Generationen später wieder Bedeutung, je nachdem, in welche Richtung sich das öffentliche Denken entwickelt.

Abb. 48
Amalie Emmy Noether (1882–1935). Diese gleich doppelt benachteiligte Mathematikerin (als Frau und als Jüdin) war einer der wenigen Menschen ihrer Zeit, die die physikalischen Begriffe der Energie, des Impulses und des Drehimpulses verstanden hatten. Damit war sie ihrer Zeit weit voraus. Nach der Machtübernahme der Nazis musste sie fliehen.

Das Schicksal Emmy Noethers ist eine solche Geschichte. Amalie Emmy Noether (1882–1935) wurde in Erlangen als Tochter des Mathematikers Max Noether geboren, was ihr ganzes Leben bestimmen sollte. Mathematik lernte sie sowohl von ihrem Vater als auch in den besten Schulen von Erlangen und Göttingen. Der anerkannte Mathematiker David Hilbert holte sie 1915 an die Universität Göttingen. Da sie jedoch eine Frau und noch dazu Jüdin war, durfte sie nicht von der Universität angestellt werden. Trotzdem war sie sehr anerkannt und hatte viele begabte Schüler. Auch Felix Klein versuchte vergeblich, der Mathematikerin eine offizielle, bezahlte Stelle an der Universität Göttingen zu verschaffen. Seinen Protest, die Universität Göttingen sei keine Badeanstalt, wo keine Frauen hindürften, zitiert man noch heute. Seine Bemühungen blieben jedoch erfolglos. Emmy Noether wurde nie fest angestellt, und 1933, als die Nazis die Macht übernahmen, musste sie sogar fliehen. Die ihr noch verbleibenden 1½ Jahre verbrachte sie in Princeton am Bryn Mawr College.

Der Name Emmy Noether ist eng mit der abstrakten Algebra verbunden. Sie war es, die die Ringtheorie revolutionierte. Die nach ihr benannten noetherschen Ringe beeinflussten lange Zeit die Erforschung der Algebra.

Auch in der Zahlentheorie leistete sie Außerordentliches. Für uns ist allerdings eher eine ihrer früheren Arbeiten interessant, zu der Klein sie angeregt hatte und die sie 1918 publizierte. Thema war das sogenannte Noether-Theorem.

Emmy Noether fand heraus, dass die uns wohlbekannten physikalischen Begriffe wie Energie, Impuls und Drehimpuls als Symmetrie aufgefasst werden können. Lies Gruppen der kontinuierlichen Symmetrien trugen durch ihre Arbeit Früchte. Durch Noethers Erkenntnisse wurden unsere Vorstellungen von Energie korrigiert. Erinnern wir uns daran, dass Lagrange und Euler die Dynamik in der theoretischen Mechanik mithilfe der Variationsrechnung beschrieben hatten. Lagrange definierte die sogenannte Wirkungsfunktion als den Unterschied zwischen potenzieller und kinetischer Energie folgendermaßen: Die Eigenschaften der Bewegung durch freie Kräfte hängen davon ab, wie groß die Wirkung bei den zustande kommenden Bewegungen ist. Es dürfen also von den energetisch möglichen Bewegungen nur diejenigen wirklich stattfinden, bei denen die Wirkung minimal ist.

Dies ist eine Variations-Rechenaufgabe, und Noether bewies, dass das Wirkungsintegral, angewandt auf die abhängigen oder auf die unabhängigen Variablen, bei einer Gruppentransformation invariant bleibt. Sie zeigte, dass jeder mit solchen Transformationen verbundene Parameter einer gegebenen Erhaltungsgleichung entspricht. Es genügt also, sich mit der Gruppe von infinitesimalen Transformationen zu beschäftigen, das heißt nur mit den Transformationen von minimalen Veränderungen der elementaren Bewegungen. Und genau dies ist es, wozu sich die Lie-Gruppen besonders gut eignen. Noether erkannte die physikalische Bedeutung der drei wichtigsten Größen, von denen man glaubte, dass sie für immer erhalten bleiben.

Demnach ist Energie die Symmetrie der zeitlichen Verschiebung bei konservativen Feldern. Diese Größe ist zeitlich immer konstant. Der Impuls ist auch eine Symmetrie – ähnlich wie die Energie –, nämlich die Symmetrie der räumlichen Verschiebungen in konservativen Kraftfeldern, das heißt, seine Größe bleibt an allen Punkten des Raums konstant. (Man könnte auch sagen, dass der Raum homogen ist, also alle Punkte die gleichen Eigenschaften besitzen. Dies trifft wiederum nur auf konservative Kraftfelder zu.) Der Drehimpuls weist in Bezug auf die räumliche Rotation eine ähnliche Symmetrie auf wie der Impuls in konservativen Kraftfeldern.

Diese schwer verständlichen Begriffe mögen recht trocken erscheinen, können aber das Schicksal und das Glück ganzer Familien und Völker verändern. Wenn wir uns nämlich mit dem heutigen, unvollständigen und falschen Begriff der Energie und des Impulses zufriedengeben, bleibt die jetzige Weltordnung bestehen. Wenn wir aber etwas an der Oberfläche kratzen und den Schleier der Symmetrie lüften, wird sich vieles ändern.

Noethers Symmetrie, also ihr Erhaltungsgesetz, können wir folgendermaßen formulieren: Wenn die Gleichungen, die das dynamische Verhalten eines physikalischen Systems beschreiben, nach der Transformation gleich bleiben, muss es bei jeder Transformation eine bleibende Größe geben, die sich nicht verändert.

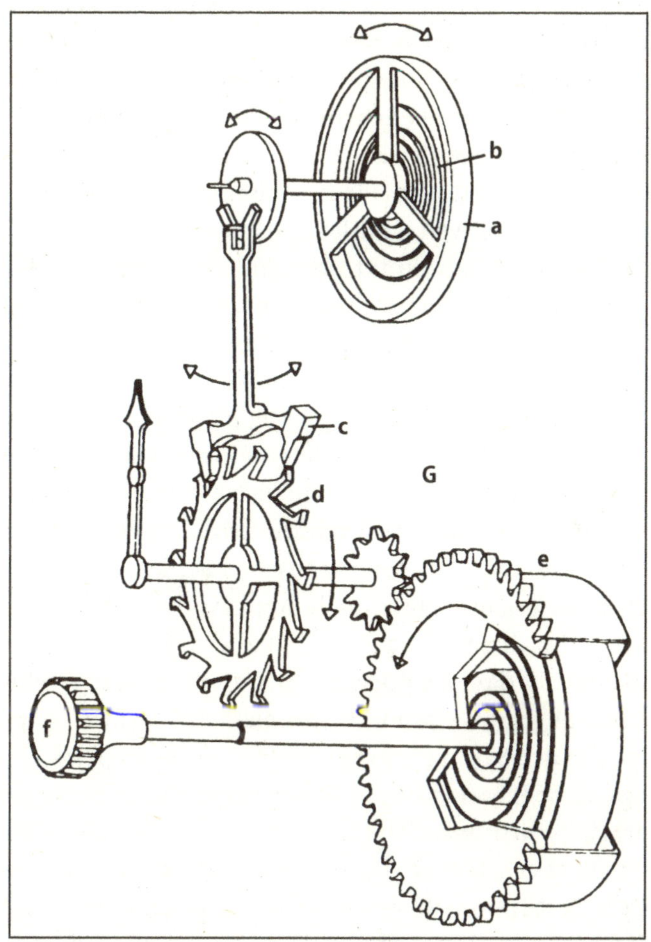

Abb. 49

Zeichnung einer aufziehbaren Uhr, des Chronometers. Da sie auch ohne Schwerkraft (Pendel) funktionierte, konnte man sie gut auf Reisen benutzen. Sie ermöglichte die genaue Bestimmung eines Ortes und wurde so zu einem grundlegenden Hilfsmittel für die Navigation bei der Schifffahrt. Ihre Verbreitung verursachte einen regelrechten Handels- und Wirtschaftsaufschwung.

Dieses Gesetz beinhaltet aber auch die Möglichkeit der Umkehrung des Theorems selbst: Wenn wir verhindern wollen, dass es gleichbleibende Größen gibt, müssen wir demnach ein Bezugssystem schaffen, dessen Eigenschaften und Beschleunigung sich während der Bewegung kontinuierlich verändern. So variiert die Größe der Kräfte in den dynamischen Gleichungen von Punkt zu Punkt oder, mit dem Variations-Minimalprinzip ausgedrückt: Wegen der Erscheinung der unvollständigen Differenziale verschwinden die stabilen Zustände, wodurch beispielsweise auch ein Energieüberschuss entstehen kann. Noethers Ableitung und ihre Überlegungen zur Symmetrie brachten die Möglichkeit der Vernichtung von Energie und Impuls als Symmetrie mit sich. Von da wäre es nur noch ein kleiner Schritt zur Erkenntnis gewesen, dass Energie als Symmetrie vernichtet werden kann, der Schritt wurde aber nicht vollzogen.

Wir sehen also, dass Energie nur in konservativen Kraftfeldern konstant bleibt, bei nichtkonservativen Kraftfeldern ist dies nicht unbedingt der Fall. Wenn ein System an jedem Punkt über andere dynamische Eigenschaften verfügt, wenn der Krafteinsatz auf den Massepunkt an jedem Punkt anders ist – also die Größe der Geschwindigkeit, der Beschleunigung und der höheren Ableitungen veränderte Werte hat –, müssen weder die Energie noch der Impuls, noch der Drehimpuls zwangsläufig erhalten bleiben. Das kann bei vielen Bewegungen der Fall sein, wie beispielsweise bei räumlichen Trochoiden oder Spiralbewegungen. Wir können sagen, dass jene Fälle, bei denen die Energie, der Impuls und der Drehimpuls nicht erhalten bleiben, allgemein häufiger sind, es also als Ausnahme anzusehen ist, wenn sie erhalten bleiben.

Eigentlich ist es sogar leichter, nichtkonservative Felder zu erzeugen als konservative. Wahrscheinlich hat nur die vorherrschende dogmatische Sichtweise die Erkenntnis, dass die Energie, der Impuls und der Drehimpuls nicht immer erhalten bleiben, verhindert. Auf mathematischem Wege hätte man dies nämlich, von den Symmetrievoraussetzungen ausgehend, erkennen können. Der ungarische Physiker Peter Havas veröffentlichte genau darüber einen Artikel in der Zeitschrift *Acta Physica Austriaca*. Das Vorurteil über die Energieerhaltung saß aber schon so tief, dass sein Artikel keine Resonanz fand.

Hier hat die Institution Wissenschaft dank ihrer Vorurteile also wieder einmal eine Chance verpasst. Abermals zeigte sich die Fehlerhaftigkeit der institutionalisierten Wissenschaft. Wir haben schon bei Bessler gesehen, dass seine durch Zufall erreichten Ergebnisse nicht geholfen haben. Auch die Anwendung von Curies Symmetriegesetzen konnte nicht bewirken, dass die Nichterhaltung der Energie ausgehend von den Symmetrien physikalischer Erscheinungen abgeleitet wird. Der nächste Schritt gelang der Wissenschaft

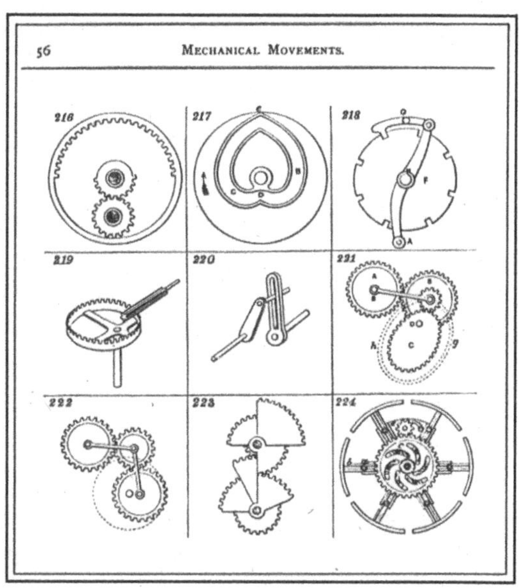

Abb. 50
Ausschnitt aus dem 1870 herausgegebenen Buch »507 Mechanismen«. Nach Besslers Tod wurden große Fortschritte auf dem Gebiet der Mechanismen erzielt. In der Dynamik aber, wo sich Kraft und Bewegung miteinander verbinden, blieben viele Gebiete weiterhin unerforscht.

nicht einmal mithilfe der abstrakten Algebra, der Lie-Gruppen und der Eigenschaften kontinuierlicher Symmetrien, obwohl sie der Lösung schon sehr nahe war. Sogar nach diesen drei Sackgassen bot sich noch eine Möglichkeit: die Biologie, also die lebendige Natur, die uns täglich Beispiele für die Verletzung der Energieerhaltung liefert.

Das nächste Kapitel wird sich eingehender mit diesem Thema beschäftigen, insbesondere mit den Beobachtungen und der Arbeit des österreichischen Försters und Erfinders Viktor Schauberger (1885–1958).

Doch bevor wir uns diese ansehen, sollten wir die Erfahrungen, die wir durch das Curie-Prinzip und das Noether-Theorem gesammelt haben, nutzen, um das Innenleben des Bessler-Apparats zu rekonstruieren.

Die praktischen Konsequenzen der Umkehrung des Noether-Theorems

Das Noether-Theorem führt die Erhaltung der Energie auf die zeitliche Verschiebungssymmetrie der physikalischen Abläufe zurück. Die Umkehrung des Theorems liefert uns noch wertvollere Erkenntnisse. Sie zeigt nämlich, dass die Energie (so wie der Impuls und der Drehimpuls) bei jenen physikalischen Abläufen nicht erhalten bleibt, die zeitlich nicht konstant, nicht invariant, also nicht in jeder Beziehung symmetrisch sind. Dies kann man erreichen, indem man bei einem Ablauf keine Größe konstant lässt, was bedeutet, dass man alle Eigenschaften des Ablaufs ständig ändern muss. Mit anderen Worten: Nur die Veränderung ist konstant.

Wenn sich eine Masse während eines mechanischen Ablaufs so bewegt, dass sich die Tangente ihrer räumlichen Bahn kontinuierlich verändert und weder die Geschwindigkeit noch eine ihrer höheren Ableitungen in der Funktion von Raum und Zeit konstant ist, liegt eine vollkommene Symmetriebrechung vor. Wenn wir in Abhängigkeit von der Zeit die Position, die Geschwindigkeit, die Beschleunigung, den Ruck* usw. eines beliebigen Punktes aufzeichnen, erhalten wir nie eine Konstante – also keine Gerade. Bei solchen Bewegungen kann auch die Energie nicht invariant bleiben, weshalb ihre Größe nicht konstant sein kann.

Diese totale Symmetriebrechung kann bei verschiedenen, nichtgeradlinigen Bewegungen stattfinden, ihr Ausmaß und ihr Vorzeichen (also ob wir Energie gewinnen oder verlieren) hängen aber auch von den höheren Ableitungen der Bewegung ab. Die Erfahrung zeigt, dass wir bei einer kontinuierlichen Verlangsamung (dies trifft auf alle höheren Ableitungen zu) Energie, Impuls und Drehimpuls gewinnen, während wir diese bei dem Gegenteil verlieren.

Sehen wir uns nun eines von zahlreichen praktischen Beispielen an: Wenn entlang einer Spirale eine ständig beschleunigte Bewegung stattfindet, sind alle höheren Ableitungen vorhanden, und sie verändern sich sowohl räumlich als auch in der Zeit. In diesem Fall ist nichts konstant.

Wenn sich eine Masse mit konstanter Beschleunigung, konstantem Ruck usw. auf einem Spiralarm so nach innen bewegt, wie auf Abb. 51 zu sehen, wachsen die Gesamtenergie, der Gesamtimpuls und der Gesamtdrehimpuls des Systems. Wenn sich die Masse aber nach außen bewegt, werden diese Größen abnehmen.

Bei der praktischen Anwendung ist es natürlich sinnvoll, einen Bewegungszyklus zu wählen, bei dem der Gewinn den Verlust übertrifft. Hierfür kann uns das Besslerrad als Beispiel dienen, dessen Innenleben man jetzt aufgrund der obigen Ausführungen schon erahnen kann, obwohl die genaue Form der Bahnen immer noch verborgen bleibt. Diese kann nur durch Experimentieren herausgefunden werden. Schon die Abweichung des Spiralwinkels um einige Grade kann eine bedeutende Verbesserung (oder Verschlechterung) des Effekts bewirken. Den theoretischen Aufbau aber kann man mithilfe der obigen Ausführungen und der historischen Daten mit großer Sicherheit festlegen.

---

* Mit »Ruck« wird in der Kinematik die Ableitung der Beschleunigung nach der Zeit bezeichnet.

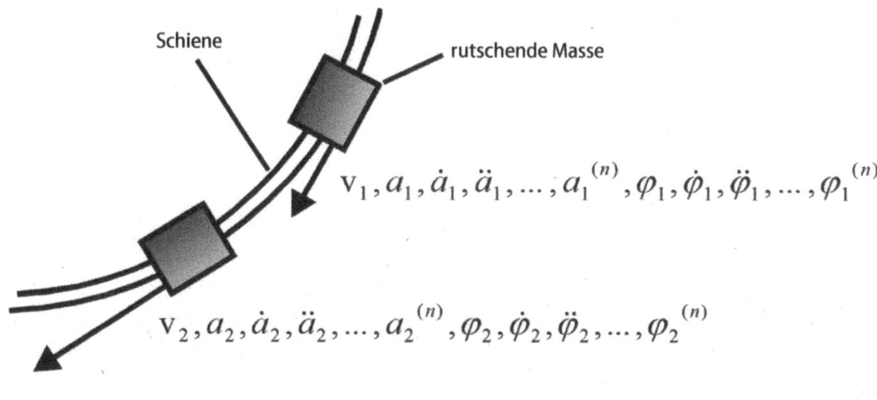

$$v_2 > v_1; a_2 > a_1, \dot{a}_2 > \dot{a}_1, \ddot{a}_2 > \ddot{a}_1; \ldots \qquad \varphi_2 > \varphi_1; \dot{\varphi}_2 > \dot{\varphi}_1; \ddot{\varphi}_2 > \ddot{\varphi}_1 \ldots$$

Abb. 51
In dem Fall einer räumlichen Bahn, bei der sich die Krümmung und die Kraft kontinuierlich verändern, sind die Parameter der Bewegung an jedem Punkt unterschiedlich

Ein mögliches Innenleben des Besslerrades

Aus der Umkehrung des Noether-Theorems folgt auch, dass es eine optimale Bahn gibt, auf der die Symmetriereduktion – und damit der Energiegewinn – unter den gegebenen Umständen maximal ist.

Aufgrund der bisherigen Ausführungen kann das Innenleben des Bessler-Apparates in groben Zügen rekonstruiert werden. Es ist nicht schwer zu erraten, was das so streng gehütete und deshalb auch verloren gegangene Geheimnis war: Um an Überschussenergie zu kommen, muss ein solcher räumlich geschlossener Bewegungszyklus gefunden werden, bei dem der zu erwartende Energieüberschuss den Reibungsverlust und den sich aus Symmetriegründen ergebenden Energieverlust übertrifft. Ein solcher Zyklus besteht aus mindestens drei theoretischen Abschnitten und mehreren technischen Schritten. Die wichtigsten sind auf Abb. 52 (siehe folgende Seite) zu sehen. Die theoretischen Abschnitte sind folgende:

❶ Bei der Gleitbewegung auf dem spiralförmigen Arm vom äußeren Rand des Rades nach innen entsteht ein Energieüberschuss. Die nach innen beschleunigende Masse gibt auf dem Arm A einen Teil ihrer Überschussenergie und ihres Überschussimpulses über den spiralförmigen Arm an das rotierende Rad weiter.

❷ Danach drückt die Masse gegen Ende ihrer Bewegung mit dem Rest der Überschussenergie eine Feder zusammen, die mithilfe eines Arretierungsstiftes so lange in diesem Zustand verbleibt, bis die Masse nach mehr als einer halben Umdrehung wieder in die »Abschussposition« kommt. Die Bewegung der Feder ist dabei potenziell; dort gibt es keinen Energieüberschuss. Aufgabe der Feder ist es, die Masse in den Ausgangszustand zurückzubefördern, damit der Bewegungszyklus wieder von vorne beginnen kann.

❸ Wenn wir das Innenleben mithilfe eines Uhrzeigers darstellen, müssen die Gewichte bei 1 bis 2 Uhr in die Ausgangsposition zurückgeschossen werden. Dies geschieht hier auf einer anderen Bahn (Bahn B). So ist der Verlust geringer als der Überschuss. Die Bahn eines bestimmten Gewichtes ist auf Abb. 52 zu sehen.

Eine besondere technische Herausforderung besteht darin, solche Strukturelemente und technischen Schritte zu finden, die bewirken, dass zwischen den Bahnen A und B gewechselt wird. Dazu sind zwei unterschiedliche Bahnen nötig (eine äußere und eine innere). Die äußere ist die einfachere von beiden

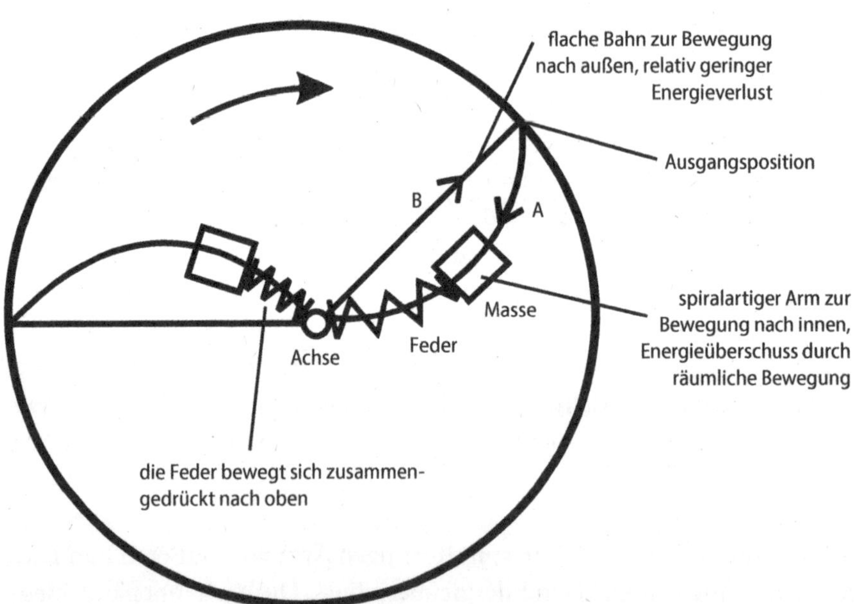

Abb. 52
Zwei Arme eines möglichen, hier schematisch dargestellten Innenlebens des Bessler-Apparats

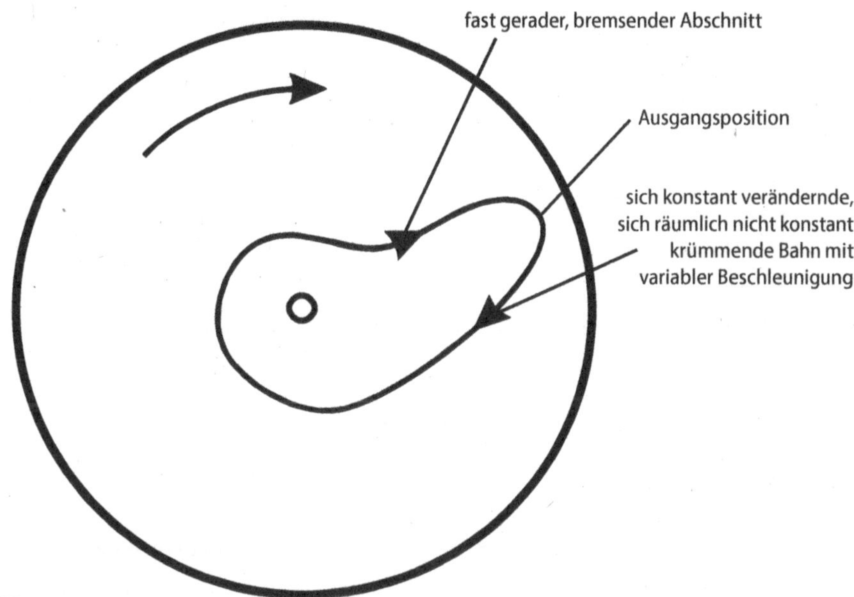

Abb. 53
Bahn eines Gewichts während eines Bewegungszyklus. Die Überschussenergie entsteht auf dem Abschnitt mit veränderlicher Krümmung.

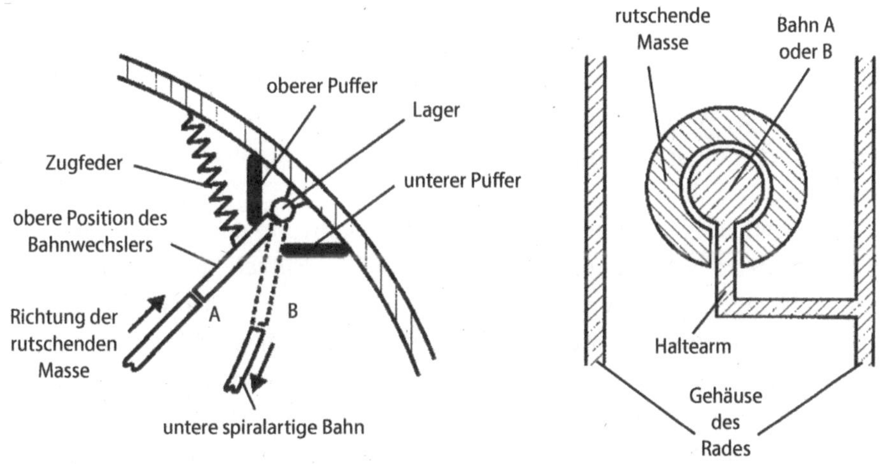

Abb. 54
Eine der Konstruktionen, die einen Bahnwechsel ermöglicht; daneben die Form des beweglichen Gewichts. Unter der Last des beweglichen Gewichts kippt der Bahnwechsler nach unten und befördert es auf die untere Bahn. Wenn der Bahnwechsler heruntergekippt ist, rutscht das Gewicht von ihm ab, und die Feder zieht ihn wieder in seine Ausgangsposition, also nach oben, zurück.

(eine der möglichen technischen Lösungen ist auf Abb. 54 zu sehen). Bei der inneren muss noch das Problem der Arretierung der Federn und deren Auslösung bei der richtigen Position gelöst werden. Dies ist schon komplizierter, aber dafür kann eine mechanische Lösung gefunden werden. Das Gewicht ist nämlich hohl, damit es rutschen kann. Es fällt aber nicht herunter. Und es ist technisch durchaus machbar, dass es auf einer anderen Bahn nach innen rutscht als auf der nach außen.

Dies ist aber nicht die einzige mögliche technische Lösung. Eine Bahn, die an jedem Punkt mehr oder weniger gekrümmt ist und bei der sich die Geschwindigkeit, die Beschleunigung usw. an jedem Punkt ändern, kann nicht nur durch eine räumliche Spirale gelöst werden, sondern auch mit dem Abrollen eines Kreises auf einem anderen Kreis. In diesem Fall beschreiben die Bewegungen der Massepunkte räumliche Zykloiden. Eine theoretische Möglichkeit, die auf solch einer Bewegung basiert, ist auf Abb. 55 zu sehen. Hier ermöglicht das Gewicht rotierender Pendel die Realisierung verschiedener Bahnen und damit die Entstehung unterschiedlicher Grade der Symmetriebrechung auf der nach außen bzw. nach innen führenden Bahn. Natürlich gibt es noch viele andere Möglichkeiten. Die oben genannten Prinzipien müssen jedoch eingehalten werden.

Beide technischen Möglichkeiten waren auch im 18. Jahrhundert schon realisierbar gewesen. Die Augenzeugenberichte sprechen aber von rutschenden, hohlen Gewichten im Inneren des Besslerrades, weshalb die erste Möglichkeit (Abb. 52) wahrscheinlicher ist. Das Besslerrad hatte auch eine Variante, die sich in beide Richtungen drehen konnte. Hierzu muss das obige Konzept verdoppelt werden.

Sehen wir uns jetzt an, wie neben der Umkehrung des Noether-Theorems die Symmetriegesetze von Curie auf die Fälle »rutschende Gewichte« und »Pendel« angewendet werden können. In diesen Fällen finden wir zwei voneinander unabhängige, nichtkonservative Kraftfelder, die die Gewichte auf einer bestimmten Bahn halten. Bei den »rutschenden Gewichten« ist die radiale Kraft zeit-, raum- und geschwindigkeitsabhängig, da sich das Gewicht auf einer anderen Bahn nach innen bewegt als auf der nach außen. Im Fall der »Pendel« ist der radiale Teil des Kraftfeldes geschwindigkeits- und wegen des Timings der Federn auch zeitabhängig (Abb. 55).

In beiden Fällen wirken die Kraft und die Rotation wegen der Corioliskraft wirbelartig. Bei der Umkehrung des Noether-Theorems haben wir schon gesehen, dass auch bei anderen Bewegungen in einer Ebene eine totale Symmetriebrechung erreichbar ist, obwohl dies mit einer räumlichen Bewegung leichter wäre. Der Energie-, Impuls- oder Drehimpulsüberschuss ergibt sich aus unterschiedlich starken Symmetriereduktionen zwischen den einzelnen Abschnitten des Bewegungszyklus. Das Curie-Prinzip ist so anwendbar, dass durch die Wechselwirkung zweier nichtkonservativer Kraftfelder ein solches Kraftfeld entsteht, bei dem die Energie nicht mehr erhalten bleibt – sie kann entweder entstehen oder aber auch verschwinden. Zur Aufrechterhaltung der Bewegung sind mindestens sechs bis acht bewegliche Gewichte nötig. Daraus resultiert aber keine konstante Winkelgeschwindigkeit.

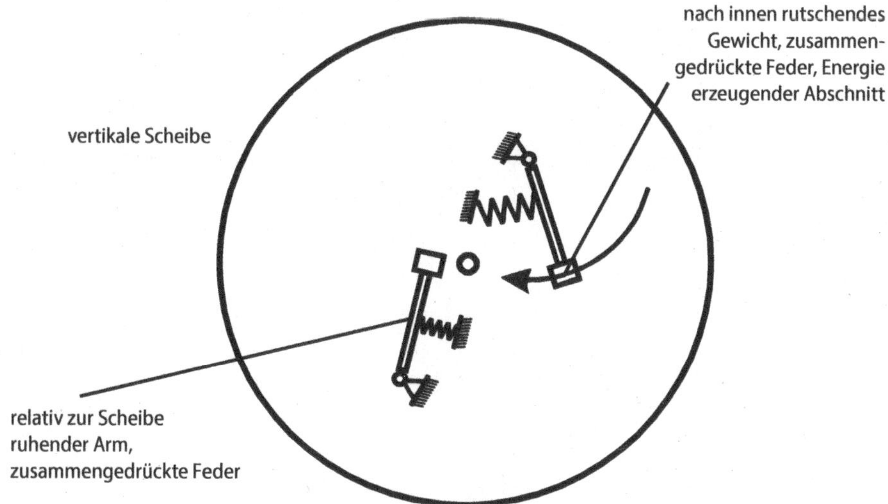

Abb. 55
Auch bei einer rotierenden vertikalen Scheibe kann ein solcher Bewegungszyklus entstehen, bei dem das Pendel innen und außen nicht dieselbe Bahn wählt. So ist theoretisch ein gewisser Energieüberschuss möglich. Dies hängt aber von der Größe und der Position der Pendel sowie dem genauen Einstellen der Feder ab.

Diese revolutionäre alte Erfindung mit einigen gebogenen Armen, sich bewegenden Gewichten, Federn und Befestigungskeilen scheint nicht sehr kompliziert zu sein. Das zugrunde liegende Prinzip jedoch ist umso schwerer zu verstehen. Wir müssen bis zu den Grundlagen der Physik, also den Symmetrien, zurückgehen, um die verbotenen Erfindungen wirklich begreifen zu können. Bei den bisher vorgestellten Apparaten und den noch folgenden findet jeweils eine lange Reihe von Symmetriebrechungen statt. Deren Rolle und Bedeutung versteht das große Lager der Wissenschaftler und Physiker aber schon seit 300 Jahren nicht mehr. Und als sie endlich ein konkretes Beispiel vor sich hatten, wollten sie es nicht glauben. Also haben sie lieber den leichten Weg gewählt und deklariert, dass es solche Apparate nicht gebe.

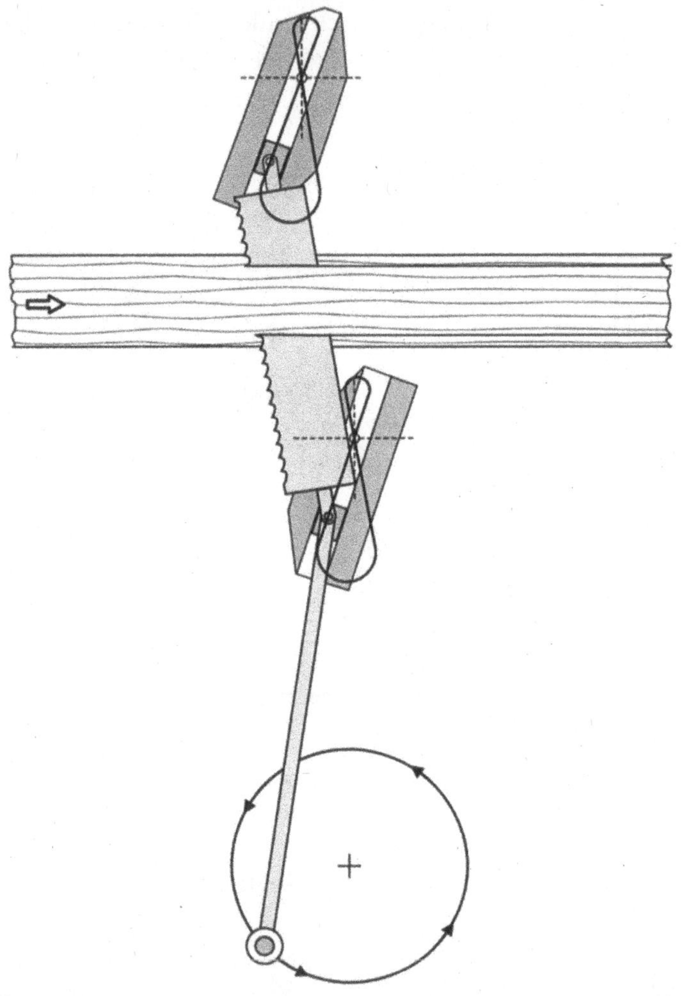

Abb. 56
Dieser raffinierte Sägemechanismus wurde erst in den 1950er-Jahren erfunden. Mithilfe der Teile, die sich auf einer »8«-er-Bahn bewegen, geht die Säge ständig nach unten, man muss sie also nicht zurückziehen. Diese Maschine ist ein gutes Beispiel dafür, dass es sogar in einer Ebene möglich ist, neue ausgeklügelte Mechanismen zu erfinden. Die Schatztruhe der dreidimensionalen Bewegungen ist damit aber mit Sicherheit noch nicht ausgeschöpft.

Im Folgenden werden wir das einfache Prinzip der Symmetriereduktion weiterverfolgen. Wir können es bei den Konstruktionen verschiedener Erfinder aus unterschiedlichen Zeitaltern finden. Es ist überraschend, auf wie viele Arten der eben beschriebene Zyklus realisiert werden kann und wie viele Erfinder gerade auf diese technische Möglichkeit gestoßen sind.

Die Tatsache, dass wir bei vielen technischen Lösungen von Apparaten, die Überschussenergie produzieren (Flüssigkeitsbewegungen, Elektronenbewegungen, Gasentladung, Bewegung von polarisierbarer Materie), die gleiche Spiralbewegung finden, ist ein wichtiger, indirekter Beweis. Dies zeigt nämlich, dass die Symmetriereduktion nicht nur Theorie ist, sondern ein wirklich existierendes, vielfach zu gebrauchendes Prinzip.

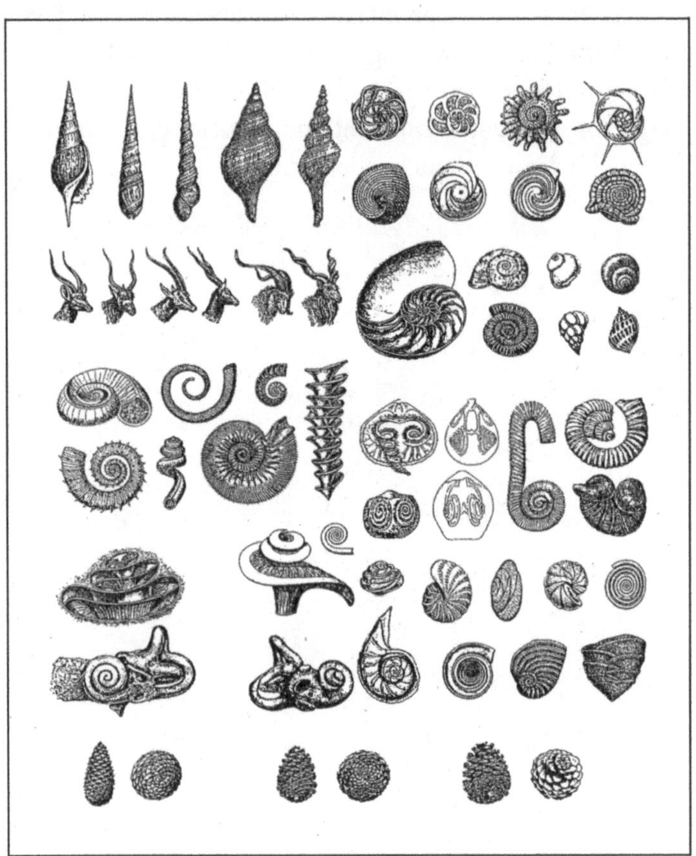

Abb. 57
Spiralen in der Natur

Kapitel 3

Verbotene Erfindungen der Natur

Spiralen in der Natur

Die Vögel am Himmel weckten seit Urzeiten im Menschen den Wunsch zu fliegen. Vielleicht inspirierten die nest- und höhlenbauenden Tiere ihn auch zum Bau seiner Häuser. Auf vielen Gebieten der Tier- und Pflanzenwelt sind Materialien und Phänomene zu finden, die auch in unserem Leben wichtig sind. Pflanzen können uns nicht nur als Lebensmittel dienen; aus ihren chemischen Inhaltsstoffen können auch sehr wirkungsvolle Medikamente hergestellt werden. Diese nutzten die Menschen, schon lange bevor sie irgendeine Vorstellung von der molekularen Struktur, dem Wirkungsmechanismus der Medikamente oder einer Doppelblindstudie hatten.

Auch heute noch ist das Nervensystem der Insekten und Säugetiere Objekt intensiver Forschungen. Trotzdem ist die Wissenschaft seit 20, 30 Jahren auf diesem Gebiet nicht viel weitergekommen. Es sind sehr viele hervorragende Lösungen in der Tier- und Pflanzenwelt zu finden, die wir auch heute noch nicht nachahmen können. Ein Teil der Naturphänomene darf aber gar nicht erst erforscht werden. Einige davon werden wir uns später noch eingehender ansehen.

Die Schauberger-Turbine

Als junger Förster beobachtete Viktor Schauberger oft Forellen in den Bergbächen der österreichischen Alpen. Er war eines der wenigen Naturtalente, die nicht nur sahen, sondern auch beobachteten. Schauberger fiel auf, dass die Forellen an einer Stelle inmitten des schnellen, tosenden Bergbaches fast regungslos standen und ihre Schwanzflosse nur ab und zu bewegten, um die Richtung beizubehalten. Dies taten sie den ganzen Tag lang, hielten sich dabei aber nicht mit Muskelkraft oder Flossenschlägen fest. Schauberger bemerkte auch, dass dies nur Forellen können, andere Fischarten konnten diese schnellfließenden Bäche nicht erobern. Deshalb dachte er sich, dass die Forellen eine

»Erfindung« besitzen müssten, mit deren Hilfe sie sich in den Bächen fortbewegen können.

Jahrelang untersuchte er den physischen Aufbau und die Bewegung dieser Fische, bis er endlich ihr Geheimnis entdeckte: Sie besitzen einen schneckenhausartigen Stromkanal in ihren Kiemen. Das auf dem breiteren Ende einströmende Wasser kommt auf dem schmaleren Ende mit größerer Energie wieder heraus. Dieser Stromkanal verhält sich also so, als wenn sich eine Pumpe in ihm befände, die dem Wasser einen Schub verpasst. Schauberger beließ es nicht bei der Verwunderung; er baute unter großen Mühen Stromkanäle, die wie sich verengende, konische Spiralen aussahen. Er versuchte, die »Erfindung« der Forellen so genau wie möglich zu kopieren, was ihm mit der Zeit auch tatsächlich gelang.

Mehrere Jahrzehnte arbeitete er an der Verbreitung seiner auf dem Prinzip der Implosion (Beschleunigung und Plodierung nach innen) beruhenden Erfindung. Er gab sogar eine Zeitschrift heraus. Wir können ihn auch als den Begründer des Naturschutzes in Österreich betrachten. Er meldete zahlreiche Patente an und war ein unermüdlicher Kämpfer für die sogenannte Wasserenergie. Seine Arbeit schien erfolgreich zu sein, dann aber verlor er im Krieg plötzlich alles und musste wieder von vorne anfangen. Auf den großen Durchbruch aber wartete er vergeblich und starb arm, enttäuscht und verlassen.

Schauberger ist ein typisches Beispiel für einen Amateurerfinder, der in der Natur etwas sehr gut beobachtet, die Festung der offiziellen Wissenschaft aber nicht einnehmen kann. Bis er in den 1930er-Jahren schließlich seine Lösung fand, war der Energieerhaltungssatz schon so tief im öffentlichen Bewusstsein verankert, dass sich seine Bemühungen als ein Kampf gegen Windmühlen herausstellten.

Schauberger ist trotzdem eine Ausnahme unter den vielen geheimnistuerischen Erfindern, da er wenigstens das Prinzip seiner Geräte veröffentlichte und nur die genauen Maße geheim hielt. Seine österreichischen, französischen, portugiesischen und brasilianischen Patente enthalten eine ziemlich ungenaue Beschreibung. Die Bilder aber zeigen die technische Lösung recht deutlich: Zuerst müssen wir einen außergewöhnlichen, spiralförmigen Stromkanal bauen. Wenn er die entsprechenden Maße hat und der passende Massefluss durch diesen Stromkanal fließt, verlässt die austretende Flüssigkeit den Stromkanal mit größerer Energie, als sie in ihn eingetreten ist. Die Energie, der Impuls und der Drehimpuls der austretenden Flüssigkeit sind also größer als die der eintretenden. Dies ist der Effekt, den die Forellen nutzen, andere Fische aber nicht.

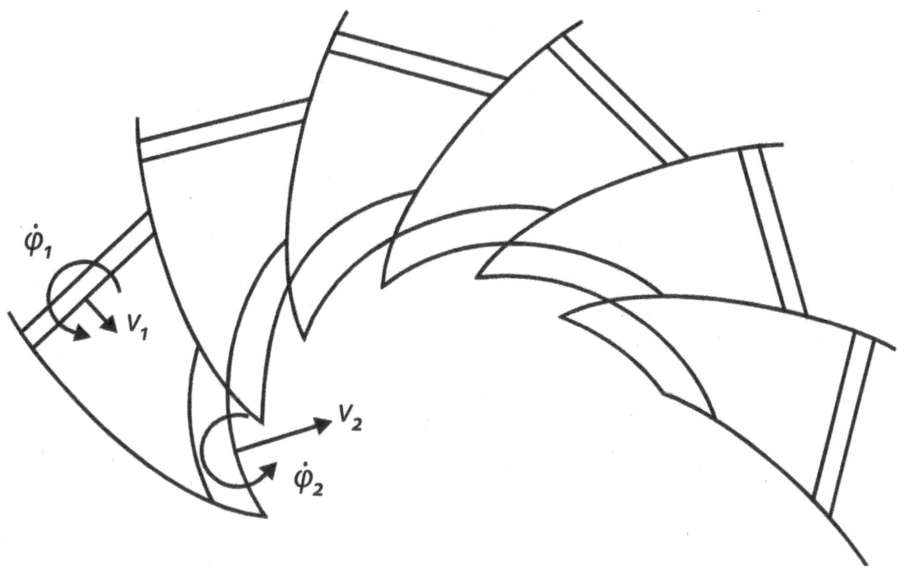

Abb. 58

Das Strömen von Flüssigkeitsvolumen entlang einer Spirale. Das Volumen der gewählten Flüssigkeit bleibt konstant, aber wegen der Drehung und der Beschleunigung entlang der Stromlinie verändert sich die Form kontinuierlich. Man sieht, dass ein Flüssigkeitselement bei der Strömung seine Form ständig ändert und sich neben der Beschleunigung auch noch um seine eigene Achse dreht.

Sehen wir uns erst einmal die Umstände bei der Strömung zwischen den spiralförmigen Armen auf Abb. 58 an. Nach Anwendung des Curie-Prinzips fällt auf, dass es gleich zwei nichtkonservative Kraftfelder in diesem System gibt. Einerseits erzeugt die rotierende Flüssigkeit wirbelartige und deshalb nichtkonservative Kraftfelder, andererseits beschleunigt sie sich in dem immer schmaler werdenden Stromkanal, weshalb die Größe des Drucks geschwindigkeitsabhängig wird. Das erzeugt wiederum ein weiteres nichtkonservatives Kraftfeld, in dem die Energieerhaltung nicht mehr erfüllt wird. In keinem der beiden nichtkonservativen Kraftfelder ist der Energieerhaltungssatz gültig, weshalb wir laut dem Curie-Prinzip einen Effekt bekommen, bei dem wir im Falle einer Implosion, also einem nach innen beschleunigenden Strom, und entsprechenden Maßen zu Überschussenergie und Überschussimpuls gelangen.

Mit der Umkehrung des Noether-Theorems kommen wir zum gleichen Ergebnis. Untersucht man ein beliebiges Teilchen der Flüssigkeit, sieht man, dass sich Größe und Richtung der Geschwindigkeit von Punkt zu Punkt ändern.

Dasselbe finden wir auch bei der Beschleunigung und bei allen anderen höheren Ableitungen. Die dynamischen Eigenschaften ändern sich an jedem Punkt der Bahnkurve, was bedeutet, dass an einer solchen Bahn nichts konstant ist. Die dauernde Symmetriereduktion verursacht die Reduktion der Energie und des Impulses als Symmetrie, somit können weder die Energie noch der Impuls, noch der Drehimpuls Integralkonstanten werden. In diesem Fall sind diese drei Größen keine Symmetrien mehr, nicht mehr invariant und bleiben somit nicht erhalten.

Diesen »einfachen« Trick finden wir in der lebendigen Natur in abertausenden funktionierenden Varianten. In natürlichen Bergbächen können wir diese schöne »Erfindung« auf frischer Tat ertappen, wenn wir die Forellen beobachten. Diese Bewegung haben tausende Menschen gesehen, aber nur Viktor Schauberger ist sie aufgefallen, und nur er hatte genug Geduld, Talent und Entschlossenheit, dieses Phänomen bis zum Ende zu erforschen – aber auch er ist letztlich an den bestehenden Dogmen gescheitert. Schauberger fand diesen Effekt nicht am Schreibtisch oder in einem Labor, sondern bei einem Spaziergang im Wald. Er versuchte, seine Entdeckung zu verbreiten, konnte auch sehr viele Laien für sich gewinnen und hatte zahlreiche Sympathisanten, erzielte aber trotzdem keinen Durchbruch.

Damals gab es die Bionik noch nicht, die ganz offen zugibt, dass sie die großartigen technischen Lösungen der Natur kopiert. Heute ist dieses Thema schon etwas mehr akzeptiert, aber die Bioniker kennen die Ergebnisse Schaubergers nicht; seine Arbeit ist schon lange vergessen.

Seine Anhänger – weniger talentierte Menschen als er – verstanden den Grundeffekt ebenso wenig wie Schauberger selbst. Er versuchte, seine Ergebnisse mit großem Elan und Energie, aber wenig fachlichem Wissen zu verbreiten. Erfindungen, die auf seinen Arbeiten basieren, sind erst in den letzten Jahren aufgetaucht. Sehen wir uns jetzt Schaubergers Leben ein wenig genauer an – welche Stationen es hatte und welche Schwierigkeiten er überwinden musste – sowie seinen Auf- und Abstieg.

Schaubergers Leben

Viktor Schauberger wurde am 30. Juni 1885 in Holzschlag bei Schwarzenberg, Oberösterreich, geboren. Er war Nachkomme einer alten Försterfamilie, deren Motto der Glaube an die stillen Wälder war. Den jungen Schauberger interessierte der Wald mehr als das Lernen, weshalb er im Gegensatz zu seinen älteren Brüdern nicht mit 18 Jahren studieren ging. Er glaubte, dass die Dinge,

Abb. 59
Der junge Schauberger beobachtet Forellen (Zeichnung von Hajnal Eszes)

die man im Leben braucht, nicht an Universitäten gelehrt würden. Zwischen 1900 und 1915 arbeitete er als Förster in der unberührten Natur. Im Ersten Weltkrieg wurde er verwundet, danach arbeitete er aber wieder als Förster, diesmal auf dem Grundstück des Herzogs Schaumberg-Lippe in Steyrling. Damals begann er, die Natur genauer zu beobachten.

Schauberger war ein echter Amateur. Es gibt aber typische Situationen in der Wissenschaft, wo gerade ein ungeschulter »Außenseiter« weiterhelfen kann, weil ihm die lähmenden, falschen Dogmen eines in die Sackgasse geratenen Fachgebiets unbekannt sind. Schauberger war so ein Außenseiter, der die Außergewöhnlichkeit der Bewegung der Forellen ohne jegliches Fachwissen studierte. Sie konnten in einem schnellen Bergbach an einer Stelle verharren und flüchteten, wenn man sie erschreckte, ohne jegliche Anstrengung gegen den Strom. Er fragte sich, wie dies wohl möglich sei. Forellen können in einer Strömung, die einen Menschen fast mitreißt, annähernd stillstehen (nur die hintere Flosse bewegt sich ein wenig). Welche Kräfte machen es der Forelle möglich, die Strömung so einfach und schnell zu überwinden?

Die andere Sache, die Schauberger interessierte, war die Qualität des Wassers und überhaupt alles, was mit Wasser und Wald zu tun hatte. Er schrieb dem Wasser und seiner Struktur außergewöhnliche Bedeutung zu und gab ihm sogar eine Art Bewusstsein. Auch heute ist man der Meinung, dass Wasser über viele interessante, exotische und wichtige Eigenschaften verfügt. Diese sind aber nur in einem kleinen Kreis Gesprächsthema. Die ausführlichen wissenschaftlichen Monografien über diese Eigenschaften sind selbst den Wissenschaftlern nicht hinlänglich bekannt.

Schauberger schrieb eine ausführliche Arbeit über Turbulenzen und wurde dabei von Professor Wilhelm Exner, Mitglied der Österreischichen Akademie der Wissenschaften, unterstützt. Schauberger dachte, dass die von ihm beobachtete Überschussenergie nur mit dem Wasser zu tun haben könne und nur das Wasser über solche außergewöhnlichen Eigenschaften verfüge, was nach Meinung des Autors aber falsch ist.

Schauberger reichte sogar bei der österreichischen und der deutschen Regierung unzählige Schriften zur Rettung des Rheins und der Donau ein. Damals begann man nämlich auf beiden Flüssen mit der intensiven Errichtung von Dämmen, und die ersten Zeichen von Umweltverschmutzung wurden sichtbar. Schauberger versuchte der Tendenz entgegenzuwirken – leider mit wenig Erfolg. Sein Artikel »Das Problem der Donauregulierung« wurde 1932 im Fachbuch *Die Donau* veröffentlicht, das auch starke regierungskritische Inhalte hatte. Das Buch wurde vernichtet, um die öffentliche Verbreitung seiner Ansichten zu verhindern. Sein Hauptgegner war Prof. Dr. Ehrenberger, der jeden seiner Schritte zu verhindern versuchte. Wie Bessler einen Widersacher namens Gärtner hatte, so hatte Schauberger seinen Ehrenberger.

Trotzdem begannen sich seine Ansichten über den Naturschutz und seine Erfindungen allmählich im deutschsprachigen Raum zu verbreiten. In den 1930er-Jahren, noch vor dem Anschluss Österreichs an Deutschland, lud Adolf Hitler ihn sogar zu einem Treffen ein. An diesem Treffen nahm als Experte Max Planck teil. Schauberger legte seine ziemlich ketzerischen Ansichten über Energie, die Erhaltung von Energie und den Naturschutz in etwa eineinhalb Stunden dar. Als er damit fertig war, wurde Planck gefragt, was er von diesen Ausführungen halte. Seine Antwort ist sehr interessant und bezeichnend: »Wissenschaft hat nicht viel mit der Natur zu tun.«

Schauberger riet zum sogenannten Göring-Plan, der die biologische Zukunft Deutschlands sichern sollte. Seiner Meinung nach würde das Dritte

Reich ohnedies innerhalb der nächsten 10 Jahre zerfallen und nicht 1000 Jahre währen, wie Hitler es sich wünschte. Zu Beginn des Vortrags war Hitler noch sehr begeistert gewesen, doch die Tatsache, dass Schauberger ihm nur 10 Jahre prophezeite, verstörte ihn arg, und so beauftragte er lieber seine Ratgeber Keppler und Willuhn mit der Weiterführung der Aufgabe.

Diese beiden stritten sich aber schon auf dem Flur mit Schauberger, und es war abzusehen, dass sie sich nie einig werden würden. Am Ende zerstritten sie sich so sehr, dass sie Schauberger nach dem Anschluss Österreichs auf einem Ball entführten und in ein Irrenhaus einlieferten. Dies war damals nicht ungefährlich, da psychisch Kranke oft einfach mit einer Giftspritze hingerichtet wurden. Schaubergers großes Glück war, dass sein plötzliches Verschwinden seinen Gastgebern auffiel und sie ihn suchen ließen. Man suchte ihn zu Hause und in Krankenhäusern, bis man ihn endlich in der Anstalt fand. Wenn er nicht gerade von einem Ball verschwunden wäre, hätte man ihn wahrscheinlich hingerichtet.

Heute ist es nur noch schwer nachzuvollziehen, in was für Machtkämpfe Schauberger verwickelt war. Sehr viel später erhielt er in Österreich ein Patent mit der Nummer 145.141, das angeblich bei der Konstruktion des ersten deutschen Düsenjägers, der Heinkel He-280, benutzt wurde. Diese Maschine galt als Geheimwaffe, kam aber aufgrund einer Verzögerungstaktik vonseiten Hitlers erst in den letzten Kriegsjahren zum Einsatz.

Nach 1939 konnte Schauberger seine eigenen Forschungen nicht mehr fortsetzen, da es überall an Material fehlte. 1941 rief ihn Generalluftzeugmeister Ernst Udet zu sich, damit er bei der Lösung der deutschen Energiekrise helfe. Er versprach ihm sogar ein Labor in Augsburg. Udets Tod verhinderte aber diesen Plan. Seine Nachfolger wiederum konnten diesen Plan wegen der Bombardierung von 1942 nicht ausführen.

Im Jahre 1943 wurde Schauberger zur Waffen-SS eingezogen. So wurde er dem Kommando Heinrich Himmlers unterstellt, der ihm den Auftrag erteilte, eine neue Waffe zu entwickeln. In Schloss Schönbrunn, in der Nähe des Konzentrationslagers Mauthausen, wurde ihm ein Labor eingerichtet. Zur Unterstützung teilte man ihm inhaftierte Techniker und Ingenieure aus Mauthausen zu. Schauberger konnte erreichen, dass seine zwanzig bis dreißig Mitarbeiter ausreichend versorgt wurden und einigermaßen normal leben konnten, denn er war der Ansicht, dass man sonst keine guten Ergebnisse von ihnen erwarten könne.

Den vorliegenden Quellen zufolge entwickelten sie ein mysteriöses Fluggerät, die sogenannte Repulsine, die nach dem Start ohne weitere Energiezufuhr fliegen konnte. Dieser Apparat nutzte die Implosionstechnik, die Schauberger entwickelt hatte.

Wegen der Bombenangriffe wurde er mit seiner Forschungsgruppe von der SS nach Leonstein in Oberösterreich umquartiert, wo es zu der ersten erfolgreichen Probe kam. Laut nicht bestätigten Zeugenberichten stieg der Apparat sehr schnell bis zu einer Höhe von 11 Kilometern empor. Wahrscheinlich verbirgt sich hinter den Berichten über deutsche »UFOs« die Arbeit Schau-

Abb. 60
Der erste erfolgreiche Flug von Schaubergers Maschine, die mit seinem Konzept der Implosion arbeitete (Zeichnung von Tamás Gáspár)

bergers. Einige Tage nach den ersten erfolgreichen Versuchen fiel das Labor jedoch in die Hände der Amerikaner. Die Ausrüstung wurde wie gewohnt in die Vereinigten Staaten verfrachtet, ein Teil davon befand sich jedoch in Schaubergers Wohnung in Wien. Dieser Teil wurde angeblich von russischen Soldaten mitgenommen, und so blieb Schauberger nach dem Krieg nicht mehr viel von seiner Gerätschaft.

Von seiner Rente konnte er sich kein richtiges Labor mehr leisten, und demzufolge konnte er nur einen Teil seiner alten Apparate wiederherstellen. Schauberger fertigte für ein Haus ein kleines Kraftwerk an, das mit einer auf Spiralbahnen fließenden Flüssigkeit angeblich eine mechanische, selbsterhaltende Bewegung erzeugte, die zur Energieabgabe fähig war. Dessen theoretisches Prinzip ist auf Abb. 61 zu sehen, wo gezeigt wird, wie die Spiralbahnen entstehen.

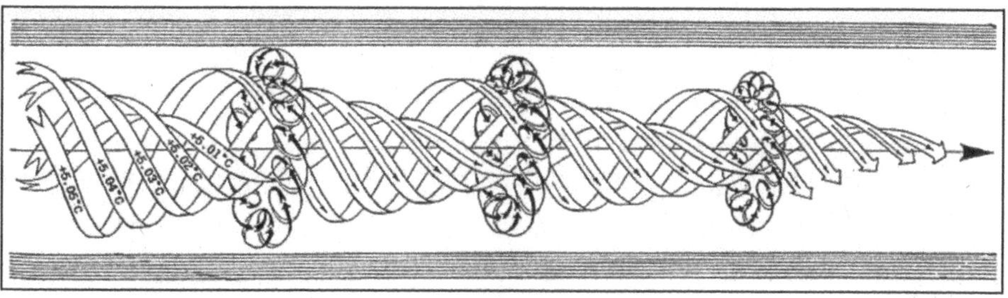

Abb. 61 *Die periodische Gestaltung der Spiralströmungen*

Am 4. Februar 1958, kurz vor seinem Tod, schrieb Schauberger einen Brief an einen Freund, in dem er sich darüber beschwerte, dass die österreichische Staatspolizei schon zwölfmal bei ihm gewesen sei und unentbehrliche Teile seiner Apparate mitgenommen habe. Schauberger dachte, dass im Wasser irgendeine Atomenergie höheren Grades entstehe, und entwickelte auch eine etwas unklare Theorie darüber. Diese konnte er aber nicht mehr weiter ausarbeiten, und die Wissenschaftler seiner Zeit, die die Atomenergie schon ein wenig verstanden, hörten seiner unklaren Beschreibung, die sich manchmal selbst widersprach, verständnislos zu. Demzufolge schenkten sie ihm keinen Glauben.

Mangel an Fachwissen ist charakteristisch für Amateure. Scharfe Beobachtungsgabe reicht aus, um einen Effekt zu erkennen, um dessen Gründe zu suchen, aber nicht, um das Phänomen bis ins Detail zu klären.

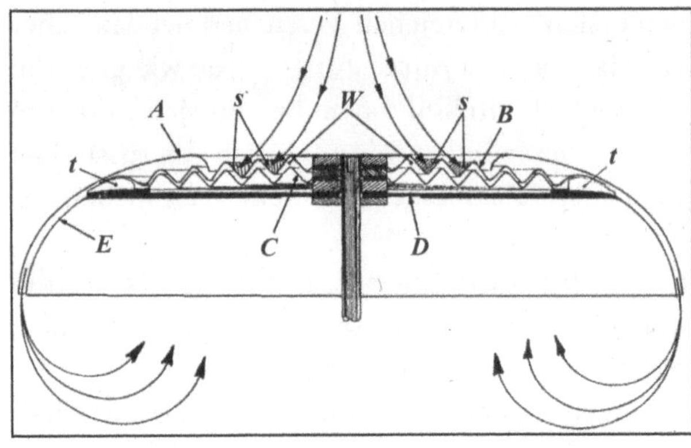

Abb. 62
In der Repulsine entsteht eine Reihe von Spiralströmungen

Am Ende seines Lebens bekam Schauberger von einer amerikanischen Firma, die ihm 3,5 Millionen Dollar für seine bisherigen Arbeiten anbot, noch eine letzte große Chance. Mit den noch erhalten gebliebenen Apparaturen reiste er dann auch wirklich nach Amerika, wo er sich wegen der ungewohnten Hitze, der ihm unbekannten Sprache und der fremden Denkkultur schnell mit seinen Gastgebern zerstritt. Hinzu kamen auch noch gegenseitige Anschuldigungen. Die Atomforscher, die die Amerikaner als Experten eingeladen hatten, hielten Schaubergers Atomkrafttheorie für unsinnig, und so kam es zu

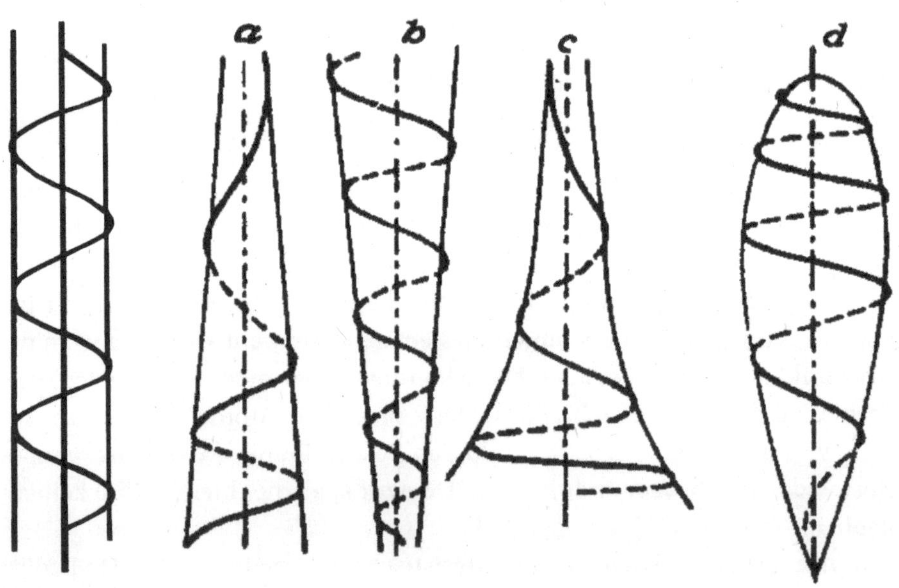

Abb. 63
Gestaltung einiger Spiralkanäle in Schaubergers Originalpatent

keinen Experimenten. Dabei hätte doch vor allem untersucht werden müssen, wie Schaubergers Implosionsapparate funktionieren, also wo die Flüssigkeit auf einer Spiralbahn nach innen beschleunigt wird, sodass Überschussenergie, -impuls und -drehimpuls entstehen.

Schauberger konnte den Vertrag nur auflösen, indem er der amerikanischen Firma sein gesamtes geistiges Eigentum überließ. Er hatte endgültig genug vom Streiten und wollte nur noch nach Hause. Dort kam er als ein müder, alter, enttäuschter Mann an. Er hatte alles verloren. Kurz darauf starb er, und seine Arbeiten kennt heute kaum noch jemand. Einige wichtige Abbildungen und Messergebnisse, die eindeutig beweisen, dass die sonderbaren Spiralröhren von Schauberger Überschussenergie abgeben, sind heute noch vorhanden. Diese funktionierten allerdings nur unter bestimmten Gegebenheiten, nämlich bei sehr genau festgelegten Strömungsgeschwindigkeiten.

Auch in Schaubergers Fall ging die Möglichkeit, ein ganz neues Phänomen kennenzulernen, für Technik und Wissenschaft verloren. Auch diesmal war es nicht möglich, die dicke Mauer der Vorurteile zu durchbrechen. Diese Erfindung funktioniert in lebendigen Fischen in abertausendfacher Ausführung völlig umsonst, doch niemand wird auf sie aufmerksam, niemand will die außergewöhnliche Fertigkeit der Forellen bemerken. Dies gilt aber nicht nur für die Forellen. Die Natur zeigt auch viele andere interessante Phänomene, von denen wir nur sehr wenige in der Technik nutzen. Als kleinen Vorgeschmack sehen wir uns jetzt ein paar Beispiele dafür an, was wir alles von der lebendigen Natur lernen könnten.

Was könnten wir von der lebendigen Natur lernen?

Warum nur ist es so schwer, die »Erfindungen« der lebendigen Natur zu bemerken? Warum hat nicht noch jemand anders die »Erfindung« der Forellen entdeckt, und warum hat sich Schaubergers Idee nicht verbreitet? Wir wollen versuchen, auf diese Fragen eine Antwort zu finden.

Zweifellos »konstruiert« die lebendige Natur unter anderen Bedingungen als ein Ingenieur, und auch ihre »Denkweise« ist anders. Außerdem hat sie vollkommen andere technische Möglichkeiten als ein Ingenieur. In der menschlichen Technik ist es schon mit etwas Wissen, ein wenig Experimentieren und etwas Glück möglich, mit der Erforschung der Natur zu beginnen. Die Herstellung von Glas, Bronze und Segeln (und damit auch die Schifffahrt) waren alle schon möglich, lange bevor wir jegliches Wissen über Silizium, Kupfer, Kristalle oder Strömungstechnik hatten.

Um die Natur kopieren zu können, ist aber ein sehr fundiertes Wissen nötig, da die Struktur eines Materials oder der Ablauf einer biochemischen Reaktion nur mit der entsprechenden technischen Ausrüstung und wissenschaftlichen Instrumenten erkundet werden kann. Auf vielen Gebieten steht uns das notwendige Wissen noch gar nicht zur Verfügung. Das Nervensystem einer Fruchtfliege wird beispielsweise vergeblich untersucht, da wir es nicht bis ins kleinste Detail verstehen und seine Abläufe daher auch nicht kopieren können. Wenn ein solcher Durchbruch gelänge, würde dies eine beispiellose Wende in der Computertechnik, der Kybernetik sowie der Zeichen- und Formenerkennung mit sich bringen. Dies wird wohl aber kaum in naher Zukunft passieren, da unser jetziges Wissen und unsere physikalischen Kenntnisse dafür einfach nicht ausreichen. Dazu wäre ein gänzlich neues, unsere heutigen Kenntnisse grundlegend übertreffendes Wissen notwendig.

Man kann aber auch nicht sagen, dass wir gar keine Ideen der Natur kopiert hätten. Es ist allgemein bekannt, dass Galvani bei der Untersuchung von Froschschenkeln eine Ahnung von Elektrizität bekam, wenn auch auf sehr primitive Weise. Und Volta baute mithilfe seines Wissens über den Zitterrochen die Volta-Säule, also elementare Zellen in Serienschaltung. Er merkte, dass die sich wiederholenden kleinen Elemente – die Serienschaltung – nötig sind, damit die Fische Hochspannung erzeugen können. Es ist sicher, dass auch die Idee des Fliegens während der Beobachtung von Vögeln entstanden ist. Bei Vögeln kann man größtenteils die gleichen Mechanismen und Flügelprofile wie bei Säugetieren finden (Fledermaus, Flughund usw.), ja sogar die fliegenden Samen der Pflanzenwelt benutzen oft dieses Profil.

Diese Lösungen der Natur kopierten schon die frühen Flugpioniere, als die Theorie der Strömungstechnik noch nicht einmal in den Kinderschuhen steckte und als es hoffnungslos war, dreidimensional-hyperbolische partielle Differenzialgleichungen zu lösen. Dies ist aber bei der Lösung, der Beschreibung und dem Verständnis von instationären Strömungen unerlässlich.

Einen ähnlichen Weg ging auch die Pharmaindustrie. Wir haben schon erwähnt, dass die chemische Forschung der Pharmakologie irgendwo bei dem Wissen und der Erfahrung der Kräuterfrauen ihren Ursprung hat. Wir haben aber immer noch nicht alles von ihnen gelernt; es gibt nach wie vor sehr wirksame Medikamente in der Natur, die kaum bekannt sind. Nicht alle Versuche, die Natur zu kopieren, waren erfolgreich, und nicht nur Schauberger scheiterte mit seinen Versuchen auf diesem Gebiet.

Ungefähr zur Zeit von Galvani und Volta studierte ein anderer Italiener, Lazzaro Spallanzani (1729-1799) den Flug der Fledermäuse. Ihm war aufgefallen, dass sich Fledermäuse sehr gut in der Dunkelheit orientieren können. Er bemerkte, dass sie ihre Orientierungsfähigkeit verlieren und gegen Gegenstände fliegen, wenn ihr Hals abgedeckt wird. Spallanzani kam darauf, dass die Fledermäuse eine Art Schallwelle von sich geben und sich durch die Auswertung des Echos orientieren. Natürlich machten seine Kollegen, die führenden Biologen seiner Zeit, ihn öffentlich mit der Frage lächerlich, was die Fledermäuse denn mit ihren Augen hören, wenn sie mit ihren Ohren sehen.

Es mussten über 100 Jahre vergehen, bis die Technik Ultraschallwellen erzeugen und messen konnte. So musste der fast vergessene Name Spallanzanis rehabilitiert werden. In der Natur finden wir viele solcher speziellen Sinnesorgane mit überwältigender Leistung. Hier seien nicht nur der ausgefeilte Geruchssinn der Tiere und das ausgezeichnete Sehvermögen der Greifvögel erwähnt, sondern beispielsweise auch das thermische Sehen einiger Insekten und Schlangen, die sich anhand von Infrarotlicht, das von Gegenständen und Tieren abgegeben wird, problemlos in einem für uns völlig dunklen Raum orientieren. Diese Phänomene wurden unabhängig von der Natur am Schreibtisch verstanden, und es wurden auch menschengemachte Infrarotlichtsensoren entwickelt, obwohl man diese Lösungen schon viel früher hätte finden können, wenn man nur die Natur beobachtet hätte. Die besten »technischen Entwicklungen« gibt es nur in der Natur, da dort Miniaturisierung und Optimalisierung auf unvorstellbar hohem Niveau vorhanden sind.

Mein Lieblingsbeispiel ist das »Ohr« der Heuschrecken, ein stecknadelkopfgroßes Organ, das sich auf dem ersten Hinterleibssegment des Insekts befindet. Dieses kleine Mikrofon nimmt Geräusche schon bei einer Bewegung von 0,01 Nanometern seiner Membran wahr. Diese Distanz ist kleiner als der Durchmesser eines Wasserstoffatoms. Zur Serienfertigung solcher kleinen Bauteile mit minimalem Energieverbrauch und höchster Präzision ist die heutige Industrie nicht fähig. Noch nicht einmal auf dem Gebiet, das als Schrittmacher der Industrie gilt – der Computertechnik –, wird in solchen Maßstäben gearbeitet. Eine solche Präzision ist für uns erst einmal unerreichbar.

Gemeinsamkeiten zwischen Natur und menschlicher Technik

Bevor wir die Unterschiede zwischen der Technik der Natur und der der vom Menschen konstruierten Welt betrachten, wollen wir uns erst einmal ansehen, was sie gemeinsam haben.

Bei beiden finden wir Kurz- und Langzeitdenken. Kurzzeitdenken ist auf kurzfristige Vorteile ausgerichtet. Man möchte sozusagen ein möglichst großes Stück der Torte ergattern. Hierfür stattet die Natur die Lebewesen mit wirksamen Werkzeugen aus, etwa mit stärkeren Muskeln, längeren Stacheln und größeren Hörnern. Es geht darum, ein bewährtes Konzept quantitativ auszuweiten und so die Chancen im Kampf ums Überleben oder um das bessere Weibchen/Männchen zu steigern. Dies ist eine der typischen Aufgaben der allmählichen *Evolution.* In der menschlichen Welt zeigt sich dieses Denken in der Welt der Politik, der Geschäftsleute und der Soldaten.

Demgegenüber gibt es, in der Natur wie auch beim Menschen, die *Revolution,* bei der langfristige Vorteile angestrebt werden. Eine solche Revolution ist immer innovativ und zielt darauf ab, sich rasch neue Taktiken anzueignen, etwa um sich an geänderte Umstände anzupassen. Es geht nicht mehr um das größere Stück Torte, das man anderen wegnimmt, sondern darum, eine bessere und womöglich größere Torten zu backen, also um eine gesteigerte Qualität. Hier liegt die Betonung eher auf neuen Dingen und intensivem Fortschritt. Dies ist das Gebiet der Erfinder und der Forscher.

Während zur Evolution Kraft und Härte nötig sind, braucht man für die Revolution (jedenfalls in der menschlichen Sphäre) Verstand und Ausdauer. Es ist kein Zufall, dass die erste, quantitativ angelegte Lösung viel mehr Menschen und Geld anlockt; in unserer Geschichte kann aber nur die zweite auf Dauer erfolgreich sein – natürlich nur, wenn sie nicht verboten wird. Dieses innovative und adaptive Benehmen ist auch bei den Lebewesen der Natur zu finden, wenn es auch nicht immer gleich zu erkennen ist.

Lange wurde darüber diskutiert, warum die Dinosaurier ausgestorben sind. Zurzeit herrscht die Meinung vor, dass sie durch den Einschlag eines riesigen Meteoriten ausgerottet wurden. Dem widerspricht aber, dass sie nicht von einem Tag auf den anderen, sondern im Verlauf einiger hunderttausend Jahre verschwunden sind oder zu Vögeln mutierten. Wahrscheinlicher ist, dass die äußere Katastrophe nur einen Vorgang beschleunigt hat, der schon vorher im Gange war, und es ist gut vorstellbar, dass das Aussterben der großen Dinosaurier durch die Veränderung der Pflanzenwelt und der Nahrungskette verursacht wurde. Dass die alten Pflanzen verschwanden und stattdessen neue wuchsen, die einen anderen Geschmack hatten und vielleicht anders verdaut werden mussten, kam den kleinen, entwicklungsfähigen Säugetieren gerade recht. Den großen Dinosauriern aber, die sich perfekt an die alten Umstände angepasst hatten und sich nicht verändern konnten, ging es schlecht.

In der Welt des Menschen gingen wegen kurzfristiger Denkweise ganze Reiche und Länder unter (und begruben Millionen von Menschen unter sich). In der lebendigen Natur ist die Strafe für die zur Adaptation und zum Fortschritt unfähigen Arten das Aussterben. Hierfür gibt es viele Beispiele, denn die meisten Arten sind seit dem Entstehen des Lebens schon ausgestorben. In der lebendigen Natur entscheidet Innovation wirklich über Leben und Tod, wenn die Lebewesen auch nicht bewusst darüber nachdenken. Der Fortschritt in der Natur hängt mehr oder weniger von zufälligen genetischen Veränderungen und der Adaptation des Individuums ab. Ein einziger genetischer Fehler kann das Aussterben einer ganzen Art verursachen. Es kommt nur selten vor, dass eine genetische Veränderung erfolgreich ist. Es lohnt sich aber, diese wenigen erfolgreichen Entwicklungen genauer zu untersuchen, da mehrere hundert Millionen Jahre zur Verfügung standen, um eine erfolgreiche Veränderung, eine »geschickte Konstruktion« zu entwickeln.

Während also das Leben seit vielleicht einer Milliarde Jahre die unterschiedlichsten Verfahren, Konstruktionsstoffe und Mechanismen entwickelte, ist die Technik nur etwa 10 000 Jahre alt, und die Wissenschaft (wenn man sie so nennen kann) hat sogar nur eine Entwicklungszeit von ca. 500 Jahren hinter sich. Gerade deshalb ist es wichtig, Schaubergers Motto ernst zu nehmen: »Die Natur kapieren und kopieren.«

Unsere Vorurteile und unser mangelndes Wissen verhindern aber immer wieder das Verstehen der »Erfindungen« der Natur. Der Biophysiker und Nobelpreisträger Max Delbrück sagte:

> Wenn ein Physiker oder ein Ingenieur über ein Problem in der Biologie nachzudenken beginnt, ist er stets besorgt, nicht genug über Biologie zu wissen. Am Ende stellt sich jedoch immer heraus, dass er nicht genug über Physik und technische Möglichkeiten weiß.

Beim Erscheinen einer Erfindung haben der Ingenieur und die Natur mit ähnlichen Problemen zu kämpfen: Es ist immer eine Art Trägheit bei der Verbreitung neuer Dinge vorhanden. Altbewährte Lösungen sowie etablierte Verkaufs-, Wartungs- und Reparaturdienste machen die Verbreitung neuer Erfindungen nicht leichter, denn Altes zu verdrängen ist schwer. In der Natur erschienen immer dann viele neue Arten, wenn sich die Umgebung plötzlich und wesentlich verändert hatte, also irgendein Kataklysmus geschehen war. Ein solcher war beispielsweise die Umpolung des irdischen Magnetfeldes.

Dass die Verbreitung und Popularität einer Erfindung nicht immer mit der Nützlichkeit des Geräts zusammenhängt, ist allgemein bekannt. Ein typisches Beispiel hierfür ist die QWERTY-Anordnung der Tastatur. Diese Anordnung verbreitete sich zunächst mit dem Erscheinen der Schreibmaschinen. Doch unter den flinken Fingern der Sekretärinnen verhakten sich die Tasten am Anfang ständig. Es musste also eine Anordnung gefunden werden, die dies verhinderte. Die häufig benutzten Tasten mussten also weit weg voneinander platziert werden. Damit nahm aber die Geschwindigkeit des Schreibens deutlich ab. Außerdem hatte die neue Anordnung nicht mehr viel mit dem Alphabet gemein. Aber das System war wieder einmal träge, sodass sich praktischere Anordnungen bis heute nicht verbreiten konnten, wenngleich das Verhaken der Tasten in der Zeit der Elektronik längst kein Thema mehr ist.

Ein anderes Beispiel für Schwierigkeiten bei der Verbreitung einer Erfindung sind Dampfautos. Anfang des 20. Jahrhunderts gab es noch ein Kopf-an-Kopf-Rennen zwischen Autos mit Dampfantrieb und solchen mit Explosionsmotor. Die Dampfautos waren leise, zuverlässige Konstruktionen mit etwa gleichem Wirkungsgrad wie die damaligen Wagen mit Verbrennungsmotor. Sie bestanden aus nur ca. 25 beweglichen Bauteilen, waren sehr zuverlässig, und es konnte alles Mögliche in ihnen verbrannt werden. Ihr großer Nachteil war, dass sie viel Wasser benötigten. Als in den USA wegen der Maul- und Klauenseuche die Pferdetränkstellen geschlossen wurden, gingen diese Wasserquellen auch für die Dampfautos verloren. Ein Jahr später, als die Seuche vorbei war, hätte man die Dampfautos wieder benutzen können. Bis dahin hatten aber die Autos mit Verbrennungsmotor, die ja kein Wasser brauchen, schon unaufhaltsam den Markt erobert. Dampfautos gab es von da an nur noch selten.

Nun wollen wir uns ansehen, unter welchen Bedingungen die lebendige Natur »arbeiten« kann und welche Möglichkeiten sich Ingenieuren und Konstrukteuren bieten.

Möglichkeiten der Natur und der Ingenieure

Die Werke der lebendigen Natur sind meist kleine »Konstruktionen«, die in feuchter, nasser Umgebung auftreten und sich kontinuierlich verändern. Reine Metalle werden außerordentlich selten verwendet. Diese Werke beinhalten keine rotierenden Bauteile und sind elastisch. Die menschliche Technologie ist das vollkommene Gegenteil davon: Sie zeigt nur große, metallene, steife Konstruktionen mit rotierenden Bauteilen, die bestenfalls geölt oder geschmiert sind. Wir können also sagen, dass die Natur Nanotechnologie verwendet, da sie alle Bauteile Molekül für Molekül und Zelle für Zelle in kleinsten Maßstäben aufbaut, wodurch der Unterschied zwischen den Konstruktionsstoffen beider Technologien enorm ist.

Die Schöpfungen der lebendigen Natur sind nur in sehr kleinen Bereichen lebensfähig, die Temperaturgrenzen beispielsweise sind sehr eng; meist »funktionieren« ihre Schöpfungen nur zwischen etwa 10 und 30 °C – abgesehen von einigen speziellen Lösungen. Mithilfe solcher Lösungen können einige Tiere auch unter dem Gefrierpunkt am Polarkreis und in der Tiefsee leben. Auch in der Nähe von Hitzequellen zwischen 100 und 150 °C gibt es einige primitive, pflanzenähnliche Lebewesen, die sich sogar fortpflanzen können. Schon allein diese Temperaturgrenzen selbst schließen sehr viele energetische Lösungen, die die menschliche Technologie verwendet, von vornherein aus. Verbrennungskraftmaschinen, Dampfmaschinen und Dampfturbinen kommen für die Natur wegen der engen Temperaturgrenzen grundsätzlich nicht infrage.

Auffallend ist das Fehlen rotierender Bauteile in der lebendigen Natur. Zwar sind auf dem Niveau der Einzeller einige zu finden, aber das ist nicht typisch. Dies ist auch verständlich, denn rotierende Bauelemente brauchen grundsätzlich hohe Präzision, Achsen oder Lager und Materialien hoher Festigkeit. Das Züchten eines solchen Bauteils ist unmöglich. Außerdem löst ein einziges rotierendes Bauteil keine Probleme, es muss immer mit anderen beweglichen Teilen verbunden werden: Das präzise Heranzüchten und der Einsatz solcher Bauteile sind für die lebendige Natur völlig unzweckmäßig.

In der lebendigen Natur ist eher die alternierende Bewegung verbreitet, denn mit Gelenken und Knochen, die mitwachsen können, kann nur diese Bewegung realisiert werden. Überhaupt sind auf weichem Boden, beim Klettern auf einen Baum oder beim Tauchen Glieder mit Alternierbewegungen vorteilhafter. Zu den natürlichen Umständen passt die Funktion der Glieder mit Alternierbewegungen also viel besser als die starren Räder unserer Technik.

Auch Kräfte wie Druck lassen sich in der lebendigen Natur nur begrenzt verwenden, da Lebewesen nur einem sehr kleinen Druck standhalten können. In der Technik dagegen nutzen wir oft Hochdruck und dessen Gegensatz, das Vakuum. Ferner bringt die Natur außer beim Verdauen auch keine starken Säuren oder Basen zum Einsatz.

Einen der größten Unterschiede aber finden wir auf dem Gebiet der verwendeten Materialien, denn die lebendige Natur verwendet lokal vorhandene Materialien und deren wässrige Lösungen – hauptsächlich solche Vorgänge waren es, die zur Entstehung des Lebens geführt haben. Deswegen bestehen die starren, harten Körper in der lebendigen Natur auch nicht aus Metallen oder deren Legierungen, sondern aus Calcium, das im Meer in großen Mengen vorkommt. Metalllegierungen finden wir in der lebendigen Natur nicht nur wegen der Schwierigkeiten bei der Reduktion nicht. So werden zum Beispiel die in lebendigen Organismen enthaltenen aluminiumhaltigen Verbindungen nicht zu metallischem Aluminium umgewandelt. Knochen aus Aluminiumlegierungen würden von den Muskeln auch gar nicht vertragen werden, der Körper würde sie abstoßen. Deshalb finden wir in lebendigen Körpern auch keine Achsen oder Kugellager, Antriebsriemen oder Zahnräder. Dafür hat die Natur häufig alternative Lösungen für ähnliche Funktionen parat.

Natürlich hat die nichtlebendige Technik der Menschen auch ihre Grenzen. So können wir etwa kaum Temperaturen über 10 000 Kelvin herstellen, da es keine Materialien gibt, die dieses heiße Plasma über längere Zeit aushalten könnten. Diese Grenzen der Technik gelten für die Natur nicht, denn im Inneren der Sterne gibt es bedeutend höhere Temperaturen und einen viel größeren Druck. Auch die menschliche Technologie hat also ihre klaren Grenzen.

Aufgrund der fehlenden Metalllegierungen finden wir in der lebendigen Natur keine guten Leiter, obwohl jedes Lebewesen elektrische Signale weiterleitet und im Falle von elektrischen Abläufen die Leitfähigkeit sehr wichtig ist. Die Leitfähigkeit von wässrigen Lösungen ist um Größenordnungen schlechter als die von Metallen. Der Widerstand eines Drahtes von der Stärke eines Haares zum Beispiel entspricht dem einer ½ Meter dicken Wasserlösung. Deshalb benutzt die lebendige Natur chemische Vorgänge zur Übertragung von Energie. Energie wird in der lebendigen Natur in Form von Zucker transportiert und als Fett gespeichert. Hierbei entsteht zwar ein etwas höherer Verlust als bei unseren (auch nicht gerade guten) Bleiakkumulatoren, aber wenigstens benötigen natürliche Systeme keine starken Säuren oder Basen und gehen nicht so schnell kaputt wie die Systeme der menschlichen Technik.

Die nanotechnologischen Werke und Werkstoffe der lebendigen Natur sind bekanntlich besser als die der Industrie. Pflanzliche Zellulose, der Chitinpanzer von Insekten oder ein Spinnennetz sind fast ebenso hart und fest wie Industriestahl, und all dies wird aus wässrigen Lösungen hergestellt. Industrieprodukte hingegen entstehen meist durch breite Kooperation. Eine Maschine oder ein Bauteil wird mithilfe einer ausgefeilten Technik aus Materialien hergestellt, die auf anderen Kontinenten abgebaut wurden. In der menschlichen Technologie können wir uns ein wenig Verschwendung erlauben. Die Biologie, die lebendige Natur, kann es nicht. Sie kann das Leben nur mit Materialien schaffen, die überall zu finden sind, und auch die verendeten Subjekte müssen wieder in den Kreislauf eingebaut werden können. Es gibt vielleicht nur eine Ausnahme, und zwar das Calciumskelett, das auch nach dem Tod eines Lebewesens erhalten bleibt und sich manchmal sogar zu einem Berg auftürmt. So sind etwa Kalkgebirge aus Milliarden von kleinen Schnecken entstanden.

Weiße Flecken in der Natur

Wenn es in der klassischen Lehrbuchphysik Abweichungen von der Norm gibt, zum Beispiel in der Mechanik, müssten wir sie auch in der Natur antreffen. Diese abweichenden Effekte muss man an solchen Stellen suchen, über die heute stark diskutiert wird, die unsicher sind, also als weiße Flecken bezeichnet werden können. Im Fall der räumlichen, total antisymmetrischen Bewegungen finden wir tatsächlich immer die gesuchten Eigenartigkeiten. Sehen wir uns nun einige Beispiele dafür an.

Der Tornado

Das seltsame Phänomen des Tornados mit seiner zerstörerischen Kraft ist seit Jahrhunderten bekannt. Wie wir heute wissen, bringen einige Tornados es auf eine Zerstörungskraft von einem Gigawatt, legen mehrere hundert Kilometer zurück und dauern viele Stunden an. Das Eigenartige am Tornado ist, dass er sich selbst erhält – ohne jede äußere Energiezufuhr –, obwohl er ständig Energie abgibt. Seit wir die Hydrodynamik kennen und ihre Gleichungen in allgemeinen Fällen auch lösen können, versuchen die Forscher das Geheimnis des Tornados zu lüften. Obwohl dies schon viele versucht haben, konnte bisher niemand hinter sein Geheimnis kommen. Wahrscheinlich liegt das daran, dass es sich beim Tornado um ein außergewöhnliches Phänomen handelt.

Während wir nämlich die Fälle der Flüssigkeitsmechanik (sogar im Fall von Wirbelbewegungen) mit einer Genauigkeit von bis zu 98 Prozent beschreiben können, bekommen wir bei der Beschreibung eines Tornados ernste Probleme. Sogar die besten Modelle können seine Bewegung nur sehr partiell beschreiben. Die riesige zerstörerische Energie können aber selbst sie nicht erklären. Eine mögliche Erklärung dafür können wir in dem aus zwei Teilen bestehenden Aufbau eines Tornados finden. Der äußere, für uns unsichtbare Teil, ist eine räumliche, immer enger werdende, kegelartige Spirale, die über keine kontinuierlichen Symmetrien verfügt. Die äußere, sich langsam bewegende Luft beginnt sich immer schneller zu drehen, bis sie in der Nähe des Trichterbodens ihre maximale Geschwindigkeit erreicht, die bis zu 450 km/h betragen kann. Das gehört schon in die Größenordnung der Schallgeschwindigkeit.

Dies ist eine so gewaltige Geschwindigkeit, dass sich laut Beobachtungen ein durch den Tornado beschleunigter Strohhalm in ein Bahngleis aus Stahl bohren kann. Wenn man einzelne Luftteilchen in diesem beschleunigenden und sich zusammenziehenden Trichter markieren könnte, würden wir merken, dass die Größe und die Richtung von Geschwindigkeit und Impuls sich in jedem einzelnen Moment verändern. Es findet also eine totale Symmetriebrechung statt, und es ist anzunehmen, dass es dabei zu einem Energiegewinn kommt.

Der andere Teil des Tornados ist der innere »Saugrüssel«. Er ist wegen des aufgewirbelten Staubs und Schutts gut zu sehen und kann daher problemlos fotografiert oder gefilmt werden. In diesem Rüssel bewegt sich die Luft entlang einer Spirale mit konstantem Gewindeanstieg nach oben, weshalb nicht zu erwarten ist, dass hier Überschussenergie entsteht oder Energie verloren geht.

Ein Großteil der Literatur über Tornados beschäftigt sich mit den Kriterien für dessen Entstehung. Die Berechnungen zeigen aber eindeutig, dass es ein Problem mit der Energiebilanz gibt. Daher schließen die Forscher ihre Berichte meist mit dem Satz ab, das Modell müsse noch verfeinert werden. Nur können in Fällen mit extremer Beschleunigung und totaler Symmetriebrechung die Modelle, die auf der newtonschen Dynamik basieren, nicht weiter verbessert werden. Man kann sie allenfalls als schlechte Annäherung ansehen.

Dunkle Materie – dunkles Wissen

Im Universum können wir im Allgemeinen gewöhnliche Bewegungen beobachten. In unserem Sonnensystem zum Beispiel bewegen sich die Planeten annähernd auf einer Ebene. Infolgedessen liegt hier keine totale Symmetriebrechung vor, sodass der Energie-, der Impuls- und der Drehimpulserhaltungssatz gelten. Deshalb kann man die Planetenbewegungen praktisch als stabil bezeichnen. Dies trifft jedoch nicht auf das ganze Universum zu. Hier kommen bisweilen auch dreidimensionale, vollständige räumliche Bewegungen vor, wo die newtonsche Dynamik nicht mehr angewandt werden kann: Die Probleme vermehren sich nur, wenn wir versuchen, die Bewegung des Universums mit der heutigen Form des newtonschen Gravitations- und Dynamikgesetzes zu erklären.

Die Astronomen und Kosmologen versuchen die Bewegung des Universums auch mit konkreten Berechnungen zu untersuchen, aber zwischen der beobachteten Bewegung der Materie und den Berechnungen besteht ein drastischer Widerspruch. Aufgrund der Berechnungen müsste sich das Universum, wenn nur die sichtbare Materie berücksichtigt wird, wegen der relativ geringen Gravitation viel schneller ausdehnen. Die Beobachtungen zeigen aber, dass die Ausdehnung sehr langsam vonstattengeht: Das Universum kann als fast stillstehend bezeichnet werden. Deshalb nehmen die Kosmologen schon seit Jahrzehnten an, dass es eine »Dunkle Materie« und eine »Dunkle Energie« gibt, um damit den großen Unterschied zwischen ihren Berechnungen und den Beobachtungen zu erklären.

Nur wenn es irgendwo Materie gäbe, die an Energie und Masse das uns bekannte Universum bei Weitem übertrifft, könnte man die Beobachtungen mit den Gleichungen der heutigen offiziellen Physik beschreiben. Die Berechnungen zeigen zwar in der Tat, dass nur ein paar Prozent der Materie und der Energie des Universums sichtbar sind, es ist aber auch bekannt, dass die geringe Masse der unsichtbaren, kalten Himmelskörper in Form von Gasen, Staub oder Planeten keine Erklärung für diese Differenz liefern kann. Deshalb musste die recht nebulöse und »dunkle« Hypothese der Dunklen Materie und Dunklen Energie eingeführt werden.

Können wir uns aber nicht auch anders aus diesem Dilemma helfen? Wir nehmen einfach an, dass die Gesetze der newtonschen Dynamik und die Gravitationsgesetze für solche Fälle kosmischer Ordnung nicht mehr gelten. Die waghalsige Idee, dass die Gleichungen der newtonschen Dynamik (wie der Zusammenhang *Kraft* = *Masse* × *Beschleunigung*) so korrigiert werden könnten, dass sie mit den besagten Beobachtungen übereinstimmen, haben in der Tat schon mehrere Kosmologen vorgeschlagen.

Es würde schon eine sehr kleine Korrektur ausreichen, damit die Gleichungen bestimmte schwierige Aspekte der Realität beschreiben können. Dies verrät uns ein Artikel der Zeitschrift *Scientific American* vom August 2002, in dem der israelische Physiker Mordehai Milgrom über diese Korrektur schreibt. Das Problem ist nur, dass die newtonschen Gleichungen nicht geändert werden können. Denn sie beinhalten die Gleichungen des Energie-, Impuls- und Drehimpulserhaltungssatzes. Und sobald wir auch nur ein wenig davon abweichen, kippt sofort auch alles andere. Das ergäbe dann ein Chaos auf vielen anderen Gebieten der Physik.

Die Beschreibung der Realität des Universums wird dadurch erschwert, dass es dabei um das Problem der Wechselwirkung mehrerer Körper geht, was sogar in der newtonschen Dynamik nur mithilfe von Computern numerisch berechenbar ist. Außerdem bewegt sich lediglich ein Teil der Himmelskörper auf einer dreidimensionalen Bahn, der andere, größere Teil aber auf einer ebenen Bahn. Die Abweichungen werden offensichtlich durch die Himmelskörper mit den dreidimensionalen Bahnen verursacht.

Die Lösung des Problems liegt darin, die Symmetriebrechung und damit die Nichterhaltung der Energie zu berücksichtigen. Dann ist es nämlich gar nicht mehr nötig, die Grundgesetze der Physik zu ändern.

Tanz der Hummeln

Die Ansicht, dass beim Flug der Hummeln etwas nicht stimme, weil diese Insekten nach den Gesetzen der Hydrodynamik gar nicht fliegen können dürften, ist in der wissenschaftlichen Welt schon seit Langem verbreitet. Wenn wir aber genauer hinschauen, gibt es nicht nur bei den Hummeln Probleme, sondern auch bei Hirschkäfern, Wespen und unzähligen anderen Insektenarten, die eine sehr kleine Flügelfläche besitzen.

Umständehalber begann man sich in den 1930er-Jahren mit dieser Thematik zu beschäftigen, als nach dem Ersten Weltkrieg der Bau und die Nutzung von Motorflugzeugen in Deutschland verboten wurden. Deswegen konzentrierte sich das riesige Potenzial an Wissenschaftlern auf die Entwicklung von Segelflugzeugen. So hatten auch der Ungar Tódor Kármán und sein Mitarbeiter Ludwig Prandtl, der Vater der deutschen Strömungstechnik, die Gelegenheit, die theoretischen und praktischen Ergebnisse der Versuche zur Strömung um die Flügel viel besser kennenzulernen als die Wissenschaftler anderer Länder.

In den 1930er-Jahren traf Prandtl bei einem Abendessen einen Schweizer Biologen, der sich mit Insekten beschäftigte. Dieser Biologe erkundigte sich, ob der Strömungstechniker wohl den Flug der Insekten erklären könne. Diese Frage erweckte Prandtls Interesse, sodass er begann, Berechnungen anzustellen. Die Berechnungen aber hatten ein erstaunliches Ergebnis: Wenn man nur die bekannte Theorie über Flugzeugflügel als Grundlage nimmt, zeigt die durch die Flatterfrequenz der Flügel errechnete Geschwindigkeit eindeutig, dass der dabei erzeugte Auftrieb nicht einmal annähernd zum Fliegen reicht.

Wenn wir in Betracht ziehen, dass die Flügel der Insekten sehr klein (und nicht steif, wie die der Flugzeuge) sind, hätte der Auftrieb unbedingt mit einer dreidimensionalen und zeitlich variablen Bewegung berechnet werden müssen. Dies war aber vor dem Zeitalter der Computer noch nicht möglich. In den 1970er-Jahren, als die ersten Hochleistungscomputer endlich die Lösung einer solchen komplizierten Aufgabe ermöglichten, wurde die Frage erneut aufgegriffen, aber die Forscher wurden abermals enttäuscht – der Auftrieb reichte immer noch nicht aus.

In den 1990er-Jahren simulierte dann eine Forschergruppe in Cambridge mithilfe einer Maschine die Strömung um die Flügel des Taubenschwänzchens, eines Schmetterlings, der vom Aussehen einer Fledermaus, vom Flug einem Kolibri ähnelt. Die Versuche, die mit diesem Maschinenmodell mit einer Spannweite von ca. einem Meter durchgeführt wurden, zeigten, dass über den Flügeln tornadoartige Trichter entstehen, die einen bedeutenden

Auftrieb erzeugen. Die wissenschaftliche Welt war überglücklich, dass das Problem damit endlich gelöst war. Die experimentellen Kunstkäfer, die eigentlich gebaut worden waren, um die Bewegungen der Insekten zu simulieren, waren aber nicht selbsttragend, konnten sich also niemals in die Luft erheben wie ihre »Verwandten«.

Den einfachsten und gleichzeitig überraschendsten Versuch führte der spanische Architekt Juan Rius-Camps, Professor an der Universität Pamplona, durch. Er setzte Hummeln, Wespen und Fliegen in eine Glasglocke und saugte anschließend mithilfe einer Wasserstrahlpumpe die Luft bis auf den Druck von ein paar Torr ab. Doch die Insekten flogen immer noch! Zwar hielten sie es ohne Sauerstoff nur ein paar Minuten aus, sonst wären sie erstickt, aber in diesen wenigen Minuten, als sie noch einen Vorrat an Sauerstoff in ihren Muskeln hatten, flogen sie. Dies beweist eindeutig, dass sie zwar den Auftrieb der Strömungstechnik nutzen, dass sie aber auch über eine ähnliche »Erfindung« wie die Forellen verfügen.

Wenn wir die Bewegungen der Flügel in Zeitlupe untersuchen, sehen wir, dass sie einer Bahn auf einer Torus-Ebene folgen, die wie eine 8 aussieht. Hier werden also die Bedingungen für die *Nichterhaltung* der Energie, des Impulses und des Drehimpulses erfüllt, da dies eine Reihe kontinuierlicher Bewegungen ist, die absolut keine Symmetrien beinhalten. In der Natur, wo im Kampf um Nahrung und Selbst- bzw. Artenerhaltung keine Fehler begangen werden dürfen, entwickelte sich eine Flugtechnik, die eine optimale Antriebskraft generieren kann. Die Insekten brauchen auf jeden Fall einen Mechanismus zum Überleben, der Energie spart, einen größeren Auftrieb und größere Schubkraft generiert sowie große Wendigkeit verleiht.

Verblüffend ist auch ein Vergleich der starren Flügel der modernen Flugtechnik mit der Flugausrüstung einer gewöhnlichen Stubenfliege. Diese kleinen Tiere können – wenn man sie erschreckt – sogar rückwärts fliegen und starten sehr schnell. Die meisten Insekten können auch noch schweben, wozu in der menschlichen Technologie fast nur der Hubschrauber fähig ist. Die Libelle hat das Schweben bis zu einem künstlerischen Niveau entwickelt, und sie tut dies so effektiv, dass ihr Fliegen fast lautlos ist. Diese Beispiele zeigen, dass die Natur viel mehr Möglichkeiten des dreidimensionalen Fluges ausnutzt, als es die Aerodynamik der Starrflügler tut. Wahrscheinlich trägt die aerodynamische Wirkung der Flügel sogar nur ein paar Prozent zum Auftrieb bei. Natürlich hat auch der Minitornado über den Flügeln eine positive Wirkung, aber es ist vorstellbar, dass die Hauptkomponente des Auftriebs durch die auch im Vakuum wirkende symmetrielose Bewegung der Flügel bewirkt wird.

In den 1960er-Jahren leitete die Verbreitung der Elektronik und der Spionagesatelliten eine große Wende in der Politik ein. Später dann wurden Krieg und Frieden durch den Einsatz von kleinen Roboterflugzeugen beeinflusst. Wenn es Käferflugzeuge von ein paar Zentimetern Größe gäbe, könnte das einen ähnlichen Fortschritt bedeuten, weil diese sowohl für die militärischen Geheimdienste als auch für die Industriespionage eine große Wende bedeuten würden.

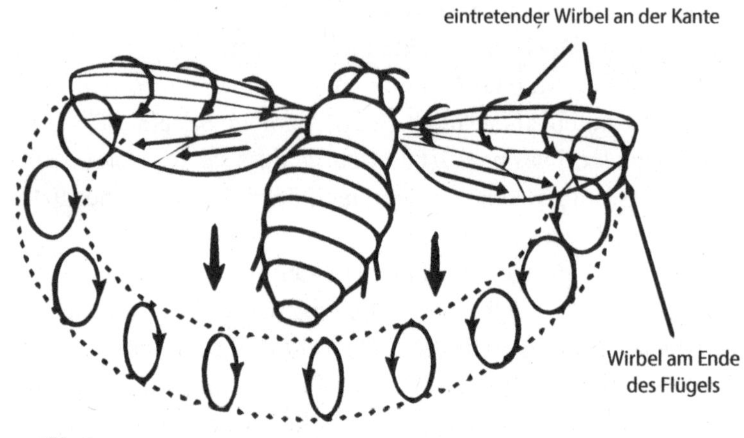

Abb. 64
Entstehung eines Minitornados über den Flügeln eines Insekts

Miniaturkameras und -mikrofone gibt es schon, der Flugkörper selbst konnte aber noch nicht gebaut werden. Zwar verfügen wir nicht über solche guten Materialien wie die, aus denen die Muskeln und die Flügel der Insekten bestehen, vor allem aber fehlen uns die grundlegenden aerodynamischen und mechanischen Kenntnisse, um solch einen Auftrieb zu erzeugen. Diese verbotenen Erfindungen der Natur erscheinen den Ingenieuren der bestvorbereiteten militärtechnischen Firmen auch heute noch wie ein Traum. Solche Erfindungen fliegen zwar milliardenweise um uns herum, für die Flugzeugkonstrukteure werden sie aber noch sehr lange Wunschträume bleiben.

Wenn wir die Kunststücke der Natur wirklich mit offenen Augen anschauen, kommt uns das, was Bessler mit seinem Apparat verwirklicht hat, gar nicht mehr so unmöglich vor. Bei der Untersuchung der Bewegung von fernen Sternen, Galaxien, einem Tornado, dem Flug der Insekten oder schwimmenden Forellen treffen wir immer auf die gleiche Erkenntnis: Irgendetwas stimmt nicht mit dem Energie-, Impuls- und Drehimpulserhaltungssatz. Wie könnten die In-

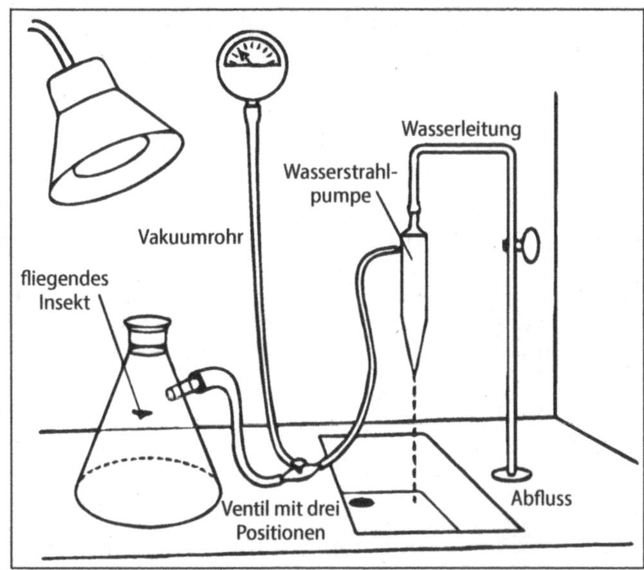

Abb. 65
Die Anordnung des Versuchs von Rius-Camps. Insekten können fast ohne Luft fliegen.

sekten sonst die erfolgreichsten Vertreter aller sich bewegenden Lebewesen sein? Man sollte sich einmal vor Augen halten, dass die Masse aller Insekten die Masse aller anderen Lebewesen auf der Erde mitsamt den Elefanten und Walen übertrifft! Die Mehrzahl der Lebewesen unserer Erde verletzt also den Energie- und den Impulserhaltungssatz, indem sie fliegt.

Die Wirkung rotierender Ladungen in der lebendigen Natur

Auch auf dem Gebiet der Struktur der Materie gibt es zwischen der Technologie des Menschen und der lebendigen Natur einen gravierenden Unterschied: Die Natur ist fast überall helikal, also spiralartig organisiert und hat völlig andere Symmetrieeigenschaften als die Kristallgitter der menschlichen Technologie. Auf Abb. 66 ist die Struktur eines DNS-Moleküls zu sehen, das im Gegensatz zum Volksglauben nicht einfach, sondern mehrfach spiralig gewunden ist. Nicht nur die DNS, sondern auch einfachere organische Moleküle weisen Chiralität, also Rotationseigenschaften auf, die wir bei den Metallgittern der toten Welt nicht finden. Deswegen unterscheidet sich auch die Art, Strom zu leiten, in der lebendigen Welt grundsätzlich von der der toten Welt. In der lebendigen Natur dreht sich die Ladung auch, während sie sich bewegt. In der toten Welt, wie beispielsweise in den Kristallgittern eines Metalls, irrt eine Ladung während ihrer Fortbewegung nur zufallartig herum, dreht sich dabei aber nicht. Es ist anzunehmen, dass die Rotation um eine oder mehrere Achsen bedeutende physikalische Effekte bewirken kann und für die lebendige Natur vielleicht sogar unentbehrlich ist.

Wir wissen (auch nach dem heutigen Stand der Wissenschaft), dass die Symmetrie der Bewegung einer Ladung grundsätzlich wichtig ist.

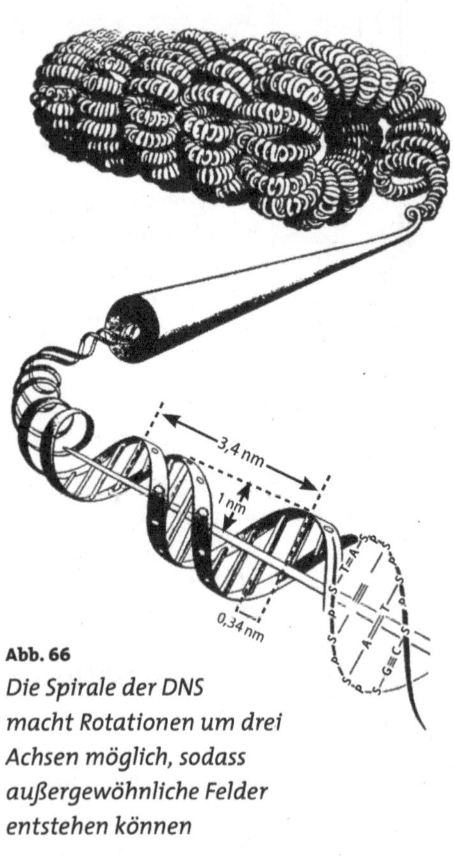

Abb. 66
Die Spirale der DNS macht Rotationen um drei Achsen möglich, sodass außergewöhnliche Felder entstehen können

Um eine ruhende Ladung herum gibt es nur ein elektrisches Feld, aber um eine Ladung, die sich bewegt, entsteht auch ein magnetisches Feld. In der heutigen Elektrodynamik fehlt die Rotation vollständig, nicht einmal eine magnetische Ladung ist zu finden. Die Gleichungen der Elektrodynamik müssten aber auch magnetische Ladung beinhalten, um perfekt und symmetrisch zu sein (diese gibt es tatsächlich, Felix Ehrenhaft hat ihre Existenz ja experimentell nachgewiesen, und der Russe Michailow hat diese Ergebnisse vor ein paar Jahrzehnten bestätigt). Die magnetische Ladung und der durch ihre Bewegung erzeugte magnetische Strom haben aber nicht die Eigenschaften, die die theoretischen Physiker erwartet hätten, weshalb sie ihre Existenz nicht akzeptieren – auch dies ist ein verbotenes Forschungsgebiet.

Die lebendige Natur lässt sich durch dieses Verbot aber nicht beirren. Wahrscheinlich nutzt sie sogar Effekte, die auf rotierenden Ladungen basieren und die sich aus den Eigenschaften der spiralartig aufgebauten Materialien der Lebewesen ergeben. Durch Rotation können sich neuartige Felder bilden, die auch als Spinfelder bezeichnet werden. Felder, die infolge der Rotation um mehrere Achsen entstehen, werden als Torsionsfelder bezeichnet. Die nachbildende Herstellung solcher spiralartig angeordneten Stoffe, die in der lebendigen Natur allgemein verbreitet sind, bereitet den Technikern starke Kopfschmerzen. Ohne solche künstlichen Stoffe können Technik und Wissenschaft solche Phänomene aber nicht untersuchen. Die Mehrheit der Forscher weist diese in der Biologie als paranormal bezeichneten Phänomene mit Entsetzen von sich, wenn sie ihnen begegnet (zu dieser Gruppe gehören zum Beispiel die Telepathie, die Psychokinese, die Levitation und die Teleportation).

Sehen wir uns einmal an, ob die Abweichung in der Struktur der Materie begründet liegt und ob diese Phänomene durch rotierende Ladungen erklärt werden können. Die Elektrodynamik der lebendigen Materie ist wahrscheinlich viel komplizierter als die, die wir heute technisch erzeugen.

Von der Mechanik wissen wir bereits, dass sich eine geradlinige Bewegung nach anderen Regeln verhält als eine rotierende. Wenn wir einen Körper um nur eine Achse drehen, sprechen wir nicht mehr von der Masse des Körpers, sondern von seinem Trägheitstensor, da es ja nicht gleichgültig ist, um welche Achse der Körper rotiert – abhängig davon kann die Trägheit eines Körpers variieren. Wenn wir die Symmetrie der Bewegung eines Körpers weiter reduzieren, indem wir ihn beispielsweise um eine weitere Achse drehen, treten überraschende, ungewöhnliche Eigenschaften auf: Wir begegnen dann den bizarren Phänomenen des Kreisels, nämlich der Präzession und der Nutation.

Mit der Untersuchung der Rotation um drei Achsen hat sich die Mechanik bis heute noch nicht beschäftigt, obwohl es einem Erfinder namens Stanley Kidd gelang, mit auf diese Weise rotierenden Scheiben einen Antigravitationseffekt zu erzielen. Die Mechanik wäre ohne Rotation nicht vollständig, aber dass die Winkelgeschwindigkeit in der Elektrodynamik nicht beschrieben wird, halten wir für selbstverständlich. Was für die lebendige Natur leicht ist, macht die Technik nur sehr schwer nach, weswegen wir auch heute noch keine rotierenden Ladungen modellieren können. Im Falle eines spiralförmig aufgewickelten Drahtes, also einer Spule, kann die Rotation der Ladungen vernachlässigt werden, weil ihre Durchschnittsgeschwindigkeit hier nur 1 bis 2 Zehntelmillimeter pro Sekunde beträgt; somit ist die Winkelgeschwindigkeit praktisch gleich null.

Bei der lebendigen Materie, wo der molekulare Durchmesser so gering ist, dass die Winkelgeschwindigkeit einer sich um das Molekül drehenden Ladung um Größenordnungen höher ist als bei einer Spule, ist dies aber nicht der Fall. Hier entstehen neuartige Felder, die über ganz andere Eigenschaften verfügen als elektrische oder magnetische Felder. Es ist anzunehmen, dass ein solches Kraftfeld die in ihm befindlichen Gegenstände nicht anzieht oder abstößt, sondern dreht. Wenn wir das zunächst Spinfeld genannte Kraftfeld mit elektrischen und magnetischen Kraftfeldern kombinieren, breitet sich das Feld, das wir erhalten, wahrscheinlich nicht wie die bekannten elektromagnetischen Felder aus. Es könnte beispielsweise sein, dass ein solches kombiniertes Feld jede Materie durchdringt. Damit gäbe es in der Theorie kein Hindernis mehr für eine der bekannten Eigenschaften der Telepathie.

In der Technik hat sich noch kein Apparat verbreitet, bei dem die Rotation der Ladungen ausgesprochen wichtig wäre, obwohl dies in der Physik, jedenfalls auf elementarer Ebene, schon lange gelöst ist. Der österreichische Forscher Felix Ehrenhaft, der als Erster die spezifische Ladung eines Elektrons gemessen hat, entdeckte bei seinen späteren Forschungen, dass sich Eisenpartikel wie magnetische Monopole verhalten, wenn sie statt der bisher benutzten Öltröpfchen in einem Edelgas schweben und mit starkem Licht beleuchtet werden. Mithilfe des fotoelektrischen Effektes verleiht das starke Licht den Eisenpartikeln positive oder negative elektrische Ladung. Diese Ladungen bewegen sich nicht nur infolge der brownschen Bewegung, sondern drehen sich infolge der brownschen Rotation eventuell sogar um mehrere Achsen.

So bekommen wir ein System mit sechs Freiheitsgraden, was in Bezug auf einen Massepunkt die allgemeinste Bewegung ist. Auf der kleinen Oberfläche der Eisenpartikel kann die Ladung eine sehr hohe Winkelgeschwindigkeit erreichen. So können wir auch technisch Ladungsströmungen mit sehr hohen Winkelgeschwindigkeiten erzeugen. In diesem Fall entsteht ein magnetischer Monopol. Dieser Versuch zeigt auf indirekte Weise, dass die Rotation der Ladungen in der Tat von großer Bedeutung ist.

In der lebendigen Natur sind rotierende Ladungen allgegenwärtig, während die heutige, sogenannte moderne Physik in der Elektrodynamik nicht bis zum Verständnis der Bedeutung der Rotation vorgedrungen ist. Die Beispiele aus der lebendigen Natur beweisen also nicht nur, dass in der klassischen Mechanik etwas mit dem Energie-, Impuls- und Drehimpulserhaltungssatz im Argen liegt – wie wir es auch im Fall von Schauberger und den Forellen gesehen haben –, sondern sie zeigen uns mit der Bedeutung der rotierenden Ladungen darüber hinaus auch, dass die Elektrodynamik viel umfangreicher ist als bisher gedacht.

Auch die theoretischen Gedanken zeigen, dass die magnetischen Monopole über sehr seltsame Eigenschaften verfügen. Kommt zum Beispiel ein ruhender magnetischer Monopol mit einem ruhenden Elektron in Kontakt, üben sie keinerlei Wirkung aufeinander aus. Bewegt sich jedoch einer von ihnen, entsteht eine Kraft zwischen ihnen, die aber nicht zentral ist, sondern in eine ganz andere Richtung zeigt. Wenn wir beispielsweise ein geladenes Teilchen in

Richtung eines ruhenden magnetischen Monopols stoßen, bewegt es sich auf der Mantelfläche eines Kegels. Wenn sich ein magnetischer Monopol durch kristallines Material bewegt, wir also irgendein metallenes Material magnetischem Strom aussetzen, nimmt die Bindungsenergie der Elektronen und somit auch die Festigkeit des Kristallgitters ab – dies kann man berechnen. Dieses Phänomen wurde als Psychokinese (Metallbiegen) zwar schon sehr oft und ausführlich dokumentiert, die offizielle Wissenschaft kann es aber einfach nicht »schlucken«. Wir sehen also, dass uns die spiralartige Struktur der lebendigen Materie eine sehr gute Möglichkeit gibt, außergewöhnliche und fantastische Phänomene zu verstehen.

Diese Aufzählung ist jedoch nicht vollständig. Auch das seltsame Phänomen der Teleportation können wir dazurechnen. Die Teleportation kann eigentlich als Analogie der aus der Elektrodynamik bekannten Lorentzkraft erklärt werden. Im Fall der Lorentzkraft bewegt sich die Ladung auch in der dritten Dimension, also rechtwinklig, zu dem elektrischen und magnetischen Feld, die miteinander einen gewissen Winkel einschließen. Nur mithilfe der Lorentzkraft kann eine Ladung auf diese Weise aus einer Ebene herausbewegt werden. Wenn wir aber auch ein Feld der dritten Art haben (das Spinfeld, das sich aus den rotierenden Ladungen ergibt), haben wir drei Felder, die rechtwinklig zueinander angeordnet sind und die alle unterschiedliche Eigenschaften besitzen. Wenn wir in den drei senkrecht zueinander angeordneten Feldern eine Ladung bewegen, tritt wegen der verallgemeinerten Lorentzkraft auch hier eine Kraft auf, die die Ladung in die Richtung der vierten Raumdimension bewegt. Die heutige Physik kann nichts darüber aussagen, ob es höhere Raumdimensionen gibt oder nicht. Auf jeden Fall widerspricht deren Existenz nichts, und gerade das Phänomen der Teleportation zeigt, dass es eine weitere Raumdimension geben muss. Diese Dimension wird auch Hyperraum genannt.

Nicht nur die Biologie, sondern auch ein Phänomen, das kaum bekannt ist – der Kugelblitz –, zeigen, dass es eine weitere Raumdimension geben muss. Auch der Kugelblitz entsteht bei rotierenden Ladungen, und zwar immer dann, wenn die Bahn des uns bekannten Blitzes umgelenkt wird, wenn der Blitz beispielsweise in eine horizontale Stromleitung, einen Zaun oder ein Telefonkabel einschlägt. Am Ort der Umlenkung wird die Ladung nämlich zur Rotation gezwungen. Die Entstehung von Kugelblitzen wurde immer an solchen Orten festgestellt. Die rotierenden Ladungen der Natur zeigen also eine ganze Reihe sehr wichtiger Phänomene, die die offizielle Wissenschaft noch heute unter den Teppich kehrt.

Transmaterialisierung in der lebendigen Natur

Die Aufzählung ist hiermit aber noch lange nicht beendet. Die Natur präsentiert uns nämlich ein weiteres bizarres Phänomen: Der französische Forscher Corentin Louis Kervran entdeckte, dass Lebewesen – Tiere wie auch Pflanzen – bei Zimmertemperatur zur Kernfusion fähig sind. Er zeigte mit einer Reihe sorgfältiger Versuche, dass Tiere und Pflanzen sich fehlende Elemente aus den vorhandenen synthetisieren können. Sehen wir uns einmal zwei dieser Versuche an. Bei dem ersten entnahm Kervran Hühnernahrung das Calcium. Trotzdem wuchsen die Hühner genauso weiter, legten weiterhin Eier und stärkten ihre Knochen genauso wie vorher, obwohl keine Calciumquelle in ihrem Futter vorhanden war. Einen ähnlichen Versuch führte Kervran mit Mais durch. Hier synthetisierte sich die Pflanze Stickstoff. Die heutige, offizielle Sichtweise ist, dass Kernfusion nur bei sehr hoher Energie stattfinden kann und dass dies auf der Ebene chemischer Energie (ein paar Elektronenvolt) unmöglich ist.

Mit den obigen Beispielen hat uns die Biologie aber wieder einmal gezeigt, dass das heutige Wissen noch nicht ausreicht, um die Natur exakt beschreiben zu können. (Einige Jahrzehnte später wurde die Transmaterialisierung auch in der leblosen Natur entdeckt; dies gehört jedoch schon zur Geschichte der Kalten Fusion, auf die wir bei anderen verbotenen Erfindungen noch einmal zurückkommen werden.)

Weitere Seltsamkeiten

Es gibt noch ein weiteres seltsames Phänomen in dieser Kategorie: die Levitation. Zuverlässige Quellen bestätigen, dass der menschliche Körper bei entsprechenden meditativen Vorgängen und verändertem Bewusstsein fähig ist zu schweben. Auch hier zeigt das Leben, was für Möglichkeiten die sorgfältige und vorurteilslose Untersuchung der Natur in sich birgt. An offizielle Forschung ist aber auch auf diesem Gebiet noch nicht zu denken. Die Wissenschaft kennt und erkennt den größten Teil dieser Phänomene nicht an. Deswegen können wir sagen, dass die heutige Lehrbuchwissenschaft eine Scheinwissenschaft, also nichts anderes als ein Ersatz für die Wissenschaft ist. Eigentlich hätte die theoretische Physik diese Phänomene voraussagen müssen, aber niemand war so mutig oder vorausschauend, sich auf dieses Forschungsgebiet zu trauen. Die theoretische Physik ist heute das Krisengebiet des menschlichen Wissens, das von mentalen Katastrophen heimgesucht wird.

Doch nun zurück zu unserem ursprünglichen Thema. In den bisherigen Kapiteln haben wir gesehen, dass weder Besslers Forschung auf gut Glück noch die theoretische Physik, noch die Biologie, ja nicht einmal die Beobachtung des Lebens zum entscheidenden Durchbruch im Verständnis der Energie und des Impulses geführt haben. Es bot sich sogar noch ein letzter Weg an (der leider genauso wenig zum Erfolg führte wie die anderen), nämlich der, dass jemand nicht durch Wissen oder Glück an die nötigen technischen Informationen gelangt, sondern schon als Kind »von allein« weiß, was er zu tun hat. Dieses Phänomen ist gar nicht selten oder außergewöhnlich.

Philo Taylor Farnsworth kam mit 14 Jahren darauf, wie man ein elektronisches Fernsehgerät bauen kann, und arbeitete bis zu seinem 21. Lebensjahr an der praktischen Umsetzung dieser Idee, ohne dass er Hilfe von seiner Umgebung bekommen hätte, denn er war als Sohn eines einfachen Bauern auf die Welt gekommen und lebte unter entsprechenden Bedingungen. Die Information war einfach in seinem Gehirn »erschienen«. Von da an fühlte er sich immer wieder dazu gedrängt, diese »Eingebung« in die Praxis umzusetzen.

Farnsworth wurde 1906 in Utah in einer Mormonenfamilie geboren. Man kann ihn als außergewöhnliches Talent betrachten, denn er verstand beispielsweise 1921, schon mit 15 Jahren, den größten Teil der speziellen Relativitätstheorie. Nach nur 2 Jahren auf der Mittelschule wurde er an der Brigham Young University aufgenommen. Diese konnte er wegen Geldmangels aber nur 2 Jahre lang besuchen. Dies genügte ihm jedoch schon, um ein elektronisches Fernsehgerät zu bauen (der andere Erfinder des Fernsehgeräts, Vladimir Kosma Zworykin, der aus Russland in die USA emigriert war, besaß ein ähnliches Talent). Farnsworth überredete ein paar Geschäftsleute, ihm Geld für seine Entwicklung zu geben, und baute im Alter von 21 Jahren ein Fernsehgerät. Leider kamen der Krieg und viele andere Hindernisse dazwischen, sodass seine Patente abliefen und er einen Gerichtsprozess gegen eine große Firma, die RCA, um die Urheberrechte führen musste (in diesen Jahren lief auch Teslas Gerichtsprozess um das Radio, doch dazu später mehr).

Auch unser nächster Erfinder, der Engländer Geoffrey Spence, ist auf ähnliche Weise zu seiner Erfindung gekommen. Er las nirgendwo darüber, er lernte es nirgendwo, er wusste einfach nur so schon als Teenager, was er zu tun hatte. Das nächste Kapitel handelt von ihm und von Nikola Tesla.

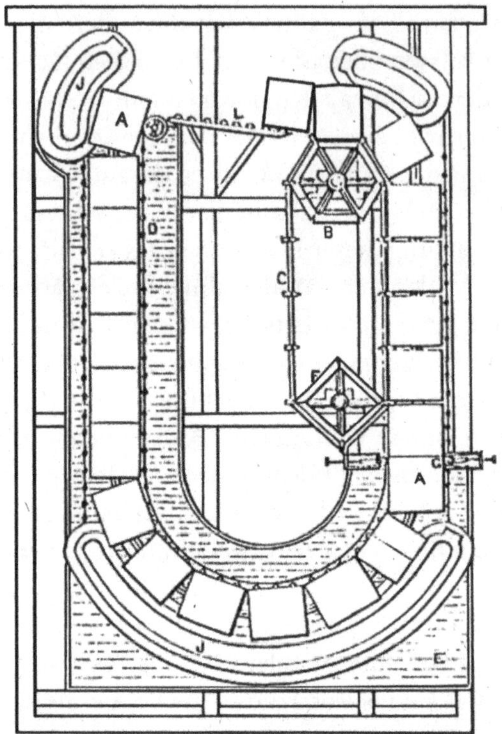

Abb. 67

Plan eines naiven Perpetuum mobile aus dem 19. Jahrhundert. Hier wird auf den Auftrieb von zwei unterschiedlich hohen Wassersäulen aufgebaut. Dem Erfinder fiel nicht auf, dass zusätzliche Arbeit benötigt wird, um die Klötze bei der niedrigeren Wassersäule herunterzudrücken.

Kapitel 4

Tesla und sein Erbe

Spence und Tesla

Die Namen von Spence und Tesla stehen nicht zufällig nebeneinander, denn es gibt einige Parallelen zwischen ihren Arbeiten. Zuerst soll die Arbeit des Engländers Geoffrey Spence vorgestellt werden, weil ich stark annehme, dass Spence den Effekt neuentdeckt hat, auf dem Teslas Energieauskopplungsgenerator höchstwahrscheinlich basierte. Auch die Parallelen zwischen den Erfindungen von Spence und Schauberger sind recht eindeutig: Während in Schaubergers Apparat Wasser auf spiralartigen Bahnen strömte, taten dies bei Spences Apparat Elektronen, die sich im Hochvakuum bei sehr niedrigem Druck in einem Magnetfeld auf Spiralbahnen bewegten. Die Parallele zwischen den zwei Lösungen fällt sofort ins Auge. Auch die Tatsache, dass beide Erfinder, Spence und Schauberger, ihre Lösung publik machten, aber nicht bis zur Serienfertigung kamen, verbindet sie.

Der Autor kennt Spence persönlich und hat ihn mehrmals in England besucht. Auch mit seiner Arbeit ist er wohlvertraut. Spence ist ein typischer »Außenseiter«, der viel Fingerspitzengefühl hat (was bei diesem Thema enorm wichtig ist), aber über wenig theoretisches Wissen verfügt. Das Fingerspitzengefühl braucht man, um die vielen technischen Schwierigkeiten überwinden zu können, und mangelhaftes theoretisches Wissen kann von Vorteil sein, weil das falsche Schulwissen sonst leicht die Arbeit beeinträchtigen könnte.

Spences Erfindung (siehe Abb. 68 auf der folgenden Seite) scheint auf den ersten Blick einfach zu sein. Es muss nur ein starker Elektronenstrahl auf einer spiralartigen Bahn losgelassen und durch eine Elektrode wieder eingefangen werden. So einfach die Beschreibung klingt, so schwer ist die praktische Realisierung. Schon der Bau einer Elektronenkanone ist schwer genug, besonders wenn jemand dies allein, ohne jegliches Hintergrundwissen und Laborausrüstung umsetzen muss. Die Erzeugung des Hochvakuums, die Feinjustierung der Parameter und das Finden der optimalen Belastung sind ohne ein gutes Labor sehr schwer zu lösende technische Aufgaben. Spence kam trotz-

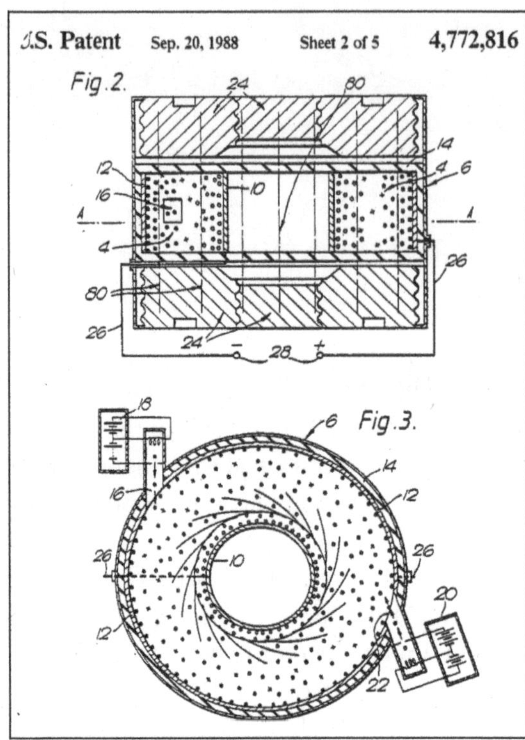

Abb. 68
Elektronenkanone im Hochvakuum (Patent von Geoffrey Spence)

dem so weit, dass nicht nur er, sondern auch sein Freund und Kollege Professor Rodney Miller den Effekt demonstrieren konnten.

Bis zur Serienfertigung ist es dann allerdings noch ein sehr weiter Weg, da zur Herstellung eines Prototyps auch ein gut ausgerüstetes Labor und ein halbes Dutzend Techniker erforderlich sind. Spence hat das Patent jedoch vergeblich bekommen, wenn er sich wegen des fehlenden Geldes kein Labor wird einrichten können. Selbst die beste Idee nützt nichts, wenn sie auf dem Papier bleibt. Wann Spences Idee umgesetzt werden kann, welche Eigenschaften sie haben wird und wie energiesparend sie sein wird, kann man nicht sagen. Auch kann man nur annehmen, dass sein Vorgänger Nikola Tesla die gleiche Erfindung gemacht hat. Tesla selbst hielt ein Rohr, das bei Hochspannung große Leistung produzierte, für seine größte Erfindung. Leider ist nichts Konkretes darüber erhalten geblieben, deshalb können wir nur Vermutungen anstellen.

Rohr und Spule in Spiralform sind in vielen Tesla-Patenten zu finden. Tesla kannte die Technik des Vakuums sehr gut, da er viele Elektronen- und Gasentladungsrohre gebaut hatte. Wie er immer wieder erwähnte, hatte er »die Methode der Energiegewinnung aus dem Universum« gefunden. Am 2. November 1933 schrieb die Zeitschrift *Public Ledger* aus Philadelphia:

> Nikola Tesla, der bekannte Physiker und Erfinder wissenschaftlicher Geräte, hat erklärt, er habe eine Methode gefunden, durch die die Maschinen der Welt mit kosmischer Energie betrieben werden können. Diese Methode ermögliche enorme Energieauskopplung aus dem Universum, wo diese Energie überall in unerschöpf-

lichen Mengen vorhanden sei. Sie könne von Kraftwerken drahtlos über den ganzen Globus befördert werden. So könnte sie Kohle, Öl, Gas und andere Brennstoffe ablösen. Dr. Tesla verkündete heute in seinem Hotel, dass der Moment, in dem er diese Methode der praktischen Nutzung übergibt, bald gekommen sei.

Auf die Frage, ob die plötzliche Einführung dieses Prinzips die Wirtschaft durcheinanderbringen würde, antwortete er: »Die ist ohnehin schon ziemlich wirr.« Er fügte noch hinzu, dass die Zeit für die Nutzung einer neuen Energiequelle gekommen sei. In der jetzigen Form sei die Methode zwar nur in zentralen, großen Kraftwerken anwendbar, sie könne aber weiterentwickelt werden, sodass auch Privatpersonen diese Energie nutzen könnten. Die zentrale Quelle der kosmischen Energie der Erde sei zwar die Sonne, sagte Dr. Tesla, aber die neue Energiequelle sei auch nachts verfügbar und treibe die Geräte auch dann an.

Tesla löste sein Versprechen ein und baute einen Apparat, mit dem er ein Auto antreiben konnte. Die Tragödie der Menschheit ist, dass Tesla ein einsamer Wolf war und seine Geheimnisse nicht weitergab. Im Gegensatz zu ihm war Thomas Alva Edison ein »Teamspieler«. Er vertraute seine brillianten Ideen immer gleich mehreren Forschern an, die dann die Details ausarbeiteten und so die Erfindung bis zur Serienfertigung brachten. Tesla konnte nur wenige seiner Erfindungen bis zur Massenproduktion bringen. Apparate zur Energieauskopplung gehörten leider nicht dazu.

Eine von Teslas Erfindungen, der Wechselstrom, löste Anfang des 20. Jahrhunderts eine regelrechte Revolution aus, da sie es ermöglichte, die Leistung der Kohle- und Wasserkraftwerke mit wenig Verlust über große Strecken zu transportieren. Wenn sich Edisons Gleichstromkraftwerke verbreitet hätten, hätte man jeden Kilometer ein kleines Kraftwerk mit niedrigem Wirkungsgrad errichten müssen, was die Umweltverschmutzung erheblich erhöht hätte. Teslas Erfindung, der Wechselstromdynamo, und später der Mehrphasentransformator, machten es möglich, Energie aus einem zentralen Kraftwerk nach den Ansprüchen von Klein- und Großverbrauchern sicher zu transportieren. So konnten die Fabriken sich von den Dampfmaschinen mit ihrem niedrigen Wirkungsgrad, die bis dahin den mechanischen Energieverbrauch der Fabriken gedeckt hatten, trennen.

Zu dieser Zeit gab es auch schon eine andere Möglichkeit – die zentralen Hochdruckluft-Kraftwerke, die über Hochdruckrohre Hochdruckluft in die Fabriken leiteten, wo sie mithilfe pneumatischer Systeme Alternier- und Drehbewegungen erzeugen konnten. Mit dieser Technik hätten zwar Motoren angetrieben werden können, die Beleuchtungsprobleme hätte aber auch sie nicht lösen können. Auch hätte sie nicht zur schnelleren Verbreitung des Radios, des Radars oder anderer elektronischer Erfindungen beigetragen, da diese auf jeden Fall einen elektrischen Leistungsinput benötigen.

Teslas Erfindung beeinflusste die Technik des 20. Jahrhunderts also grundlegend, zerstörte aber auch fast die Infrastruktur seiner früheren Erfindungen (drahtlose Energieübertragung hätte beispielsweise Strommasten überflüssig gemacht). Tesla war aber zu bekannt, um ihn einfach verschwinden zu lassen, und so nahm man ihm lieber alle Forschungsmöglichkeiten. Er starb arm und allein. Es lohnt sich, das Schicksal dieses außergewöhnlichen, einsamen Genies näher kennenzulernen.

Das »Perpetuum mobile«

Im Sommer 1931 wurden die Bürger der Kleinstadt Buffalo im Staat New York Zeuge eines sehr ungewöhnlichen Phänomens: Ein zeitgenössischer Luxuswagen, ein Pierce Arrow, zog an ihnen vorbei. Darin saßen ein älterer Herr und ein Fahrgast mittleren Alters. Nicht der Wagen selbst war aber interessant, sondern dass er sich lautlos und ohne Abgase und noch dazu ziemlich schnell fortbewegte. Der ältere Herr war Nikola Tesla, dessen Namen man heute leider viel zu wenig kennt, obwohl er einer der größten Experimentalphysiker und Erfinder aller Zeiten war.

Im Jahre 1930 bat Tesla seinen Neffen, Petar Savo (geboren 1899 in Serbien), nach New York zu kommen. 1931 probierte Tesla ein sehr ungewöhnliches Auto mit ihm aus, das mit elektrischem Strom angetrieben wurde, der aber

Abb. 69 *Teslas Auto fuhr zum Staunen der Leute völlig lautlos (Zeichnung: Hajnal Eszes)*

nicht von Akkumulatoren stammte. Soweit man heute sagen kann, war dies das erste Auto, das »Freie Energie« als Treibstoff benutzte. Man hatte den Motor aus dem riesigen Motorraum herausgenommen, die Kupplung, die Gangschaltung und das System zur Kraftübertragung aber waren an ihrem Platz geblieben. Den Aufzeichnungen zufolge kam an die Stelle des Motors ein großer, zylinderförmiger, vollkommen verschlossener und mit Belüftungsschlitzen versehener Elektromotor, der eine Länge von 1 m und einen Durchmesser von 65 cm hatte. Laut den erhalten gebliebenen Dokumenten hatte er keine Kommutatorlamellen. Der Antrieb war wahrscheinlich in einem Werk der Firma Westinghouse gefertigt worden.

Das Interessante dabei war aber nicht der Motor, sondern die energieliefernde Einheit, die in einem ca. 60 × 25 × 15 cm großen Kasten vor dem Armaturenbrett verstaut war. Diesen hatte Tesla selbst gefertigt. Der Konverter, der diese außergewöhnliche Energie in Strom umwandelte, enthielt zwölf Vakuumrohre, von denen laut den Dokumenten drei vom Typ 70-L-7 waren. Aus dem Konverter ragte eine ca. 1,8 m hohe Antenne hervor, aus dem Kasten ragten zwei dicke Stangen im Abstand von 10 cm heraus. Zum Starten des Motors drückte Tesla die Stangen hinein und sagte: »So, jetzt haben wir Leistung.« Die maximale Drehzahl des Motors lag bei 1800 Umdrehungen pro Minute.

Wenn der Konverter gerade einmal nicht den Motor antrieb, konnte ein ganzes Haus damit beleuchtet werden. Der Test dauerte eine Woche. Das Auto erreichte eine Geschwindigkeit von ca. 150 km/h und war damit nicht schlechter als die besten Benzinautos seiner Zeit. Manchmal bemerkten die Passanten, dass das Auto keinen Auspuff hatte, keine Abgase ausstieß und keinen Lärm machte. Tesla wollte dieses Gefährt gerne bis zur Massenproduktion bringen, doch wegen der schlechten Wirtschaftslage ging die Firma Pierce Arrow bald pleite und konnte sich nicht mehr mit Teslas Erfindung beschäftigen.

Teslas Leben

Natürlich stellt sich die Frage, wo diese Erfindungen stecken und warum wir sie nicht benutzen, wenn sie doch schon einmal vorhanden sind. Welche Beweise sprechen für die Richtigkeit der bisher vorgestellten und noch folgenden Angaben? Diese Fragen können nicht so einfach beantwortet werden. Man muss den Geist und das Zeitalter selbst besser kennenlernen, um die Antworten darauf zu finden.

Michael Faraday bewies schon zu Anfang des 19. Jahrhunderts, dass es möglich ist, einen Elektromotor zu bauen, aber niemand beachtete ihn. Man konnte auch schon einen sehr einfachen Motor oder Generator nach der Lenzschen Regel bauen. Trotzdem tat man dies jahrzehntelang nicht. Man könnte meinen, dass kein wirtschaftliches Interesse an der Sache bestand, aber das stimmt nicht, denn Dampfmaschinen haben sich ja auch verbreitet. Es gab also schon eine mechanische Kraftquelle.

Eigentlich hätte man nichts anderes tun müssen, als eine Dampfmaschine mit einem Dynamo zu verbinden. Der Dynamo hätte dann Motoren angetrieben – ein halbes Jahrhundert bevor dies wirklich geschah. Theoretisch ermöglichte sogar schon die Technik des blühenden Römischen Reiches die Verbreitung der ersten einfachen Dampf- und Drehmaschinen. Von hier aus ist es nur noch ein Schritt zur Elektrizität. Wegen der billigen Sklavenarbeit bestand aber kein Interesse daran.

Nach Faraday hat sich lange Zeit niemand mit dem elektrischen Antrieb beschäftigt, obwohl man seine Versuche anerkannte. Zwar erfand ein ungarischer Lehrer aus Raab (Győr), Ányos Jedlik, am Priesterseminar den elektromagnetischen Motor, der Rest der Welt reagierte aber nicht darauf. Später baute der Deutsche Werner von Siemens einen Elektromotor, und so verbreitete sich langsam die Elektrizität. Sie war für die damaligen Forscher eher eine Attraktion, ein Spielzeug. Wie wichtig sie wirklich ist, wurde erst Jahrzehnte nach Faradays Versuchen erkannt.

Jetzt können wir schon eher verstehen, welch bahnbrechende Erfindungen Tesla machte. Warum man den größten Teil seiner Erfindungen bis heute nicht benutzt, bleibt aber immer noch unerklärlich. Teslas Leben ist genauso interessant und eigenartig wie seine Erfindungen selbst. Wir wollen diesen heute schon fast vergessenen Mann einmal etwas näher kennenlernen, um seine Erfindungen besser zu verstehen und den Grund dafür zu finden, warum sich einige von ihnen verbreiteten und andere nicht.

Wenn heutzutage jemand den Namen Tesla erwähnt, fällt der jüngeren Generation nur ein schlechtes, tschechoslowakisches Magnetofongerät dieser Marke dazu ein. Wer Physik studiert hat, weiß möglicherweise, dass dies die Maßeinheit der magnetischen Flussdichte ist, und die Gebildeteren wissen vielleicht sogar, dass diese in Vs/m gemessen wird. Nur die wenigsten werden jedoch wissen, dass Tesla derjenige war, der sich den Wechselstrom und die dazu notwendigen Motoren, Dynamos und Verteilersysteme ausgedacht hat.

Ihm haben wir bahnbrechende Entdeckungen in der Funktechnik und der Fernsteuerung sowie die erste schaufellose Pumpe und Turbine zu verdanken. In seinem langen und aktiven Leben reichte er 117 Patente ein, von denen aber nur ein Teil realisiert wurde. In der Öffentlichkeit sind die Namen des

Entdeckers Faraday und des Erfinders Edison viel bekannter, obwohl Tesla Entdecker und Erfinder zugleich war. Zu seiner Zeit dagegen war er bekannt und anerkannt. In dem wissenschaftlichen Gedenkbuch, das aus Anlass seines 80. Geburtstags entstand, findet man ganze Seiten von Zuschriften bedeutender Forschungsinstitute der Welt, in denen man ihm gratulierte und seine Verdienste würdigte.

Der Direktor der Péter-Pázmány-Universität in Ungarn schickte Tesla einen Gruß auf Lateinisch, und die Ungarische Akademie der Wissenschaften sandte ihm 1936 Grüße auf Deutsch mit der Unterschrift des Generalsekretärs Woinowitsch zu.

Doch sehen wir uns nun erst einmal an, wer eigentlich Nikola Tesla, der heute großenteils vergessene Erfinder, war.

Der junge Tesla

Nikola Tesla wurde am 10. Juli 1856 auf dem Gebiet der österreichisch-ungarischen Monarchie geboren, genauer gesagt in Smiljan, in der Provinz Luka, Kroatien. Er stammte aus einer serbischen Familie. Sein Vater war Milutin Tesla, Priester der örtlichen serbisch-orthodoxen Kirche, seine Mutter, ebenfalls Serbin, Georgina Đuka Mandić. Er hatte vier Geschwister. Nikola wurde als vorletztes Kind geboren. Als Kind lernte er Englisch, Französisch, Deutsch und Italienisch. Seine außerordentlichen intellektuellen Fähigkeiten zeigten sich schon sehr früh. Im Alter von 5 Jahren baute er ein funktionierendes Wasserrad, das ganz anders aussah als die örtlichen unterschlächtigen Schaufelwasserräder. Er beschreibt aber auch andere seltsame Fälle in seiner Biografie: Als Kind klebte er beispielsweise sechzehn Maikäfer auf ein Windrad und versuchte sie zum Fliegen zu bringen, um so das Rad anzutreiben.

Abb. 70 *Nikola Tesla (1896)*

Als er 5 Jahre alt war, wurde die Familie von einem grausamen Schicksalsschlag getroffen. Sein Bruder Daniel, der sehr begabt war, starb aus bis heute ungeklärten Gründen nach einem Unfall. Von diesem Zeitpunkt an entwickelten sich in dem jungen Nikola außergewöhnliche, heute schon fast als extrem zu bezeichnende Eigenschaften, wie sie für viele Genies typisch sind: Er hasste zum Beispiel Ohrringe an Frauen, besonders, wenn sie aus Perlen waren; Kristallschmuck dagegen verzauberte ihn immer wieder. Er konnte den Geruch von Kampfer nicht ausstehen, ihm wurde davon regelrecht übel. Wenn er ein viereckiges Stück Papier in eine Schüssel mit Flüssigkeit fallen ließ, spürte er einen außergewöhnlich schlechten Geschmack im Mund. Bei Spaziergängen zählte er immer seine Schritte, und beim Essen schätzte er das Volumen des verspeisten Essens. Wenn ihm dies aus irgendeinem Grunde nicht gelang, fühlte er sich nicht mehr wohl, weshalb er gern allein aß.

Er heiratete nie und lebte allein. Vielleicht, weil er es nicht vertragen konnte, das Haar von jemand anderem zu berühren. Er schreibt in seiner Biografie, dass er etwa bis zu seinem 8. Lebensjahr einen schwachen und unsicheren Charakter hatte. Er las sehr gerne. Nachts verschlang er bei Kerzenlicht die Bücher seines Vaters. Seine Eltern bemerkten dies jedoch sehr bald und verboten es ihm mit der Begründung, dass es seinen Augen nicht guttäte. Daraufhin verstopfte er das Schlüsselloch seiner Tür und las beim Licht einer selbstgemachten Kerze weiter. Er schreibt, dass das Buch eines bekannten ungarischen Schriftstellers (*Abafi* von Miklós Jósika) sein Leben verändert habe. Nachdem er dieses Buch gelesen hatte, war er kein kleiner, unsicherer Junge mehr, sondern eine sehr ausdauernde, fleißige und entschlossene Persönlichkeit geworden.

Seine Eltern wollten, dass er wie sein Vater die Priesterlaufbahn einschlug, während er selbst lieber Ingenieur werden wollte. Sein Vater blieb jedoch unnachgiebig. Um ein guter Priester zu werden, musste er ungewöhnliche Übungen machen: Gedanken erraten, Reden halten, Gedächtnisübungen, Entdecken von grammatischen und inhaltlichen Fehlern sowie Kopfrechnen standen jeden Tag auf dem Programm. Ziel dieser Aufgaben war die Förderung seines außergewöhnlichen Gedächtnisses und des logischen Denkens sowie das Entwickeln eines Sinnes für Kritik.

Von nun an geschahen seltsame Dinge mit ihm: Manchmal erschienen ganz unerwartet Gegenstände oder Orte im Schein eines grellen Lichts so realitätsgetreu vor seinem geistigen Auge, dass er diese manchmal kaum von der Realität unterscheiden konnte.

Diese Ereignisse begleiteten sein Leben jahrzehntelang, wurden aber immer weniger intensiv. Es waren keine ausgedachten Bilder, sondern solche, die er schon einmal erlebt hatte. Dieses eigenartige Talent begann er im Alter von 17 Jahren dazu zu benutzen, seine Erfindungen bis ins kleinste Detail zu visualisieren; er sah sogar ihre Funktionsweise vor sich. So konnte er seine Erfindungen praktisch im Kopf »ausprobieren«. Seinem Tagebuch zufolge sah er sogar, wenn eine Erfindung nicht im Gleichgewicht war oder vibrierte.

Seine Erfindungen probierte er zunächst immer in Gedanken aus und ließ sie erst dann zu Papier bringen, wenn er die perfekte Konstruktion im Kopf hatte. Später machte er sich auch selbst Skizzen und ging eher auf empirische Weise ans Erfinden.

Dieses Talent wurde ihm aber auch zum Verhängnis, da ihn eine Erfindung nur so lange interessierte, wie er sie im Kopf noch verbessern konnte. Er notierte aber nicht alle seine Gedanken und dachte nicht immer an alle Details. So kam es oft vor, dass ihn schon eine neue Erfindung beschäftigte, obwohl eine frühere noch gar nicht ganz ausgereift war – bis zur Kommerzialisierung konnte es aus diesem Grunde oft gar nicht erst kommen. Er arbeitete nach ganz anderen Regeln als ein anderer bekannter Erfinder dieser Zeit, Edison, der sogar mehrere Angestellte beschäftigte, damit sie sich mit der ziemlich zeitaufwendigen und oft monotonen Weiterentwicklung beschäftigten.

Teslas eigenartige visuelle Begabung erschwerte auch den Kontakt zu seinen Kollegen, weil diese nicht immer verstanden, woran er gerade dachte. Deshalb forderten sie Skizzen von ihm, aber er zeichnete nicht gern detailliert. Noch bis zum Alter von 60 Jahren sah Tesla die mentalen Bilder immer erst auf dunkelblauem, die konkreten Gedanken auf grünem Hintergrund. In der Schule kam es oft vor, dass Tesla schon zu antworten begann, bevor der Lehrer überhaupt seine Frage beendet hatte. Er dachte gar nicht nach, er sah die Lösung der Probleme einfach vor sich. (Interessanterweise hörte der hervorragende ungarische Mathematiker John von Neumann auf ebenso intuitive Weise die Lösungen und wusste sofort die Antwort auf eine Frage.)

Tesla besuchte in der kroatischen Stadt Karlova, die von Moor umgeben war, ein Gymnasium. Am meisten interessierten ihn die elektrischen Versuche, und er dachte oft lange über deren Deutung nach. Zu dieser Zeit brach die Malaria aus, die auch ihn nicht verschonte – er wurde schwer krank. 9 Monate lang konnte er sich kaum in seinem Bett bewegen, manchmal dachte man sogar schon, er läge im Sterben. Um seinen Sohn zu trösten, willigte sein Vater schließlich ein, dass er Ingenieur werden dürfe. Dies gab Nikola offensichtlich so viel Freude und Kraft, dass er bald wieder gesund wurde. Wegen seiner langen Krankheit musste er nicht wie damals üblich 3 Jahre bei der Armee dienen. Sein Vater schickte ihn aber für 1 Jahr in die Berge, damit er sich dort erholen könne.

Auch während seiner dortigen Wanderungen blieb er nicht untätig. Er arbeitete an einer Erfindung, die den langwierigen Postweg zwischen Europa und Amerika mithilfe der Rohrpost gelöst hätte. Die Pakete und Briefe sollten, in kleine Kugeln verpackt, durch ein mit Wasser gefülltes Rohr von einem

Kontinent zum anderen befördert werden. Die Berechnungen zeigten jedoch, dass das Wasser mit außergewöhnlich hohem Druck hätte gepumpt werden müssen, weswegen er diesen Plan aufgab.

Nach dem Jahr in den Bergen begann er 1875 ein Studium am Polytechnischen Institut in Graz. Im ersten Jahr erhielt er ein Stipendium, so war die Finanzierung seines Studiums erst einmal gesichert. Experimentelle und theoretische Physik unterrichtete der deutsche Professor Jakob Pöschl. Auf dessen Anregung begann Tesla damit, sich ernsthaft mit Elektrizität – genauer gesagt mit Motoren und Generatoren – zu beschäftigen. Ein Gleichstromgenerator, den das Institut aus Paris erhalten hatte und der als Motor wie auch als Dynamo benutzt werden konnte, erregte sein besonderes Interesse. Das Gerät sprühte nämlich wegen der Kommutatoren (Stromwender) große Funken. Tesla riet seinem Professor, die Kommutatoren, die die Funken verursachten, wegzulassen. Dieser nahm Tesla aber nicht ernst und meinte, dass er es vielleicht einmal zu etwas bringen würde, diese Idee aber nicht realisierbar sei, weil die geradlinige Kraft dazu in eine Drehbewegung umgewandelt werden müsse, was mindestens ebenso unmöglich sei wie der Bau eines Perpetuum mobile.

Tesla ahnte schon damals, dass diese Frage lösbar sei, konnte die entsprechende Konstruktion aber noch nicht ausarbeiten. Ab dem 2. Jahr erhielt er kein Stipendium mehr, und so bekam er finanzielle Probleme. Eine Zeit lang finanzierte er sein Studium durch Kartenspiele, später durch Billiardpartien. Natürlich konnte er seine Probleme damit aber nicht lösen, er wurde sogar wegen des verbotenen Glückspiels der Schule verwiesen. Daraufhin reiste er nach Prag, um seine Studien dort fortzusetzen. Es liegen aber keine offiziellen Dokumente vor, die belegen, dass er dort auch nur eine Prüfung abgelegt hätte. Wahrscheinlich besuchte er nur die Vorlesungen und die Bücherei und vergrößerte auf diese Weise sein Wissen.

Tesla in Budapest

Zu dieser Zeit erfand Alexander Graham Bell das Telefon. Dank des Telegrafennetzwerkes verbreitete sich die neue Art der Kommunikation schnell. Die Erfindung von Tivadar Puskás, die Telefonzentrale, war besonders bedeutend, da man mit ihrer Hilfe mit jeder beliebigen Person telefonieren konnte. Verwandte vermittelten Tesla dann an die Puskás-Brüder, und so bekam er Arbeit beim Bau der Telefonzentrale in Budapest. Im Januar 1881 verließ er Prag und reiste nach Budapest, wo er sofort begeistert mit der anstrengenden Arbeit begann, welche leider schon bald eine traurige Folge haben sollte. Heute würde man sagen, Tesla erlitt einen Nervenzusammenbruch.

Die Symptome waren eigenartig. Teslas Sinnesorgane waren in dieser Zeit sehr viel feiner und empfindlicher. Er hörte das Ticken einer Uhr, die drei Zimmer entfernt war; das Brummen einer Fliege tat ihm in den Ohren weh und der Pfiff einer weit entfernten Lokomotive bereitete ihm unermessliche Schmerzen. Er bekam starke Kopfschmerzen, wenn er unter einer Brücke durchgehen musste, und seine Augen konnten die Sonnenstrahlen nicht ertragen. Im Dunkeln bemerkte und hörte er die Fledermäuse und sah in vollkommener Dunkelheit Gegenstände in mehreren Metern Entfernung, was von einem eigenartigen Gefühl in der Stirn begleitet war. Dieser Zustand war von einem Puls von ca. 260 und starkem Muskelzittern begleitet.

Die Ärzte in Budapest waren ratlos. Einige gaben ihm eine gehörige Portion Kalium, andere meinten, er sei unheilbar. Tesla schrieb damals in sein Tagebuch: »Ich wollte endlich gesund werden, glaubte aber nicht, dass dies möglich sei. Ich bedaure, dass mich zu dieser Zeit keine Psychologen oder Physiologen gesehen haben.« Die Rettung kam in Gestalt eines Freundes. Antal Szigeti, ein Mechaniker, mit dem Tesla oft zusammenarbeitete, riet ihm, viel Sport zu treiben. Tesla nahm den Rat an, und sein Zustand verbesserte sich schnell. Die ausgedehnten Spaziergänge und die sportliche Betätigung wirkten sich nicht nur positiv auf seinen Zustand aus, sondern er begann auch wieder, über ein altes Problem, den Gleichstrommotor, nachzudenken.

Eines Nachmittags ging er wieder einmal mit Szigeti im Park spazieren. Während er mit ausgestreckten Armen Goethes Faust zitierte, blieb er abrupt stehen und erstarrte, weil ihm die Lösung erschienen war: Jetzt wusste er, wie er das Problem des Funkenflugs beim Gleichstrommotor lösen konnte. Zuerst malte er den Bauplan des Wechselstromdynamos und -motors mit einem Stock in den Sand; dies war der Motor, der in der mechanischen Zivilisation ein Wendepunkt sein sollte. Endlich war Tesla auf die Nutzung von Mehrphasenwechselstrom und rotierenden Magnetfeldern gekommen.

Auch andere hatten schon versucht, einen Wechselstrommotor zu bauen. Diese Erfindungen bewährten sich aber in der Praxis nicht. Tesla war sehr glücklich über seine Entdeckung. Er dachte, er würde sofort reich und berühmt werden und keine finanziellen Probleme mehr haben. Er schrieb damals: Die letzten 29 Tage des Monats waren immer schwer.

In weniger als 2 Monaten arbeitete er eine ganze Palette von Wechselstrommotoren und -generatoren aus. Mithilfe des damals schon bekannten Einphasentransformators entwickelte er außerdem eine Methode zur Stromverteilung und zur Energiegewinnung und -verteilung. Trotzdem vergingen Jahre, bis ihm jemand Beachtung schenkte.

Teslas System war besser und konkurrenzfähiger als andere, weil bei Wechselstrom mithilfe der Transformatoren größere Spannung hergestellt werden konnte, wodurch der durch die Verteilung entstehende Verlust gesenkt wurde. Außerdem konnte der benötigte Strom dank des Transformators mit unterschiedlicher Spannung verteilt werden. Teslas Konstruktionen waren einfacher und sicherer, und das System konnte billiger betrieben werden (was bedeutet, dass ein gleich schwerer Generator größere Leistung produzieren konnte).

Im Herbst 1882, als er sein System vollständig ausgearbeitet hatte, war seine Arbeit in Budapest beendet. Er hatte schon mehrere Erfindungen realisiert, sah aber keine Möglichkeit, sie weiterzuentwickeln. Von seinem geringen Gehalt konnte er nicht einmal das Modell des Wechselstromdynamos und -generators bauen. Deshalb sah er sich gezwungen, mithilfe der Brüder Puskás die Monarchie zu verlassen.

Im Herbst 1882 fand Tesla eine neue Arbeit bei der Telefongesellschaft Edison in Paris. Er hatte eigentlich gedacht, der Konzern würde sich über sein Wechselstromsystem freuen, doch dem war nicht so. Die neue Arbeit und Freunde trösteten ihn jedoch über die Enttäuschung hinweg. Er schwamm oft in der Seine, ging spazieren und spielte Billard. Manchmal musste er die Edison-Kraftwerke reparieren, die in Frankreich und Deutschland installiert worden waren. Diese darf man natürlich nicht mit den heutigen, großen Kraftwerken vergleichen. Diese Gleichstromsysteme konnten nur die Stromversorgung von größeren Gebäuden decken, da Gleichstrom ohne größere Verluste nur ein paar hundert Meter weit geleitet werden konnte. So war nicht einmal daran zu denken, Wasserenergie zu nutzen, weil die Großstädte oft am »falschen« Ort lagen und nicht an jeder Ecke Wärmekraftwerke gebaut werden konnten.

Edisons Gleichstromsystem war trotzdem im Begriff, sich zu verbreiten. Da die Elektrizität aber eine neue Technologie und ein neuer Industriezweig war, traten oft Fehler auf. Die Isolierungen und Konstruktionen waren nicht immer einwandfrei. So konnte der junge Tesla diese Systeme oft aus nächster Nähe im Einsatz beobachten und reparieren. Ein weiterer Vorteil dieser Arbeit war, dass er auf diese Weise an Konstruktionsmaterial kam, womit er sein erstes Modell bauen konnte, das genauso funktionierte, wie er es sich vor Jahren vorgestellt hatte. Er stellte sein Wechselstromsystem mehrfach vor, konnte aber kein großes Interesse erwecken.

Einmal bekam die Firma Edison einen Auftrag aus Straßburg. Kaiser Wilhelm I. sollte das neue System einweihen. Während der Zeremonie explodierte die Anlage jedoch, sodass Edisons Firma schwerwiegende finanzielle Probleme bekommen hätte, hätte nicht der junge Tesla die Konstruktion so reparieren können, dass die Deutschen sie schließlich doch akzeptierten. Der Straßburger Bürgermeister hatte sogar so großen Gefallen an Tesla gefunden, dass er gleich mehrere wohlhabende Bewohner zu überzeugen versuchte, sich Teslas Wechselstromsystem anzuschauen und ihn bei der Entwicklung zu unterstützen. Aber auch die Deutschen interessierte Teslas neue Erfindung nicht.

So reiste er zurück nach Paris, um dort seinen versprochenen Lohn für die gelungene Reparatur in Deutschland entgegenzunehmen und dann weiterzuarbeiten. Seine Vorgesetzten aber wiesen die Zuständigkeit dafür jeweils einem anderen zu, eine Prämie zahlen wollte am Ende keiner. Tesla ging zornig davon. Auf Drängen eines Freundes reiste er schließlich ins »Land der unbegrenzten Möglichkeiten«. Im Alter von 28 Jahren kam er mit ein paar Cent in der Tasche in New York an. Die Möglichkeiten schienen aber umso größer.

Angestellter der Firma Edison

Als Tesla nach Amerika kam, war der 32-jährige Thomas Alva Edison schon ein berühmter Erfinder. Er wusste nicht viel über Physik, und seine mathematischen Fähigkeiten reichten gerade einmal zum Zählen von Geld aus, aber er prahlte immer damit, dass solche Kenntnisse auch gar nicht nötig seien, da er jederzeit einen Mathematiker einstellen könne. Er war ein gewiefter Pragmatiker und hatte keine höhere Schule besucht, sondern sich alles selbst beigebracht.

Edisons Gleichstromsystem wurde in New York schon an mehreren Orten genutzt; auch in den Häusern der Reichen und in einigen Fabriken gab es solche Anlagen. Zu dieser Zeit hatte die Firma noch sehr wenige Angestellte, und an dem Tag, an dem Tesla mit einem Empfehlungsschreiben in der Tasche bei Edison erschien, gab es gleich an drei Stellen Probleme mit dem System; es musste dringend repariert werden. Edison hatte jedoch keinen Fachmann, deshalb kam ihm der junge Mann mit dem Empfehlungsschreiben gerade recht. Er schickte ihn sofort los, um eine Anlage auf einem Schiff zu reparieren, weil es den Inhaber des Schiffes sehr viel Geld kostete, wenn es nur im Hafen lag. Tesla arbeitete die ganze Nacht. Im Morgengrauen hatte er beide Generatoren repariert, womit er sich die uneingeschränkte Anerkennung Edisons verdiente.

Damals gab es sehr wenige Fachleute, die theoretisch und praktisch etwas von Elektronik verstanden, weil man in Amerika nur auf zwei Universitäten Elektronik studieren konnte; die anderen Universitäten beschäftigten sich nicht mit dem Thema, da die Wissenschaft der Zeit immer noch Mechanik und Optik für die Hauptgebiete der Physik hielt. Elektrizität wurde als eine Art Spielzeug betrachtet.

Edisons Gleichstromdynamo wurde von John Pierpont Morgan finanziert, dem »Räuberbaron«, wie ihn seine Zeitgenossen nannten. Dieser mächtige und reiche Industriemagnat sah für die Elektrizität eine große Zukunft. Er wusste, dass sie früher oder später jeder brauchen würde, weshalb er nicht nur in Bergwerke, Stahlproduktion, Eisenbahngesellschaften und Schifffahrt investierte, sondern auch in die praktische Nutzung des Stroms. Er hielt so viel von der Elektrizität, dass er sich neben seinem Haus ein eigenes kleines Kraftwerk bauen ließ. Dieses Kraftwerk war allerdings von geringem Wirkungsgrad und so laut, dass seine Nachbarn damit drohten, ihn zu verklagen.

Teslas Aufgabe bestand darin, die primitiven und ständig fehlerhaften Edison-Motoren, -Generatoren und -Netzwerke zu reparieren. Nach einigen Tagen fand er die Hauptfehler im System und bot Edison an, die Dynamos zu perfektionieren. Edison verstand Teslas Idee und versprach ihm 50 000 US-Dollar, wenn er alle 24 Generatoren umbauen würde. Tesla machte sich mit dem gewohnten Elan sofort an die Arbeit. Er konstruierte alle 24 Dynamos neu und baute automatische Steuerungen ein. Damals führte er Verfahren ein, die er später patentieren ließ.

Die Beziehung zwischen Tesla und Edison war aber von Anfang an kühl gewesen, und sie blieb es auch. Edison mochte Tesla nicht, weil er ihn für viel zu kultiviert und für einen Theoretiker hielt. Der »Zauberer vom Menlo Park« wusste, dass Tesla sehr gute Fähigkeiten besaß, aber er dachte, dass Tesla nur wisse, warum etwas *nicht* funktioniert. Sich selbst hielt er für einen sehr praktischen Menschen, der auf gut Glück entschied, was funktionieren könnte. Tesla wiederum fand Edison nicht gebildet genug. Er sagte: »Wenn es darum geht, eine Nadel im Heuhaufen zu finden, sieht Edison sich fleißig jeden Halm genau an, obwohl er sich mit etwas theoretischem Wissen 90 Prozent der Arbeit sparen könnte.

Ein Hauptgrund für die Spannung zwischen ihnen war, dass sie unterschiedliche Konzeptionen zur Stromversorgung hatten. Edison war eigensüchtig auf den Schutz seiner Erfindung (die Glühbirne) bedacht und befürchtete, dass Teslas Wechselstromsystem sein Gleichstromsystem bedrohen könnte. Er war der Meinung, dass das System des Wechselstroms sich nachteilig auf die erst in den Kinderschuhen steckende Produktion von Glühbirnen auswirken würde.

Tesla arbeitete aber trotzdem bei Edison weiter und machte die Nacht zum Tag, um die schlechten Dynamos zu reparieren. Die Arbeit dauerte fast ein Jahr, und nachdem er sie erfolgreich beendet hatte, ging er zu seinem Chef, um die 50 000 US-Dollar abzuholen. Edison antwortete nur: »Tesla, Sie verstehen unseren amerikanischen Humor einfach nicht.«

So wurde Tesla zum zweiten Mal von der Firma Edison betrogen und kündigte endgültig. Edison versprach ihm eine Lohnerhöhung von 10 US-Dollar pro Woche, aber Tesla wies sie zurück und kam auch nie wieder zu ihm zurück. Ab Frühling 1886 verdiente Tesla sich sein tägliches Brot unter unglaublichen Entbehrungen als Straßenarbeiter.

Gleichstrom vs. Wechselstrom

Sein Unglück währte aber nicht lange. Die Wirtschaft erlebte wieder einen Aufschwung, und so erhielt Tesla die Möglichkeit, seinen alten Plan des Wechselstromsystems zu realisieren. Die Nachricht über seine Erfindung verbreitete sich wie ein Lauffeuer. Zu Teslas riesigem Glück sah der reiche Erfinder George Westinghouse die Zukunft im Wechselstromsystem. So erhielt Tesla 60 000 US-Dollar von seiner Firma, davon 5000 in bar, den Rest in Aktien. Damit konnte er seine Erfindung ausarbeiten. Das Gehalt von 2000 US-Dollar im Monat bedeutete für den armen Tesla eine Menge Geld. Zu dieser Zeit erhielt er mehr als vierzig Patente für die Herstellung und Verteilung von Wechselstrom. Er hatte sich mit der Firma Westinghouse auf eine hohe Summe Lizenzen für jede produzierte elektrische Leistungseinheit geeinigt, was der Firma später ernstes Kopfzerbrechen bereiten sollte.

Für Edison bedeutete dies den Beginn eines neuen Kampfes. Früher hatte er schon einmal einen harten Kampf mit den Gasunternehmen geführt, weil damals oft Gas zur Beleuchtung, zum Heizen und manchmal auch als Antrieb für Motoren verwendet wurde. Edison gewann den Kampf, indem er die Journalisten dafür bezahlte, dass sie jede einzelne Gasexplosion groß herausbrachten. Mit dieser negativen Propaganda konnte er die Gasunternehmen nach und nach vom Markt drängen.

Gegen den Wechselstrom begann Edison einen besonderen Krieg. Er ließ Schulkinder Hunde und Katzen für 25 Cent pro Stück stehlen, tötete diese mit Wechselstrom und ließ sie anschließend wieder bei den Besitzern abliefern. Gleichzeitig verbreitete er Propagandamaterial und Flugblätter, in denen er auf die Gefahren des Wechselstroms hinwies, zum Beispiel darauf, dass man von Wechselstrom viel schneller einen Schlag bekommen könne als von Gleichstrom. Tesla ging nicht darauf ein, er reichte ein Patent nach dem anderen ein, von denen die wichtigsten auf Abb. 71 und 72 zu sehen sind.

Nun versuchte Edison über Beziehungen bei den Gesetzgebern des Staates New York zu erreichen, dass das Maximum der erlaubten Spannung auf 800 Volt festgelegt wurde, denn so hätten sich die echten Vorteile des Wechselstroms gar nicht erst zeigen können. Westinghouse drohte aber mit Klagen, und am Ende gelang es ihm, die Gesetzgeber davon zu überzeugen, dass Spannung an sich nicht gefährlich ist. Da wandte Edison aber einen neuen Trick an. Er ließ einen Bekannten drei von Teslas Wechselstrompatenten kaufen und im Gefängnis Sing Sing einen elektrischen Stuhl bauen, der mit Wechselstrom betrieben wurde. Bald darauf kündigte der Direktor des Gefängnisses an, dass die Häftlinge von nun an nicht mehr gehenkt, sondern mit Wechselstrom auf dem elektrischen Stuhl hingerichtet würden.

Als Erster sollte am 6. August 1890 der zum Tode verurteilte Mörder William Kemmler auf dem elektrischen Stuhl hingerichtet oder, wie Edison es nannte, »westinghousiert« werden. Kemmler wurde festgeschnallt, der Schalter wurde umgelegt. Edisons Ingenieure hatten sich aber geirrt, als sie die nötige Spannung zum Töten eines Menschen festlegten, denn bis dahin war die Wirkung des Wechselstroms nur an kleineren Tieren getestet worden. Die Spannung war zu

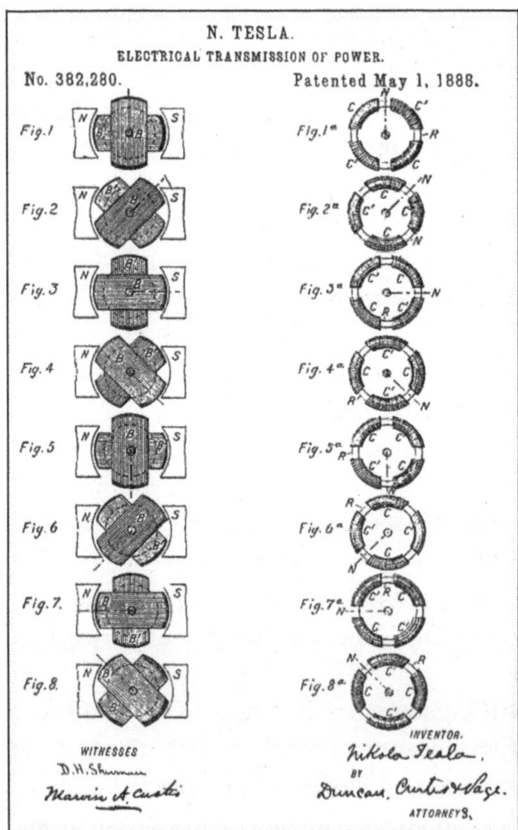

Abb. 71
Ein Meilenstein der Technik: ein Teil des Tesla-Patents für den Mehrphasengenerator. Das erste Mal malte er seine Idee in den Sand eines Parks in Budapest.

gering, und der Mörder starb nicht sofort. Die anwesenden Journalisten schrieben über die Versuche, der Anblick sei schlimmer gewesen als das Henken. Am Ende entschied der Räuberbaron John Pierpont Morgan den Streit, weil er merkte, dass der Kampf sich negativ auf sein Geschäft auswirkte, denn es konnten keine echten Monopole geschaffen werden. Dass Wechselstrom besser als Gleichstrom ist, war schon offensichtlich geworden, die Hürde der Verbreitung des Wechselstromsystems war aber gerade die hohe Summe, die Westinghouse Tesla nach jeder verkauften Leistungseinheit zahlen musste – die Schulden der Firma Westinghouse betrugen nach einigen Jahren schon mehr als 12 000 000 US-Dollar.

Westinghouse bat Tesla, von diesem Passus des Vertrags abzusehen, weil das Wechselstromsystem nur dann konkurrenzfähig sein und den Gleichstrom überflügeln könne.

Tesla hielt die Verbreitung seiner Erfindung für so wichtig, dass er freiwillig auf das Geld verzichtete. Ihm bedeutete es sehr viel, dass Westinghouse ihm vertraut hatte, als sich alle anderen von ihm abwandten; dies war einer der Gründe, warum er sich mit der Abfindung von 216 000 US-Dollar zufriedengab. So bekam die Firma Westinghouse alle Patentrechte für das Wechselstromsystem. Die Abfindung war keine geringe Summe, und Tesla konnte davon seine Forschungen noch mehr als 10 Jahre finanzieren. Doch dann geriet er wieder in finanzielle Schwierigkeiten.

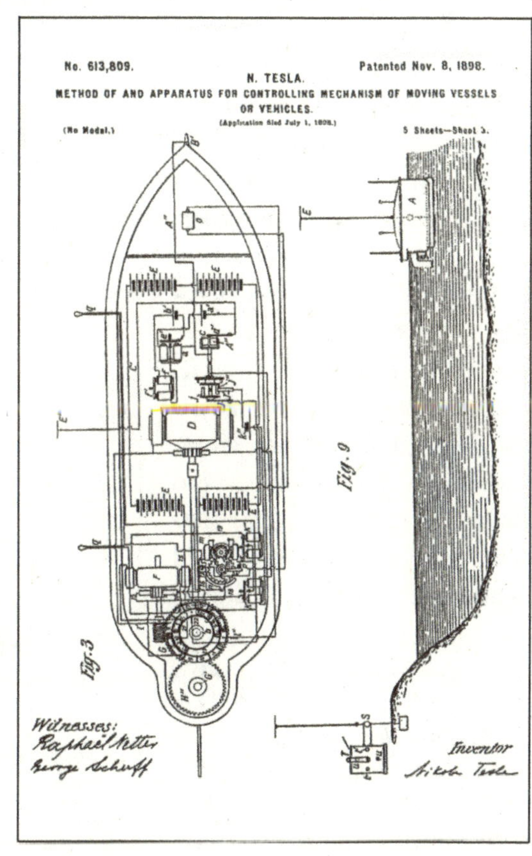

Abb. 72
Das Patent für den ersten ferngesteuerten Roboter. Der Titel des Patents vom 8. November 1898 lautet: Vorgehensweise und System zum Steuerungsmechanismus von sich bewegenden Schiffen und Fahrzeugen.

Der Erfinder Tesla

Nach 1889 beschäftigte sich Tesla nicht mehr mit Wechselstrom. Er blieb noch eine Weile als Ratgeber bei Westinghouse, den größten Teil seiner Zeit aber verbrachte er in seinem Labor in New York, wo er sich mit hochfrequenter Hochspannung beschäftigte. Ihn interessierte alles, was mit Elektromagnetismus zu tun hatte. In den folgenden Jahren entstand eine Reihe grundlegender Erfindungen, die später die Entwicklung der Wissenschaft und der Technik stark beeinflussen sollten. Laut seinen Aufzeichnungen realisierte er mit hochfrequenter Hochspannung den Vorläufer des Zyklotrons, er erfand aber auch die erste Version des Elektronenmikroskops.

Außerdem probierte Tesla eine Reihe von Vakuumröhren aus und führte diese bei seinen Vorträgen vor. Diese Röhren, die wir heute als Leuchtröhren kennen, wurden erst ca. 50 Jahre später industriell genutzt und in großen Mengen produziert. Die Effekte benutzte er, um bei seinen Vorträgen den Namen seines serbischen Lieblingsdichters leuchten zu lassen. Dies bildete die Hintergrundbeleuchtung bei seinen Vorträgen. Abends und nachts hielt er in seinem Labor oft Vorführungen für seine Freunde. Edison (und die wenigen bekannten Physiker seiner Zeit) lud er wegen seines schlechten Verhältnisses zu ihnen nicht ein. Bei diesen Gelegenheiten zeigte er Effekte, die bis heute niemand nachmachen konnte. Eines seiner Lieblingsexperimente bestand darin, dass er zwei Metallplatten im Raum platzierte, und schon bald erglühte die Luft in

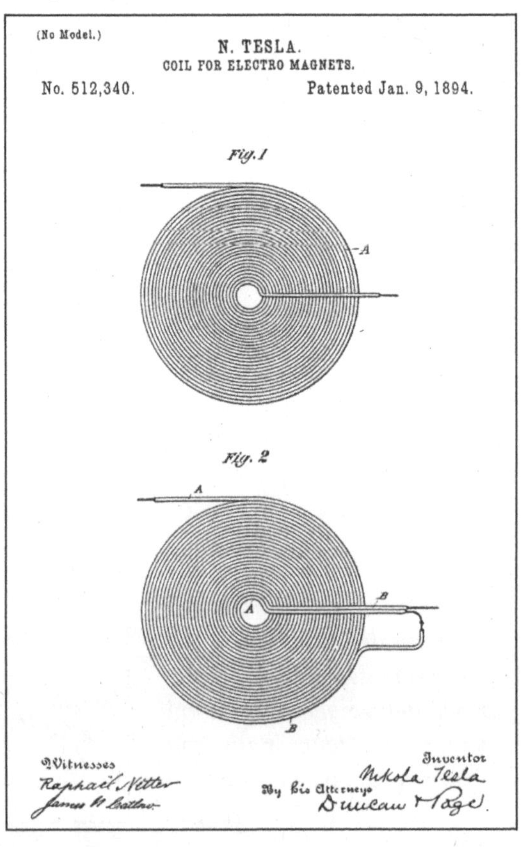

Abb. 73
Die Arbeiten von Sir William Crookes, dem englischen Erforscher von Paraphänomenen, wurden von Tesla weiterentwickelt. Dies vergaß er nie zu erwähnen.

gleichmäßigem Licht. Bis heute weiß man nicht genau, was diesen Effekt bewirkte. Tesla sagte, dieses Experiment sei nichts Besonderes und es lohne sich nicht, sich damit zu beschäftigen. Er ließ das Gerät nicht einmal patentieren.

Tesla führte auch Leuchtröhren vor, die leuchteten, ohne an eine Leitung angeschlossen zu sein; jeder konnte sie anfassen und herumtragen – die Leuchtröhre oder -kugel leuchtete trotzdem weiter. Mehrmals nahm er die leuchtende Kugel aus einer geschlossenen Kiste heraus und legte sie in eine andere geschlossene Kiste. Auch dabei leuchtete die Kugel. Das Geheimnis dieser Röhren kennen wir heute und wissen auch, dass Hochfrequenzstrom mit induktiver Kopplung durch sie hindurchfloss. Die leuchtende Luft aber ist bis heute ein Geheimnis.

Es scheint, die Zeitgenossen haben Tesla manchmal eher als Zauberer denn als Experimentalphysiker angesehen. Er zeigte beispielsweise manchmal, wie Hochspannung mit hoher Frequenz durch seinen Körper floss, ohne ihm zu schaden, obwohl Funken von ihm sprühten und sein Körper im Dunkeln gespenstisch leuchtete. Auch die Erklärung für dieses Phänomen kennen wir heute: Da Strom in Organismen hauptsächlich mithilfe von Ionen geleitet wird und Ionen eine große Masse haben, bewegen sie sich unter Einwirkung der Hochspannung mit hoher Frequenz nicht und schaden deshalb auch dem lebendigen Körper nicht. Wegen des sogenannten Skineffektes strömt die Energie nur durch die äußeren Hautschichten und hat somit keine Wirkung im Körperinneren. Tesla führte auch Motoren vor, die nur mit einem Draht an eine Stromquelle angeschlossen waren, denn die Energie verbreitete sich statt durch einen zweiten Draht durch die Luft. Damals begann er zu erzählen – und dies ist für uns enorm wichtig –, dass Motoren auch vollkommen ohne Drähte laufen könnten, weil sich im Raum um uns herum Energie befände, die für jeden erreichbar sei. Er formulierte dies folgendermaßen:

> Die Zeit wird kommen, wo Energie nicht mehr [mithilfe hochfrequenten Wechselstroms] geleitet werden muss. Energietransport wird überflüssig sein. Wir werden keine Notwendigkeit haben, überhaupt Energie zu übertragen. Noch ehe viele Generationen vergehen, werden unsere Maschinen von einer Kraft betrieben werden, die an jeder Stelle im Universum verfügbar ist. Diese Idee ist nicht neu. Wir finden sie im wunderbaren Mythos von Antheus, der Kraft aus der Erde gewinnt. Im Raum ist überall Energie vorhanden. Ist diese Energie statisch oder kinetisch? Ist sie statisch, macht dies unsere Hoffnungen zunichte, ist sie jedoch kinetisch – und wir wissen, dass sie dies ist – ist es nur noch eine Frage der Zeit, wann der Mensch seine Maschinen direkt an die Räder der Natur anschließen kann.

Tesla führte auch seine sogenannte Kohlenknopflampe, eine kugelförmige Vakuumröhre, vor. Hierbei war die einzige Elektrode eine runde Platte aus Kohlenstoff. Durch die Einwirkung von Hochfrequenzstrom wurde das Gas in der Röhre in Dauervibration versetzt, wodurch es erglühte und wunderschönes Licht abgab. Dieses Phänomen wurde durch die permanente »Bombardierung« der Elektrode ermöglicht; das dünne Gas – Plasma – konnte mit großer Geschwindigkeit (Frequenz) um die Elektrode vibrieren. Tesla wusste, dass die Luftteilchen sich nicht nur hier, in der geschlossenen Glaskugel, so bewegen, sondern dass diese kosmische Strahlung auch in der Natur zu finden ist; er wusste sogar, dass das Polarlicht auf diesem Phänomen basiert.

Die Zuhörer empfingen seine Ausführungen natürlich sehr skeptisch, als er behauptete, er habe die Energie der kosmischen Strahlung gemessen, und dass diese seinen Messungen zufolge mehrere hundertmillionen Volt betrage. 5 Jahre nach Teslas Messungen wies der Franzose Antoine Henri Becquerel die Strahlung der Pechblende nach, und wenig später entdeckte das Ehepaar Curie mit viel Mühe und konsequenter Arbeit eine Form der radioaktiven Strahlung. 30 Jahre später bewies Robert Andrews Millikan, dass es tatsächlich kosmische Strahlung gibt,

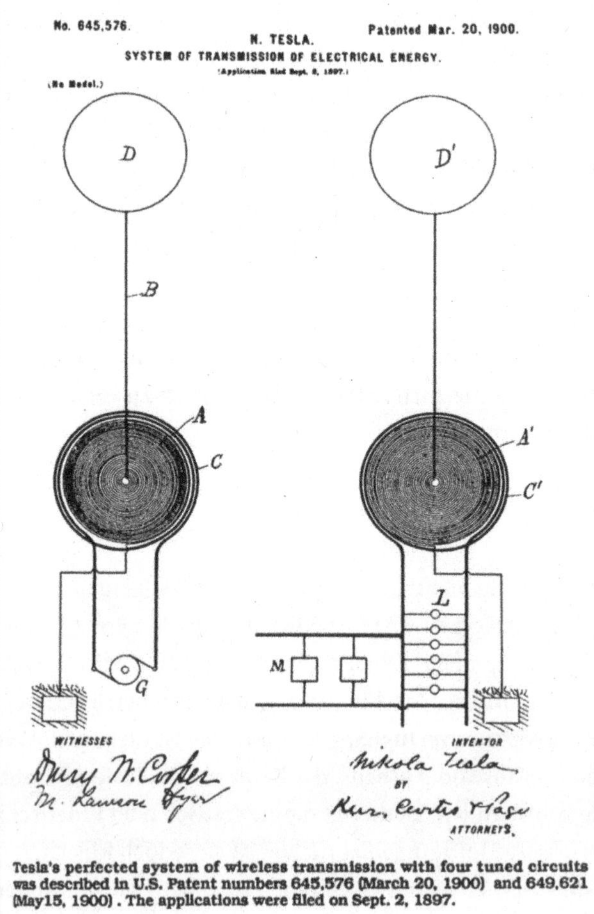

No. 645,576. Patented Mar. 20, 1900.
N. TESLA.
SYSTEM OF TRANSMISSION OF ELECTRICAL ENERGY.

Tesla's perfected system of wireless transmission with four tuned circuits was described in U.S. Patent numbers 645,576 (March 20, 1900) and 649,621 (May15, 1900). The applications were filed on Sept. 2, 1897.

Abb. 74
Teslas Patent für drahtlose Übertragung elektrischer Energie

obwohl er meinte, dies sei nur eine hochfrequente Strahlung, also eine Flut von Photonen. In den 1940er-Jahren gab es zwischen den Nobelpreisträgern Millikan und Arthur Holly Compton eine heftige Diskussion darüber. Am Ende stellte sich heraus, dass beide recht hatten.

Die eigenartige kleine, runde Lampe war der Vorläufer des Elektronenmikroskops, denn das Ionenmikroskop basiert auf einer ähnlichen Theorie. Bei diesem kleinen Gerät spielte die Anwendung des Prinzips der Resonanz eine wichtige Rolle. Die Resonanz erwies sich später bei der Anwendung von Zyklotronen als unerlässlich.

Eine weitere Erfindung von Tesla ist die Teslaspule. Sie konnte Hochspannung mit sehr hoher Frequenz abgeben und war nicht nur bei Beschleunigern unerlässlich: Die spätere Revolution in der Telekommunikation basierte auf dieser Erfindung, denn sie wird auch bei der Weiterleitung von TV- und Telefonsignalen verwendet.

Teslas Entdeckungen ermöglichten anderen Forschern Erfindungen, für die sie mit dem Nobelpreis ausgezeichnet wurden; Teslas Name wird heute nur äußerst selten erwähnt. In dem Buch *Kulturgeschichte der Physik* von Károly Simonyi beispielsweise finden wir ihn nicht ein einziges Mal. Wahrscheinlich, weil er seiner Zeit weit voraus war und nicht in den wissenschaftlichen Zeitschriften publizierte. Er arbeitete lieber an Patenten und hielt Vorträge, bei denen er seine Geräte vorführte. Diese Vorträge hatten immer ein großes Echo. In England und Frankreich nahmen auch die führenden Forscher der Zeit an ihnen teil, und unter ihnen gab es immer einige junge Leute, die der Vortrag zum Nachdenken und zu anderen wichtigen Erfindungen inspirierte.

Erste Schritte in der Funktechnologie

Tesla beschäftigte sich nun immer mehr mit den Problemen der Funktechnologie. Die Arbeiten von James Clerk Maxwell und Gustav Hertz hatten gezeigt, dass es Radiowellen gibt, aber mit den Geräten von Hertz gab es noch viele Probleme. Deshalb konnten sie in der Praxis noch nicht verwendet werden. Tesla führte auch die Erdung ein, was den Wirkungsgrad der ersten Funktelegrafen klar verbesserte: So konnten die Signale nämlich eine größere Entfernung überwinden. Da Tesla damals keine finanziellen Probleme hatte, arbeitete er jeden Nachmittag bis zum Morgengrauen in seinem Labor. Manchmal schlief er tagelang nicht, weil er sich mit seinen Experimenten beschäftigte.

Eines Tages, als er sich wieder einmal völlig überarbeitet hatte und sehr müde war, erschien ihm ein Bild vor Augen: In einem Pariser Hotel bekommt er ein Telegramm, in dem ihm mitgeteilt wird, dass seine Mutter schwer krank sei. Da ihn schon seit Langem einige wissenschaftliche Gesellschaften eingeladen hatten, reiste er nach Europa und hielt dort diverse Vorträge. Bei einer Vorführung in England lernte er Sir William Crookes kennen, der die Geräte sofort ausprobierte und Teslas Experimente wiederholte – die natürlich bestens funktionierten. Crookes sprach mit Tesla über seine Erfahrungen mit Paraphänomenen. Tesla bestärkte ihn, indem er von seinen eigenen Erfahrungen berichtete. Beide Erfinder beschäftigten aber hauptsächlich die Funktechnologie, elektromagnetische Signale sowie deren Verstärkung und Anwendung.

Nach einem Vortrag in Paris erschien tatsächlich ein Bote, der Tesla die Nachricht überbrachte, dass seine Mutter schwer erkrankt sei. Sofort nahm er den ersten Zug nach Hause, um sie noch lebend anzutreffen. Sie konnten nur noch ein paar Stunden miteinander sprechen, da seine Mutter am nächsten Morgen verstarb.

Es war schon einige Male vorgekommen, dass Tesla Dinge voraussah. Als zum Beispiel in den 1890er-Jahren einige seiner Gäste nach Philadelphia reisen wollten, fühlte Tesla, dass sie nicht fahren dürften. Glücklicherweise gelang es ihm, sie davon abzuhalten, denn er behielt recht: der Zug entgleiste, und viele Menschen kamen dabei ums Leben oder wurden verletzt.

Nach dem Tod seiner Mutter im Jahre 1892 kam Tesla wochenlang nicht wieder auf die Beine. Als er sich endlich stark genug fühlte, um wieder zu reisen, fuhr er zuerst nach Belgrad, dann nach Budapest. Hier begann er, sich mit elektrischen Phänomenen der Natur, also mit Blitzen, zu beschäftigen. In Kroatien und Ungarn konnte er mächtige Blitze beobachten. Er meinte, dass es sich lohnen würde, diese riesige Energie praktisch auszunutzen.

Dann reiste er nach Amerika zurück. In St. Louis führte er seinen ersten funktionierenden Funktelegrafen vor, dessen Signale eine etwa 10 Meter weit entfernte Geißlerröhre auffangen konnte. In der Praxis bedeutete dieses Gerät den Anfang der Funktelegrafie. Guglielmo Marconi, den heute fast jeder für den Vater der Funktelegrafie hält, wiederholte dieses Experiment erst 2 Jahre später. Teslas Vortrag wurde natürlich in viele Sprachen übersetzt, sodass Marconi dieses Experiment nachlesen konnte. Interessant ist, dass er es erst viel später wiederholte und niemand anders sich aktiv mit dieser Erfindung beschäftigte. Ein Jahr später, also 1894, arbeitete ein anderer anerkannter Erforscher von Paraphänomenen, Sir Oliver Lodge, an einem Gerät, dessen Reichweite schon ca. 150 Meter betrug.

Tesla konnte seine Experimente leider nicht fortsetzen, da er einen anderen Auftrag von Westinghouse bekommen hatte. 1893 fand nämlich in Chicago eine riesige Weltausstellung statt, auf der Teslas Wechselstromsystem der Höhepunkt werden sollte. Teslas Aufgabe war es, die Beleuchtung der Pavillons zu gestalten und die Arbeiten zu leiten. Diese Ausstellung wurde zum Wendepunkt in dem noch immer andauernden Kampf Wechselstrom gegen Gleichstrom, denn die Vorteile des Wechselstroms wurden jetzt endlich für jeden klar sichtbar. Bis dahin war es dem Präsidenten im Weißen Haus, wo Edisons Gleichstromsystem benutzt wurde, verboten gewesen, die Schalter zu berühren. Man hatte extra einen Diener dafür eingestellt, denn das Gleichstromsystem war als sehr gefährlich eingestuft worden. Nachdem Teslas Wechselstromsystem eingeführt worden war, durfte der Präsident den Schalter selbst betätigen.

Auf der Ausstellung waren fast alle Erfindungen Teslas zu sehen, die mit Wechselstrom zu tun hatten; sie zeigten sogar, dass Wechselstrom in Gleichstrom umwandelbar ist: vor den Augen der Zuschauer liefen Zwei- und Mehrphasenmotoren und -generatoren.

Die Ausstellung hatte ihre Wirkung: Das Wechselstromsystem trat seinen Siegeszug an. Die Entwicklung der Gleichstromsysteme stockte, und bald waren sie vollkommen verschwunden. Bereits 1895 konnte die Firma Westinghouse 15 000 PS elektrische Leistung an die Verbraucher liefern; sogar die Energie der Niagara-Fälle sollte mit einem 50 000-PS-Wechselstromgenerator genutzt werden. Die industrielle Nutzung des Wechselstroms begann in Pittsburgh in den Aluminium-Schmelzöfen. Weil viele die Zukunft in diesem System sahen und es unbefugt benutzten, hatte die Firma Westinghouse zwanzig Gerichtsprozesse auf einmal am Laufen.

Damit Tesla erneut experimentieren konnte, brauchte er eine neue Geldquelle. Hierzu musste die Öffentlichkeit überzeugt werden, dass es sich lohnt, in dieser Richtung zu forschen. Damals gab es noch keine nationalen Stiftungen, sodass Tesla sich nur an Bankiers wenden konnte. Doch leider suchten diese meistens nur ihren kurzfristigen Vorteil. Tesla interessierten aber nicht nur die sofortigen praktischen Anwendungen; ihn interessierte auch das Wesen des Lichts, der Elektrizität und des Magnetismus. In einem Interview mit der *New York Times* vom September 1894 legte er seine Meinung über die Materie und das Universum dar. Er sagte auch, dass in der damaligen Beleuchtungstechnik 90 Prozent des Stroms verloren gingen und dass er über ein drahtloses Konzept nachdenke. Tesla wiederholte eine seiner früheren wichtigen Äußerungen: »Ich hoffe, dass ich die Zeit noch erlebe, da in der Mitte dieses Zimmers eine Maschine steht, die nur durch die Energie angetrieben wird, die in dem Raum um uns herum vorhanden ist.«

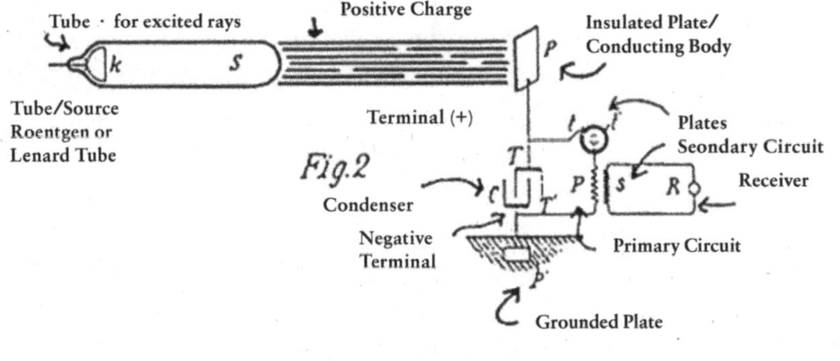

Abb. 75

Der erste Schritt zur Nutzung der »Strahlungsenergie«. Dies ist das zweite Bild der am 21. März 1901 und am 5. November 1901 eingereichten Patente (sie tragen die Nummern 685957 und 685958). Ihr Titel: Methode zur Nutzung der »Strahlungsenergie«. Henry Moray verwendete später die gleiche Technologie, und es ist nicht ausgeschlossen, dass der Primärkreis in seiner Erfindung auch hier seinen Ursprung hat.

Auf dem Höhepunkt von Teslas Karriere ereignete sich unerwartet eine Tragödie: Am 13. März 1895 morgens um 2:30 Uhr brannte sein Labor vollkommen aus, und mit ihm wurde auch die gesamte Ausrüstung im Wert von mehreren hunderttausend US-Dollar sowie seine Notizen – also alles, was er gebraucht hätte, um seine Erfindungen weiterführen zu können – vernichtet. Da das Gebäude nicht versichert war, verlor er alles. Tesla war finanziell in eine hoffnungslose Lage geraten und konnte deshalb seine Experimente nicht mehr fortsetzen. So dauerte es mehr als 1 Jahr, bis er wieder das Allernötigste für seine Arbeit und sein Labor zusammenhatte.

Zu dieser Zeit beschäftigten ihn hauptsächlich die Probleme der mechanischen und elektrischen Resonanz, und er hatte schon zahlreiche Experimente auf diesem Gebiet durchgeführt. Als er eines Tages einen kleinen elektrischen Resonator an der Trägersäule des Laborgebäudes befestigte, zerbrachen alle Fenster in der Nähe. Sogar die Polizei wurde gerufen. Es stellte sich heraus, dass das kleine Gerät von der Größe eines Weckers genau die Frequenz hatte, die mit der Schwingungszahl der Fenster übereinstimmte, weshalb diese zersprangen. Die Polizei aber hatte Tesla schon seit Langem beobachtet. Er war ihr verdächtig, weil aus seinem Labor eigenartige Geräusche drangen.

Ihn interessierte aber nicht nur die Resonanz, sondern auch eine interessante praktische Nutzung der Radiowellen: die Fernsteuerung und die Robotertechnik. Auf Abb. 74 (Seite 192) ist die Skizze des Patents zu sehen, das er auch in der Praxis erfolgreich erprobte. Zu dieser Zeit brach der Krieg zwischen Spanien und Amerika aus, und Tesla hoffte, dass ein ferngesteuertes, explodierendes Schiff auch das Militär interessieren würde. Aber auch hier wurde er enttäuscht. Jahrzehnte mussten vergehen, bis das Militär diese Technologie anwendete.

Interessanterweise wurde die Welt zu dieser Zeit von einer immer größeren Zahl elektrischer Geräte überflutet. Es gab Straßenbahnen, Strom wurde zur Beleuchtung benutzt, aber auch das Telefonnetzwerk entstand und man unternahm die ersten Versuche mit Funkgeräten. Trotzdem wusste man aber immer noch nicht genau, was Elektrizität eigentlich ist. Dieses Problem wurde einfach beiseitegeschoben: es hieß, Elektrizität sei eine Art Fluidum oder Magnetismus. Schließlich löste 1897 Sir Joseph John Thomson das Rätsel, als er mit der Entdeckung des Elektrons zeigte, dass dieses Teilchen für die Elektrizität verantwortlich ist.

Der Wettstreit zwischen Tesla und Edison ging weiter – manchmal sogar mit äußerst humorvollen Bemerkungen. Am 31. Dezember 1898 erklärte Edison, dass er ein Gerät entdeckt habe, mit dessen Hilfe Gedanken fotografiert werden könnten. Heute wissen wir, dass dies nicht stimmte. Tesla hingegen meinte, dass er die Energie der Sonnenstrahlen nutzen könnte, und ließ dieses Gerät auch patentieren. Er hatte die Wahrheit gesagt. Dieses Gerät funktionierte tatsächlich (siehe Abb. 75) und konnte die Ladungen aus der Luft, egal, von welcher Quelle sie stammten, in Hochspannung mit niedriger Stromstärke umwandeln. Seine Arbeit auf diesem Gebiet trug sehr zur Erforschung der Freien Energie bei.

Colorado – zwischen Blitzen

Ende des 19. Jahrhunderts begann Tesla mit einem neuen, riesigen Projekt, zu dem er die Grundidee während seines Besuchs in Kroatien und Ungarn entwickelt hatte. Er begann, sich mit Blitzen zu beschäftigen, genauer gesagt damit, wie riesige Funken erzeugt werden und wie Elektrizität drahtlos weitergeleitet werden könnte.

Er baute ein gigantisches Labor in Colorado Springs, da dort genug Strom für seine Experimente vorhanden war. Dort entstand auch eine riesige Teslaspule, die Dutzende Meter lange Funken versprühte. Einen Generator solchen Ausmaßes konnte auch Jahrzehnte später keiner wieder bauen. Über dem Eingang des Labors war ein kurzes Zitat aus Dantes Werk *Die Göttliche Komödie* zu lesen: »Lasst, die ihr eintretet, alle Hoffnung fahren!«

Natürlich verbreitete sich das Gerücht, er habe ein Gerät gebaut, das in einem winzigen Augenblick mehrere hundert Menschen töten kann. Dies stimmte zwar, aber die riesige Teslaspule war nicht für diesen Zweck gebaut worden.

Tesla kam am 19. Mai in Colorado Springs an. Um seinen eigenartigen Gewohnheiten treu zu bleiben, bestellte er ein Zimmer mit einer Nummer, die durch drei teilbar ist, und achtzehn saubere Handtücher am Tag, denn er hatte große Angst vor Bakterien – sein Zimmer putzte er immer selbst. Das Labor wurde außerhalb der Stadt gebaut, gleich neben der Schule für Blinde und Taube, da man sich dachte, dass der Lärm aus dem Labor hier weniger stören würde.

Tesla versuchte Geräte zu bauen, die elektrische Energie weiterleiten konnten. Er liebte die trockene, saubere Luft, die für seine Experimente unbedingt notwendig war. Zuerst nahm er elektrische Messungen vor. Dabei bemerkte er, dass die Feldstärke sich in der Atmosphäre der Erde mit den Tageszeiten und dem Wetter verändert, sie wird auch von entfernten Gewittern beeinflusst. Durch die Messungen sich entfernender Gewitter kam er zu dem Ergebnis, dass Energie über große Entfernungen übermittelt werden kann, da er diese Gewitter genau messen konnte. Er beobachtete auch die Entstehung von stehenden Wellen mit großer Wellenlänge, was ihn auf die Idee brachte, Energie drahtlos über größere Entfernungen zu leiten. Dieses Konzept verfeinerte er noch und ließ es dann patentieren (Abb. 76). Es verbreitete sich jedoch nie.

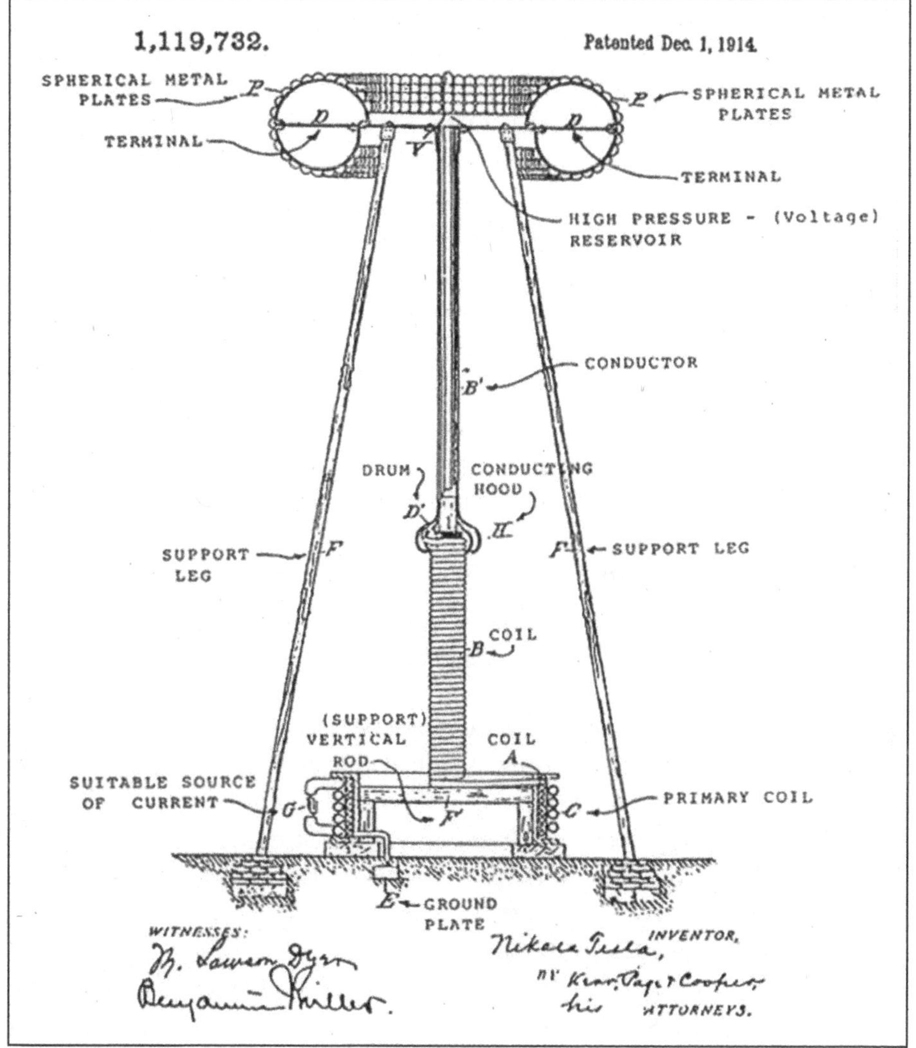

Abb. 76
Eine Skizze aus dem Patent für den »Sendemast« der Elektrizität. Er wurde nur in kleinen Maßstäben getestet, in der Industrie verbreitete er sich nicht. Wahrscheinlich hätte es sich nicht gelohnt und auch den Lebewesen geschadet.

Schon zu Beginn der künstlichen drahtlosen Energieübertragung gab es Probleme: Die erste Versuchsreihe, die 20 bis 30 Meter große Funken erzeugte, überlastete den Generator der Stadt so stark, dass dieser kaputtging und ausbrannte. Die Stadt war mehrere Tage ohne Licht – die Reparatur musste Tesla bezahlen.

Oft gab es aber auch interessante, unerwartete Ergebnisse. Eines Tages merkte er zum Beispiel, dass seine bei klarer Luft durchgeführten Experimente im Labor einen so dichten Nebel verursachten, dass er seine Hände kaum sah. Er beschäftigte sich nicht weiter mit diesem Effekt, meinte aber, dass man ihn bei Trockenheit zur Bewässerung nutzen könnte.

Das andere interessante Phänomen, das in seinem Tagebuch beschrieben wird, sind seltsame Feuerbälle, die sich langsam und meist horizontal fortbewegten. Sie sahen irgendwie aus wie Kugelblitze, und auch Tesla hatte von diesem Phänomen gehört. Hatte er etwa tatsächlich Kugelblitze erzeugt? Jedenfalls beschreibt er dieses Phänomen sehr detailliert in seinem Tagebuch. Er dachte, die ursprüngliche Energie reiche nicht aus, um dieses Phänomen am Leben zu halten, es bekomme jedoch von den Funken aus seiner Umgebung immer wieder neue Energie, sodass es lange Zeit existieren könne. Diese Theorie verfolgte Jahrzehnte später auch der Nobelpreisträger Pjotr Leonidowitsch Kapiza. Es konnte aber kein experimenteller Beweis dafür erbracht werden, dass diese Erscheinungen tatsächlich die gleichen Eigenschaften besitzen wie die Kugelblitze der Natur.

Eines Nachts, als Tesla gerade Spannungsmessungen in seiner Umgebung durchführte, wurde er plötzlich auf eigenartige rhythmische Signale auf einer bestimmten Frequenz aufmerksam. Er dachte, dass er Botschaften von einem fernen Stern empfange, wahrscheinlicher ist aber, dass es Signale eines Radiosterns waren. Auch auf diesem Gebiet war er seinen Zeitgenossen um Jahrzehnte voraus – man könnte sagen, dass er es war, der die ersten Schritte in der Radioastronomie machte. Tesla unternahm sehr viele Messungen, um sicherzugehen, dass er recht hatte. Als er seine Ergebnisse veröffentlichte, glaubten ihm die Forscher natürlich trotzdem nicht; sie sagten, dass es sich nur um Messfehler handeln könne.

Diese unangenehmen Erlebnisse und Feindseligkeiten zeigten Tesla, dass er vergebens immer neue Entdeckungen machte; seine Zeitgenossen und die anderen Forscher suchten doch immer nur eine Gelegenheit, ihn lächerlich zu machen und zu diskreditieren. Als er in sein Labor in New York zurückkehrte, erwartete ihn dort eine ganze Schar Journalisten. Alle waren mit der Frage beschäftigt, ob er wohl wirklich außerirdische Signale entdeckt hatte. Tesla hielt an seiner Meinung fest. Die zeitgenössischen Forscher aber lachten ihn selbstverständlich aus.

Dann hatte er wieder einmal mit finanziellen Problemen zu kämpfen. Um seine Arbeit fortsetzen zu können, brauchte er Geld. Wieder einmal wandte er sich an Morgan: Er wollte ein weltweites Netzwerk von Radiosendern bzw. -empfängern einrichten. Von seinem Energietransportsystem erzählte er ihm natürlich nichts, weil er wusste, dass er dafür keine Unterstützung bekommen würde – Morgan hatte ja sehr viel Geld in das Wechselstromsystem und die Stromfernleitungen investiert. All dies würde überflüssig werden. Der Investor hätte sich sicherlich auch darüber nicht gefreut, dass sich jeder heimlich an ein solches System ankoppeln könnte und so kostenfreie Energie zur Verfügung hätte.

Das Funknetzwerk aber weckte Morgans Interesse, und er bot Tesla 150 000 US-Dollar an. Er fügte aber hinzu, dass dies das letzte Mal sei, dass er Tesla finanziell unterstütze.

In Wardenclyffe auf Long Island wurde sodann der erste große Funksendeturm konstruiert – das Ganze war ein riesiges Bauprojekt. Tesla verbrachte seine Zeit damit, das noch fehlende Geld zu besorgen, zu experimentieren, Anlagen zu planen und sich mit der Elite jener Zeit zu treffen. Er erklärte, dass die Resourcen der Erde nicht unendlich seien, startete eine Energiesparkampagne und wies darauf hin, dass es sich lohnen würde, auch Windenergie zu nutzen. Edison begann – vielleicht schon aus reiner Gewohnheit – sofort zu widersprechen, mit der Behauptung, dass das Holz des brasilianischen Urwaldes noch mindestens 50 000 Jahre lang Brennstoff liefern würde.

Die ständig steigende Inflation bereitete Tesla ernsthafte Schwierigkeiten, weil sich herausstellte, dass er den Funksender allein mit Morgans Geld nicht würde fertigstellen können.

Zu Teslas großem Unglück starb auch noch der Architekt des Turmbaus: Er wurde von einem seiner Bekannten erschossen. Es gelang Tesla nicht, das nötige Geld zusammenzubringen, um den Bau zu beenden. Seine Kreditgeber drohten ihm ständig. Am Ende musste er fast alles verkaufen, was er besaß, um wenigstens einen Teil der Kredite zurückzahlen zu können. Der große Traum von einem weltweiten Funksendernetz wurde erst Jahrzehnte später realisiert. Tesla hätte nicht mehr viel Geld gebraucht, um den Bau zu beenden, aber er fand niemanden, der ihn unterstützt hätte. Im Ersten Weltkrieg wurde der Turm schließlich gesprengt – aus Angst, dass die deutschen Spione ihn benutzen könnten. So war die Beendigung des Projekts, welches seiner Zeit weit voraus war, endgültig unmöglich gemacht worden.

Im Jahre 1915 hieß es plötzlich, dass Tesla und Edison gemeinsam den Nobelpreis für ihre bisherige Arbeit bekommen sollten. Am Ende aber erhielt ihn keiner von beiden. Wenn dies im Nachhinein überhaupt rekonstruiert werden kann, lag es vielleicht daran, dass Edison gesagt hatte, er würde den Preis nicht mit Tesla zusammen annehmen.

Tesla hätte den Preis wirklich verdient. Marconi hatte ihn 1909 für die Erfindung des drahtlosen Fernschreibers bekommen. Tesla war Marconi aber um Jahre voraus gewesen und hatte Bauteile konstruiert, ohne die das Funkgerät gar nicht hätte gebaut werden können. Wenn wir in Betracht ziehen, dass der schwedische Ingenieur Nils Gustaf Dalén 1912 den Nobelpreis »für seine Erfindung selbstwirkender Regulatoren, die in Kombination mit Gasakkumulatoren zur Beleuchtung von Leuchttürmen und Leuchtbojen verwendet werden« bekam, könnte man sagen, dass sowohl Tesla als auch Edison den Preis unbedingt verdient hätten. 1915 erhielten aber Sir William Lawrence Bragg und sein Vater Sir William Henry Bragg den Nobelpreis »für ihre Verdienste um die Erforschung von Kristallstrukturen mittels Röntgenstrahlen«. Tesla blieb die wohlverdiente Anerkennung zeitlebens versagt, und er wurde auch nie finanziell erfolgreich.

Im Ersten Weltkrieg versenkten deutsche U-Boote sehr viele Transportschiffe der Amerikaner, weshalb Tesla ein Gerät entwickelte, das mittels Reflexion von Radiowellen die Annäherung von größeren Objekten wie zum Beispiel Schiffen anzeigen sollte. Er arbeitete einen Plan aus und baute sogar ein Modell. Die Armee war aber kaum an seiner Erfindung interessiert (Radar wurde erst im Zweiten Weltkrieg verwandt).

Die Zeit aber arbeitete leider gegen Tesla und andere, ähnlich praktisch denkende Forscher, da langsam eine Forschergeneration heranwuchs, die sich immer weiter von den alltäglichen Problemen entfernte. Teslas Vorstellung von der Gravitation wich völlig von der Sicht Einsteins ab und von dem, was die Forscher später annahmen. Er veröffentlichte seine Ansichten aber nicht mehr, weil er sich sicher war, dass er wieder nur lächerlich gemacht würde.

Tesla wies auch Einsteins Ansichten über die Physik zurück. Deshalb wusste er, dass er in Forscherkreisen keinen Erfolg haben würde. Er betonte mehrmals, dass die Atomenergie nicht kontrollierbar und daher zu gefährlich sei. Wenn wir das technische Niveau des Zeitalters berücksichtigen, müssen wir zugeben, dass er recht hatte. Die Wissenschaft diskutierte zu dieser Zeit noch darüber, ob der Elektromagnetismus wohl korpuskular oder wellenartig sei. Sir William Henry Bragg (der 1915 anstelle von Tesla den Nobelpreis erhielt) sagte dazu:

> Gott lässt die Welt montags, mittwochs und freitags nach der Wellentheorie funktionieren, der Teufel lässt sie dienstags, donnerstags und samstags nach den Regeln der Quantentheorie laufen.

Tesla arbeitete in den folgenden Jahren viel daran, eine einheitliche Theorie aufzustellen, die den Elektromagnetismus und die Gravitation zusammenfasst. Er meinte, dass jede Form von Materie von einer Art Urmaterie abstamme, die als Äther erscheine und den Raum vollständig ausfülle. Er behauptete auch, dass kosmische Strahlung und Radiowellen sich manchmal schneller als das Licht bewegen. Nach dieser Aussage konnte er sich mit seinen Zeitgenossen nicht mehr verständigen.

Anfang der 1920er-Jahre ließ Tesla noch ein paar interessante Erfindungen patentieren. Dazu gehören die thermomagnetischen Motoren, Strom- und Geschwindigkeitsmessgeräte, Hochfrequenzmessgeräte usw.

Weitere interessante Erfindungen waren die Turbine ohne Schaufelräder und eine Pumpe, die die Viskosität von Flüssigkeiten nutzte, um als Motor oder Pumpe zu funktionieren. Eigenartig ist, dass sich dieses Konzept nicht verbreitet hat, obwohl das Gerät in einigen Bereichen einen besseren Wirkungsgrad hatte als die herkömmlichen Wasserturbinen, wesentlich billiger war und nicht von der Kavitation gestört wurde. Trotzdem sind diese Geräte nicht einmal in Universitätsschulbüchern zu finden. Die Welt hat sie fast vollkommen vergessen; nur wenige begeisterte Menschen arbeiten an der Wiederbelebung dieser Idee.

Außerdem entwickelte er eine seltsame Strahlenwaffe, die auch dokumentiert wurde und die von der U. S. Army 1947 als sehr bedeutend erklärt wurde. Diese Idee wurde in den letzten Jahren wiederbelebt und war Teil der sogenannten Strategic Defense Initiative.

Ab 1922 ließ er keine neuen Erfindungen mehr patentieren und lebte größtenteils zurückgezogen. Er war wieder einmal in eine schwierige finanzielle Lage geraten und musste in einem billigen Hotel wohnen. Eine Weile hatte er noch Geld für Forschungen, später aber reichte es auch dafür nicht mehr. In diesen Jahren baute er wahrscheinlich jenes Gerät, mit dessen Hilfe Energie aus dem, was er Äther nannte, gewonnen werden konnte.

Als er an seinem 80. Geburtstag gefragt wurde, was er für seine wichtigste Erfindung halte, sagte er:

> Das ist ein neuartiges Rohr und ein Apparat dazu. Schon 1896 benutzte ich solch ein Rohr, das mit 4000 Kilovolt funktionierte; später konnte ich sogar

> 18 000 Kilovolt in das Rohr lassen, dann stieß ich aber auf unüberwindbare Hindernisse. Ich vergewisserte mich, dass ich ein völlig anderes Rohr entwickeln musste, um diese Probleme zu überwinden. Die Aufgabe erwies sich als viel schwerer, als ich zunächst gedacht hatte; das Problem bereitete mir aber nicht die Herstellung, sondern die Nutzung des Rohres. Ich kam jahrelang nur langsam vorwärts, dann funktionierte mein Plan endlich. Ich erfand ein Rohr, das nur schwer zu verbessern ist. Es ist sehr einfach, nutzt sich nicht ab und ist mit beliebig hoher Spannung zu benutzen. Es kann ganz hohe Ströme durchleiten und kann so bei jeder praktikablen Spannung Energie umwandeln. Es ist leicht zu regulieren, weswegen ich sehr gute Ergebnisse erwarte. Das Rohr ermöglicht unter anderem die Herstellung von billigen strahlenden Materialien in beliebiger Menge, was viel wirksamer ist als die Herstellung mittels künstlicher Strahlung.

Tesla hatte auch eine eigenartige Vision. Er behauptete, er könne mithilfe eines großen Vakuums seltsame Phänomene hervorrufen. Außerdem war er davon überzeugt, dass die damaligen Theorien über das Elektron nicht richtig seien. Seiner Meinung nach war es vorstellbar, dass die Ladung eines Elektrons bei der Emission aus einer Elektrode größer als gewöhnlich ist. Natürlich ist es im Nachhinein schwer zu sagen, woran er bei dieser Aussage dachte. Jedenfalls galt es bis 1977 als Frevel, darüber zu sprechen, dass ein Teilchen ein Bruchteil oder ein Mehrfaches der Ladung des Elektrons haben könne. Seitdem hat sich die Quarktheorie allgemein verbreitet, und so ist es heute nichts Besonderes mehr zu behaupten, dass es auch Ladungen geben kann, die nur Bruchteile der Ladung eines Elektrons haben.

Tesla war sich außerdem sicher, dass es Leben auf anderen Planeten gibt. Er bekräftigte mehrmals, dass es möglich sei, mit diesem Leben zu kommunizieren. Sollte er dies nur einfach so gesagt haben, um seinen Ruf als Sonderling noch zu verstärken? Auch diese Frage können wir heute nicht mehr beantworten. Jedenfalls meldete sich Tesla bei Ausbruch des Zweiten Weltkriegs wieder beim Kriegsministerium, um ihm folgende Erfindungen zur Verfügung zu stellen:

❶ die Erzeugung tödlicher Energiestrahlung in der Luft ohne Vakuum (wie bereits erwähnt, gibt es die Dokumente dieser Erfindung heute noch);

❷ eine Methode zur Erzeugung sehr hoher elektrischer Spannungen (diese Methode besaß er auf jeden Fall, man weiß aber nicht, wie er sie nutzen wollte);

❸ Methoden, um diese Spannungen noch zu steigern, zu verstärken;
❹ eine neue Methode, die gigantische elektrische Schubkraft generieren konnte.

Die Armee war an diesen Erfindungen damals aber noch nicht interessiert, und so wurde keine von ihnen gebaut.

Tesla wurde im Alter immer schwächer und verbrachte immer mehr Zeit im Krankenbett. Am 7. Januar 1943 bekam er im Schlaf eine Hirnvenenthrombose. Die Ärzte stellten keine ungewöhnlichen Umstände fest; er war in Frieden aus der Welt geschieden.

Einige Fragen bleiben aber immer noch offen: Was für eine Konstruktion war das eigenartige Rohr? Wie funktionierten jene eigenartigen Hochspannungen und sonderbaren Resonanzen, die er erwähnte? Konnte sein Elektroauto wirklich ohne Akkumulatoren fahren?

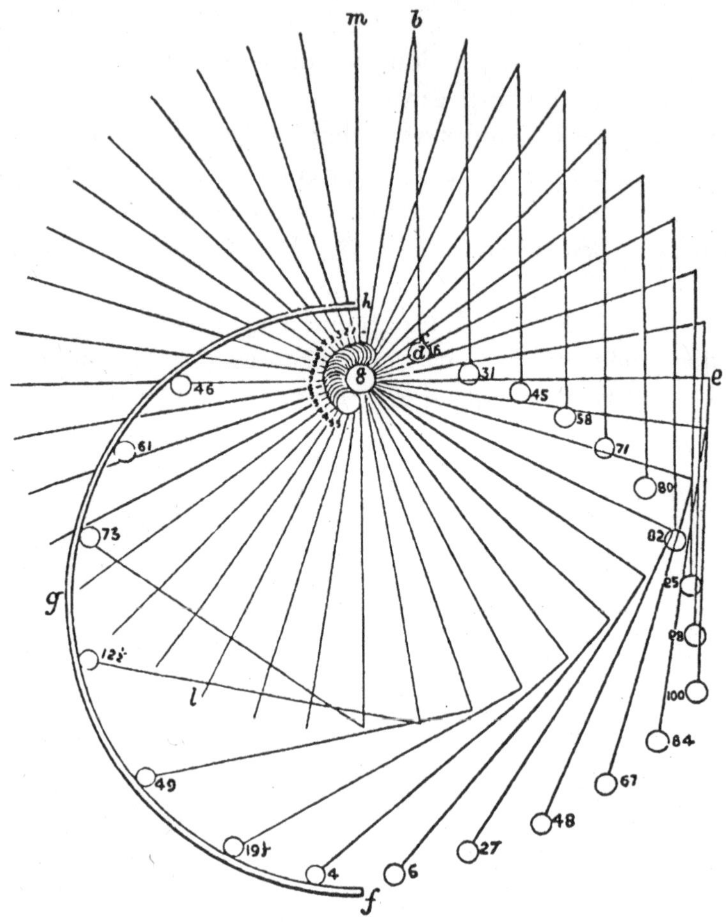

Abb. 77

Der Plan eines naiven statischen Perpetuum mobile aus dem 19. Jahrhundert. In einem konservativen Gravitationsfeld kann diese Anordnung prinzipiell nicht funktionieren.

Kapitel 5

Gasentladungsapparate

Symmetriereduktion zur Energiegewinnung

Die Rettung für einen Menschen, der sich auf dem falschen Weg befindet, ist meist der Zufall oder das Glück. Auch in der Wissenschaft war es oft der Fall, dass das Glück den Forschern weiterhalf. Der Zufall ist aber so beschaffen, dass er nur jenen weiterhilft, die die Situation auch nutzen können.

Bekanntlich gelangten zufällig ein paar Penicillinbakterien in eine der Staphylokokkenkulturen, an denen der schottische Biochemiker Sir Alexander Fleming 1928 gerade forschte. Fleming bemerkte zwar, dass der Pilz Stoffe produzierte, welche die ihn umgebenden Bakterien abtötete, er verstand den Nutzen aber nicht. So publizierte er seine Beobachtung in einem Fachjournal, ohne sich weiter damit abzugeben. 10 Jahre lang beschäftigte sich niemand mehr mit diesem Phänomen. Dann entdeckte eine Forschergruppe in den USA unabhängig von Fleming das Phänomen erneut, und diese Forscher verstanden die Wichtigkeit ihrer Entdeckung. Viel amerikanisches Organisationstalent und Geld waren nötig, um die antibakterielle Wirkung der Pilze zu testen und das fertige Medikament später in Massen produzieren zu können.

Im Zweiten Weltkrieg war der Besitz des Penicillins eine wirksame Waffe, da mithilfe dieses Medikaments sehr viele verwundete Soldaten der Alliierten, die sonst zum Tode verurteilt gewesen wären, wieder einsatzfähig wurden. Dies trug wohl auch zum Sieg der Alliierten bei. In diesem Fall wurde der Effekt, den die Natur preisgegeben hatte, wenn auch nicht beim ersten, so doch wenigstens beim zweiten Mal ernst genommen. Um ihn wahrzunehmen, mussten natürlich entsprechende Umstände gegeben sein: gute Beobachter, kluge Köpfe und eine entsprechende Laborausrüstung. Diese günstige Kombination gab es auf dem Gebiet der Energetik bisher leider nie.

Man könnte erwarten, dass sich der schon erwähnte Grundeffekt – dass ein Körper, der sich auf einer spiralförmigen oder einer vergleichbaren Bahn bewegt, Energie gewinnen kann – in vielen Situationen wiederholen würde.

Wenn die Energiegewinnung aber so einfach wäre, könnten wir zu Recht erwarten, dass dieses Phänomen auch woanders auftaucht, denn spiralartige

Bahnen mit sich stets ändernder Krümmung und sich ändernden Geschwindigkeiten gibt es nicht nur in der Mechanik (eigentlich ist nicht einmal die Spiralform wichtig; das Phänomen kann auf vielen gekrümmten Bahnformen auftreten, die noch nicht mal einen Namen haben). Es ist nicht die Spirale als exklusive Krümmungsform, die hier wichtig ist, sondern die Reduktion der Symmetrien. Experimentell ist der Energieerhaltungssatz schon sehr oft widerlegt worden, und man kann es nur als Tragödie bezeichnen, dass seit den 1850er-Jahren trotzdem immer das Dogma siegte; kein einziger Erfinder schaffte es bis zur Massenproduktion seiner Erfindung. Eine ganze Reihe von Forschern und Erfindern mit glücklicher Hand begegnete diesem Effekt immer wieder, nicht nur in der Mechanik, sondern auch bei Gasentladungen und in magnetisch oder elektrisch polarisierter Umgebung. Um diese Erfinder und ihre Arbeiten soll es im Folgenden gehen.

Krummlinige Bewegungsbahnen mit sich stets ändernden Radien (zum Beispiel eine Spirale) kommen auch bei ionisierten Gasen vor, aber nur bei transienten Gasentladungen, weil die Bahnen der geladenen Teilchen bei stationären, sich mit der Zeit nicht verändernden Gasentladungen aus geraden Teilstrecken bestehen. Deshalb gibt es in diesen Fällen keine überschüssige und keine fehlende Energie, denn hier kommen die dazu nötigen Symmetriereduktionen nicht zustande. Die Tatsache, dass es bei transienten Gasentladungen ein Problem mit der Energieerhaltung gibt, erkannte man nur sehr langsam, vage und unsicher.

Wahrscheinlich entdeckten einige russische Forscher Ende des 19. Jahrhunderts diesen Effekt. Das erste Dokument, in dem er, wenn auch noch recht verschwommen, erwähnt wird, ist die Arbeit des Weißrussen Wladimir Fjodorowitsch Mitkewitsch, der aber vollkommen in Vergessenheit geraten ist. In Heft 4 der Fachzeitschrift der Staatlichen Polytechnischen Universität Sankt Petersburg publizierte Mitkewitsch 1905 einen langen Artikel über diesen Effekt. Ähnlich wie Faraday entdeckt hatte, dass Strom in einer Spule nur bei einem Magnetfeld induziert wird, das sich zeitlich ändert, bei einem statischen jedoch nicht, beobachteten auch Mitkewitsch und seine Vorgänger, dass in einer zeitlich nicht konstanten, transienten Lichtbogenentladung die Spannung plötzlich ihre Richtung umkehrt und die Gasentladung sich wie ein »Generator« verhält. Frühere Artikel, die sich ebenfalls mit diesem Thema befasst hatten, sind heute leider nicht mehr aufzufinden, teils wegen des Krieges, teils wegen ihrer nachlässigen Aufbewahrung.

Mitkewitschs Artikel von 1905 enthält aber schon konkrete Hinweise darauf, dass sich bei transienten Phänomenen, also beim An- und Ausschalten, die Richtung der Feldstärke bei der Lichtbogenentladung umkehrt, als ob hier Energie produziert würde. Natürlich dachte man damals nicht daran, dass es ein Problem mit der Energieerhaltung geben könnte, sondern versuchte lieber, das Phänomen mit allen möglichen anderen Theorien zu erklären. Da man 1905 noch sehr wenig über Gasentladungen wusste und dieses Wissen aus heuristischen Beobachtungen ohne jegliches theoretisches Hintergrundwissen bestand, können wir nicht erwarten, dass die damaligen Forscher solch komplexe Phänomene verstehen und theoretisch erklären konnten. Zu jener Zeit war sich die Wissenschaft noch nicht einmal über die Struktur der Materie im Klaren. Ohne dieses Wissen kann man aber nicht einmal die einfachste Gasentladung verstehen.

Die Erforschung der Gasentladungen erwies sich als sehr nützlich für die Wissenschaft, da dieses Thema gemeinsam mit der Wärmestrahlung die meisten maßgeblichen Erkenntnisse mit sich brachte. Mit ihrer Hilfe ließ sich zuerst die Existenz von Elektronen, später die von positiv geladenen Ionen nachweisen. Und so wurde es möglich, nach der Weiterentwicklung der Vakuumpumpen zum Hochvakuum auch die Röntgenstrahlen zu entdecken. Gasentladungen haben also viel zur Erforschung der Materie beigetragen. Die Gasentladung selbst ist ein sehr komplexer Vorgang, der in recht vielen Formen vorkommt und von zahlreichen Faktoren beeinflusst wird: Es gibt ein sehr

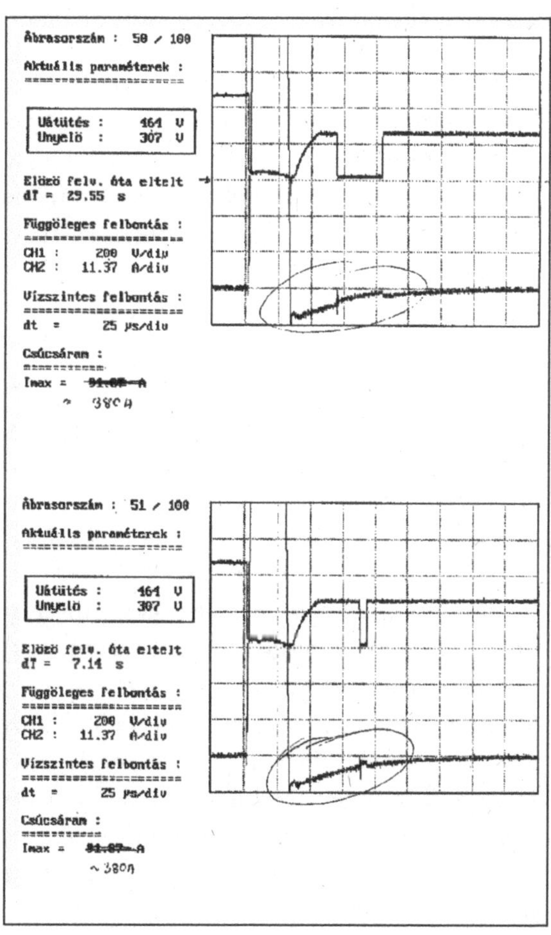

Abb. 78

Zwei Messergebnisse. Das Rohr verhält sich nach der Unterbrechung des Lichtbogens zeitweise wie ein Generator. Hier kehrt sich die Stromrichtung um.

breites Spektrum von Gasentladungen – angefangen von Koronaentladungen, die mit kleinsten Strömen geschehen, bis hin zu Lichtbögen, die mit größten Strömen ablaufen.

Bei Gasentladungen weicht der Mechanismus der elektrischen Leitung wesentlich von dem ab, was wir bei der Leitung in Metallen kennen. Die Gasentladung ist ein sehr viel komplizierteres Phänomen als das, was wir bei Metallen kennengelernt haben, da sie von der Art und dem Druck des Gases sowie dem Material, der Form und der Temperatur der Elektroden und von deren Oberflächenverschmutzung beeinflusst wird. Außerdem spielen auch die äußeren Kraftfelder und die transienten Phänomene eine wichtige Rolle. Es ist auch nicht egal, ob sich positive oder negative Ionen im Entladungsbereich befinden. Auch viele technologische Parameter und fast unnachweisbare Verschmutzungen beeinflussen sie, weswegen es sehr schwer ist, sich in den einzelnen Formen der Gasentladungen zurechtzufinden. Die Erforschung des Phänomens dauert nicht umsonst von den Anfängen der 1920er-Jahre bis heute an – wenn auch mit abnehmender Intensität.

Die ersten Schritte

Wegen der Radarexperimente begann die »offizielle« Wissenschaft in den 1940er- und 1950er-Jahren, transiente Entladungen mit hoher Frequenz an Universitäten zu erforschen. Einige Amateure taten dies jedoch schon Jahrzehnte früher. Zu ihnen gehörte auch Thomas Henry Moray (1892–1974), der den Effekt als Teenager entdeckte und ein elektrisches »Perpetuum mobile« baute, das er immer mehr perfektionierte. Laut Morays Resultaten, die bis heute nicht publiziert wurden, gewann er aus einem größeren Holzkasten etwa 50 Kilowatt Energie. Tag und Nacht floss Hochfrequenzstrom durch zwei Drähte aus diesem Kasten, ohne dass dieser heiß geworden wäre oder Geräusche gemacht hätte. Zwar ist es bis heute ein Geheimnis, was genau in Morays Kasten geschah, die Experimente anderer Forscher liefern uns aber einige Hinweise. Morays Geschichte wird später noch detaillierter erzählt werden. Zunächst sollen die anderen Ergebnisse aus diesem Bereich vorgestellt werden.

Den verfügbaren Angaben nach war Moray der erste Forscher, der mehrmals vor vielen Zeugen demonstrierte, dass Energie aus dem »Nichts« gewonnen werden kann oder, wie Moray sagte, aus dem Kosmos. Die Dokumentenfragmente zeigen, dass in den 1920er- und 1930er-Jahren nicht nur Tesla und Moray diesen Effekt erzeugen konnten, sondern zum Beispiel auch der deutschstämmige Erfinder Hermann Plauson aus Estland, der seine Erfindung in Hamburg ausarbeitete. Moray, Tesla und Plauson beschäftigte die Nutzung der Elektrizität aus der Atmosphäre. So kamen sie zu einer funktionierenden Erfindung.

Es ist nicht ausgeschlossen, dass dieser Effekt zur gleichen Zeit auch von anderen entdeckt wurde, da dies das Zeitalter des Amateurfunks war und die Funkgeräte die wichtigsten Bauteile – wenn auch in anderer Form – beinhalteten, die zur Erzeugung dieses Effekts benötigt wurden. Zwar verhinderte das Dogma der Energieerhaltung schon zu dieser Zeit die Massenproduktion solcher funktionierenden Geräte, aber die Geschichte der Gasentladung war mit der Ära des Amateurfunks und der Detektorfunkgeräte nicht zu Ende.

Ende der 1960er-Jahre entwickelte der amerikanische Erfinder Edwin Vincent Gray (1925–1989) einen auf transienten Lichtbogenentladungen basierenden Apparat, der sogar ein Auto antreiben konnte. In seiner Patentschrift findet man nur ein paar Sätze über die Hauptsache, damit kein anderer Erfinder seine Ergebnisse kopieren konnte. Leider bekam er das Patent vergeblich, denn bei einem Gerichtsprozess verlor er alles und starb namenlos und verarmt.

Der Effekt selbst wurde aber wiederentdeckt, und zwar von russischen Forschern, die als Erste in der Geschichte mit viel Fleiß und Ausdauer versuchten, ihn endlich zu verstehen und umzusetzen. Der Russe Alexander Tschernetzki arbeitete fast 20 Jahre mit seinen Kollegen daran, diese Erscheinung zu durchschauen, und publizierte zahlreiche Artikel.

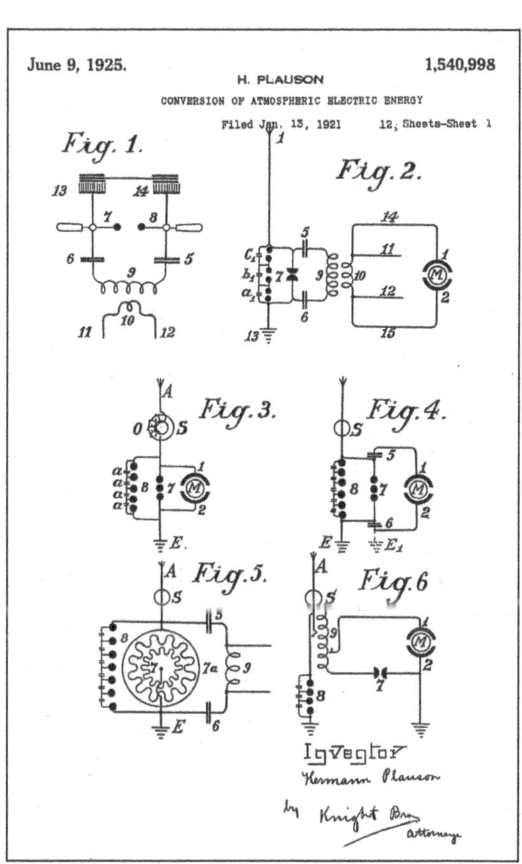

Abb. 79
Hermann Plauson ließ seine Erfindung patentieren. Dies ist vielleicht das erste Dokument, in dem die Gewinnung und Auskopplung von »Raumenergie« erwähnt wird.

United States Patent [19]

Gray

[11] **3,890,548**

[45] **June 17, 1975**

[54] **PULSED CAPACITOR DISCHARGE ELECTRIC ENGINE**

[75] Inventor: **Edwin V. Gray**, Northridge, Calif.

[73] Assignee: **Evgray Enterprises, Inc.**, Van Nuys, Calif.

[22] Filed: **Nov. 2, 1973**

[21] Appl. No.: **412,415**

[52] U.S. Cl. **318/139**; 318/254; 318/439; 310/46

[51] Int. Cl. **H02p 5/00**

[58] **Field of Search** 310/46, 5, 6; 318/194, 318/439, 254, 139; 320/1; 307/110

[56] **References Cited**

UNITED STATES PATENTS

2,085,708	6/1937	Spencer	318/194
2,800,619	7/1957	Brunt	318/194
3,579,074	5/1971	Roberts	320/1
3,619,638	11/1971	Phinney	307/110

OTHER PUBLICATIONS

Frungel, *High Speed Pulse Technology*, Academic Press Inc., 1965, pp. 140–148.

Primary Examiner—Robert K. Schaefer
Assistant Examiner—John J. Feldhaus
Attorney, Agent, or Firm—Gerald L. Price

[57] **ABSTRACT**

There is disclosed herein an electric machine or engine in which a rotor cage having an array of electromagnets is rotatable in an array of electromagnets, or fixed electromagnets are juxtaposed against movable ones. The coils of the electromagnets are connected in the discharge path of capacitors charged to relatively high voltage and discharged through the electromagnetic coils when selected rotor and stator elements are in alignment, or when the fixed electromagnets and movable electromagnets are juxtaposed. The discharge occurs across spark gaps disclosed in alignment with respect to the desired juxtaposition of the selected movable and stationary electromagnets. The capacitor discharges occur simultaneously through juxtaposed stationary movable electromagnets wound so that their respective cores are in magnetic repulsion polarity, thus resulting in the forced motion of movable electromagnetic elements away from the juxtaposed stationary electromagnetic elements at the discharge, thereby achieving motion. In an engine, the discharges occur successively across selected ones of the gaps to maintain continuous rotation. Capacitors are recharged between successive alignment positions of particular rotor and stator electromagnets of the engine.

18 Claims, 19 Drawing Figures

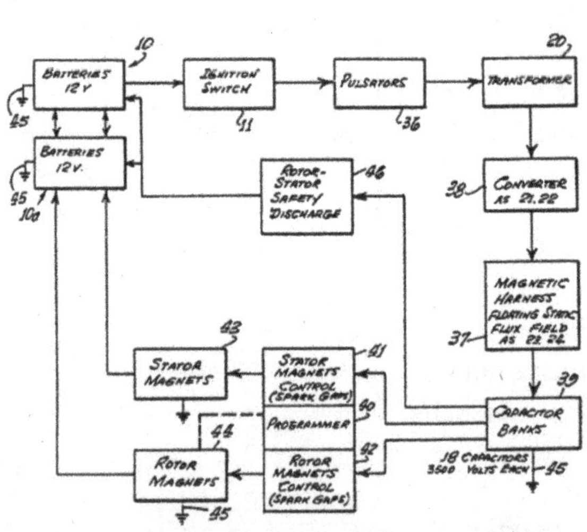

Abb. 80

Die erste Seite der Patentschrift von Grays Apparat, der auf transienter Bogenentladung basiert. Leider ist die Beschreibung gerade an der wichtigsten Stelle, also der Beschreibung des Entladungsrohres, sehr knapp gehalten.

Aber die politische Wende und der plötzliche Tod Tschernetzkis verhinderten die vollständige Aufdeckung des Effekts. Tschernetzki und seine Mitarbeiter Rytschkow und Temejew bemerkten in den 1960er-Jahren, dass eine Lichtbogenentladung von mehreren Ampere Stromstärke manchmal von selbst kurz unterbrochen wird, dann aber sofort wieder startet. Dabei entstanden sehr starke Stromstöße. Als sie hinter dem Lichtbogenrohr einen Schwingkreis platzierten, bemerkten sie überrascht, dass bei den richtigen Parametern Strom von mehreren tausend Ampere gewonnen werden kann und dass die Stromstärke beispielsweise von der Belastung des Schwingkreises abhängt. Je größer die Belastung (bis zu einer gewissen Grenze) ist, umso größer ist die Leistung, die aus dem extrem dichten Plasma (also dem Lichtbogen) gewonnen werden kann.

Die Gruppe veröffentlichte ihre Ergebnisse zwar in kleineren Zeitschriften, die westlichen Referenzzeitschriften erreichte sie aber nicht. 1974 erschienen die Ergebnisse von Tschernetzki, Litschnikow, Popow und Kuranow in der Zeitschrift *Радиофизика* (»Strahlenphysik«), wo auch schon detaillierte Messergebnisse zu finden sind. Sie arbeiteten auch an der Erforschung des theoretischen Hintergrunds. 1975 veröffentlichte Tschernetzki mit seiner Frau und Litschnikow in der recht unbekannten Zeitschrift *Физика и химия обработки материалов* (»Physik und Chemie der Materialverarbeitung«) einen Artikel, in dem er versuchte, den »Generatoreffekt« mathematisch zu beschreiben. Dieser Artikel glich aber eher dem Messprotokoll eines Studenten: Um das erwartete Endergebnis zu erhalten, wurden die Daten hier und dort etwas frisiert, bisweilen hat sich auch ein Vorzeichenfehler eingeschlichen.

Tschernetzki sagte zwar nie direkt, dass er beim Energieerhaltungssatz ein Problem sah, deutete es aber immer wieder an. Ende der 1980er-Jahre begann er (wahrscheinlich mit einigen seiner Kollegen), die biologischen Auswirkungen besagter Entladungen zu untersuchen. Er bemerkte, dass bei den von ihm als »Selbstinduktionsentladungen« bezeichneten Effekten seltsame physikalische Veränderungen stattfanden. Es schien, als seien Halbleiter zu Leitern geworden und als seien Pflanzen schneller gewachsen. Auch biologische Anomalien waren um das vibrierende Plasma zu beobachten. Die Forscher bauten immer größere Apparate, bei denen sie Stromstöße von mehreren tausend Ampere maßen. Angeblich gab es einmal einen so starken Stromstoß, dass der Transformator des Instituts durchbrannte.

Ende der 1980er-Jahre war es für Tschernetzki offensichtlich, dass die Phänomene des Plasmagenerators nicht mit der herkömmlichen Physik erklärt werden konnten. Damals begann er auch, mit dem zu dieser Zeit schon rehabilitierten Andrej Dmitrijewitsch Sacharow zusammenzuarbeiten. Beide glaubten, dass dieser Energieüberschuss auf irgendeine Weise aus dem Vakuum käme. Sie stellten sich also den Energieüberschuss als eine Erscheinungsform der Vakuumenergie vor. Sacharow starb jedoch bald darauf, und auch Tschernetzki verstarb 1990 unerwartet, gerade als er eine Einladung nach Amerika erhalten hatte, wo er seine Arbeit in einem perfekt ausgerüsteten Labor hätte fortsetzen sollen.

Seine Kollegen hatten im Strudel des Zerfalls der sowjetischen Wissenschaft ums Überleben zu kämpfen und verfügten weder über genügend Geld noch über das Ansehen oder die Möglichkeiten weiterzuforschen. Ihnen fehlte allerdings auch die Begeisterung, die Tschernetzki bis zum Schluss angetrieben hatte. So endete das vielleicht wichtigste Experiment der Geschichte, das im Rahmen der offiziellen Physik begonnen hatte und mithilfe der Anomalien transienter Lichtbögen endlich Freie Energie für die Menschheit hätte gewinnen können.

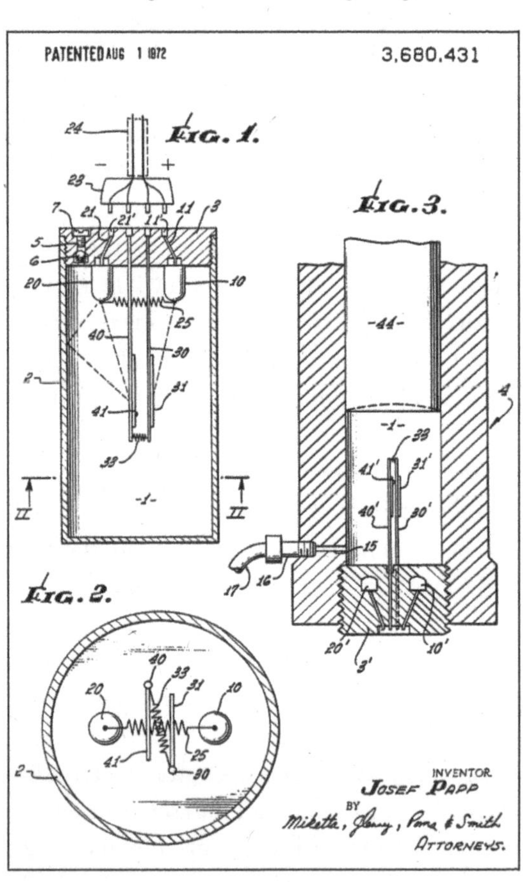

Abb. 81
Eine Seite aus der Patentschrift des Ungarn József Papp. Aus transienten Entladungen in Edelgasen gewann er so viel Energie, dass sich damit eine Kanone betätigen ließ. Später benutzte er den Apparat zum Antrieb eines Autos.

Der seltsamste Apparat jedoch, der diesen Effekt nutzte, stammt vom amerikanischen Erfinder William Hyde, der dem Patent zufolge zehnmal so viel mechanische Energie aus seinem Gerät erhielt, wie er für dessen Inbetriebsetzung benötigte. Auch er verstand die Hauptsache des Effekts nicht, achtete aber darauf, dass sein Patent nicht allgemein verständlich und damit reproduzierbar würde. Sein Apparat erzeugte ein Hochspannungsfeld zwischen stillstehenden Scheiben, die er mit einer rotierenden Scheibe immer wieder unterbrach. Dies bewirkte, dass sich die geladenen Teilchen bei der Entladung auf krummen Bahnen bewegten, sodass man Überschussenergie erhielt, wenn man die richtigen Parameter herausfand (die in dem Patent selbstverständlich nicht beschrieben sind).

Hyde veröffentlichte die wichtigen Details nie, schrieb aber ein paar verzweifelte Briefe im Internet und verschwand dann spurlos.

Die Lage heute

Das bisher erfolgversprechendste Experiment auf diesem Gebiet wurde in den 1980er-Jahren vom portugiesischen Ehepaar Alexandra und Paulo Correa in Kanada begonnen. Sie bekamen mehrere Patente für ihre Erfindung, die der Autor in Toronto unter Laborumständen im Einsatz gesehen hat. Der Apparat konnte 300 bis 400 Prozent elektrische Überschussenergie liefern. Auch er funktioniert mithilfe transienter Lichtbogenentladungen, für die das Patent ausgestellt war. Aber auch hier reicht die Beschreibung nicht aus, um den Apparat ohne Erfahrung, nur aufgrund der Patentschrift, nachbauen zu können.

Für eine Forschergruppe mit Erfahrung ist diese Beschreibung aber auch heute noch die beste Grundlage zur Erzeugung des Effekts. Der Effekt selbst ist allerdings so kompliziert, dass es fast unmöglich ist, ihn mathematisch zu beschreiben. Er kann nur mit viel Glück und Ausdauer gefunden werden, da er sich – wie alle anderen nichtlinearen Effekte auch – nur bei sehr bestimmten Bereichen der unzähligen Parameter so verhält, wie wir es uns vorstellen. Und genau deshalb ist das enge Spektrum der Parameter (wo der Energieüberschuss produziert wird) ein so gut gehütetes Geheimnis (Patente werden ja vergeben, um Ideen zu schützen, und nicht, um sie zu erklären).

Das Ehepaar Correa wartet bis heute auf Investoren. Viele Jahre sind vergangen, seitdem es den Effekt entdeckt hat; die industrielle Produktion ist aber auch heute noch nicht in greifbarer Nähe, da niemand die 20 000 000 US-Dollar für weitere Versuche und die Arbeit zahlen will, obwohl diese Summe nur ein Bruchteil des zu erwartenden Gewinns ist. Niemand wagt es jedoch, eine so hohe Summe zu riskieren, da man nicht genau weiß, ob sich der Effekt auch in Industriemaßstäben bewähren würde. Selbstverständlich verschließt sich die offizielle Wissenschaft noch immer vor der Untersuchung solcher Erscheinungen, weil sie den Energieerhaltungssatz für allgemeingültig hält. Diese Sichtweise steht dem Erfolg des Ehepaars Correa wie auch dem Tschernetzkis und vieler anderer Erfinder im Wege.

PCT WORLD INTELLECTUAL PROPERTY ORGANIZATION
International Bureau

INTERNATIONAL APPLICATION PUBLISHED UNDER THE PATENT COOPERATION TREATY (PCT)

(51) International Patent Classification 5 : H02M 7/48, H03K 3/04 H02P 7/26	A1	(11) International Publication Number: WO 94/09560 (43) International Publication Date: 28 April 1994 (28.04.94)

(21) International Application Number: PCT/CA93/00430

(22) International Filing Date: 13 October 1993 (13.10.93)

(30) Priority data:
07/961,531 15 October 1992 (15.10.92) US
08/054,111 15 April 1993 (15.04.93) US

(60) Parent Application or Grant
(63) Related by Continuation
US 08/054,111 (CIP)
Filed on 15 April 1993 (15.04.93)

(71)(72) Applicants and Inventors: CORREA, Paulo, N. [CA/CA]; CORREA, Alexandra, N. [CA/CA]; 42 Rockview Gardens, Concord, Ontario L4K 2J6 (CA).

(74) Agent: PARSONS, Richard, A., R.; Ridout & Maybee, Suite 2300, Richmond-Adelaide Centre, 101 Richmond Street West, Toronto, Ontario M5H 2J7 (CA).

(81) Designated States: AT, AU, BB, BG, BR, BY, CA, CH, CZ, DE, DK, ES, FI, GB, HU, JP, KP, KR, KZ, LK, LU, MG, MN, MW, NL, NO, NZ, PL, PT, RO, RU, SD, SE, SK, UA, US, VN, European patent (AT, BE, CH, DE, DK, ES, FR, GB, GR, IE, IT, LU, MC, NL, PT, SE), OAPI patent (BF, BJ, CF, CG, CI, CM, GA, GN, ML, MR, NE, SN, TD, TG).

Published
With international search report.

(54) Title: ENERGY CONVERSION SYSTEM

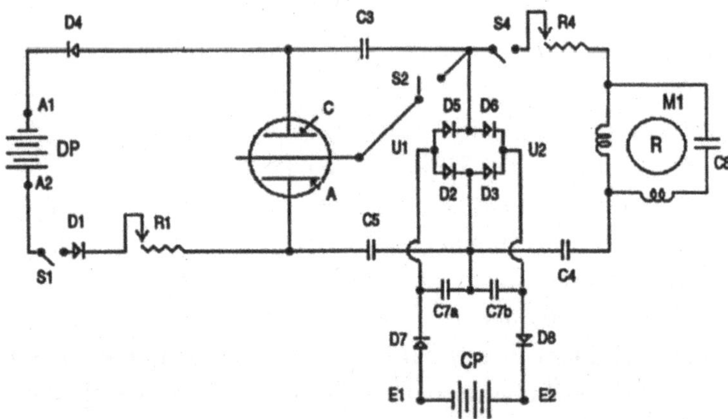

(57) Abstract

An energy conversion device includes a discharge tube which is operated in a pulsed abnormal glow discharge or interrupted vacuum arc discharge regime in a double ported circuit. A direct current source (DP) connected to an input port provides electrical energy to initiate emission pulses, and a current sink in the form of an electrical energy storage or utilization device (M1) connected to the output port captures at least a substantial proportion of energy released by collapse of the emission pulses.

Abb. 82

Seite aus der Patentschrift des Ehepaars Correa

Heute arbeiten mindestens vier voneinander unabhängige Gruppen an der Energiegewinnung durch Gasentladungen. Bei einem besonders interessanten Versuch befindet sich der Lichtbogen unter Wasser. Während dieses Lichtbogens wird der Strom immer wieder unterbrochen, wodurch das benötigte transiente Phänomen entsteht. Eine amerikanische Forschergruppe benutzt es, um organische Materialien in Flüssigdünger zu zersetzen, wenn ein Lichtbogen zwischen den Kohlenstoffelektroden entsteht. Ein Teil der Energie hilft dabei, aus dem Kohlenwasserstoffgehalt der Flüssigkeit – in diesem Fall organischer Flüssigdünger – Wasserstoff, Methangas und andere brennbare Gase zu erzeugen. Die Messungen zeigen, dass hier ein Wirkungsgrad von 160 bis 170 Prozent erreicht werden kann. Das Problem ist nur, dass das System mit elektrischem Strom gespeist werden muss, die gewonnene Energie aber in Form von Wärme und chemischer Energie erscheint. Diese wiederum sind billiger als elektrischer Strom, sodass das System selbst bei einem Wirkungsgrad von 170 Prozent nicht rentabel sein kann.

Den gleichen Effekt nutzen die zwei Forschergruppen, die unter der Leitung von Professor Peter Graneau stehen. Die eine Gruppe arbeitet in Oxford, England, die andere in Toronto, Kanada. Jahrzehnte zuvor, noch vor Beginn des Zweiten Weltkrieges, entdeckten deutsche Forscher, dass bei transienten Lichtbögen unter Wasser enorme »Stöße« erzeugt werden können und die erzeugten Gase die Flüssigkeit um die Elektroden herum mit hoher Geschwindigkeit herausschießen. Es müssen also Kondensatoren mit sehr hoher Spannung geladen werden, bei deren Entladung ein Lichtbogen unter Wasser entsteht. Natürlich gibt es auch hier ein technisches Optimum. Dabei brechen die Tropfen der Flüssigkeit aber so schnell hervor, dass sie sogar dicke Holz- oder Aluminiumwände zerreißen können.

Professor Graneau, sein Sohn und seine Kollegen untersuchten das Phänomen sehr gründlich. Sie stellten fest, dass es hier viel Überschussenergie gibt, meinten aber, dass dieser Überschuss aus dem Wasser und aus seiner Bindungsenergie stamme, und dachten auch, das Wasser habe diese Energie früher in Form von Regen von den Sonnenstrahlen erhalten. Die Physik- und Chemiebücher enthalten gewisse Ungenauigkeiten über die Bindungsenergie des Wassers, weshalb die Graneau-Gruppe dachte, von hier könnte die Energie kommen. Sie irrte sich aber, da sich auch dieses Phänomen in Gasen abspielt.

Auch dieser Irrglaube ist typisch. Solange man nämlich nicht versteht, dass Energie eine Symmetrie ist, ist das Aufspüren eines jeden Effekts vergeblich. Seine Weiterentwicklung ist aussichtslos, weil in diesem Fall nur das Wissen von der Symmetrie bei der Entwicklung weiterhelfen kann. Zwar beschreiben die Physiker die Energie seit den 1960er-Jahren als eine Symmetrie, verstehen aber die Hauptsache nicht, denn sonst könnten sie sie auch nutzen. Meist sind sie mit der spontanen Symmetriebrechung beschäftigt, die zwar in der Teilchenphysik eine große Bedeutung besitzt, in der Technik aber nicht viel nützt. Ingenieure hingegen beschäftigen sich nicht mit zufälligen, sondern mit gesteuerten Symmetriebrechungen und wenden eine Reihe geplanter Schritte zur Symmetriereduktion an. Dies ist ein entscheidender Unterschied zwischen den zufällig auftretenden Symmetriereduktionen in der Natur und den beabsichtigten, im Voraus geplanten in der Technik.

Der Hintergrund der Moray-Geschichte

Nun wollen wir uns die Geschichte des Moray-Apparats aus den 1930er-Jahren ansehen, denn auch sie ist charakteristisch. Morays Geschichte gleicht in vieler Hinsicht der von Bessler. Zwar floss aus Morays Apparat Strom, den physikalischen Hintergrund des Ganzen verstand er aber nicht. Vergeblich versuchte er ein Patent zu erlangen, denn die Beamten des Patentamtes verstanden den Effekt ebenso wenig wie er und verweigerten deshalb die Ausstellung des Patents, ohne den Apparat überhaupt untersucht zu haben. Damals arbeitete Moray mit einem Forscher namens Henry Eyring zusammen, der in den 1930er- und 1940er-Jahren ein anerkannter Wissenschaftler im Bereich der Gasentladungen war. Aber auch er war keine große Hilfe, da viel mehr Kenntnisse als die von Gasentladungen notwendig waren, um die Funktionsweise des Moray-Apparats zu verstehen.

Sie versuchten auch, die Unterstützung von Robert Andrews Millikan zu gewinnen, der für die Bestimmung der Elementarladung des Elektrons den Nobelpreis erhalten hatte. (Dazu muss man wissen, dass die Verleihung des Preises zweifelhaft war, da Ehrenhaft schon vor ihm die Ladung genauer bestimmt und auch das Messgerät entwickelt hatte. Auch wurde im Nachhinein bekannt, dass Millikan die Messungen gefälscht hatte, um einfachere Werte zu erhalten, wofür ihm dann der Preis zugesprochen wurde.) Jedenfalls lehnte Millikan die Untersuchung des Moray-Apparats ab. Wenn er sich mit seinem Ansehen als Nobelpreisträger hinter Moray gestellt hätte, hätte dieser vielleicht das nötige Geld für die Weiterentwicklung seiner Erfindung bekommen. Millikan interessierten aber die kleinen Intrigen des wissenschaftlichen Lebens viel mehr, und für ihn war es unter seiner Würde, sich mit einem Außenseiter abzugeben. Auch dies trug zum Untergang des Moray-Apparats bei. Doch sehen wir uns jetzt zunächst einmal Morays Geschichte an.

Das Energiemeer

Tesla war mit seinen Ansichten nicht allein. Henry Moray begann das Buch über seine Erfindung mit den folgenden Zeilen:

> Es kommt genug Energie auf die Erde, um für jeden Menschen 1,5 Millionen 100-Watt-Lampen brennen zu lassen. Diese Energie ist überall ohne jeglichen primären Treibstoff nutzbar und kann auch auf Schiffen, Flugzeugen oder Lokomotiven genutzt werden. Man kann Wärme, Licht oder elektrischen Strom an einem beliebigen Ort erhalten und sie in jedem beliebigen Gebäude für Geräte aller Art nutzen. Man kann auch Wasser in der Wüste fördern. Außerdem sind diese Geräte viel leichter und kosten einen Bruchteil der herkömmlichen Maschinen.

Dieses Buch wurde in den 1920er-Jahren geschrieben und enthält ähnliche Gedanken wie die von Tesla.

Moray arbeitete allein, und schließlich war seine Ausdauer von Erfolg gekrönt: Sein Konverter funktionierte. Er führte ihn vor mehreren hundert Menschen vor; Dutzende Zeugenaussagen, die von einem Notar beglaubigt wurden, liegen noch heute vor. Natürlich blieb die genaue Funktionsweise auch hier ein Geheimnis. Später werden wir sehen, warum. Über das Gerät kann man heute nur sagen, dass es sehr einfach war. Die Augenzeugen beschreiben es als einen mittelgroßen, einige Dutzend Zentimeter langen Holzkasten, der an eine Antenne und eine Erdung angeschlossen wurde. Wenn der Kontakt zur Antenne unterbrochen wurde, ging das Gerät aus. An den Kasten konnten viele elektrische Geräte auf einmal angeschlossen werden – Moray betrieb meistens Glühbirnen, Bügeleisen und Ventilatoren damit. Die Experimente funktionierten überall. Moray betrieb sein Gerät sogar mehrmals in der Wüste, fern von jeder elektrischen Leitung, oder in einem Flugzeug. Das Gerät funktionierte lautlos und erwärmte sich nur minimal. Man weiß, dass der Apparat hochfrequente Hochspannung von sich gab. Manchmal erlaubte Moray einen Blick in die Kiste, um zu beweisen, dass sie keine Hochleistungsbatterie beinhaltet.

Die Augenzeugen, die das Gerät aus nächster Nähe gesehen hatten, berichteten von allen möglichen Spulen, Drähten und Rohren. Ein einziges Bauteil jedoch ließ Moray niemanden ansehen (er entfernte es immer, bevor er den Einblick erlaubte): Dies war ein winziges Rohr, das in einer Hand Platz hatte. Entweder war dies ein Akku, der tagelang Hochspannung mit hoher Frequenz, wahrscheinlich Wechselstrom, produzierte, oder Morays Behauptung, dass die Energie dem Raum entnommen wurde, war wahr. Auf jeden Fall wurde Moray von Tesla inspiriert, da er dessen Rat befolgte: Er entzog dem »Äther« die Resonanzenergie.

Leider würde es den Rahmen dieses Buches sprengen, die verbliebenen Dokumente über Morays Kampf zu schildern; es lohnt sich aber, einige der Schriftstücke genauer zu betrachten, zum Beispiel einige der Briefe, die Augenzeugen über Morays Apparat und die Leistungstests verfassten. Der erste Brief, der hier fast vollständig abgedruckt ist, stammt von E.G. Jensen und wurde an L. Anderberg geschickt:

> Auf Dr. Fletchers Rat hin haben wir einen Leistungstest durchgeführt, um zu sehen, wie lange diese Lampen leuchten. Der Versuch begann am 1. Oktober 1928 in Dr. Morays Labor, das sich im Keller seines Hauses, 2484 Fifth Street, in Salt Lake City befand. Die Vorrichtung bestand aus den zwei Holzkisten, die ich schon bei der letzten Vorführung gesehen hatte. Diese haben wir in eine größere Kiste gestellt, an der sich je ein Loch für die Erdung und die Antenne sowie ein weiteres Loch mit einem Durchmesser von ca. 5 Zentimetern befanden. (Ein drittes Loch diente zum Durchschauen; so konnte man sehen, dass sich die anderen beiden Kisten noch in der großen befanden.)
>
> Dr. Moray begann die Einstellungen morgens um 7:49 Uhr und schaltete das Gerät um 7:59 Uhr an. Er benutzte zwei Glühbirnen. Die eine hatte 10 Watt, die andere 100 Watt; damit konnte er demonstrieren, dass immer mindestens eine brennt. Sobald das Gerät fertig eingestellt war, wurde die Kiste in Anwesenheit von Dr. Moray, Dr. Hayes, Herrn L. Judd sowie dem Autor dieser Zeilen verschlossen und versiegelt. Das Siegel war eine Art Sicherheitsstempel, wie er bei Güterzügen benutzt wird (es war aus Blei). Die Kiste wurde an drei Stellen versiegelt, die Stellen und die Nummer der Siegel wurden schriftlich festgehalten. Dieses Papier behielt ich bei mir. Die Kiste selbst war aus Holz und mit Eisenriemen verstärkt.
>
> Wir einigten uns, dass jeder – außer dem Erfinder – das Labor und den Apparat jederzeit untersuchen darf, um zu sehen, ob die Lampen noch brennen und ob die Siegel unversehrt sind.

Es folgt eine lange Checkliste aus dem Protokoll, in der bestätigt wird, dass der Apparat 74 Stunden und 21 Minuten lang ununterbrochen in Betrieb gewesen war.

> Dr. Moray berichtete uns am Vormittag des 4. Oktobers um 11 Uhr, dass der Apparat keinen Strom mehr erzeugt. Er sagte, dass neben dem Labor ein großer Baum

> gefällt worden sei, der beim Umstürzen eine starke Erschütterung verursacht habe, wodurch ein Bauteil im Apparat verrutscht sei. Zu der Zeit hatte ich mich gerade in der Nähe des Labors von Moray befunden, und ich kann versichern, dass es in der Tat eine große Erschütterung gab. Herr Moray schlug vor, dass wir alle zusammen das Siegel in seinem Labor aufbrechen, das Gerät inspizieren und dann besprechen sollten, was zu tun sei.
>
> Also trafen wir uns am Nachmittag des 4. Oktober 1928 um 6:30 Uhr erneut. Die Siegel waren unberührt. Wir brachen sie auf und öffneten den Deckel der Kiste. Dr. Moray schraubte den Detektor vorsichtig von der oberen Kiste ab. Er schüttelte ihn, und wir hörten ein Klappern. Dr. Moray sagte, dass ein Bauteil in dem Detektor verrutscht sei, als der Baum umstürzte, dass er es aber schnell reparieren könne. Dies tat er auch sofort in unserer Anwesenheit. Um 6:53 Uhr hatte er den Detektor repariert. Herr Hayes blieb im Labor, während wir Herrn Judd anriefen, der gesagt hatte, dass er bei dem Einstellen des Geräts und dem erneuten Verschließen der Kiste anwesend sein wolle. Herr Judd traf um 7:35 Uhr ein, und das Einstellen begann sofort. Um 7:44 Uhr leuchteten die Lampen. Auch die beiden Söhne von Herrn Judd waren anwesend. Die Kiste verschlossen und versiegelten wir genau wie zuvor. Auch die Zahl der Siegel notierten wir wieder.

Dem folgt wieder eine lange Liste, die besagt, dass die Lampen weitere 83 Stunden und 34 Minuten ununterbrochen brannten.

> Am Sonntagabend entschieden wir uns, die Untersuchung am Montag, dem 8. Oktober, zu beenden. Wir versammelten uns also wieder. Die Siegel waren alle in Ordnung. Herr Moray öffnete die Kiste und schloss noch ein Bügeleisen mit 275 Watt, eins mit 110 Volt der Firma Edison und eine weitere Glühbirne mit 60 Watt an.
>
> Dr. Moray demonstrierte wieder, dass der Strom nicht mehr floss, sobald er die Antenne entfernte. Wir überzeugten uns davon, dass wirklich kein Strom durch die Antenne in das Gerät floss. Herr Moray stellte das Gerät nun wieder ein, und um 7:22 Uhr fingen die Lampen wieder an zu leuchten (diesmal hatte er fünf 100-Watt-Glühbirnen ans Gerät angeschlossen, alle leuchteten hell). Um 7:24 Uhr schaltete er das Gerät aus. Eine Minute später stellte er das Gerät wieder an, und die fünf Lampen leuchteten erneut. Während die Lampen brannten, schlug Moray einmal mit dem Hammer auf die Arbeitsplatte, auf der das Gerät stand. Die Lampen wurden erst dunkler, dann gingen sie aus. Er konnte das Gerät nicht wieder einstellen, was uns davon überzeugte, dass die Lampen am 4. Oktober tatsächlich wegen der Erschütterung erloschen waren.

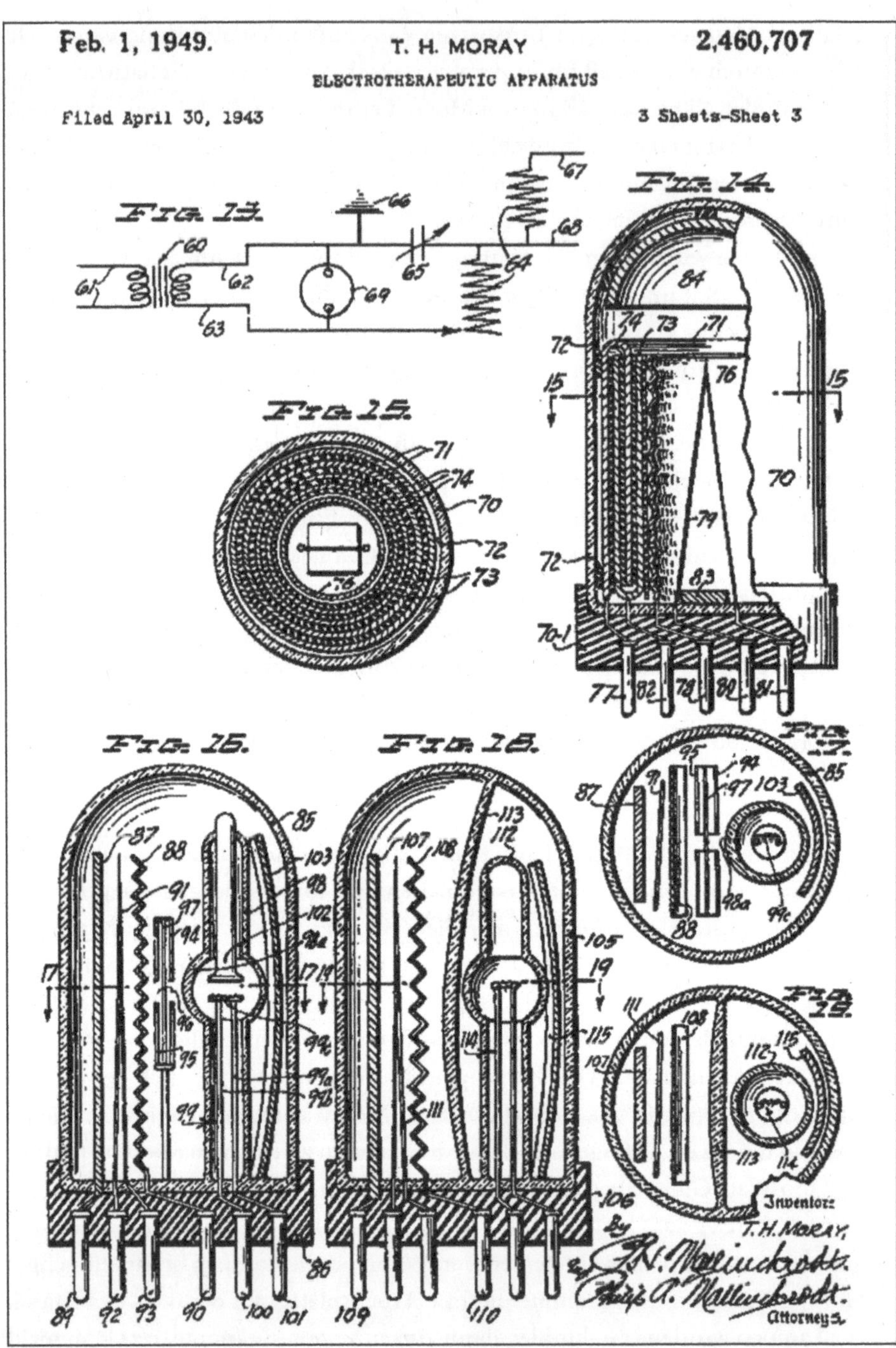

Abb. 83 *Eine Seite aus der einzigen Patentschrift Morays, die erhalten geblieben ist. Die seltsamen Röhren wurden eigentlich in der Heilkunst verwendet.*

In dieser Zeit untersuchten Herr Hayes und Herr Judd das Gerät ebenso oft wie ich selbst. Herr Moray schaltete die Antenne mehrmals ab, aber nur für kurze Zeit, sodass das Gerät hinterher wieder funktionierte. Wenn die Antenne abgeschaltet und angeschlossen wurde, war an der Verbindungsstelle immer ein Funke zu sehen. Einmal schaltete Herr Moray die Beleuchtung im Keller an, ging dann nach oben und schaltete die ganze Stromzufuhr des Hauses ab. Der Strom, der aus dem Kasten kam, ließ die Lampen weiterleuchten, obwohl es im Haus keinen Strom mehr gab. Während der Untersuchung leuchteten die Lampen vollkommen gleichmäßig. Auch die Tageszeit änderte nichts an der Helligkeit. Obwohl die 100-Watt-Glühbirne des Typs C neu war, bemerkten wir einen kleinen schwarzen Fleck darin, was bedeutete, dass sie bald durchbrennen würde. Nach der Untersuchung nahmen wir das Gerät wieder aus der Kiste, entfernten alle Drähte und untersuchten alle Bauteile, außer dem Detektor.

Die Vorführung war sehr interessant. Der Erfinder war offen und ehrlich, und wir sind uns sicher, dass es keine geheimen Drähte oder Schalter gibt.

—Hochachtungsvoll: E. G. Jensen

Sehen wir uns jetzt einen Ausschnitt aus der Beschreibung eines anderen Augenzeugen an – Murray O. Hayes:

Im Folgenden werde ich meine Beobachtungen des kosmischen Energiekonverters von Dr. Moray niederschreiben. Die Antenne ist ca. 152 m lang und 27 m über der Erde angebracht. Sie hat einen Durchmesser von ca. 0,5 cm und ist aus gut isoliertem Kupfer. Die Erdung ist an die Wasserleitung von Dr. Morays Haus angeschlossen. Das Gerät ist in einer Kiste zusammengebaut, an der Löcher angebracht sind, um die Antenne und die Erdung anschließen und das Gerät beobachten zu können. Die Löcher haben einen Durchmesser von 1,5 cm. Zwei kleinere Kisten, die 25 × 50 × 12 cm groß sind, stehen aufeinander. Die Deckel der Kisten sind festgeschraubt.

Auf der oberen Kiste befindet sich ein Isolierungselement, eine ca. 2,5 cm dicke, 37 cm lange und 7 cm breite Gummitafel. Auf der Tafel sind zwei Verbindungspunkte zu sehen, die mit zwei kleinen Schrauben gelockert werden können. Auf dieser Tafel ist noch ein anderes Bauteil, dessen Maße ca. 4,5 × 2 cm sind. Dieses ist mit Isolierband umwickelt. Aus diesem Teil ragen zwei Pole mit einem Durchmesser von jeweils 1 cm heraus, die wahrscheinlich aus Weicheisen sind. Auf einem doppelten Boden sind zwei Glühbirnen angebracht; die eine hat 20 Watt, die andere 100.

E. G. Jensen, R. L. Judd und ich waren anwesend, als die Kiste auf andere elektrische Anschlüsse hin untersucht wurde. Wir fanden aber keine. Den schon erwähnten kleinen Schalter legten wir mehrmals um – ohne jegliches Resultat. Wir haben auch die Antenne und den Erdanschluss mehrmals abgetrennt, ohne dass sich etwas verändert hätte.

Jetzt nahm Dr. Moray einen Magneten hervor, der sehr kurz und breit war und eine U-Form hatte. Mit der einen Seite des Magneten begann er über das eine Ende der mit Isolierband abgeklebten Kiste zu streichen. Herr Jensen berührte den Anschluss mehrmals. Am Ende bekam er einen starken Stromschlag. Dann legte Herr Moray den Schalter um, und die Lampen fingen an zu leuchten. Als der Schalter in die Ausgangsposition gedrückt wurde, wurde der Stromkreis unterbrochen, und die Lampen erloschen. Beim erneuten Umlegen des Schalters leuchteten sie wieder. Wenn die Antenne oder die Erdung entfernt wurde, leuchteten die Lampen nicht mehr, nach dem erneuten Schließen des Stromkreises wurden sie aber wieder hell. Die Einstellung mit der Induktion dauerte etwa 10 Minuten. Am 1. Oktober morgens um 7:59 Uhr sahen wir das Gerät zum ersten Mal im Einsatz …

Bis zum 4. Oktober kontrollierte ich jeden Morgen und Abend die Siegel. Ich sah, dass die Lampen brannten. Am selben Tag bewegte sich der Detektor um 10:30 Uhr von seinem Platz, weil in der Nähe ein großer Baum gefällt wurde. Dr. Moray nahm den Detektor in Anwesenheit von Herrn Jensen und mir aus der Kiste. Er arbeitete ca. 20 Minuten an ihm, dann legte er ihn wieder zurück. Nach der Ankunft von Herrn Judd leuchteten die Lichter wieder, nachdem Dr. Moray erneut 10 Minuten lang über den abgeklebten Körper gestrichen hatte. Dann versiegelten wir die Kiste wie schon erwähnt. […]

Ein weiterer Beweis dafür, dass der Apparat wahrscheinlich einen Konverter beinhaltete, ist, dass die Lichter erloschen, sobald Dr. Moray mit einem Hammer auf den Tisch schlug, auf dem sich die Kiste befand, weil der Detektor sich von seinem Platz bewegt hatte.

Sehen wir uns jetzt den Teil eines anderen Dokuments an, welches ebenfalls von Murray Hayes stammt:

Ich kenne Dr. Henry Moray und seine Arbeiten schon seit über 20 Jahren. Er erwies sich schon oft als guter Erfinder. Seine interessanteste Erfindung ist vielleicht ein Gerät, das mithilfe einer Antenne elektrischen Strom erzeugen kann. Diese Energie stammt nicht aus der Induktion der Hochspannungsleitungen, wie einige behaupten, und auch nicht von Radiosendern, da wir das Gerät 40 Kilometer vom nächsten Strommast und 150 Kilometer vom nächsten Radiosender entfernt angebracht hatten. Trotzdem produzierte das Gerät aber weiterhin Strom wie sonst überall. Wir unterzogen es auch einem längeren Dauertest; mehr als eine Woche lang produzierte es kontinuierlich Strom. Am Ende wurden eine 100-Watt-Lampe und ein 575-Watt-Bügeleisen gleichzeitig damit betrieben. Es ist offensichtlich, dass kein Akku solch eine Leistung hätte abgeben können.

Er hat auch einen sehr empfindlichen Tondetektor entwickelt, mit dessen Hilfe man Gesprächen aus mehreren hundert Metern Entfernung in hervorragender Qualität zuhören konnte. Er zeigte uns ferner auch Funkgeräte, die mehrere der üblichen Bauteile überflüssig machten. Trotzdem war die Empfangsqualität nicht schlechter, manchmal sogar besser als vorher. Mit einem anderen Gerät kann er bis zu einem gewissen Maß die Energie messen, die bei mentaler Aktivität entsteht (wahrscheinlich handelt es sich um einen sensitiven Hautwiderstandsmesser). Eine weitere interessante Erfindung ist eine Methode, mit der man aus alten Regenmänteln eine viskose Flüssigkeit herstellen kann, die wieder vulkanisierbar ist, ohne dass irgendwelche anderen Stoffe dazugegeben werden müssten. Auch ein Hochfrequenz-Therapiegerät hat er entwickelt (hierfür hat er auch ein Patent bekommen). Außerdem besitzt er noch viele weitere Erfindungen, die alle sehr interessant sind.

—Murray O. Hayes, PhD,
7. Oktober 1929

Außerdem gibt es noch ein interessantes Behördendokument, dessen Verfasser Nathaniel Baldwin ist:

Denjenigen, die Morays Strahlungsenergiesystem vielleicht interessiert, kann ich bestätigen, dass ich das Gerät im Einsatz gesehen habe und es sehr viel Licht und Wärme produzierte. Jede Angabe des Erfinders stimmt, für einen Betrug habe ich keinerlei Anzeichen gefunden. Das Volumen des Kastens ist viel zu klein, um so viel Licht und Wärme herstellen zu können. [...] Die Energie muss von irgendeiner äußeren Quelle kommen. Ich habe das Gerät gründlich untersucht: Es besteht aus Kondensatoren und Drahtspulen, die an sich noch keine Energie erzeugen können. Den Detektor aber, ein kleines Gerät, das unbedingt benötigt wird, durfte ich nicht untersuchen, und Herr Moray hat mir auch sein Funktionsprinzip nicht erklärt.

Die meisten Erfindungen scheinen schier unmöglich zu sein, ehe man sie in der Praxis eingeführt hat. Dann erscheinen sie ganz einfach und alltäglich. Das Funktionsprinzip dieser Erfindung verstehe ich zwar nicht, stelle es mir aber folgendermaßen vor: Die Wissenschaft meint, dass Licht, Wärme und Radiowellen über dieselben physikalischen Eigenschaften verfügen. Der Unterschied liegt in der Frequenz und der Wellenlänge. Die Lichtwellen besitzen, abhängig von ihrer Farbe, eine unterschiedliche Frequenz. In letzter Zeit wurde ein immer größeres Spektrum solcher Wellen entdeckt. Aber was gibt es wohl über diese Wellenlängen hinaus? Die wissenschaftlichen Entdeckungen der letzten Jahre haben gezeigt, dass man es sich gut überlegen muss, ehe man sagt, etwas sei unmöglich.

Ich glaube nicht, dass es ein Perpetuum mobile in der Form gibt, wie man es sich vorstellt, also ein Gerät, das Energie erzeugt und sich damit antreibt. Ich habe schon mit mehreren Erfindern von »Perpetua mobilia« gesprochen und ihnen gezeigt, wo sie einen Fehler gemacht haben. Das Strahlungsenergiesystem aber ist anders. Hier hat die Energie irgendeine Quelle.

—Nathaniel Baldwin

David Gardners Meinung ist notariell beglaubigt:

Im Jahre 1936 wurde ich eingeladen, um das Labor von Henry Moray in Salt Lake City, Utah, zu besuchen. Als ich ankam, warteten schon einige andere Personen, um Morays Erfindung zu sehen. Dr. Moray führte sein Strahlungsenergiesystem vor, das 40 Lampen à 200 Watt sowie mehrere kleine Elektromotoren, Bügeleisen und Ventilatoren auf einem großen Schaltbrett antrieb. Die Demonstration begann mit dem Spannen eines dünnen Kupferdrahtes quer durch den Raum. An beiden Enden des Drahtes waren Porzellanisolatoren angebracht, die in eine Hand passten. Dieser Draht wurde gespannt. Irgendjemand drückte mir den einen Isolator in die Hand, den anderen hielt jemand anders, der sich am anderen Ende des Raumes befand.

Dr. Moray bat uns, den Draht gespannt zu halten. Ich fragte ihn, was passieren würde, wenn ich den Draht berührte. Er sagte, nichts, die Lampen würden höchstens ausgehen. Ich fragte weiter, ob ich keinen Stromschlag bekommen würde, aber er verneinte. Als wir den Draht gespannt hatten, legte Moray einen Schalter um und tat noch etwas anderes, an das ich mich nicht mehr genau erinnere, jedenfalls fingen die Lampen an zu leuchten und die anderen elektrischen Einrichtungen begannen zu arbeiten. Da ich gespannt war, ob er die Wahrheit gesagt hatte, berührte ich den dünnen Kupferdraht vorsichtig mit meiner Hand – die Lichter gingen sofort aus, wie er es vorausgesagt hatte. Moray erklärte, dass jemand den Draht berührt hatte, weswegen ich meine Hand wegzog, woraufhin die ganze Einrichtung wieder funktionierte. Ich weiß zwar nicht wie, aber es hat funktioniert, das steht einmal fest.

Natürlich sprach ich mit den Anwesenden viel über das Gesehene. Der Herr, der mich zur Vorstellung eingeladen hatte, erwähnte, dass Herr Moray noch eine andere Erfindung habe, mit der er Töne verstärken könne, ohne diese an eine Radiostation zu schicken. Er sagte, er habe zugehört, während das Gerät im Einsatz war. Da auch mich dieses Gerät interessierte, baten wir Dr. Moray, es uns zu zeigen. Daraufhin holte er einen alten Radiokasten hervor, an den er zwei Kopfhörer angeschlossen hatte. Dann stimmte Moray das Gerät ab, indem er anfing, den Knopf an der Vorderseite zu drehen. Den einen Kopfhörer bekam mein Verwandter, den anderen ich.

Dann bat er einige der Anwesenden, auf die Straße zu gehen und über etwas zu reden. Einer von ihnen war Archibald Gardner, mein Bruder. Ich kannte auch die anderen, deshalb konnte ich ihre Stimmen erkennen. Ich bin mir sicher, dass ich in dem Kopfhörer die Stimmen meiner Bekannten hörte. Ich kann mich genau erinnern, dass es gerade regnete und dass ich dieses Geräusch und die Schritte der Leute auch im Kopfhörer hören konnte. Ich habe gehört, dass sie sagten, sie müssten zurück ins Haus, damit sie nicht nass werden. Während sie gingen, begann ich – obwohl Moray mir gesagt hatte, dass ich nicht mit dem Gerät spielen sollte –, den Knopf langsam hin und her zu drehen. Auf einmal hörte ich klar und deutlich die Geräusche eines Bahnhofs, also den Pfiff einer Lokomotive und die Meldung des Schaffners, dass alle eingestiegen sind. Der nächste Bahnhof war aber mindestens 8 Kilometer entfernt. Ich wusste nicht, welchen Bahnhof ich angepeilt hatte, aber es wurde Englisch gesprochen. Ich bin mir sicher, dass die Menschen auf der Straße kein Funkgerät hatten. Meine Bekannten glaubten mir nicht, als ich ihnen von dem Bahnhof erzählte, bestätigten aber die Details ihres Gesprächs.

Was wissen wir über Morays Geheimnis?

Leider sind der Nachwelt nicht viele von Morays Erfindungen erhalten geblieben. Wir wissen, dass seine Geräte immer besser wurden, und natürlich auch, dass sie sich trotzdem nicht verbreiten konnten. Das erste Dokument über eine seiner Erfindungen stammt vom 14. November 1927. Moray beschreibt darin, dass sein Gerät ein außergewöhnliches Element, nämlich Germanium, enthalte. Die Skizze davon ist auf Abb. 84 zu sehen. Mit ziemlicher Sicherheit war Moray der Erste, der den Halbleiter Germanium in seinen Experimenten verwendete. Wahrscheinlich war die seltsame Röhre, die eine Kombination eines Halbleiters und einer Elektronenröhre war, mit einem außergewöhnlichen Gas gefüllt.

Im Jahre 1937 wollte er diese Erfindung patentieren lassen. Dem Beamten kam das Gerät aber zu bizarr vor, da es nicht die bisherige Elektronenröhrentechnologie verwendete, also wurde sein Patentantrag zurückgewiesen. Als formaler Grund für die Ablehnung wurde angegeben, dass Moray keine Kathodenheizung in der Röhre verwendete. Darüber, wie und auf welchen physikalischen Grundlagen diese Erfindung funktionierte, sind nur wenige Informationen erhalten geblieben. Ein paar Orientierungspunkte hat Moray uns aber doch hinterlassen. Wir wollen sie hier kurz zusammenfassen. Der Text ist an einigen Stellen schwer verständlich, auf einige Fragen werden wir deshalb später zurückkommen.

Moray schrieb:

> Die außergewöhnlichen Kathodenröhren, die unerlässlich sind, sind ionisierte Gasentladungsröhren mit einer kalten Kathode, die keine externe Energiequelle benötigen. Das Gerät funktioniert folgendermaßen: Als Erstes erzeugen wir Schwingungen mithilfe einer externen Energiequelle [wahrscheinlich diente die Antenne diesem Zweck; G. E.], dann stimmen wir den Resonanzkreis so lange ab, bis die Schwingungen eine harmonische Verbindung mit der Frequenz der kosmischen Strahlungen finden (also mit ihr resonieren). Wegen der Resonanz

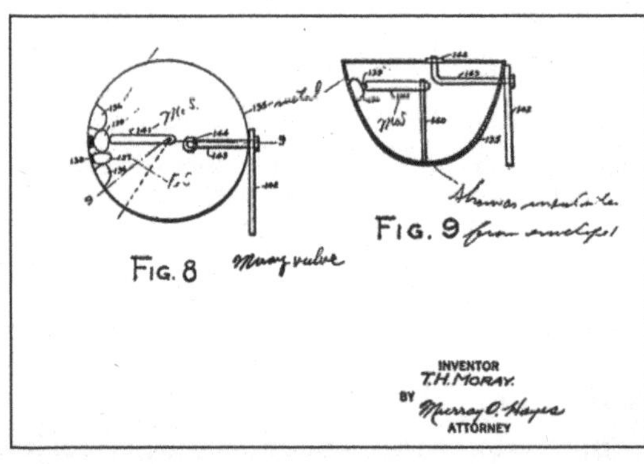

Abb. 84
Der Kern von Morays Strahlungsenergiekonverter, also eine Version des Detektors. In der Röhre befindet sich ionisiertes Gas, das Halbleiter-Germaniumkristalle enthält und das zur Resonanz gebracht wird. Die genaue Funktionsweise ist bis heute nicht bekannt. Wahrscheinlich mischte Moray in der halbrunden Röhre Germaniumkristalle mit Unreinheiten des Typs n auch mit radioaktiven Stoffen, um kaltes Plasma ohne Heizung zu erhalten. Die Kontaktnadel war aus Molybdän und Molybdänsulfid. Molybdän ist ein Stoff des Typs p, und so konnte an dem Kontaktpunkt ein p-n-Übergang zustande kommen; dieser diente als Gleichrichter. Wahrscheinlich beinhaltete die Röhre, die Moray als »mehrschichtig« bezeichnete, auch Eisensulfid (FeS, ein Halbleiter des Typs p) und Wismutkörner (ein Donor des Typs n). Er hielt außerdem die halbrunde Form für wichtig. Sie diente wohl als Hohlraumresonator zum Einfangen der sich schnell verändernden, inkohärenten Strahlung. Dieses Gerät erfüllte anscheinend den Zweck einer Verstärkerdiode.

> der harmonischen Kopplung vergrößert sich die Amplitude der Schwingung, bis sie einen Grenzwert erreicht, wo die Spitzen der Impulse in die nächste Stufe kommen, in der ein spezieller Detektor oder eine Gasentladungsröhre verhindert, dass die Energie aus den folgenden Stromkreisen zurückkehrt. Diese Impulse treiben die Stufe an, die mit niedriger Frequenz betrieben wird, und auch sie ist durch Schwingungen harmonisch mit den allgegenwärtigen kosmischen Strahlungen gekoppelt.
>
> Die zweite Stufe des Geräts treibt die dritte an. Es werden so viele weitere Stufen angekoppelt, wie nötig sind, um die gewünschte Leistung bei praktikabler Spannung und Frequenz zu erreichen. Hierzu werden auch spezielle Transformatoren benötigt. Sobald das Gerät anläuft, gibt es Leistung von sich und benötigt dann keine externe Energiequelle mehr [zum Starten des Geräts benutzte Moray einen Hufeisenmagneten]. Die Resonanz dauert an, bis das Gerät entsprechend abgestimmt ist und der Außenkreis (der Schaltkreis der Antenne) durch eine entsprechende Last angeschaltet bleibt.

Dies war in kurzer Zusammenfassung das Wichtigste, Details fehlen aber weiterhin. Moray schreibt noch:

> Die herkömmlichen Methoden der Energiegewinnung werden schon viel zu lange genutzt. Wir haben uns so sehr an sie gewöhnt, dass wir meinen, es würde gar nicht mehr anders gehen. Diese Methoden sind aber teuer und umständlich. Die Strahlungsenergiekonverter nutzen als primäre Energiequelle die kosmische Strahlung und sind relativ unabhängig vom Ort und der Jahreszeit. [Als Moray diese Sätze schrieb, steckte die Forschung der kosmischen Strahlung noch in den Kinderschuhen, weswegen er unter kosmischer Strahlung etwas anderes verstand, als wir es heute tun.] Ein solches Gerät gibt an Fahrzeuge, die sich bewegen, innerhalb, aber auch außerhalb der Erdatmosphäre garantiert große Energie ab. Diese Energiequelle haben wir schon gebaut und lange Zeit bei maximaler Belastung erprobt. Sie braucht keine äußere, primäre Energiequelle, sie nutzt nur die Energieoszillationen des Kosmos. Sie konvertiert die hochenergetische Hochfrequenzstrahlung aus dem Kosmos in nutzbaren Strom, in praktikable Frequenz und Spannung [Moray nennt hier die Quelle der Energie].

In seinem Buch findet man eine ausführliche Abhandlung über das Wesen der Energie und ihre grundlegenden physikalischen Probleme. Es ist offensichtlich, dass Teslas Ideen Moray stark beeinflusst haben; sein Eröffnungszitat stammt auf jeden Fall von Tesla. Moray beschrieb detailliert, dass es seiner

Meinung nach kosmische Strahlung gibt, die aus allen Richtungen auf die Erde trifft, obwohl sie durch die schwachen Magnetfelder leicht abgefälscht werden kann. Er war sich sicher, dass die Sonne nicht die einzige Energiequelle ist und die Strahlung nicht von ihr stammt. Er meinte eher, dass diese Energie eine innere, unabtrennbare Eigenschaft der Materie ist, sofern sie nicht aus dem Kosmos stammt.

Moray betrachtete sein Gerät als eine Art Pumpe für kosmische Energie, also als einen Elektronenoszillator von hoher Geschwindigkeit, der diese Strahlung einfängt und in seinen Stromkreisen umwandelt. Die Umwandlung und Verstärkung löste Moray mit entsprechend abgestimmten Resonanzkreisen. Er hatte die Vibration und Resonanz der Stromkreise lange Zeit untersucht – genauso wie Tesla. Seiner Meinung nach können wir von elektrischer Trägheit sprechen, wenn wir eine Kapazität mit Energie aufladen (die von Morays Strahlungsenergiegerät eingesammelt wird) und sie dann so über einen Stromkreis mit entsprechender Impedanz entladen, dass das Gerät synchron mit der Vibration des Universums schwingt. Wenn sich die Richtung des Stroms ändert, werden die Kapazitäten auf-, ent- und wieder aufgeladen, wobei die in ihnen gespeicherte Energie durch das System austritt. Diese Energie kann so lange kontinuierlich gewonnen werden, wie das Gerät mit den Schwingungen des Universums resoniert.

Vibrationsenergie

Laut Moray liegt der Schlüssel jeder Form von Energie in der Vibrationsenergie des Universums. Die Frage ist nur, wie die Industrie sie nutzen kann, ohne dabei die wohlbekannten Methoden zu verwenden.

Sehen wir uns jetzt noch einen interessanten Gedanken an:

> Elektromotor und Generator wären nie entdeckt worden, hätte man keine Isoliermaterialien verwendet. Wenn nun jemand eine Röhre erfindet, mit der man die Energie des Universums isolieren kann, und diese Röhre dann mit dem Universum in Resonanz bringt, hat er die Antwort auf die Frage der Gewinnung kosmischer Energie gefunden! Eine dieser Methoden ist die Ionisierung oder Erregung von Gasen, wo die von einem Atom absorbierte Energie in geeigneter Weise bei nur lose gebundenen Elektronen das Elektron erregen bzw. ionisieren kann.
>
> Die Ionisierung oder Erregung kann auch in mehreren Schritten mit unterschiedlichen Mengen verschluckter Energie erfolgen. Sobald das ionisierte Atom dann wieder auf sein ursprüngliches, niedrigeres Energieniveau zurückkehrt,

emittiert es elektromagnetische Strahlung. Jetzt ist die elektrische Energie mit der Vibrationsenergie des Universums, die als kosmische Strahlung auf die Erde trifft, in Verbindung. Je höher die Frequenz, desto größer das Maß der Ionisation. Diese Energie ist kinetische Energie. […]

Nur zur Erinnerung: Auch Tesla hielt die Frage, ob die kosmische Energie kinetisch oder statisch ist, für die wichtigste aller Fragen.

Es kommt unglaublich viel Energie aus dem Universum zur Erde. Dies ist aber eine andere Art als die, die wir um uns herum sehen. Meistens sind wir uns dieser Energie gar nicht bewusst, obwohl sie uns durchwebt und unser Körper voll von ihr ist. Die Generatoren, die heute elektrischen Strom »erzeugen«, tun dies nicht wirklich, sondern steuern oder formen schon vorhandenen Strom. Der Raum ist voll von solchen Vibrationen und Energien, die ihrem Wesen nach zweifellos elektrischer Natur sind. Die Umwandlung der Masse in Energie und der Energie in Masse kann als konstante Vibration betrachtet werden.

Die Vibration aus dem Raum hat ein sehr breites Spektrum von Frequenzen und Wellenlängen. Der Moray-Apparat ist so gebaut, dass die Frequenz auf der Sekundärseite viel niedriger ist als auf der Primärseite und dass diese fast perfekt miteinander resonieren. Ich bin mir sicher, dass sich die Energie des Universums aus der kontinuierlichen Umwandlung der Materie in Energie und zurück ergibt. [Dies sind grundsätzliche Gedanken über Apparate dieser Art, die zu ihrem Verständnis beitragen!]

Die Wahrscheinlichkeit der Ionisation und der Resonanz ist am höchsten, wenn wir uns genau auf dem Resonanz- oder Ionisationspotenzial befinden. Mit der Entfernung nimmt die Wahrscheinlichkeit hierfür exponentiell ab und, wenn wir uns dem nächsten Potenzial nähern, genauso wieder zu. Im Fall eines gegebenen Gases ist die Wahrscheinlichkeit (die mithilfe der Länge des freien Elektronenwegs berechnet werden kann) der Erregung und Ionisation auf jeden Fall maximal, wenn das Erregungspotenzial erreicht wird. Nach diesem Punkt fällt die Wahrscheinlichkeit mit der zunehmenden Geschwindigkeit des Elektrons wieder sehr schnell ab.

Das Moray-Gerät ist mit schon bekannten Bauteilen verbunden. Es besteht aus außergewöhnlichen Röhren, die als Ventile, Detektoren und Oszillatoren bezeichnet werden können. Diese Röhren können nicht auf die gleiche Weise als Gleichrichter bezeichnet werden wie die Elektronenröhren, die hochfrequente Wechselstromsignale gleichrichten. Diese haben in der Tat die Aufgabe, den Energiestrom anzuhalten (diese Energie oszilliert ähnlich wie die Wellen des Meeres), und zwar ohne dass die Energie in den äußeren Teil des Stromkreises zurückkehren würde, genauso wie eine Wand die Wellen brechen kann und sie daran hindert, ins Meer zurückzugelangen. [...]

Auch die anderen Röhren des Geräts sind allesamt Spezialröhren und funktionieren nach einem besonderen Prinzip. Obwohl keine neue Methode der Energienutzung entdeckt werden musste, ist die Anwendung völlig neu, und die Erzeugung der Energie basiert hier eher auf der Nutzung der Vibrationen. Diese Detektorröhren sind mit speziellen Oszillatoren und großen faradischen Kapazitäten synchronisiert. Somit ermöglichen sie, dass die oszillierende Energie in eine andere spezifische Röhre gelangt, deren Aufgabe es ist, das Mitschwingen mit dem Detektor der ersten Stufe zu ermöglichen und zugleich das Rückströmen der Energie in den äußeren Teil des Stromkreises (also die Antenne) zu verhindern.

Dies ermöglicht eine automatisierte, veränderbare Schaltung, die Vibrationen im Primärkreis zulässt, welche mit den Schwingungen des Universums übereinstimmen. So können die Röhren nach entsprechenden Sicherheitsmaßnahmen nicht blockiert werden, und die dort oszillierende Ladung sammelt sich, da sie nicht dissipieren kann, in den Kapazitäten. Mit solchen Geräten kann die Dauer der Ladung gestreckt und die Wirkung vergrößert werden. In diesem Fall fangen die Empfängerröhren und Oszillatoren die entsprechende Energiewelle im Stromkreis ein und geben die Energie über die »mehrschichtigen« Röhren in den Sekundärkreis weiter. Die letzte Art von Röhren kann als Weiterleiter des Energiedrucks bezeichnet werden, die mithilfe einer speziellen Konstruktion einen Kurzschluss der Kondensatoren verhindert. Dies wiederum verhindert die Akkumulation der Kondensation an der Basis der Röhren, und so können diese die Ionisation nicht blockieren.

Die Bänder des Energieausstoßes müssen auf weitere Bandbreiten oder Bereiche verteilt werden, denen wir einen beliebigen Namen geben können. Diese Energiebänder befinden sich auf höheren Frequenzen als das Licht. Die Vibrationen sind keine einfachen Schwingungen; es sind Schwingungen, deren Grund das kontinuierliche Strömen der Energie ist, die durch die ständigen Wechselwirkungen des Universums ausgelöst wird und vielleicht als Entstehung der Inertie bezeichnet werden kann.

Wenn Inertie entsteht, hält die Wirkung wegen der Vibration des Universums weiter an, sonst würde die Energie ja verschwinden (also dissipieren), und es würde keine weiteren Vibrationen geben. Die Vibrationen halten aber in der gleichen Zeitperiode weiterhin an, ohne sich von dem Potenzial beeinflussen zu lassen; die Frequenz des Geräts wird aber davon abhängen, welches Maß an Kapazität die Bauteile des Geräts besitzen und wie diese abgestimmt sind.

Diese Zeilen – die ziemlich schwer verständlich sind – könnten uns beim Verstehen des Grundprinzips von Morays Apparat helfen. Der Erfinder selbst hat nichts davon verraten, bei welchen Wellenlängen diese »Energiebündel« gesucht werden müssen, wie sie sich verhalten oder wie Apparate gebaut werden müssen, die diese Bündel einfangen können. Die Energie muss natürlich absorbiert werden, damit wir sie nutzen können. Absorbiert werden kann sie auch von solchen Energiequellen, die wir heute noch nicht kennen, die diese Energie dann in elektrischen Strom, mechanische Energie, Wärme usw. umwandeln können.

Auch Morays Gerät konnte sich nicht verbreiten. Dies ist das typische Schicksal der Erfindungen einsamer Erfinder. In Morays Fall ist das Ende der Geschichte aber noch tragischer. Die »Herren«, denen er Vertrauen schenkte und die Mitbegründer einer Firma waren, die die Geräte herstellen und verkaufen sollte, wollten ihm seine Idee stehlen und die Geräte allein produzieren. Als Moray dies erfuhr, verklagte er sie. Seine Konkurrenten aber gingen so weit, dass sie mehrfach versuchten, ihn und seine Familie zu erschießen bzw. erschießen zu lassen. Endlich schien es, als ob das örtliche Elektrizitätswerk den Erfinder unterstützen würde. Die dortigen Führungskräfte waren aber nicht an Moray, sondern an seiner Erfindung interessiert, denn sobald sie die diese erhalten hatten, ließen sie sie mit einem Hammer zertrümmern – das Elektrizitätswerk wollte keine Konkurrenz.

Wir haben gesehen, dass sowohl mit der Mechanik der Starrkörper und der der Flüssigkeiten als auch mit Gasentladungen solche veränderlich gekrümmten Bahnen erstellt werden können, auf denen sich Massepunkte oder geladene Teilchen so bewegen, dass die Symmetriebrechung ausreicht, um den Energieerhaltungssatz ungültig zu machen. Dass die Energie nicht konstant bleibt, folgt sowohl aus dem Curie-Prinzip als auch aus der Umkehrung des Noether-Theorems. Diese Theoreme sind aber nicht nur für die Bewegung von Massepunkten gültig, sondern auch für Felder, in denen es Energie oder Impuls gibt. Um die Brechung von genügend Symmetrien zu erstellen, reicht es, wenn die Form und Anordnung der Felder einer Spirale ähnelt. Wenn wir dies beachten, können wir eine ganze Reihe anderer Erfindungen verstehen. Nach diesem Prinzip kann Energie auch in polarisierbaren Medien entstehen und verschwinden.

Natürlich wurde diese Möglichkeit auch immer wieder entdeckt und die Methode nicht nur für magnetische, sondern auch für elektrisch polarisierbare Medien ausgearbeitet. Eine kurze Darstellung der Geschichte dieser Erfindungen folgt in Kapitel 6.

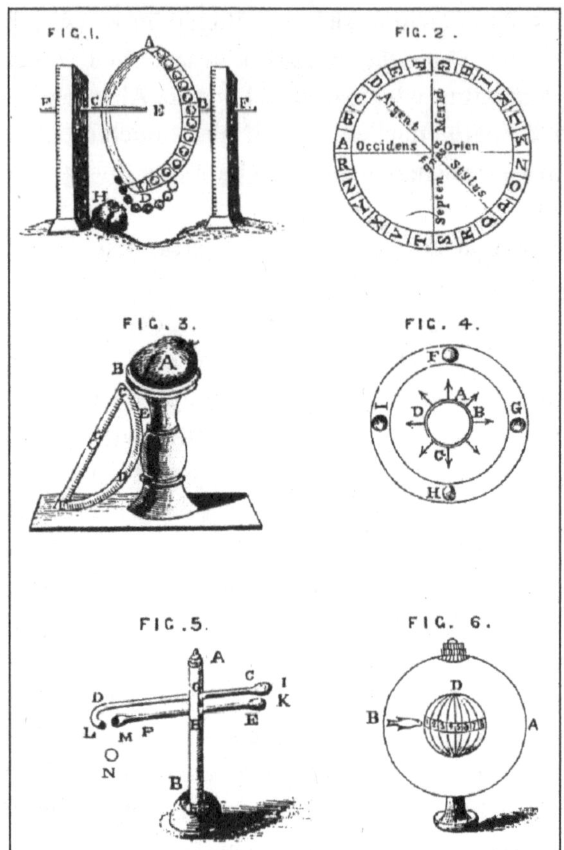

Abb. 85

Naive Vorstellungen von magnetischen Perpetua mobilia zu Anfang der Neuzeit

Kapitel 6

Energieüberschuss aus polarisierbaren Medien

Wenn wir über die Gasentladungsphänomene gesagt haben, dass sie sehr komplex sind und es heute noch nicht möglich ist, ihre Abläufe mit Berechnungen zu verfolgen, trifft dies erst recht auf die magnetischen und dielektrischen Medien zu. Die Elektrostriktion und die Magnetostriktion, bei denen die Medien sich im Falle äußerer elektrischer oder magnetischer Felder zusammenziehen und ausdehnen, erschweren das Verständnis der Abläufe in solchen Medien ungemein. Bei der resonanten Erregung fangen diese sowieso nichtlinearen Medien an, sich sehr bizarr zu verhalten und die Situation noch weiter zu verkomplizieren. So ist es kein Wunder, dass bei diesen Geräten die Überschussenergie durch Zufall und nicht durch bewusste Entwicklung zum Vorschein gebracht wurde. Ich werde hier nur wenige Fälle vorstellen, obwohl unsichere Quellen von vielen anderen berichten. Um einen Eindruck zu gewinnen, reichen aber auch die folgenden Beispiele aus.

Das erste Perpetuum mobile mit Magneten wird Petrus Peregrinus de Maricourt zugeschrieben, obwohl dieser Fall wenig glaubwürdig ist, da man zu seiner Zeit nur die Magneten kannte, die in der Natur vorkommen und die diese Phänomene nur sehr schwach hervorrufen. Magneten faszinierten die Menschen schon immer, es ist ja auch sehr interessant, wie zum Beispiel ein Stein Eisengegenstände anzieht. Es ist nicht ausgeschlossen, dass die Geschichte von John Spence aus dem 19. Jahrhundert, die Henry Dircks in seinem Buch *Perpetuum mobile* (1861) erwähnt, wahr ist. Spence erwies sich bereits als Kind als außergewöhnlich geschickt und lernte sehr schnell. Laut einigen Quellen erfand er mit 11 Jahren einen Webstuhl und fertigte ihn auch an. Er war einfacher als die herkömmlichen Webstühle und enthielt weniger Bauteile, doch niemand interessierte sich ernsthaft für ihn. Im Alter von 12 Jahren wurde er Schusterlehrling; angeblich lernte er das Handwerk in 8 Tagen und konnte dann schon selbst Schuhe herstellen. Dies befriedigte ihn aber nicht. Er beschäftigte sich lieber mit Rädern, Hebe- und Schiebevorrichtungen.

Also ging er nach Glasgow in eine Fabrik, wo er 2 Jahre lang als Techniker arbeitete; er musste eine Dampfmaschine ölen und den Kessel anheizen. Nach ein paar Jahren wurde ihm aber auch dies langweilig. Also reiste er wieder zurück nach Hause und entdeckte angeblich hier das magnetische Perpetuum mobile, von dem wir hier berichten. 1814 gab er das Schuhmacherhandwerk auf und begann nach einem kurzen Abstecher zum Maschinenbau, sich mit Magneten zu beschäftigen. Gemäß den Aufzeichnungen wurde das Gerät, aus dem er später ein selbstlaufendes Auto baute, von sehr vielen Menschen im Einsatz gesehen. Dieses Auto wurde später in Edinburgh ausgestellt. Über sein weiteres Schicksal ist aber nichts bekannt.

Die erste Erfindung, von der auch schon eine glaubwürdige Konstruktionsskizze erhalten geblieben ist, wird mit dem Namen Alfred Matthew Hubbard verbunden. Am 27. September 1928 erschien im *Seattle Post-Intelligencer* ein kurzer Artikel über Hubbards Erfindung, und später beschäftigten sich auch noch andere Zeitschriften damit. Hubbards Apparat war in jeder Hinsicht neuartig. Wir können ihn als einen Hochfrequenztransformator bezeichnen. Sein Aufbau war allerdings sehr außergewöhnlich. Hier folgten Weicheisen-, Zylinderspulen und Magnetschichten so aufeinander wie die Schalen einer Zwiebel. Bei Hochfrequenz werden sowohl in den Magneten als auch im Weicheisen beträchtliche Wirbelströme induziert. So können spiralartige Bahnen zustandekommen.

Typisch für dieses Gerät war, dass es nur bei bestimmten Frequenzen Überschussenergie abgab, sonst verbrauchte es wegen der Wirbelströme oder der Verluste zu viel Energie und erhitzte sich: Sowohl der primäre Stromkreis, der die Energiezufuhr sicherte, als auch der sekundäre, der als Ausgang fungierte, waren Teile eines größeren Schwingkreises. Das ganze Gerät hatte auch noch eine mechanische Resonanz, war also ein echter Albtraum eines jeden Ingenieurs. Es ist kein Zufall, dass das Experiment nicht reproduziert werden konnte, weil in diesem Fall das kleinste technische Detail über Erfolg und Misserfolg entscheidet. Wenn die Parameter nicht ganz genau getroffen werden, wird der Energiegewinn niemals den Verlust übertreffen.

Der Fall Coler

Die einzige etwas detailliertere Beschreibung eines Geräts dieser Art stammt vom deutschen Kapitän zur See Hans Coler und seiner Forschungsgruppe. Auch Coler benutzte miteinander verbundene resonierende Schwingkreise und leitete den Strom durch Magneten. Überschussenergie gab auch dieses Gerät nur bei einer bestimmten Frequenzhöhe ab (etwa 186 Kilohertz). Diese Frequenz gleicht der von Hubbard als wirksam beobachteten.

Colers Gerät gab nur Überschussenergie ab, wenn mehrere präzise aufeinander abgestimmte Schwingkreise resonierten. Dies konnte aber selbst nach mehreren Stunden harter Justierungsarbeit kaum erreicht werden.

Das Dokument, das den Apparat beschreibt, stammt von den Alliierten, die nach dem Einmarsch in Deutschland alle technischen Pläne katalogisierten. Leider geriet die Sache in unbedarfte Hände, sodass das Protokoll keine technischen Details über das Gerät enthält. Der britische Geheimdienst versah das Dokument mit der Nummer 1043. Erst in den 1970er-Jahren wurde die Geheimhaltung aufgehoben; seitdem verbreitet es sich als verbotenes Schriftstück. Die wichtigsten Abbildungen daraus fehlen leider, auch die Beschreibungen sind nur bruchstückhaft erhalten und widersprechen einander zum Teil. Nachdem der Geheimdienst von diesem Gerät erfahren hatte, mussten Coler und seine Leute einen kleinen Apparat bauen, der einen Energieüberschuss von ein paar Watt erreichte.

Unten sind der Umschlag des Geheimdienstdokuments (links) und eine Skizze des sechseckigen Apparats abgebildet:

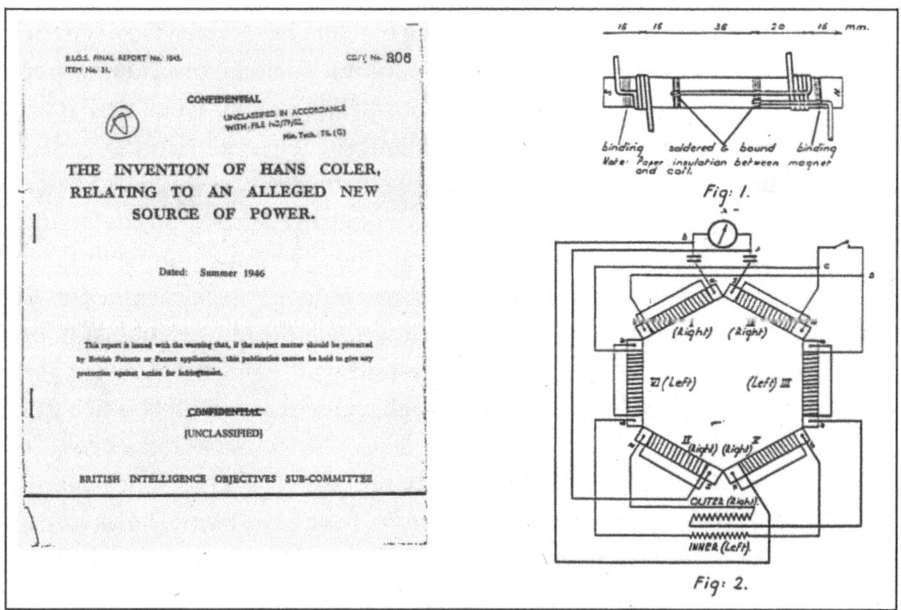

CONFIDENTIAL

THE INVENTION OF HANS COLER, RELATING TO AN ALLEGED NEW SOURCE OF POWER.

Dated: Summer 1946

CONFIDENTIAL

[UNCLASSIFIED]

BRITISH INTELLIGENCE OBJECTIVES SUB-COMMITTEE

Abb 86

Links: Umschlag des Dokuments, das der britische Geheimdienst über Colers Erfindung anfertigte

Rechts: Skizze des Dokuments. Hier sind die Magneten und ihre Anordnung zu sehen, durch die Strom geleitet wurde.

Der erste »Stromerzeuger« (so die Bezeichnung des Erfinders) wurde schon 1925 entwickelt und konnte nur 10 Watt von sich geben. Coler hatte eine Spule über einen Magneten gestülpt und durch beide Strom geleitet. Dabei entdeckte er zufällig, dass er mehr Energie erhielt als für die Impulserzeugung benötigt. Er musste dafür entweder eine bestimmte Frequenz treffen oder die Felder schnell verändern. Coler führte den Apparat Professor Kloss von der TH Berlin vor. Dieser versuchte, für die Entwicklung Geld von der Regierung zu bekommen. Seine Bitte wurde jedoch abgelehnt, auch ein Patent wurde nicht vergeben – mit der Begründung, dass es kein Perpetuum mobile gebe. Mehrere anerkannte Professoren der Zeit wie Professor Schumann von der Universität München, Professor Bragstad von der Universität Trondheim und Professor Knudsen von der Universität Kopenhagen untersuchten den Apparat, während er in Betrieb war. Alle bestätigten protokollarisch, dass er funktionierte. Unterstützung erhielten sie aber auch dann nicht.

Coler ließ sich aber nicht entmutigen und arbeitete mit seinem Helfer Willy von Unruh weiter. 1933 führten sie Dr. F. Modersohn ein Gerät mit einer Leistung von 70 Watt vor. Modersohn, der auch Direktor der Firma Rheinmetall-Borsig war, war sofort überzeugt und erklärte sich bereit, Coler finanziell zu unterstützen. Dafür gründete re eine Firma mit dem Namen Coler GmbH.

Es gab aber auch andere Interessenten. Eine norgewische Investorengruppe bot ebenfalls ihre Unterstützung an. 3 Monate lang war das Gerät im Panzerschrank der norwegischen Botschaft ununterbrochen in Betrieb.

Wie es aber nun einmal so ist, kam es zu einem Streit zwischen den beiden Förderern, den Modersohn aufgrund einflussreicher Verbindungen letztlich gewann. Coler erlitt wegen dieser Querelen einen Nervenzusammenbruch.

Nach jahrelanger Forschung gelang es dann dem Forscherteam, den Effekt des Apparats noch zu verstärken. Am Ende erhielten sie ein Gerät, das mehr als 6 Kilowatt Überschussenergie von sich gab, keine beweglichen Teile enthielt, aber vibrierte, weshalb es einen seltsamen Brummton von sich gab.

Im Jahre 1943 führte Dr. Modersohn, geistiger Vater und Manager des Projekts, den Apparat auch dem Oberkommando der deutschen Kriegsmarine vor. Dr. Herbert Fröhlich wurde mit seiner Prüfung beauftragt. Dieser kam zu dem Ergebnis, dass kein Betrug vorlag. Nach der Untersuchung wurde Fröhlich jedoch zu BMW versetzt; seine Aufzeichnungen sind seither verschollen.

Die Marine nahm 1944 die Firma Continental Metall AG unter Vertrag, um das Gerät weiterzuentwickeln. Zu dieser Zeit mangelte es aber schon an Bauteilen und Rohstoffen. 1945 zog das Labor nach Kolberg um, wo es später durch einen Luftangriff zerstört wurde. Dem britischen Geheimdienst konnte man nur noch einen kleinen, sechseckigen Apparat bauen, weil es für einen großen nicht genügend Rohstoffe gab. Von Coler und seinen Mitarbeitern gibt es seit 1946 keine Nachricht mehr. Sie sind spurlos verschwunden.

Was die Geschichte so eigenartig macht, ist Folgendes: Obwohl zahlreiche Professoren den Apparat und die einzelnen Teile ohne jede Abdeckung untersuchen durften, verstand offenbar niemand das Prinzip, nach dem es funktionierte. Colers Apparat war auf einem Holzbrett befestigt, wo er sich mithilfe einer positiven Rückkopplung selbst mit Energie versorgte; er brauchte also keine äußere Energiequelle. Trotzdem konnte er mehrere Glühbirnen zum Leuchten bringen. Auch Coler und seine Forschergruppe hatten mit denselben Schwierigkeiten zu kämpfen, die gewöhnlich bei der Entwicklung solcher Apparate auftreten. Da die Abläufe grundsätzlich nichtlinear sind, kann ein solcher Apparat wegen der Magneten und der Verluste auch nicht einfach in doppelter oder zehnfacher Größe gebaut werden. Gerade deswegen ist es nicht sicher, dass ein gewisser Apparat in einer größeren Ausführung ebenso funktioniert wie sein kleines Vorbild, außer man verwendet exakt die gleichen Materialien und Maßstäbe. Ein häufiger Anfängerfehler ist, dass der Erfinder seinen Apparat aus Mangel an Geld und Erfahrung auseinandernimmt und versucht, einen größeren und besseren zu bauen. Dieser Versuch scheitert aber wegen der nichtlinearen Vorgänge fast mit Sicherheit. Hinzu kommt, dass der Erfinder danach meistens auch den Originalapparat nicht mehr bauen kann, da er diesen nicht ausreichend dokumentiert hat. Auch bei Coler kam es manchmal vor, dass er versuchte, einen größeren Apparat zu bauen. Der produzierte aber nicht genug Überschussenergie (diese starke Nichtlinearität ist auch in der Biologie zu finden).

Auch in der Biologie kann man nicht ohne Weiteres aus etwas Kleinem etwas Großes – also »aus einer Mücke einen Elefanten« – machen, da die Atmung, die Größe der Muskeln, die Stärke der Knochen und die Strukturen eine flächen- und volumenabhängige Funktion aufweisen. So hängen die Größen- und Gewichtsverhältnisse nicht linear, sondern quadratisch oder kubisch von den maßgebenden Größen ab. Große Streuung der Maßstäbe ist nur in der Unterwasserwelt vorhanden – was verständlich ist, da das Gewicht hier kein Problem darstellt. Natürlich gibt es auch hier Lebewesen, deren Größe nicht viel weiter gesteigert werden kann – ein menschengroßer Wasserläufer zum Beispiel könnte die Oberflächenspannung des Wassers gar nicht mehr ausnutzen: sein Gewicht würde den Oberflächenfilm durchbrechen.

Bei den Geräten zur Symmetriereduzierung – sowohl bei Apparaten, die mit konstanten Energieströmen arbeiten, als auch bei denen mit veränderlichen Energieströmen – besteht ein grundlegendes Problem darin, eine Bahn zu finden, auf der während des Zyklus nur Energieüberschuss und kein Verlust entsteht. Bei Bewegung auf gekrümmten Bahnen muss nämlich immer sichergestellt werden, dass die Geschwindigkeiten während des Energieerzeugungszyklus permanent zunehmen und nach dessen Abschluss – während der Rückbewegung in die Ausgangsstellung – kein größerer Energieverlust entsteht. Außerdem muss man darauf achten, dass man dem System die Überschussenergie so entnehmen kann, dass der Zyklus nicht gestört wird.

Um alle diese Bedingungen zu erfüllen, ist es nötig, mehrere Teilerfindungen zu machen. So reichte es für den Bau des Automobils nicht, die Verbrennungskraftmaschine zu erfinden, sondern man musste noch den Vergaser, die Kupplung, die Gangschaltung, das Differentialgetriebe, die Bremsen und die Zündung entwickeln, welche alle voneinander unabhängige Neuerungen sind. Das Endprodukt funktioniert aber nur, wenn diese Erfindungen im Einklang miteinander arbeiten. Dasselbe ist bei den Apparaten zur Energiegewinnung der Fall: Viele voneinander unabhängige Aufgaben müssen gelöst werden, bei denen Routine meist nicht viel weiterhilft.

Geräte mit beweglichen Bauteilen

Natürlich hörte die Arbeit auf diesem Gebiet nach der Auflösung von Colers Forschergruppe nicht auf. Unabhängig von diesem Fall entdeckten andere Forscher an einem anderen Ort diesen Effekt wieder neu, mussten aber auch jahrelang forschen, da Colers Erfahrung, die unerlässlich ist, um einen solchen Apparat zu bauen, damals verloren gegangen war. Man kennt heute etwa ein Dutzend solcher Fälle, wo Erfinder einen funktionierenden Apparat entwickelt hatten, der Überschussenergie von sich gab; einige enthielten auch rotierende Bauteile. Das seltsamste Gerät dieser Kategorie ist die Erfindung von Reidar Finsrud, dem norwegischen »Mobile-Bildhauer«, der mithilfe von rollenden Eisenkugeln auf Bahnen und Magneten eine sich bewegende Statue bauen wollte. Den Effekt entdeckte er, als er versuchte, die Kugeln anzuhalten, und ihm dies kaum gelang. Die Kugeln rollten wochen- und sogar monatelang ohne den Antrieb einer äußeren Energiequelle. Brauchbare Überschussenergie gewann er zwar nicht, weil die Kugeln gerade einmal den Energieverlust der Reibung decken konnten; dieser Fall zeigte aber deutlich die Machtlosigkeit der Wissenschaft.

Auch für Magnetmotoren wurden schon Patente vergeben – denken wir zum Beispiel nur einmal an Harold Aspden, Teruo Kawai oder Dr. László Szabó. Bei

Kawai sind die Entstehung der spiralartigen Magnetfelder sowie der Energieein- und -ausgang als Zyklus sehr schön zu sehen. Der Ungar László Szabó hat einen ca. 1 Megawatt starken Apparat entwickelt, der sowohl als Motor wie auch als Generator eingesetzt werden kann (wenngleich er als Motor deutlich besser funktionierte). Auch hier ist die Wirkung der spiralartigen Magnetfelder nachweisbar. Obwohl mehr als 100 000 000 US-Dollar für die Entwicklung ausgegeben wurden, kam es auch bei diesem Gerät nicht zur Massenproduktion.

Die Erfindungen von Hendershot, Horváth und Meyer

Überschussenergie erscheint nicht nur in magnetisch, sondern auch in elektrisch polarisierbarer Umgebung, wenn man das gleiche Grundprinzip befolgt, also spiralartige Kraftfelder erstellt. Mit gleichmäßigen, homogenen Kraftfeldern ist dies nicht möglich, mit sorgfältig ausgewählten aber schon. In den folgenden drei Fällen wurde nach dem gleichen Grundprinzip gearbeitet: Mithilfe eines in radiale Richtung abnehmenden, zeitlich nicht konstanten, nichtkonservativen elektrischen Kraftfeldes kann das Dielektrikum bewegt werden, da in solchen Fällen ein inhomogenes Kraftfeld entsteht. In inhomogenen Kraftfeldern wirkt immer irgendeine (wenn auch nicht sehr große) Kraft auf die Dipole, während sie in homogenen Kraftfeldern nur über ein Drehmoment verfügen – so kommt es, dass sie sich nur drehen, ohne sich jedoch fortzubewegen.

Das radikale, inhomogene Kraftfeld ist aber nur eine der notwendigen Komponenten, weswegen in allen drei Erfindungen auch noch ein anderes, wirbelartiges, tangentiales magnetisches Kraftfeld zu finden ist. So werden hier die schon erwähnten Bedingungen erfüllt, deshalb konnte auch ein Energieüberschuss entstehen.

Der Hendershot-Generator

Der Hendershot-Generator funktionierte auf einer Frequenz von mehreren hundert Kilohertz; als Dielektrikum diente hier ein spezieller Stoff aus den Elektrolytkondensatoren. Die energieproduzierenden Einheiten waren zylinderförmig. Das Dielektrikum wurde um einen rostfreien Stahlzylinder (wahrscheinlich seinem Mantel entlang aufgeschlitzt) gewickelt, dann wurde von außen eine korbgeflechtähnliche Hochfrequenzspule darübergezogen. So entstand zwischen den Platten des Kondensators ein radial inhomogenes elektrisches und ein tangential wirbelartiges magnetisches Feld. Beide zusammen ergeben, wenn man die entsprechenden Maße trifft, ein spiralförmiges Kraftfeld bei den Dipolen des Dielektrikums.

Hendershot benutzte auch einmal zwei Zylinder, die im Gegentakt geschaltet waren. Es ist nicht ausgeschlossen, dass er für die Polarisierung des Dielektrikums auch noch mechanische Resonanz benutzte. Möglicherweise war dies aber nur ein Sekundäreffekt. Von den Augenzeugen wissen wir jedenfalls, dass die Lampe in dem Moment anfing zu leuchten, als das Gerät zu vibrieren und zu surren begann. Auch Hendershot konnte den Apparat nur sehr schwer und erst nach langem Justieren zum Laufen bringen, manchmal gelang es ihm gar nicht. Das ständige Verstimmen des Dielektrikums hängt wahrscheinlich mit dessen Austrocknen und somit der Veränderung der physikalischen Eigenschaften zusammen. »Kinderkrankheiten« wie diese sind für Amateurerfinder typisch.

Hendershots Leben

Lester Jennings Hendershot (1898-1961) verbrachte seine Kindheit in der Kleinstadt Elizabeth im Bundesstaat Pennsylvania. Er hatte viele Gelegenheitsjobs, war mal Feuerwehrmann, mal Postbote, aber auch Maschinist. In den 1920er-Jahren experimentierte er als Funkamateur – wie viele andere damals auch – mit Detektorfunkgeräten. Angeblich bastelte er gerade an einem verbesserten Kompass, als ihm auffiel, dass sich dieser bei bestimmten Wicklungsarten ständig dreht. Er arbeitete sehr lange an seinem Gerät, bis er Jahre später endlich eine 120-Watt-Glühbirne und ein Radio damit betreiben konnte. Seine Erfindung zeigte er einem engen Freund, dem Direktor des Flughafens von Bettis Field. Dieser empfahl das Gerät Charles Lindbergh, der damals wegen seiner Atlantiküberquerung sehr bekannt war.

Im Jahre 1928 kam Hendershot mit seinem Apparat auf die Titelseiten der Zeitungen, nachdem Lindbergh dessen funktionierendes Gerät auf dem Flughafen Selfridge ausprobiert hatte. Zweifellos verhalf Lindbergh dem Erfinder zu einem breiteren Publikum. Hendershot wollte seinen Apparat patentieren lassen und führte deshalb die Erfindung auch dem Patentamt vor. Dabei erlitt er aber einen starken Stromschlag, und seine Hand wurde gelähmt, weshalb er ins Krankenhaus kam. Hier suchten ihn Vertreter einer großen Firma auf, die ihm 25 000 US-Dollar anboten, wenn er sich 20 Jahre lang nicht mit seiner Erfindung beschäftigte. Hendershot nahm das Geld an und geriet so in Vergessenheit.

Wir können also sagen, dass er seine Erfindung, die ein wichtiger Schritt für die Menschheit gewesen wäre, für ein Butterbrot und ein Ei verkaufte. 20 Jahre später nahm er sich seinen Apparat zwar wieder hervor, konnte ihn aber nicht mehr abstimmen und funktionsfähig machen. Damals besuchte ihn der Elektroingenieur Edward Skilling und lieh sich den Apparat aus. Auch er konnte das Gerät nicht einstimmen. Dann jedoch begann – laut den Erzählungen – Hendershots Enkel, der 7-jährige Mark, an einem Abstimmungsknopf zu spielen, und auf einmal fing die eine Lampe an zu leuchten. Daraufhin untersuchte Edward Skilling das Gerät, ohne versteckte Akkus oder eine andere derartige Energiequelle zu finden. Skilling bot Hendershot an, ihm bei dem Bau eines Replikats oder eines größeren Gerätes zu helfen.

Abb. 87
Hendershots Tod (Zeichnung von Tamás Gáspár)

Auf diese Weise machten sie sich also an die Arbeit – es gab sogar Hoffnung auf finanzielle Unterstützung.

Am 19. April 1961 bekam Hendershot einen Anruf von dem Repräsentanten einer Firma, der ihm versprach, die Forschung zu finanzieren. Also machten sie einen Termin für ein Treffen aus, auf dem die erste Rate übergeben werden sollte.

Einige Stunden später jedoch wurde Hendershot tot in seinem Auto aufgefunden. Giftige Auspuffgase waren durch einen Gartenschlauch ins Wageninnere geleitet worden. Polizeiliche Nachforschungen gab es nicht, da der Fall für die Behörden eindeutig Selbstmord war. Hendershots Sohn glaubte jedoch nicht daran, da sich sein Vater sehr viel von dem Angebot der Firma versprochen hatte.

Der Fall Horváth

Das Wasserauto von István Horváth funktionierte nach einem ähnlichen Prinzip; es nutzte allerdings Wasser als Dielektrikum. In diesem Fall zeigte sich die Überschussenergie aber nicht als Elektrizität, sondern als Knallgas, das bei der Spaltung des Wassers entsteht. Horváth trieb mit dessen Hilfe eine Verbrennungskraftmaschine an, die er für die Massenproduktion tauglich machen wollte.

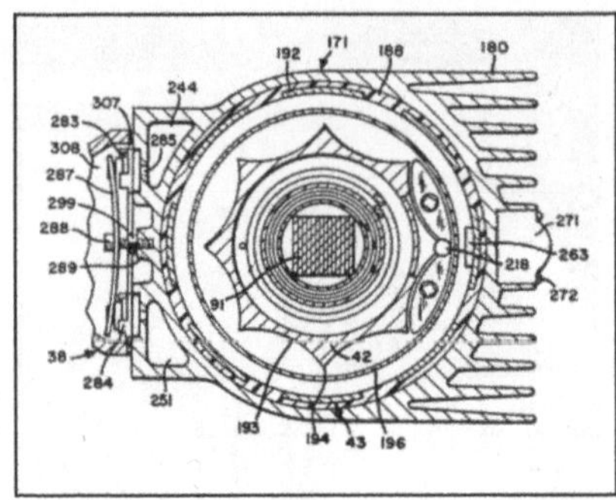

Abb. 88
Zeichnung aus der Patentschrift des Ungarn István Horváth. Sein Wasserauto haben mehrere Personen in Betrieb gesehen.

Zufällig kennt der Autor die beiden Kanadier, welche die Finanzierung von Horváths Erfindung in Australien (wo er lebte) übernahmen. Sie investierten mehrere Millionen US-Dollar in die Entwicklung. Wegen Horváths Paranoia, der ständigen Angst vor seiner Ermordung und der großen Entfernung zwischen Australien und Kanada kam das Projekt aber nur langsam voran. Bis das Labor endlich nach Horváths Ansprüchen fertiggestellt und eine Forschergruppe zusammengestellt worden war, war der Erfinder von einem Tag auf den anderen spurlos verschwunden und wurde seitdem nicht mehr gesehen. Laut anderen Quellen starb er bei einem Autounfall. Keiner weiß genau, was mit ihm geschehen ist. Sein Apparat kann allein mithilfe der vorliegenden Unterlagen nicht rekonstruiert werden, obwohl man mit intensiver und seriöser Arbeit natürlich jene technischen Parameter wiederfinden könnte, die zum Funktionieren des Gerätes und zum Energieüberschuss nötig sind. Bei dieser Erfindung befindet sich in der Mitte des Arbeitszylinders eine Spule mit Eisenkern, um sie herum das Dielektrikum, also das Wasser. Auch hier kann bei den entsprechenden Parametern ein spiralartiges Kraftfeld erzeugt werden, was sich auf die Dipole des Wassers auswirkt.

Das Wasserauto nach Meyer

Auch der Apparat von Stanley Meyer ähnelt den beiden vorherigen. Meyer führte sein Wasserauto oft Außenstehenden vor, und seine Patentschriften – obwohl sie sehr ungenau sind – können mit der gleichen Theorie erklärt werden wie die bisherigen Erfindungen. Meyer erklärte allerdings nur die Theorie seiner Erfindung; für die praktische Umsetzung gab er keine Anweisungen. In der Patentschrift sind null Kilohertz als Betriebsfrequenz angegeben. In einigen Videos erwähnt er, dass die kritische Frequenz ca. 20 Kilohertz ist, genaue Zahlen verriet er aber

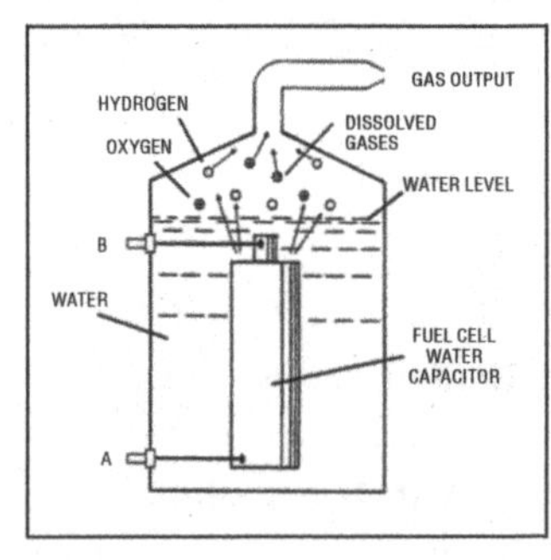

Abb. 89
Eine Zeichnung aus der wichtigsten Patentschrift von Meyer. Wie das Gerät funktionierte, ist auch heute noch ein Geheimnis.

auch dort nicht. Lange Jahre suchte er einen Investor, fand aber keinen, der ihm zusagte. Meyers Patente sind typische Beispiele für einen Fall, wo der Erfinder versucht, alle wichtigen Angaben seiner Erfindung zu verheimlichen.

1998 hatten das lange Warten und die vielen TV-Interviews schlimme Folgen: Meyer wurde in einem Restaurant vergiftet. Augenzeugen berichteten, dass er sich auf seinen gewohnten Platz gesetzt und sein gewohntes Gericht gegessen habe, dann plötzlich aufgesprungen sei und gerufen habe: »Ich bin vergiftet worden!« Er versuchte noch, sein Auto zu erreichen, brach aber beim Laufen zusammen und starb. Als offizielle Todesursache wurde Lebensmittelvergiftung angegeben – was ja auch stimmte.

Abb. 90
Meyers Tod in einem Restaurant (Zeichnung von Tamás Gáspár)

Stanley Meyer hatte alles getan, um die Details seiner Erfindung geheim zu halten, und dies wurde ihm letztlich zum Verhängnis. Er starb, ohne dass jemand von seiner lebenslangen Arbeit profitiert hätte, denn alle wichtigen Informationen nahm er mit ins Grab.

Natürlich kann man außer von diesem noch von vielen anderen Wasserautos hören. Es gibt Informationen darüber, dass es solche Fahrzeuge sowohl in Russland als auch in Deutschland gibt.

Klassische Perpetua mobilia

Die bisherigen Beispiele sollten dazu ausreichen, sich das Grundkonzept der Apparate zur Symmetriereduktion klarzumachen. Wir haben gesehen, dass der Energieerhaltungssatz zwar gilt, aber nur in konservativen Kraftfeldern. In nichtkonservativen Kraftfeldern, wo beispielsweise zeit- und geschwindigkeitsabhängige Wirbelfelder vorhanden sind, kann mit viel Glück bei entsprechender Symmetriereduktion Überschussenergie entstehen. Die Auskopplung dieser Energie, ohne dabei den Zyklus zu unterbrechen, ist bereits eine Aufgabe für die Technik.

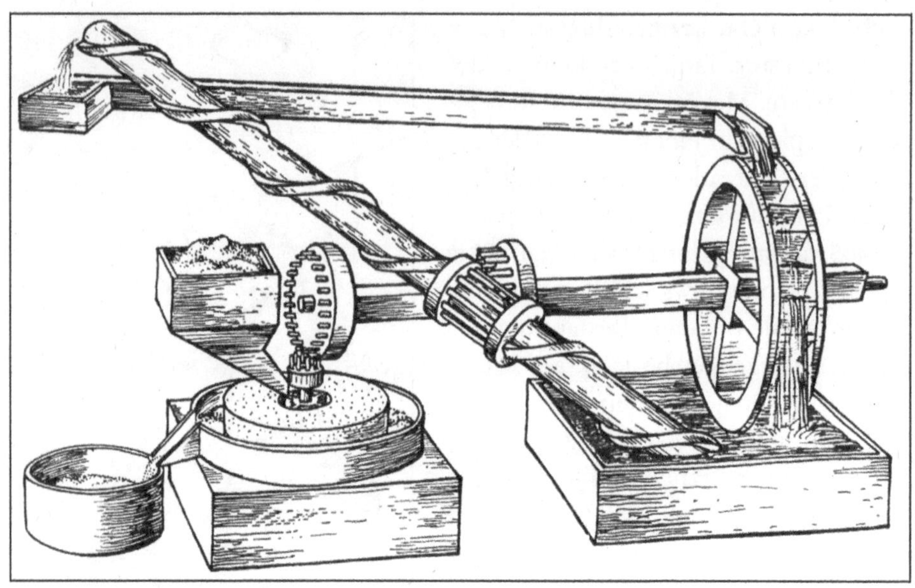

Abb. 91
Typisches naives Perpetuum mobile des Mittelalters mit einem Wasserrad, entworfen von Leonardo da Vinci. Der italienische Universalgelehrte beging den gleichen Fehler wie nach ihm noch viele andere.

All dies wussten die Erfinder der klassischen Perpetua mobilia nicht. Alle machten den gleichen Fehler, nämlich zu versuchen, ganz naiv ihre Erfindung in konservativen Kraftfeldern zu bauen. Ihr Werk trug daher nur zur Diskreditierung der Perpetua mobilia bei; das Thema wurde wegen ihrer Einfältigkeit und ihres Dilettantismus bloß ins Lächerliche gezogen. Wissenschaftler, die Perpetua mobilia negieren, verweisen oft auf ebendiese Torheiten. Sehen wir uns einmal das Perpetuum mobile von Leonardo da Vinci an (Abb. 91), wo der Fehler sofort ins Auge fällt: Das Wasser bewegt sich in einem konservativen Gravitationskraftfeld. So ist die Entstehung von Überschussenergie von vornherein ausgeschlossen.

Einige begingen einen anderen Fehler, wie er auf Abb. 92 zu sehen ist. Immerhin sind hier scheinbar spiralartige Bahnen vorhanden, deren Wirkung aber zu vernachlässigen ist. Das dominante Kraftfeld ist auch hier die konservative Gravitation, weswegen keine Überschussenergie entstehen kann.

Die Erfindung auf Abb. 93 ist nur auf den ersten Blick eine geistreiche Lösung. Hier werden Bojen in einen Wassertank getaucht, die laut dem Erfinder Überschussenergie produzieren können, indem sich die Gewichte, die sich am Ende der Stangen befinden, in der senkrechten Position immer erheben und

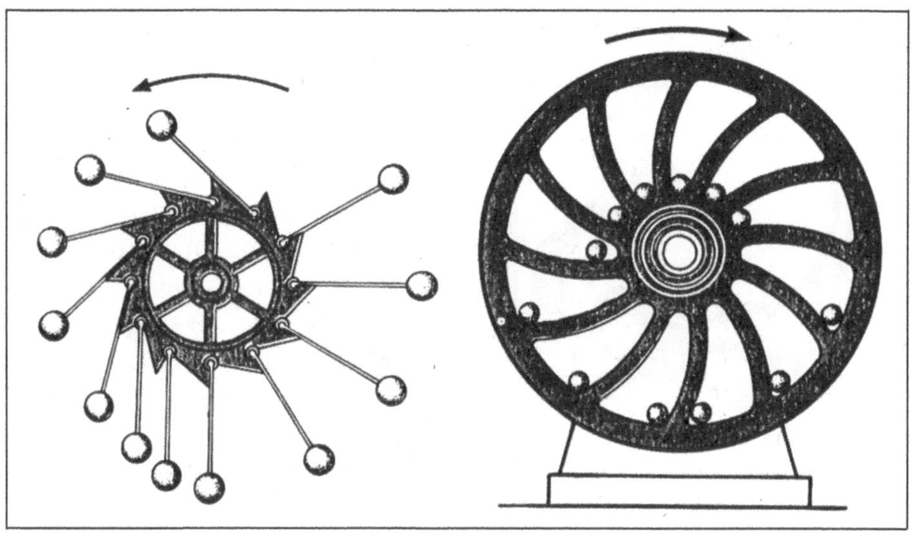

Abb. 92
Ein »statisches« Perpetuum mobile in einem einzigen konservativen Kraftfeld mit Massepunkten. War dies der Ausgangspunkt für Besslers Erfindung?

so die Achse drehen, die dann einen Keilriemen antreibt. Das Problem ist wieder dasselbe: Sowohl die Auftriebskraft als auch die Massepunkte wirken ausschließlich im konservativen Gravitationskraftfeld.

Bei dem Apparat auf Abb. 94 kann man dieses Problem ebenfalls beobachten: Hier wurde nämlich versucht, ein unendlich langes Gefälle mit ringförmiger Drehung zu bauen.

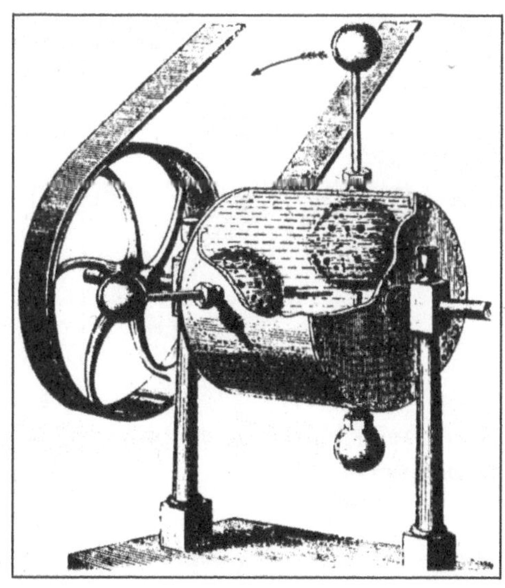

Abb. 93
Ein naives, hydraulisches Perpetuum mobile

Es gibt auch sehr viele Ideen für Perpetua mobilia, die Magneten benutzen. Das einfachste von ihnen ist auf Abb. 95 zu sehen. Die Magnetkugel auf der Säule sollte die kleinere, rollende, ferromagnetische Kugel anziehen. Sobald die kleine Kugel in das Loch gefallen war, sollte sie von der großen im magnetisch isolierten Raum nicht mehr angezogen werden. Der Er-

Abb. 94
Ein immer rollender Körper auf einem endlosen Abhang

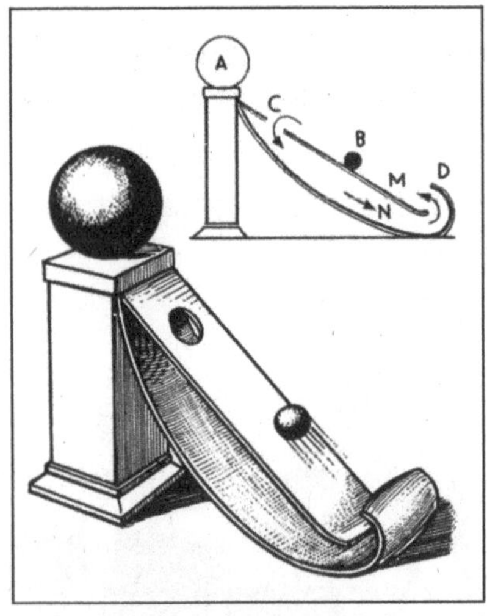

Abb. 95
Der Plan eines naiven magnetischen Perpetuum mobile

finder dachte, dass der Zyklus zu schließen sei und die Ferromagnetkugel wieder nach oben rollen würde, sobald sie auf dem oberen Teil des Bretts angelangt sei. Leider funktioniert aber auch diese Erfindung nicht, da die kleine Kugel irgendwo ins Gleichgewicht kommt und dort liegen bleibt. Auch hier sind nur konservative Kraftfelder beteiligt, weswegen es von vornherein aussichtslos ist, Überschussenergie zu gewinnen.

Sobald die Elektrizität entdeckt war, erschienen auch die ersten angeblichen elektrischen Perpetua mobilia. Eines ist auf Abb. 96 zu sehen. Die Hauptsache bei dieser Erfindung ist ein Elektromagnet. Wenn Strom durch die Spule geleitet wird, versetzt der Elektromagnet das rechte Glasrad in Bewegung, was im Laufe der Drehung durch Reibungselektrizität eine Ladungsseparation bewirkt, die dann wiederum in die Spule geleitet wird. Natürlich ist auch bei dieser Anordnung nichts vorhanden, was die Kriterien der Gewinnung von Überschussenergie erfüllen würde. Es gibt noch viele andere »Perpetua mobilia« dieser Art, die aber alle aus demselben Grund nicht funktionieren.

Nach alledem könnte man meinen, dass Überschussenergie nur mit Symmetriereduktion produziert werden könne. Dies ist aber nicht der Fall, obwohl die meisten Apparate in der Tat nach diesem Prinzip gebaut wurden. Es sind noch drei andere Grundprinzipien bekannt, die die Entstehung von Überschussenergie ermöglichen. Diese breiten Gebiete sind die Gewinnung von Vakuumenergie, die Kalte Fusion und die Interferenz von elektromagnetischen Wellen. Letz-

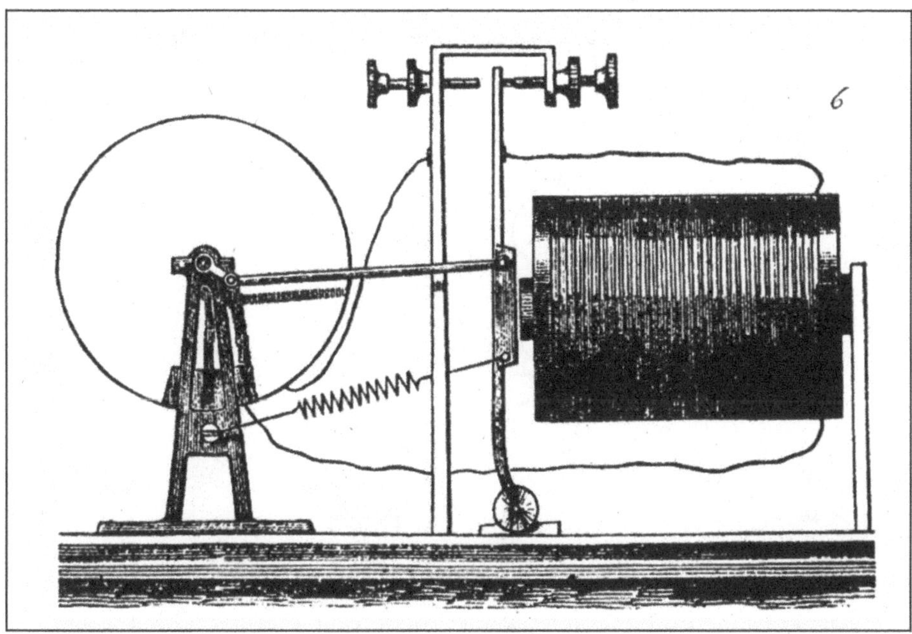

Abb. 96
Sobald die Elektrizität entdeckt war, versuchte man, mit ihrer Hilfe Perpetua mobilia zu bauen

tere ist eine ungarische Erfindung, und zwar das Ergebnis der Forschung des Ingenieurs János Vajda, welche noch nicht sehr bekannt ist.

Das vorliegende Buch behandelt diese Erfindungen, weil besonders deren Verbreitung durch unsachliche Kritik und ernste Hindernisse gestört wird. Um solche Erfindungen geht es im nächsten Kapitel.

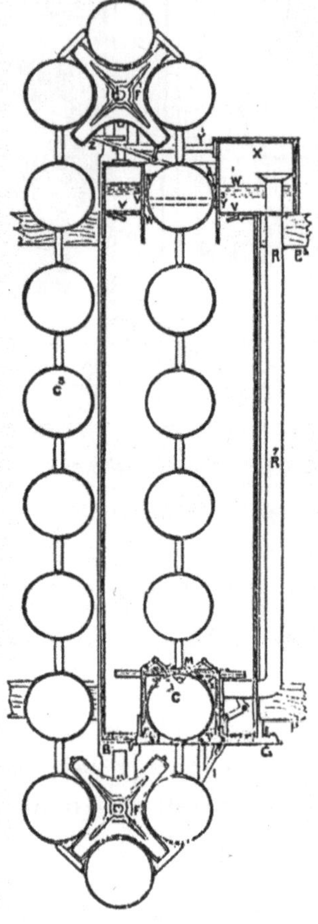

Abb. 97

Bauplan eines naiven Perpetuum mobile aus dem 19. Jahrhundert. Viele begingen den gleichen Fehler.

Kapitel 7

Weitere verbotene Erfindungen

Nun könnte man meinen, dass nur die Erfindungen im Energiesektor eine solch starke emotionale Bewegung auslösen. Diese Annahme stimmt größtenteils tatsächlich, wir möchten aber noch kurz einige andere Erfindungen erwähnen, die zwar auf anderen Effekten beruhen, die aber trotzdem zu den verbotenen gezählt werden können. Sie zählen deshalb dazu, weil es praktisch verboten ist, offen über sie nachzudenken, wie zum Beispiel über das »Perpetuum mobile«. Wenn dann doch jemand den Effekt entdecken sollte, darf seine Forschung nicht mit öffentlichen Geldern unterstützt werden. Wenn die Finanzierung aus privaten Quellen gelöst wird, dürfen die Ergebnisse nicht in wissenschaftlichen Zeitschriften veröffentlicht werden. Gelingt dies aber dennoch, fühlen sich viele Forscher dazu verpflichtet, diese Ergebnisse sofort auf irgendeine Weise bloßzustellen oder als Lüge zu bezeichnen.

Verboten sind die Erfindungen auch deshalb zu nennen, weil sie nur selten ein Patent erlangen. Wenn ein Erfinder so naiv ist, dass er in die Rubrik »Name der Erfindung« das Wort »Überschussenergie« schreibt, wird seine Patentanfrage sehr wahrscheinlich abgelehnt werden; er erhält also keinen Rechtsschutz. Ohne Rechtsschutz haben aber auch die Investoren keinen großen Ansporn zu helfen, da es wegen der Ungeschütztheit der Erfindung unsicher ist, ob sich ihre Investition jemals auszahlt. Wenn das Projekt aber kein Geld bringt, wird auch die Forschung daran nicht unterstützt, und so schließt sich der Teufelskreis. Im Fall der verbotenen Erfindungen gibt es also einen speziellen »Schutz«, da alle Stationen der heutigen, offiziellen Wissenschaft und der Strategie der Industrieentwicklung wie eine Betonwand sind, die durchbrochen werden muss. Und das ist bisher noch niemandem gelungen.

Bleibt der Impuls wirklich erhalten?

Wir haben schon gesehen, dass die Energie nicht immer erhalten bleibt, und können zu Recht annehmen, dass dies auch für den Impuls und den Drehimpuls gilt. In der Tat wurden im letzten Jahrhundert ca. fünfzig Patente für Erfindungen vergeben, die den Impulserhaltungssatz widerlegen. Die überwiegend mechanischen Apparate umgehen sowohl den Impulserhaltungssatz als auch das Wechselwirkungsprinzip. Sie bewegen sich sozusagen fort, ohne dabei Kraft auf ihre Umgebung auszuüben.

Das eigentliche Ziel der Erfinder aber war es, ohne Raketentriebwerke oder Antriebsräder, nur aufgrund innerer Wirkung, einen Schubimpuls zu generieren. Diese Apparate trafen seltsamerweise auf weniger Widerstand als die, die den Energieerhaltungssatz umgehen, obwohl der Impuls und die Energie auf denselben, gleichwertigen Erhaltungssätzen beruhen. Es ist also kein milderes »Verbrechen«, den Impulserhaltungssatz zu umgehen, als dies mit dem Energieerhaltungssatz zu tun.

Dennoch gibt es in jedem industriell fortschrittlichen Land mehrere Dutzend patentierte Erfindungen, die den Impulserhaltungssatz umgehen. Dies sind größtenteils primitive mechanische Apparate, die nur den Grundeffekt zeigen konnten, nämlich dass eine Maschine einen Gesamtimpuls erzeugen kann und sich somit fortbewegt, ohne Kraft auf ihre Umgebung auszuüben. Keiner dieser Apparate konnte sich so weit entwickeln, dass er den Ansprüchen der Industrie entsprochen hätte. Interessant ist auch, dass der Großteil dieser Erfindungen mechanisch funktioniert und Henry William Wallace vielleicht der Einzige war, dessen Patente die Spineigenschaften der Materie ausnutzten.

Eigentlich können diese Geräte auch als Rakete dienen, nur dass sie keinen Antriebsstoff zum Ausstoßen brauchen. Bei einer Rakete bleibt der Schwerpunkt nach dem Abfeuern an derselben Stelle, weswegen Raketen einen sehr niedrigen Wirkungsgrad haben und die Nutzlast nur einen Bruchteil des Gesamtgewichts ausmacht. Daher sind Apparate, die mit wenig Energie ein Impulsungleichgewicht herstellen können, viel interessanter. Die Erfindung Schaubergers (bzw. der Forellen) ist so eine, denn Forellen benötigen in erster Linie einen Impuls, um in den tosenden Bergbächen gut stehen zu können.

Bei diesen Erfindungen gibt es aber noch eine einzigartige Kategorie, und zwar Geräte, die mit Elektrogravitation funktionieren. Die Patente von Thomas Townsend Brown zeigen klar, dass in den 1950er- und 1960er-Jahren intensiv auf diesem Gebiet geforscht wurde. Der Autor hat die Samisdat-Videos über seine Versuche gesehen, auf denen große Gegenstände mithilfe von Elektrogravitation vom Boden abheben. Diesen Effekt haben ungarische Physiker unter häuslichen Umständen weiterentwickelt. Sie konnten etwa 5-6 Newton Kraft auf eine Kugel von einem Meter Durchmesser ausüben, indem sie hochfrequentes Hochspannungspotenzial ansetzten. Die physikalische Erklärung des Effekts lässt bis heute auf sich warten. Wahrscheinlich wüssten wir mehr, wenn jemand seine Arbeit fortgesetzt hätte.

In der lebendigen Natur finden wir noch mehr seltsame Phänomene. Man hat zum Beispiel hauptsächlich bei Menschen, die ein sehr gläubiges Leben führen, beobachtet, dass sie in der Lage sind zu schweben. Dieses Phänomen ist nicht auf eine bestimmte Religion beschränkt; man findet es bei gläubigen Hindus ebenso wie bei Moslems oder christlichen Heiligen.

Die meisten dieser Berichte könnten wir mit einem Lächeln abtun, weil sie nicht unter dokumentierten Umständen beobachtet wurden. Ein Fall fällt jedoch aus dem Rahmen, weil er genau dokumentiert wurde und daher sehr glaubwürdig ist. Es handelt sich um den heiligen Josef von Copertino, einen einfachen Mönch, der sich stundenlang in tiefe Trance versetzen konnte. Dabei schwebte er bisweilen vor den Augen mehrerer hundert Menschen durch die Luft. Auf diesen Anblick hin traten einige Protestanten sogar wieder zum Katholizismus über. Wir können nicht sagen, dass die katholische Kirche sich diese Geschichte ausgedacht hat, denn der heilige Josef musste mehrmals vor dem Gericht der Inquisition erscheinen und kam sogar ins Gefängnis. Eigentlich störte der Mönch aus Copertino nur, weil er während der Messe über den Köpfen der Gläubigen schwebte. Den Anwesenden wurde oft schlecht oder sie wurden von seinem Anblick ohnmächtig, und so wurde der Mönch in ein weit entferntes Kloster verbannt, wo er ungestört stundenlang schweben durfte.

Dieses Phänomen ähnelt dem Fall der Forellen sehr, weil die Biologie der Physik auch hier nichts Neues sagen darf – dies ist meist eine Einbahnstraße: Nur wenn die Physiker etwas erforscht haben, darf es auch in der Natur entdeckt und verstanden werden. Die physikalischen Phänomene der Natur sind so unscheinbar und auf eine so schwierige Art miteinander verbunden, dass Entdeckungen aus der Biologie nur sehr selten in die Physik aufgenommen werden. Vielleicht haben die Zitterrochen ja zum Bau der Voltasäule beigetragen, aber dies ist dann eher die Ausnahme. Das Verständnis der Antigravitation (also des Schwebens) – wenn es so etwas in der Natur überhaupt gibt – kann nur vonseiten der Physik erklärt werden, da unsere jetzige Mentalität eine Erklärung der Biologie nicht zulässt.

Doch jetzt wollen wir uns wieder der Energetik zuwenden – diesmal aus bilogischer Sicht. Sehen wir uns zunächst einmal die Kalte Fusion an.

Kalte Fusion

Von Fusion hat wohl jeder schon einmal gehört. Kernfusion ist die Grundlage des Lebens, weil sie die Sterne zum Leuchten bringt. Hier fusionieren Wasserstoffatomkerne – also Protonen – zu einem Element von größerer Ordnungszahl, nämlich zum Helium. Helium hat eine etwas geringere Energie als die vier Protonen, aus denen es sich zusammensetzt. Ein Stern gibt den Energieüberschuss in Form von Strahlung ab, die uns als Licht und Wärme erreicht. Für kurze Zeit können die Physiker diesen Vorgang schon mit der Wasserstoffbombe simulieren. Seit Jahrzehnten wird intensiv daran geforscht, wie dieser Vorgang langsam und kontrolliert durchgeführt werden kann, um so an saubere Energie zu gelangen.

Die kontrollierte Fusion ist ein typisches Beispiel für Big Science. Die äußerst teuren Versuche kommen seit Jahrzehnten nur sehr langsam voran, obwohl mehrere tausend Techniker und Physiker daran arbeiten. Das Grundproblem bei der Fusion stellt das gegenseitige Abstoßen der Protonen dar, weil die zwei positiven Ladungen so dicht aneinandergedrängt werden müssen, dass die Anziehung der Kernkraft stärker ist als die elektrostatische Abstoßung und die Fusion somit beginnen kann. Dies ist unter irdischen Zuständen nur sehr schwer zu erreichen, da extrem hohe Temperaturen erforderlich sind, um die Protonen ausreichend zu beschleunigen. Die Versuche sind so teuer, dass kein Land sie allein finanzieren könnte. Nur indem die Nationen zusammenarbeiten und nur mit dem Geld und der Erfahrung vieler Länder kann das Problem überhaupt gelöst werden, aber auch so nur in jahrzehntelanger Arbeit. Es ist zwar richtig, dass für die Rüstung sehr viel mehr Geld ausgegeben wird, aber auch für die Experimente mit der Heißen Fusion werden jedes Jahr mehrere Milliarden US-Dollar aufgewendet.

Zu Beginn des Vorgangs werden die Wasserstoffatome von ihrer äußeren Elektronenhülle befreit, danach werden sie »zusammengeknetet«. So erhalten wir als Endprodukt Helium. Dies kann man im Wesentlichen als Materieumwandlung bezeichnen, da aus einem Material ein anderes entsteht. Die Alchimisten träumen schon seit Jahrhunderten von Materieumwandlung; die heutige Physik und Chemie sind sich aber sicher, dass dies auf niedrigem Energieniveau nicht möglich ist. Die Forscher sind sich darin ebenso sicher wie bei der Erhaltung der Energie. Die Frage ist also nur noch, ob sie wirklich alle Möglichkeiten gründlich durchdacht haben oder ob wir auch hier einen Weg finden, wie das »Gesetz« umgangen werden kann.

Es ist vielleicht kein Zufall, dass wir hier die gleichen Probleme vorfinden wie bei dem Energie-, Impuls- und Drehimpulserhaltungssatz. Die Forellen benutzen den Vorgang, bei dem Überschussenergie und Impuls entstehen, schon lange. Es scheint, dass sich bei Lebewesen Kernfusion auch auf geringem Energieniveau abspielen kann. Sehen wir uns jetzt einmal die Ergebnisse verschiedener Naturforscher näher an.

Im Jahre 1799 wunderte sich der französische Chemiker Louis-Nicolas Vauquelin so sehr über die ausgeschiedene Kalkmenge von Hühnern, dass er sich vornahm, den Vorgang genau zu messen. Also fütterte er die Hühner nur mit Haferflocken, deren Kalkgehalt er genau kannte. Lange Zeit gab er den Hühnern nichts anderes zu fressen und maß den Kalkgehalt in den Ausscheidungen und in den Eiern genau. Die Ergebnisse zeigten, dass die Hühner etwa fünf Mal so viel Kalk ausschieden, wie sie zu sich genommen hatten. Vauquelin zog daraus den Schluss, dass die Hühner irgendwie Kalk produzieren, konnte das Phänomen aber nicht erklären. Eine Generation später – genauer gesagt 1822 – fing der Engländer William Prout an, die Entstehung von Kalk in den Hühnern systematisch zu erforschen – mit demselben Ergebnis.

Einige Jahre darauf, 1831, begann der Franzose Choubard, Brunnenkressesamen in nicht auflösbaren Glasgefäßen zu untersuchen. Zuerst wusch er diese Gefäße mit Säure aus, dann spülte er sie mit Wasser nach und erhitzte er sie, um sicherzugehen, dass sich kein lösbares Material mehr in ihnen befand. Dann ließ er die Samen in Wasser keimen, trocknete sie, verbrannte sie und analysierte anschließend ihre Asche. Er fand heraus, dass die jungen Pflanzen Stoffe enthalten, die in den Samen nicht vorhanden gewesen waren.

Im Jahre 1844 experimentierte auch der deutsche Forscher Vogel mit Brunnenkressesamen. Er ließ die Pflanzen in schwefellosem Boden wachsen, fand dieses Element in den ausgewachsenen Pflanzen aber in großer Menge vor. Daraus schloss er, dass Schwefel entweder kein einfaches Element ist oder dass es für den Schwefel eine andere, uns unbekannte Quelle geben müsse.

Einige Jahre später entdeckten die Engländer Sir John Bennet Lawes und Sir Joseph Henry Gilbert, dass sich beim Keimen auch der Magnesiumgehalt erhöht, was 1875 von Baron Albrecht von Herzeele bestätigt wurde. Auf diesem Gebiet wurde bis ins 20. Jahrhundert sporadisch geforscht. 1950 veröffentlichte Rudolf Hauschka die bisherigen Ergebnisse. Auch Professor Freudler von der Pariser Universität Sorbonne und Henri Spindler führten ähnliche Messungen durch. Alle kamen zu dem Ergebnis, dass der Phosphor- und Calciumgehalt bestimmter Pflanzen in der Wachstumsphase zunimmt. Pierre Baranger war der Meinung, dass in den Pflanzen eine Transmutation der Elemente stattfindet. Keiner dieser Fälle erregte jedoch Aufsehen. Diese voneinander unabhängigen Ergebnisse konnten die Reizschwelle für weitere biologische Forschungen nicht überschreiten, und so wurden sie bald vergessen.

In den 1960er-Jahren begann der bereits erwähnte Corentin Louis Kervran (1901–1983) systematisch zu forschen. Er kaum zum Schluss, dass Pflanzen und Tiere zur physikalischen Umwandlung von Elementen fähig sind (Transmutation), und schrieb mehrere Bücher darüber. Das Dogma der Unmöglichkeit der Kalten Fusion ist aber so stark, dass Kervran heute kaum mehr bekannt ist – außer in einem sehr engen Kreis.

Schließlich entdeckten japanische Forscher in den 1990er-Jahren, dass bei der Bakterienzüchtung Elemente erscheinen, die die Bakterien mit Sicherheit nicht zu sich genommen hatten. Auch diese Ergebnisse deuten auf eine Materieumwandlung in der lebendigen Natur hin, die von der Physik noch heute nicht erklärt werden kann.

Langsam kommt der Verdacht auf, dass die heutigen Kenntnisse über die Atomkerne doch nicht vollständig sind. Nach vielen Jahrzehnten Arbeit gibt es immer noch einige Gebiete der Kernphysik, die noch nicht erforscht wurden: Man kann beispielsweise nach wie vor nicht erklären, warum gerade jene Isotope natürlich entstehen, die wir in der Natur vorfinden können, und warum sie sich gerade in diesem Verhältnis entwickeln.

Jetzt wollen wir aber zur Technik zurückkehren und uns ansehen, welche Vorstufen zur Kernfusionsforschung geführt haben.

Fusion auf niedrigem Energieniveau

In der Geschichte der Technik ist es schon oft vorgekommen, dass eine Aufgabe durch einen frappanten Trick einfach und billig gelöst wurde. Der Mensch beobachtete jahrhundertelang die Vögel, und die Pioniere der Luftfahrt bauten ihre Flugzeuge demzufolge mit flatternden Flügeln, die aber gar nicht funktionieren konnten. Das war auch kein Wunder, denn bei größeren Maßstäben musste eine andere Lösung her als in der Natur: Erst kam der Propeller, dann die Gasturbine.

Auch die Vorgänge in den Sternen können wir nicht exakt kopieren, weil ein solcher Druck und eine so hohe Temperatur mit unserer Technik nicht erreicht werden kann. Deshalb haben sich einige Forscher überlegt, dass man durch die Zündung einer Bombe Energie produzieren könnte.

Die fusionellen Vorgänge in einer Wasserstoffbombe sind zwar nicht ganz dieselben wie in einem Stern, aber sie kommen auch hier zustande, und eine große Menge an Energie wird frei. Den Berechnungen nach lohnt sich die Methode sogar, aber sie ist sehr gefährlich: Auch wenn die Bombe unter der Erde gezündet würde, würden immer radioaktive Isotope an die Oberfläche gelangen. Außerdem könnten die dabei entstehenden Erschütterungen sogar größere Erdbeben auslösen. Als logische Lösung bot sich hier ein Magnetfeld an, da das heiße Plasma so in einem geschlossenen Raum fixiert werden kann, ohne mit Materie in Berührung zu kommen. Hier könnten theoretisch Temperaturen und Druck in solcher Höhe entstehen, wie sie für die Heiße Fusion notwendig sind. Allerdings ist dies ein außerordentlich komplizierter und sehr schwer kontrollierbarer technischer Vorgang, dessen Umsetzung die Zusammenarbeit mehrerer Länder erfordert. Aber auch so ist das Ergebnis noch zweifelhaft. Vor 30 Jahren* hatte man vorausgesagt, dass das technische Problem etwa um die Jahrhundertwende gelöst sein würde und die ersten Fusionskraftwerke Energie produzieren würden. Heute wird – nachdem schon mehrere Milliarden US-Dollar ausgegeben wurden – wegen unvorhergesehener Schwierigkeiten in 40 Jahren mit einem Erfolg gerechnet.

Die Natur bietet aber eine Alternative, die auch experimentell erprobt wurde: Kalte Fusion durch Myonen. Wie in Teilchenbeschleunigern entdeckt wurde, können Wasserstoffatomkerne so dicht aneinandergebracht werden, dass eine Fusion stattfindet. Dazu müssen Myonen auf die äußeren Bahnen der Wasserstoffatome geschossen werden. Erst recht kann die Fusion dann stattfinden, wenn die Atomkerne Deuteronen sind. Das äußere Myon umkreist dabei das Deuteron so dicht, dass das Molekül klein genug wird, um die Anziehungskraft der Atomkerne stärker zu machen als die elektrostatische Abstoßung.

Das Problem hierbei ist, dass die Herstellung von Myonen sehr teuer ist. Hinzu kommt, dass sie sehr instabil sind, also nur kurze Zeit existieren. Deswegen kann ein Myon höchstens zwei Atomkernfusionen überleben. Außerdem braucht man für die Herstellung solcher Teilchen mehr Energie, als man bei der Fusion gewinnt. So entsteht die Fusion zwar in der Praxis, ist aber nicht wirtschaftlich. Das Prinzip ist jedoch beachtenswert. Die elektrostatische Abstoßung zwischen zwei Wasserstoffatomkernen muss überwunden werden, indem man positive Ladungen mit negativen kompensiert. Wenn zwei positive und zwei negative Ladungen dicht genug aneinandergeraten, wirkt dies nach außen hin neutral. Wir können aber Umstände herstellen, bei denen die negativen Ladungen die innere, positive Ladung der Atomkerne sozusagen »abschirmen«, und so können die positiven Ladungen sich einander stark annähern; dies ist das Grundprinzip der elektrochemischen Kalten Fusion.

Das Grundprinzip ist also einfach: Man nehme genug negative Ladung und vermische sie mit einem fusionierbaren Stoff wie zum Beispiel Deuterium. Dieses Gemisch kann bereits zur Fusion angewandt werden. Aber wo findet man genügend negative Ladung? Natürlich bei metallischen Kristallgittern, bei denen Milliarden von Elektronen frei umherwirbeln. Die Lösung scheint

* Die Zeitangaben in diesem Satz sind auf das Jahr 2000 bezogen (Anm. der Redaktion).

auf der Hand zu liegen: Man nehme ein Metallgitter, das mit Deuterium gefüllt werden kann und in dem sich die Ladungen kompensieren. Wenn sich die Deuteronen ausreichend nahekommen können, ist die Anziehungskraft stark genug, dass sich die Protonen vereinen. Die Kalte Fusion kann stattfinden, wenn die Kernkraft stärker ist als die elektrostatische Abstoßung.

Als Erstem kam diese Idee dem norwegisch-schwedischen Forscher John Gudbrand Tandberg, der in den 1920er-Jahren in einem Labor bei Electrolux arbeitete. 1927 versuchte er, ein Patent dafür zu erlangen. Er wurde jedoch abgewiesen, sodass die Idee für Jahrzehnte vergessen wurde.

Es gibt ein Metall, das sowohl leichten als auch schweren Wasserstoff gern aufsaugt: Palladium. Palladium ist ziemlich teuer, wird in der Industrie aber oft benutzt und ist ein Abfallprodukt des Platinabbaus. Früher kannte man Platin selbst nur als Abfallprodukt beim Goldabbau, wofür sich aber niemand interessierte. Die spanischen Konquistadoren nutzten Platin als Kielballast bei ihren Schiffen, weil es nicht rostete. Auch in Russland wurde dieses Metall einfach weggeworfen oder höchstens als Projektil benutzt, da es ein ähnliches Gewicht wie Blei hatte und nicht rostete. Erst viel später begannen die Menschen, dieses Metall zur Schmuckherstellung zu benutzen; schon damals war der Preis des Platins höher als der des Goldes.

Auch Palladium wurde früher nicht genutzt, bis man im 19. Jahrhundert entdeckte, dass es sehr viel Wasserstoff auflösen kann und ein guter Katalysator ist. Von dort an ging es für das Palladium bergauf; heute ist sein Preis zum Teil höher als der von Platin. Palladium ist aber ein sehr empfindliches Material und reagiert stark auf verschiedene Verschmutzungen. Wenn es Wasserstoff aufnimmt, findet eine Beta-Modifikation statt, wobei das Metall anschwillt und spröde wird. Es bricht dann leicht und es entstehen Risse. Durch die Risse kann der Wasserstoff dann wieder entweichen, weswegen es keine leichte Aufgabe ist, Palladium mit Wasserstoff zu füllen. Wasserstoff kann auch in anderen Stoffen mit Metallgittern wie zum Beispiel Titan oder in geringerem Maße auch in Eisen gelöst werden. Leider ist den Berechnungen nach die Entfernung zwischen den Protonen (bzw. Deuteronen) im Palladium mit regulärem Metallgitter aber immer noch zu groß.

Zum Glück gibt es jedoch eine Ausnahme, die weniger bekannt ist. Beim Zusammentreffen unterschiedlicher Stoffe entstehen irreguläre Kristallgitter, bei denen alles passieren kann. Wir wissen nicht, welche Geometrie diese irregulären, deformierten Kristallgitter beschreibt. Dies ist das Reich der dünnen Schichten und der amorphen Metalle; es ist voller Unsicherheit, Ungenauigkeit, unbekannter Phänomene und Anomalien. Die Kalte Fusion findet wahrscheinlich genau auf diesem Gebiet statt. Die Experimente sind aber gerade wegen der Unbekanntheit des Gebiets und der Wirkung von minimalen Verschmutzungen nur sehr schwer zu wiederholen; auf diesem Gebiet kommt man nur tastend voran. Die Kalte Fusion löste wahrscheinlich den verbittertsten und extremsten Streit in der Physik des 20. Jahrhunderts aus.

Dieses Phänomen ist auf sehr ungewöhnlichen Grenzgebieten beheimatet. Es ist von der Kern-, der Festkörper- und Schichtenphysik wie auch der Elektrochemie umgeben. In der gegenwärtigen Naturwissenschaft sind diese drei vollkommen unterschiedliche, weit voneinander entfernte Gebiete. Sie haben nicht das Geringste miteinander zu tun. Die Spezialisten des einen Gebiets kennen die Ergebnisse des anderen nicht. Dies bedeutet aber auch, dass sie die Probleme des anderen nicht kennen und nicht die gleiche Sprache sprechen. Die Natur interessiert das alles aber kein bisschen. Die Kalte Fusion findet auch dann statt, wenn Forscher unterschiedlicher Gebiete nicht kooperieren.

Wenn ein Phänomen auf einem Niemandsland beobachtet wird, für das sich keiner richtig verantwortlich fühlt, ist dies für die Entdeckung des Phänomens lebensgefährlich. Dann kommt die Frage auf, ob ein Wissenschaftler willig und fähig ist, die Kenntnisse, die Sprache und das Wissen eines anderen Fachs kennenzulernen, auch wenn er auf seinem Gebiet schon seit Jahrzehnten aktiv ist. Schichtenphysiker, Kristallphysiker oder auch Festkörperphysiker kennen die äußerst empfindlichen Eigenschaften des Palladiums nur zu gut und wissen, wie sehr schon die kleinste Verschmutzung seine Eigenschaften verändert. Dieses Wissen ist den Kernphysikern aber völlig unbekannt, da es auf ihrem Gebiet egal ist, wie beispielsweise die Elektronenhülle eines Atoms aufgebaut ist. Sie konzentrieren sich nur auf den Atomkern.

Forscher, die sich bisher mit Fusion (Heißer Fusion) beschäftigt haben, sind weder in der Schichten- oder Festkörperphysik noch in der Elektrochemie bewandert. Die interdisziplinäre Forschung auf so vielen Gebieten gleichzeitig ist der Naturwissenschaft praktisch unbekannt. So kann es sein, dass ein anerkannter Fachmann des einen Gebiets nur als Interessent angesehen wird, wenn er sich mit anderen Gebieten der Wissenschaft beschäftigt. In solchen Fällen kommt es leicht zu Konflikten, wenn sich der Interessent und der Forscher des Gebiets nicht verstehen – was meistens der Fall ist.

So geschah es auch bei der Kalten Fusion, weil das Phänomen von Elektrochemikern entdeckt wurde, die eigentlich nichts mit Fusion zu tun haben – also unerfahren auf dem Gebiet waren. Forscher der Heißen Fusion aber stehen »Dilettanten«, die in ihr »heiliges« Gebiet eindringen wollen, sehr misstrauisch gegenüber.

Da die Kalte Fusion Niemandsland ist, kann sich auf dem Gebiet auch kein Forscher so richtig zu Hause fühlen, denn hier laufen sehr viele unterschiedliche Phänomene auf einmal ab. Außerdem hängt die Kalte Fusion von allen möglichen, kaum bekannten Parametern ab. Es geht dabei um Vorgänge, die in Metallgittern stattfinden, welche durch Verschmutzung deformiert und somit irregulär gemacht wurden. Diese Vorgänge sind zum Teil die Ergebnisse von Kernfusionsabläufen, zum Teil von elektrochemischen Ereignissen. Somit sind sie nicht eindeutig einem bestimmten Fachgebiet zuzuordnen. In der Grenzregion unterschiedlicher Stoffe bringt die Natur sowieso viele eigenartige Phänomene hervor. Daher sagt man, dass die Materie zwar von Gott, deren Oberfläche aber – und damit das »Übergangsgebiet« – vom Teufel erschaffen wurde. Hier finden sehr viele interessante physikalische, elektrophysikalische oder elektrochemische Vorgänge statt, die wir erst heute verstehen, und selbst das nur teilweise.

Wenn sich zwei Materialien an der Oberfläche treffen und das eine zum Beispiel amorph ist, das andere aber über ein reguläres Kristallgitter verfügt, können wieder viele interessante Phänomene beobachtet werden. In diesem Falle liefern Theorien keine festen Anhaltspunkte – manchmal nicht einmal Experimente. Experimente können nur dann einen Anhaltspunkt liefern, wenn sie immer reproduzierbar sind. Wenn aber die Eigenschaften eines Stoffes von den Verunreinigungen oder dem »Vorleben« seines Kristallgitters abhängen, bewegen wir uns auf ziemlich unsicherem Boden.

Gerade die Eigenschaften des Palladiums hängen besonders von der Art seiner Gewinnung und Vorbereitung ab. Ob wir es erhitzt oder mechanisch gestreckt haben, wie wir dies getan haben und welche Verunreinigungen es enthält – all diese Parameter beeinflussen das Ergebnis der Experimente stark. Wegen der technologischen Streuung – unterschiedliche Temperatur, ungleichmäßige Verschmutzung – kann sogar die Produktion ein und derselben Firma drastische Unterschiede aufweisen. So kann es vorkommen, dass Forscher, die denken, dass sie das gleiche Material verwenden, zu anderen Ergebnissen kommen. Und da die feinen Unterschiede beim Palladium zu so unterschiedlichen Ergebnissen führen, ist es nur Glückssache, wenn man die gleichen Ergebnisse erhält.

Die Kalte Fusion findet aber genau auf diesem schlüpfrigen Boden statt, und so ist es nicht verwunderlich, dass die Ergebnisse so umstritten sind und der Streit um die Existenz der Kalten Fusion schon nicht mehr wissenschaftlich zu nennen ist. Die Geschichte der Experimente auf diesem Gebiet ist so subtil, so wirr, dass sie ein eigenes Buch verdient hätte. Zum Glück wurden auf Englisch viele detaillierte Bücher über das Thema geschrieben, die sich der interessierte Leser besorgen kann (siehe die ersten fünf Titel in der Literaturliste zu diesem Kapitel im Anhang). Jedenfalls ist die Kalte Fusion ein gutes Beispiel dafür, wie empfindlich die Energetik ist, wie leicht man auf der Bananenschale der Experimente ausrutschen kann, wie wenig objektiv die wissenschaftliche Gemeinde sein kann und wie groß die emotionale Motivation bei der Erörterung wissenschaftlicher Fragen ist.

Kalte Fusion im Überblick

Am 23. März 1989 riefen zwei Elektrochemiker der Universität Utah in Salt Lake City eine Pressekonferenz zusammen. Der 61-jährige Martin Fleischmann und der 46-jährige Stanley Pons berichteten, dass sie auf elektrochemischem Wege Kalte Fusion erzeugt hätten. Ihren Angaben nach produzierte der Apparat etwa fünfmal so viel Hitze, wie ihm für das Funktionieren in Form von Elektrizität zugeführt worden war. Auf Abb. 98 ist der Apparat zu sehen, der diesen Effekt erzeugt hat. Das Herzstück des Apparats sind zwei Elektroden. Die Anode, also die positive Seite, ist eine dünne Spirale aus Platin, deren Aufgabe nur darin bestand, der ätzenden Wirkung des entstehenden Sauerstoffs zu trotzen. Die negative Elektrode, also die Kathode, hatte eine sehr viel wichtigere Rolle. Sie war aus Palladium gefertigt. Sie war der wichtigste Bestandteil der Zelle, da ihre physikalische und chemische Zusammensetzung über Erfolg und Misserfolg der Kalten Fusion entscheidet.

In der Pons-Fleischmann-Zelle wurden Palladiumblöcke benutzt, die manchmal sogar einen Zentimeter dick und damit nicht gerade billig waren. Entscheidend war auch die Verteilung der Verunreinigungen im Palladium, die Kristallstruktur des Palladiums und eben deswegen auch die Qualität der vorangegangenen mechanischen und thermischen Behandlungen. Mit dieser schwer definierbaren Zelle sollte also Kalte Fusion erzeugt werden können.

Beim Experiment hatte man als Elektrolyt schweres Wasser benutzt. Um es leitfähig zu machen, verwendete man eine chemische Verbindung des Lithiums: Lithium-Deuteroxid (LiOD). Außerdem brauchte man noch ein Thermometer und einen Widerstandsdraht, der den Elektrolyten auf ca. 90 °C erwärmte, um die Diffusion zu erleichtern und zu beschleunigen. Die ganze Zelle musste sich außerdem in einem Wasserbecken befinden, um die genaue Menge der abgegebenen Hitze (und somit die Energie) messen zu können.

Dieser dem Anschein nach einfache Apparat konnte den Erfindern zufolge etwa fünfmal so viel Energie abgeben, wie er aufnahm. Ein Teil der Energie wurde natürlich zur Elektrolyse, zur Spaltung des schweren Wassers in Deuterium und Sauerstoff, benutzt. Dies ist ein Verlust. Zum Verlust muss auch der ohmsche Widerstand des Elektrolyten gerechnet werden, aber diesen kann man nicht umgehen. Gewinn sind die durch Fusion entstandene Wärme und Strahlung.

Hier kommt die erste neuralgische Frage auf: Entstehen bei dem Vorgang Neutronen, und wenn ja: wie viele? Bei der gewöhnlichen Heißen Fusion entstehen nämlich immer Neutronen und sehr starke Gammastrahlung, was den Vorgang lebensgefährlich macht. Aus diesem Grunde darf man sich solchen Experimenten nur nach entsprechenden Schutzvorkehrungen nähern.

Die Pons-Fleischmann-Zelle produzierte aber kaum etwas Derartiges; die Neutronenemission und die Gammastrahlung blieben immer sehr gering. Der Theorie nach kann Fusion stattfinden, wenn das Deuterium nach einigen Tagen oder Wochen in das Kristallgitter der Palladiumkathode diffundiert, sodass sich in dem durch die Elektronen des Metalls elektrisch neutralisierten Stoff die Atomkerne nahe genug kommen können, um die Fusion zwischen den Deuteronen stattfinden zu lassen.

Der Vortrag der Erfinder wurde vor dessen Publikation in Fachzeitschriften gehalten. Noch heute wird darüber diskutiert, ob das klug von ihnen war. Fleischmann und Pons haben ihr Ergebnis nach 5 Jahren Anstrengung, Niederlagen und Erfolgen bekannt gegeben, und zu dieser Zeit versuchten sie auch, ein Patent zu erlangen. Der Vortrag war sehr einseitig und halbfertig, da

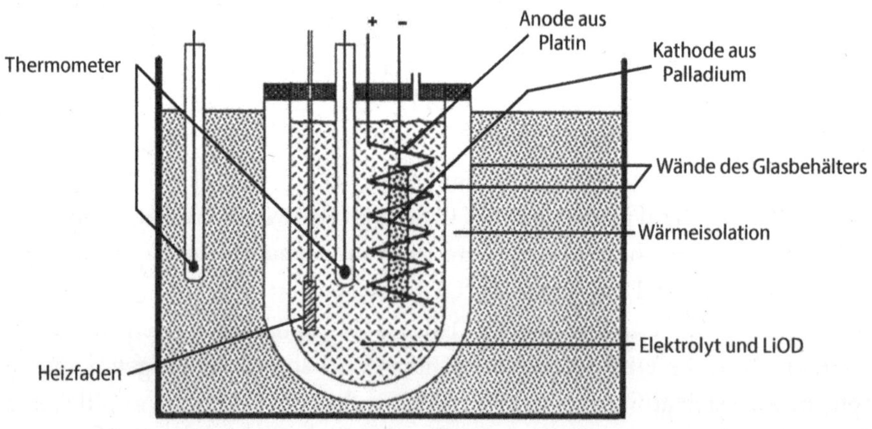

Abb. 98

Die Pons-Fleischmann-Zelle. Das Grundprinzip war Hydrolyse in Elektrolyten mit schwerem Wasser.

sehr viele Vorbereitungs- und Verfahrensparameter sowie sonstige Daten hätten angegeben werden müssen, um ein so (scheinbar) einfaches Experiment mit Sicherheit reproduzieren zu können. Die Mitteilung über die Kalte Fusion weckte sehr großes Interesse; in vielen Forschungslabors weltweit wurde die Reproduktion ohne jegliches Fachwissen über Elektrochemie, Schichtenphysik oder Fusion versucht, was natürlich zum Misserfolg führte.

Zur Zeit der Ankündigung kannten selbst die Erfinder die Bedeutung der Sättigung des Palladiums mit Deuterium noch nicht und wussten somit auch nicht, wie diese exakt gemessen werden könnte. Erst sehr viel später stellte sich heraus, dass sich der elektrische Widerstand des Metalls mit dem Grad der Sättigung verändert, womit sich auch das elektrochemische Potenzial der Zelle verändert, das heißt, sie beginnt, als Akku zu funktionieren. Diese scheinbaren Kleinigkeiten sind aber allesamt wichtige praktische Parameter für den Erfolg des Experiments. Damals wusste man davon noch nichts, weswegen die meisten Experimente erfolglos blieben; so meldete sich sofort eine große Armee von Wissenschaftlern, die Pons und Fleischmann für Schwindler hielten.

Doch beide Forscher waren anerkannte Fachleute der Elektrochemie: Fleischmann war Mitglied der Britischen Akademie für Wissenschaften und hatte mehrere hundert Fachartikel publiziert, sein jüngerer Kollege Pons verfügte über eine ähnliche Vergangenheit, weswegen einige Leute ihre Kalte Fusion einfach als Messfehler betrachteten. Die Liste der Kritiker aber bleibt lang, und so diente die Kalte Fusion schnell als Beispiel für Pfusch in der Wissenschaft.

Natürlich gab es auch Forscher, die die Experimente erfolgreich reproduzierten: etwa fünf auf der ganzen Welt, darunter Japaner und Amerikaner. Anfangs benutzte so ziemlich jeder das »Originalrezept« und versuchte, das Experiment mit Palladiumkathoden in Schwerwasser-Elektrolytlösung zu wiederholen. Später aber entstanden auch andere Variationen des Experiments: Einige Forscher versuchten es mit Salzlösung, andere hatten mit Deuterium-Gasentladungen Erfolg, da man auch so das Deuterium in die Palladiumkathode zwingen konnte. Der eigentliche Durchbruch aber gelang erst dem Außenseiter und Industriechemiker James Patterson.

Patterson hatte sein ganzes Leben lang mit der Schichtenphysik und mit großflächigen Katalysatoren zu tun gehabt. Da er oft Platin- und Palladiumkatalysatoren verwendete, kannte er die Eigenschaften dieser Stoffe gut. Er wusste, dass das Palladium leicht Risse bekommt und der Wasserstoff so schnell entweicht. Also wandte er die ihm bekannte Lösung an: Er benutzte

Palladiumschichten, die nicht dicker als ein tausendstel Millimeter waren, und überzog sie mit Nickel. So verfuhr er auch mit vielen 1-Millimeter-großen Kugeln, sodass er multiple Schichten mit sehr großer Fläche erhielt. Dieser »Sandwich«-Aufbau bewährte sich in der Praxis viel besser als der massive Block. Die dünne Nickelschicht ermöglichte dem Wasserstoff oder Deuterium, in das Palladium einzudringen, ließ es aber aus dem gesättigten und spröde gewordenen, rissigen Palladium nicht mehr heraus. Die Nickelschicht war – wenn sie entsprechend hergestellt wurde – auf allen Kugeln homogen, was eine einfache und schnelle Füllung des Palladiums mit Wasserstoff ermöglichte.

Die andere entscheidende Entdeckung Pattersons war, dass die Fusion nicht nur mit schwerem, sondern auch mit normalem Wasser funktionierte; zur Fusion konnte also normales Leitungswasser benutzt werden, was ein enormer Vorteil gegenüber der teuren Pons-Fleischmann-Zelle war. Die Kathode, die hier aus vielen kleinen Kügelchen bestand, bildete einen weiteren Vorteil, denn an der Grenze der unterschiedlichen Schichten entstanden immer jene deformierten Kristallgitter, in denen sich nicht nur die Deuteriumatome, sondern jetzt auch schon die einfachen Hydrogenatome nahe genug kommen konnten. Auf dieser riesigen Fläche entstanden so viele geeignete, deformierte Gitter in Zufallsverteilung, dass diese auch die viel unwahrscheinlicheren Proton-Proton-Reaktionen ermöglichen konnten.

Patterson experimentierte sehr viel und erreichte immer bessere Ergebnisse. Am Ende konnte er bei kleinen Temperaturunterschieden ca. 1 Kilowatt Überschussenergie produzieren. Um diese guten Ergebnisse erzielen zu können, waren aber sein Wissen von der Schichtenphysik, seine Erfahrung und viele praktische Kniffe nötig. Deswegen konnte auch nur er diese Reaktion experimentell reproduzieren. Patterson bekam viele Patente, aber er war sogar unter den Außenseitern ein Außenseiter und publizierte als Industriechemiker kaum in Fachzeitschriften.

Inzwischen wurde noch eine andere wichtige Entdeckung gemacht, diesmal in einem italienischen Labor: Die Forscher fanden heraus, dass die Reaktion der Kalten Fusion bei transienter Elektrolyse, also bei einer Veränderung der Spannung der Zelle, noch stärker ist. Sie »säuberten« die deformierten Gitter von dem entstandenen Helium, damit dort wieder Fusion stattfinden konnte. Hierzu benutzten sie Hochspannungsimpulse mit niedriger Frequenz, die die Heliumatome »wegjagte«. Wenn dies nicht geschieht, werden die günstigen Plätze nämlich allmählich von den Reaktionsprodukten besetzt, lassen den frischen Brennstoff, die Wasserstoffatome oder Deuteriumatome, nicht hinein und die Fusion stoppt. Um die Kalte Fusion aufrechtzuerhalten, müssen die

Reaktionsprodukte also ständig entfernt werden. Dazu muss man kontinuierlich Konzentrationsunterschiede, also Gradienten, erzeugen, was wiederum nur bei transienten Prozessen möglich ist. So kann man beispielsweise erreichen, dass die Wasserstoffkonzentration auf der einen Seite des Materials höher ist als auf der anderen, weswegen der Wasserstoff sich in eine Richtung bewegt. Dazu eignen sich aber nur sehr dünne Schichten wie zum Beispiel bei dem Apparat von Patterson.

Heute können wir schon ziemlich genau sagen, welche Umstände die Kalte Fusion benötigt. Ein Unsicherheitsfaktor dabei ist jedoch die genaue Form des deformierten Kristallgitters, die zur sicheren Herstellung der Kalten Fusion führt. Und eine Massenproduktion ist ohne solche Angaben nun einmal nicht möglich. Wenn diese Forschung im selben Ausmaß finanzielle Unterstützung erhalten hätte, wie sie die Heiße Fusion schon seit Jahren erhält, wäre dieses Problem mithilfe moderner Materialprüfungstechnik wahrscheinlich schon gelöst. Da sich heute aber nur 200 bis 300 Forscher mit der Kalten Fusion beschäftigen (und sie die praktischen Fachleute aus der Industrie nicht mögen), konnte sich jene minimale Anzahl von Spezialfachkräften, die dazu nötig wäre, die Technologie bis zur Massenproduktion zu entwickeln, nicht heranbilden.

Auch heute beschäftigen sich nur ein paar hundert Forscher (vor allem Theoretiker und Grundlagenforscher) mit der Kalten Fusion, weswegen der Durchbruch sehr schwierig sein wird – wenn auch nicht hoffnungslos, so doch sehr langsam. Alle eineinhalb Jahre findet eine internationale Konferenz zu diesem Thema statt, über die die Medien aber nicht mehr berichten, und wenn doch, dann mit einem negativen Unterton. Das wird sich wohl auch nicht ändern, solange keine praktisch nutzbaren Fusionsapparate in die Massenproduktion gehen. Und das, obwohl es sehr viele neue Ergebnisse gibt und immer mehr Fragen auf diesem Gebiet beantwortet werden. Viele Universitäten in China, Russland, Indien und besonders in Italien beschäftigen sich – manchmal sogar mit staatlicher Unterstützung – mit dem Thema, aber auch dies reicht nicht aus, um alle praktischen Probleme zu lösen. Die Privatanleger wiederum sind auf solchen Gebieten äußerst vorsichtig, da erfolgreiche Experimente im Labor nicht garantieren, dass auch die Massenproduktion gelöst werden kann und die Geräte jahrelang problemlos funktionieren werden. Ein weiteres Problem stellt die Tatsache dar, dass die Fusionsapparate offensichtlich nur als Hitzequellen von geringer Temperatur funktionieren können, industrielle Einrichtungen hingegen über 1000 °C brauchen (beispielsweise in der Energieproduktion).

Ende der 1990er-Jahre ist man aber zu einem sehr wichtigen Ergebnis gekommen. Es stellte sich nämlich heraus, dass Kernumwandlung nicht nur bei Protium oder Deuterium stattfindet, denn bei der Anwendung von Eisenelektroden wandelt sich beispielsweise Eisen in andere Stoffe um. Und so scheint der alte Traum der Menschheit und das Ziel der Alchemisten, die Materieumwandlung auf niedrigem Energieniveau, langsam wahr zu werden. Aber auch dies stößt natürlich erst einmal gegen eine dicke Betonwand der Ungläubigkeit.

Dieses Phänomen passt eindeutig nicht in das jetzige Denken der Menschheit. Schon oft hat die Wissenschaft einen hohen Preis bezahlt, weil sich die Natur nicht so verhielt, wie sie es sich vorstellte. Es ist allgemein bekannt, dass die Entdeckung der Kernspaltung des Urans sich um Jahre verzögerte, weil die Forscher des Gebiets nach der Neutronenbestrahlung schwerere Elemente erwartet hatten.

Niemand kann Enrico Fermi als schlechten Wissenschaftler bezeichnen, trotzdem verfolgte er aus den obigen Gründen mit seinen Experimenten jahrelang eine falsche Theorie. Schließlich kamen die Deutschen Lise Meitner, Otto Hahn und Fritz Straßmann darauf, dass bei der Neutronenbestrahlung des Urans keine Transurane, sondern leichtere Spaltprodukte entstehen. Dieser Fall ist ein typisches Beispiel dafür, dass die Natur sich nicht immer so verhält, wie es sich die Forscher vorstellen.

Zur Geschichte der Kalten Fusion gehört auch noch die seltsame Geschichte des Erfinders des Fernsehgeräts: Philo Farnsworth (dessen Name schon erwähnt wurde). Nachdem er den Fernseher erfunden und sich jahrelang mit seiner technischen Umsetzung und dem Patentamt herumgeschlagen hatte, fing er an, sich für etwas anderes zu interessieren – die Kalte Fusion. Angeblich hat er sogar einen funktionierenden Reaktor fertiggestellt und ihn vorgeführt. Sobald er jedoch die Patente bekommen hatte, zogen sich die unterstützenden Firmen zurück und gaben ihm kein Geld mehr. So konnte das Gerät nicht bis zur Industriereife entwickelt werden, und der ganze Fall wurde einfach vergessen – eine weitere Erfindung, die nicht genug Aufmerksamkeit erhalten hat und sich deshalb nicht verbreiten konnte.

Diese Beispiele machen klar, wie stark die Vorurteile in der Physik sind. Der Nobelpreisträger für Physik Julian Seymour Schwinger (einer der wenigen unter den Physikern, die auch praktisch veranlagt waren) trat aus der Amerikanischen Gesellschaft für Physik aus, weil er meinte, dass die Forscher gegenüber der Kalten Fusion nicht offen genug seien und die Schritte der Wissenschaftler von Vorurteilen und Gruppeninteressen gelenkt würden. Bei Diskussionen mit solchen Vorurteilen zählt aber nicht einmal die Meinung eines Nobelpreisträgers etwas. Tatsache ist, dass – außer bei Patterson und Farnsworth – bis heute kein Patent für Kalte Fusion in den USA vergeben wurde. So gelten auch die Geräte, die Kalte Fusion nutzen, als verbotene Erfindungen, obwohl es mehrere hundert – wenn nicht noch mehr – funktionierende Geräte auf diesem Gebiet gibt, die auf ein Patent warten.

Vakuumenergie

Die Natur ist nicht geizig; ein Großteil der Ansprüche der Industrie könnten nicht nur durch Symmetriereduktion oder die Kalte Fusion, sondern auch mit der fast unerschöpflichen Vakuumenergie erfüllt werden. Wie alle verbotenen Erfindungen hat auch diese Energiequelle eine recht lange Geschichte. Max Planck, eine Schlüsselfigur der als modern bezeichneten Physik, hat schon zu seiner Zeit angenommen, dass auch leerer Raum, also das Vakuum, seine eigene Energie hat. Diese Möglichkeit haben immer mal einige Forscher in Betracht gezogen, dann aber wieder verworfen, und schließlich geriet die Idee in Vergessenheit. Experimentell konnte diese Energie erst Mitte der 1950er-Jahre nachgewiesen werden, als der Chef des niederländischen Forschungslabors der Firma Philips, Hendrik Casimir, theoretisch nachwies, dass ein Vakuum über Energie verfügen kann.

Casimirs Kollege, der holländische Physiker Dirk Polder, konnte die Vakuumenergie dann auch experimentell nachweisen, indem er zeigte, dass zwei Platten, die weniger als 1 Mikrometer voneinander entfernt sind, zusammengedrückt werden, weil die Vakuumenergie, also die elektromagnetische Strahlung, die überall vorhanden ist, von diesen Platten abgeschirmt wird. In diesem Fall ist um die Plättchen herum ein größeres Spektrum dieser Strahlung vorhanden als zwischen ihnen, weshalb die Platten vom Strahlungsdruck zusammengedrückt werden. Diesen Effekt kann man auch praktisch in der Energetik nutzen.

Peter Fowler, ein Physiker der Firma Hughes, schlug vor, den Casimir-Effekt zu nutzen und mit dessen Hilfe Strom zu erzeugen. Er nutzte die einfache Tatsache aus, dass Ladungen wegen der Abstoßung ein höheres Potenzial erhalten, wenn sie sich in zwei elektrisch geladenen Platten nähern. Die praktische Umsetzung sah bei ihm folgendermaßen aus: Er brachte auf ein dünnes, spiralartiges Metallplättchen Ladung auf und ließ den Casimir-Effekt erst das Plättchen, dann die Ladungen mit dem inzwischen gewachsenen Potenzial zusammenziehen. So konnten diese dann von dort weggeführt werden. Diese Methode funktioniert zwar, ist aber sehr unpraktisch, da man die Aluminiumplättchen immer wegwerfen müsste und der Preis ihrer Herstellung viel höher ist als der der auf diese Weise gewonnenen Energie.

Die Lösung brachte wieder einmal die Praxis, und wie so oft, wurde auch hier ein längst vergessener Effekt neu entdeckt. In den 1930er-Jahren bemerkten deutsche Chemiker, dass Reaktanten, die im Wasser nicht reagieren, dies bei Bestrahlung mit Ultraschall doch tun. Der Ultraschall erzeugte nämlich viele kleine Bläschen im Wasser, deren zusammenstürzende Wände infolge des Casimir-Effekts mit so großer Kraft aneinanderprallten, dass sich das Wasser auf mehrere tausend Grad Celsius erwärmte, sodass die Reaktanten miteinander reagieren konnten. Dieser Effekt, der damals als Ultraschallchemie oder Sonochemie bezeichnet wurde, geriet aber schnell wieder in Vergessenheit, weil seine praktische Anwendung ziemlich teuer war.

In den 1990er-Jahren, als schon sehr viel präzisere Messtechniken zur Verfügung standen, wurde der Effekt von Neuem untersucht, und damals stellte sich heraus, dass bei den kollabierenden Blasen manchmal einige milliardenmal so viel Energie vorhanden war, als dies mit normalen physikalischen Gesetzen erklärt werden konnte. Die kollabierenden Blasen leuchteten wegen der hohen Energie auch kurz auf, weswegen man sie Sonolumineszenz (Tonlichteffekt) nannte. Lange suchte man nach einer Erklärung dieses Effekts, bis sie schließlich vom schon erwähnten Nobelpreisträger Julian Seymour Schwinger gefunden wurde, der erklärte, dass die Vakuumenergie für den Temperaturanstieg verantwortlich sei. Der Effekt blieb aber immer noch ein Spielzeug für das Labor; für praktische Zwecke benutzte ihn auch jetzt niemand.

Dass der Effekt trotzdem praktische Anwendung findet, ist nicht den Wissenschaftlern, sondern dem Techniker James Griggs aus der amerikanischen Kleinstadt Rome zu verdanken. Griggs nahm sich Patentschriften als Vorlage, konnte aber auch aus eigener Erfahrung bestätigen, dass die Temperatur von Flüssigkeiten in Röhren, in denen Kavitation stattfindet, beträchtlich ansteigt. Kavitation ist eigentlich ein unerwünschter Effekt, da die kollabierenden Blasen fast alles in ihrer Umgebung zerstören – deswegen versuchen die Ingenieure immer, diesen Effekt zu vermeiden.

Kavitation tritt bei Schiffsschrauben und Zentralheizungen auf, wenn sich die Flüssigkeit plötzlich in einem Tiefdruckgebiet befindet, weswegen sie aufkocht, dann aber wieder in ein Hochdruckgebiet gelangt, woraufhin ihre Blasen kollabieren. In diesem Augenblick werden die Blasen schlagartig nacheinander vernichtet. Die so entstehenden Schallwellen verursachen bei den Metallbauteilen aber sehr starke Schäden. Wenn die Blase vollkommen rund bleibt, kann man mit dem Casimir-Effekt natürlich nicht viel Energie gewinnen, da wir die wenige bei der Entstehung gewonnene Energie jetzt wieder verlieren.

Wenn die Blase in Kugelform entsteht, bei dem Kollaps aber zu einer Scheibe zusammenfällt, kann eindeutig Energie aus dem Vakuum gewonnen werden. In diesem Fall wirkt die Kraft des äußeren elektromagnetischen Vakuums so, dass sie sich sowohl bei der Entstehung als auch bei der Kollabierung positiv auf den Vorgang auswirkt, also zur äußeren Energiezufuhr fähig ist. Bei diesem Vorgang bilden also die Wände von Millionen kollabierenden Blasen die Hohlräume für den Casimir-Effekt.

Blasen können sehr einfach hergestellt werden und müssen nicht nach einmaliger Nutzung weggeworfen werden wie die Metallfolien, die einige Physiker vorgeschlagen hatten.

Deswegen ist der Apparat von Griggs auch ziemlich einfach aufgebaut: Es handelt sich um eine große, im Wasser rotierende Trommel mit Löchern unterschiedlicher Größe. Über den Löchern wird das Wasser wegen des größeren Strömungsdurchmessers verlangsamt, weswegen der Druck dieses Wassers ein anderer ist als an den übrigen Stellen. Die schnelle Schwankung des Drucks erzeugt wiederum Milliarden von Blasen, die anschließend kollabieren. Wegen der Rotation werden die Blasen aber auch zusammengedrückt und sind nicht mehr rund; so kann ein Zyklus erstellt werden, in dem die Vakuumenergie nur nützliche Arbeit leistet, also das Wasser erhitzt. Die große, dicke Metalltrommel ist robust genug, um der Kavitation lange zu widerstehen, sodass der Apparat eine recht lange Lebensdauer hat.

Griggs hat seinen Apparat wirklich gebaut und bemerkt, dass das System in der Tat etwas mehr Energie in Form von Hitze von sich gibt, als es für den mechanischen Antrieb benötigt. Nach langen Versuchen konnte er den Effekt endlich optimal ausnutzen und ließ den Apparat produzieren. Seitdem gibt es schon einige Dutzend funktionierende Apparate auf der Welt, trotzdem kann das Gerät aber bei Weitem nicht als wirtschaftlicher Erfolg bezeichnet werden. Sein größter Fehler ist, dass es nur einen geringen Wirkungsgrad – nicht höher als 200 Prozent – erreicht und somit nicht rentabel ist, denn Energie in Form von Hitze ist viel billiger als elektrische Energie. Der Vorgang würde sich nur dann wirtschaftlich rechnen, wenn mindestens zehnmal so viel Wärmeenergie den Apparat verlassen würde, wie man in ihn hineingibt. Theoretisch ist auch dies möglich, dazu müsste aber noch sehr viel auf dem Gebiet geforscht werden. Nur hat der Erfinder hierzu weder das nötige Geld noch die nötige Zeit oder das entsprechende Fachwissen. Außerdem wird er

US005590031A

United States Patent [19]
Mead, Jr. et al.

[11] **Patent Number:** **5,590,031**
[45] **Date of Patent:** **Dec. 31, 1996**

[54] SYSTEM FOR CONVERTING ELECTROMAGNETIC RADIATION ENERGY TO ELECTRICAL ENERGY

[76] Inventors: **Franklin B. Mead, Jr.**, 44536 Avenida Del Sol, Lancaster, Calif. 93535; **Jack Nachamkin**, 12314 Teri Dr., Poway, Calif. 92064

[21] Appl. No.: **281,271**

[22] Filed: **Jul. 27, 1994**

[51] Int. Cl.^{6} **H02M 1/00**
[52] U.S. Cl. **363/8; 363/178; 342/6**
[58] Field of Search 363/8, 13, 178; 342/6, 61, 73, 173, 175

[56] **References Cited**

U.S. PATENT DOCUMENTS

3,882,503	5/1975	Gamara	343/100 R
4,725,847	2/1988	Poirier	343/840
5,008,677	4/1991	Trigon et al.	342/17

Primary Examiner—Peter S. Wong
Assistant Examiner—Adolf Berhane
Attorney, Agent, or Firm—Chris Papageorge

[57] **ABSTRACT**

A system is disclosed for converting high frequency zero point electromagnetic radiation energy to electrical energy. The system includes a pair of dielectric structures which are positioned proximal to each other and which receive incident zero point electromagnetic radiation. The volumetric sizes of the structures are selected so that they resonate at a frequency of the incident radiation. The volumetric sizes of the structures are also slightly different so that the secondary radiation emitted therefrom at resonance interfere with each other producing a beat frequency radiation which is at a much lower frequency than that of the incident radiation and which is amenable to conversion to electrical energy. An antenna receives the beat frequency radiation. The beat frequency radiation from the antenna is transmitted to a converter via a conductor or waveguide and converted to electrical energy having a desired voltage and waveform.

14 Claims, 8 Drawing Sheets

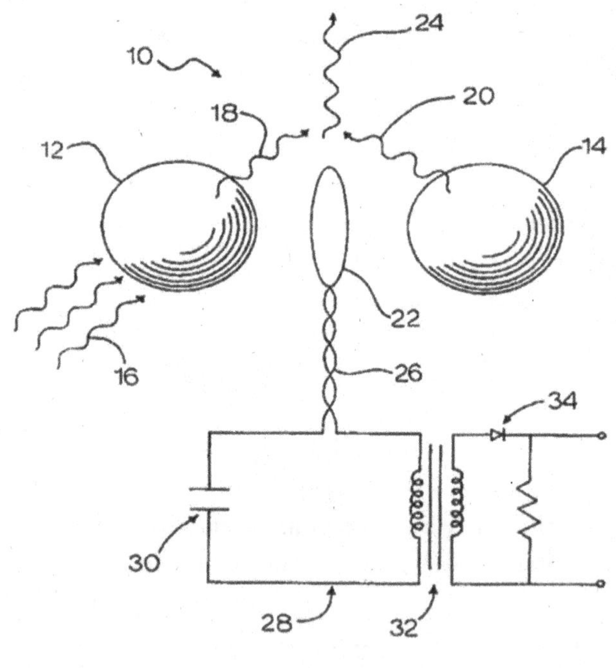

Abb. 99
Die erste Seite der Patentschrift der US-amerikanischen Forscher Franklin B. Mead Jr. und Jack Nachamkin. Vakuumenergie kann auf diese Weise in elektrischen Strom umgewandelt werden.

nur ausgelacht, wenn er behauptet, dass sein Apparat mehr Energie abgibt, als man ihm zuführt.

Dieser Effekt kann auch bei Schaubergers Apparaten auftreten, wenn man Wasser als Flüssigkeit benutzt. In diesem Fall gibt sowohl die Symmetriereduktion im nichtkonservativen, wirbelartigen Kraftfeld als auch das Vakuum Überschussenergie ab. Auch in Ungarn wurde ein solcher Apparat gebaut. Er gab 15 Kilowatt ab, war aber mit seinem Wirkungsgrad von ca. 300 Prozent immer noch nicht effizient genug. Außerdem sind die Parameter, die für eine derartige Effizienz notwendig sind, nur schwer einstellbar.

In diesem Falle erscheint die Überschussenergie in Form von billiger Wärme. Ein Apparat ist aber viel wertvoller, wenn er die elektromagnetische Vakuumenergie in Form von elektrischer Energie abgibt. Theoretisch ist auch dies möglich. Zwei Physiker hatten eine recht gute Idee, wofür sie auch ein Patent bekamen. Sie nutzten das Phänomen aus, dass das elektromagnetische Vakuum kleine Dielektrikumkügelchen vibrieren lassen kann. Ihrer Meinung nach geben auch die zwei Kügelchen elektromagnetische Strahlung von sich, wenn sie fast gleich groß sind und unabhängig voneinander durch das Vakuum zur Vibration gebracht werden. Diese Kügelchen geben wegen ihres Größenunterschiedes aber auch Wellen mit etwas unterschiedlicher Wellenlänge ab, und somit entsteht das als Schwebung bekannte Phänomen, was bei allen Wellenquellen zu beobachten ist.

Die Frequenz einer derartigen Schwebung ist die Differenz der Strahlung der zwei Kügelchen; somit kann die ursprünglich sehr hohe Frequenz vielleicht stark reduziert werden. Um Energie mit schon bekannten Methoden zu gewinnen, reicht eine Antenne aus, die die daraus resultierende – immer noch ziemlich hohe – Frequenz empfangen kann. Um einen funktionierenden Apparat dieser Art zu bauen, müsste man allerdings alle Tricks und Kniffe der Nanotechnologie kennen und fast atomar kleine Bauteile massenhaft produzieren können, wozu bisher aber nur die Biologie fähig ist, denn nur die lebendige Natur »baut« in dieser Größenordnung. Es ist nicht ausgeschlossen, dass sie diesen Effekt sogar nutzt. Wenn die Biologen die Vakuumenergie und ihre Gewinnung aber nicht kennen, können sie die entsprechenden Strukturen in den Lebewesen auch nicht richtig zuordnen – wie es auch bei den Forellen der Fall war.

Bisher haben wir also drei verschiedene Grundprinzipien für saubere und praktisch unbegrenzte Energie gefunden. Es gibt aber noch eine vierte, besondere Art. Diese Art der Energiegewinnung hat der ungarische Ingenieur János Vajda entdeckt, dessen Geschichte wir uns jetzt ansehen wollen.

Der Interferenzapparat

Die Radartechnik entstand im Laufe des Zweiten Weltkriegs und hat mindestens ebenso viel Arbeit gekostet wie die Entwicklung der Atombombe. Das Radar trug sehr viel zum Sieg der Alliierten bei. Seine Nutzung spielte im Pazifischen Ozean eine entscheidende Rolle, wo die Japaner trotz ihrer numerischen Übermacht in der entscheidenden Schlacht bei Midway von den Amerikanern besiegt wurden – eben wegen des US-Einsatzes der Radartechnik. Auch die sogenannte »Luftschlacht um England« konnten die englischen Flugzeuge nur gewinnen, weil die Engländer den Deutschen bei der Entwicklung des Radars einen Schritt voraus waren. Die Mikrowellentechnik ist heute aus der Signal- und Datenübertragung und der Flugsicherheit nicht mehr wegzudenken. An der Forschung und Entwicklung des Gebiets der Radartechnologie haben Tausende von Ingenieuren mitgearbeitet – und arbeiten auch heute noch daran. Wahrscheinlich hat aber nur ein einziger von ihnen den wichtigen Effekt entdeckt, um den es jetzt gehen wird.

János Vajda entdeckte nämlich Ende der 1970er-Jahre bei Messungen zur Antennenentwicklung, dass die Leistung der Strahlung nach der Reflexion von bestimmten Materialien höher war als vorher. Seine Kollegen hielten diesen Effekt für einen Messfehler, und nur seinem Durchhaltevermögen und seinem starken Willen ist es zu verdanken, dass er das Phänomen langsam aufdecken und beschreiben konnte.

Theoretisch ist der Effekt sehr einfach: Man nehme zwei Strahlungsquellen, wie zum Beispiel Antennen, und platziere sie dicht genug zueinander. Wenn beide Quellen auf der gleichen Frequenz, mit der gleichen Phase und der gleichen Amplitude senden, strahlen sie so viel Energie aus, dass die aus beiden Quellen kommenden Strahlen sich an gewissen Stellen verstärken, an anderen auslöschen. Wenn man aber den Hohlraum entsprechend formt, ist die Verstärkung größer als die Auslöschung, sodass man Überschussenergie erhält.

Natürlich kann bei bestimmten Justierungen auch Energie verschluckt werden, wenn es mehr Stellen der Auslöschung als solche der Verstärkung gibt. Dieser Vorgang kann nur bei Frequenzen von mehreren Gigahertz bedeutende Überschussenergie produzieren, darunter lohnt es sich wirtschaftlich nicht – teils wegen der großen Dimensionen, teils wegen der kleinen Energiedichte. Außergewöhnlich an diesem Phänomen ist, dass die Überschussenergie auch aus den heute akzeptierten Maxwell-Gleichungen abzuleiten ist, was Vajda auch getan und in einem kleinen Büchlein veröffentlicht hat (siehe Literaturliste zu diesem Kapitel im Anhang). Dies ist der einzige Fall, in dem man mithilfe des heutigen Wissens die Entstehung und das Verschwinden von Energie schwarz auf weiß ableiten kann. Wie üblich hat aber auch hier niemand angenommen, dass die Energie bei der Interferenz nicht immer erhalten bleibt.

Vajda und sein Kollege Ferenc Muhr haben eine Experimentalanordnung gebaut, die sowohl die Entstehung als auch das Fehlen von Energie klar nachweisen kann. Eigentlich könnte man diesen Effekt für den Bau eines relativ einfachen Apparates nutzen und diesen in Massen produzieren lassen, aber auch hierfür fehlt es am nötigen Geld. Der Geldmangel wiederum ist die Folge der schon bekannten Gründe.

Die Natur lässt also mindestens vier Arten der Herstellung von wirtschaftlicher und umweltfreundlicher Energie zu. Es ist aber nicht ausgeschlossen, dass es noch mehr Möglichkeiten gibt. Eine fünfte Möglichkeit wäre, magnetische Ladungen im Industriemaßstab herzustellen: magnetische Monopole.

Die nächste Geschichte handelt nicht von einer verbotenen Erfindung, sondern von einem verbotenen Phänomen, dessen Wirkung genauso gravierend sein könnte wie die des elektrischen Stroms, wenn man es benutzen würde.

Die Geschichte von Felix Ehrenhaft

Felix Ehrenhaft (1879-1952) studierte an der Universität Wien. Nach seiner Promotion im Jahre 1903 arbeitete er als Assistent von Professor Lang. 2 Jahre später wurde er zum Dozenten ernannt, 1912 wurde er außerordentlicher Professor, 1920 ordentlicher Professor und stand ab diesem Jahr an der Spitze des III. Physikalischen Instituts der Universität Wien. 1938 musste er wegen Österreichs Anschluss an Deutschland fliehen und konnte erst 9 Jahre später zurückkehren. Fast 50 Jahre lang beschäftigte er sich beruflich mit der Physik und kannte jeden wichtigen Forscher. Seine erste wissenschaftliche Publikation über Metallkolloide erschien 1902, und er war der Erste, der sehr kleine, fein verteilte anorganische Kolloide in Form von Kügelchen herstellen konnte – diese untersuchte er dann bis zu seinem Lebensende. Er war auch der Erste, der die Brownsche Molekularbewegung in Gasen beobachtete und damit eine Arbeit Einsteins experimentell nachwies. 1910 erhielt er dafür den Lieben-Preis der Wiener Akademie der Wissenschaften.

Im Jahre 1918 entdeckte er das Phänomen der Photophorese, das auch heute noch nicht vollkommen geklärt ist. Der Effekt besteht darin, dass mit starkem Licht bestrahlte Teilchen sich mal in die Richtung des Lichts, mal in die entgegengesetzte Richtung bewegen. Heute wird das Phänomen in erster Linie mit Temperaturunterschieden erklärt. Diese Erklärung wird bei bestimmten

Teilchen, die Licht reflektieren, aber widerlegt, denn einige von ihnen bewegen sich mit dem Licht, einige dem Licht entgegen, obwohl ihre physikalischen Eigenschaften gleich sind – der Unterschied liegt bei den chemischen Eigenschaften.

Ehrenhaft entwickelte auch eine Methode, mit der newtonsche Kräfte an winzigen (10^{-17} Meter) schwebenden Teilchen gemessen werden können. Somit konnte er als Erster die kleinste elektrische Ladung messen. Zwischen 1909 und 1930 untersuchte er dann die Elektrophotophorese und die kleinste mögliche elektrische Ladung. Zwischen Millikan und ihm gab es einen heftigen Streit über diesen Punkt: Millikan hielt die heute bekannte Ladung 1 für die kleinste, Ehrenhaft entdeckte bei seinen Messungen aber manchmal Ladungen vom Wert ⅓ und ⅔. Zwar waren diese Ergebnisse nicht immer reproduzierbar, aber sie kamen vor.

Heutzutage könnte man sagen, Ehrenhaft habe die Ladung der auf irgendeine Weise frei gewordenen Quarks gemessen. Offiziell dürfen Quarks zwar nicht allein für sich existieren, doch bei diesen unglaublich schwierigen, präzisen Messungen kamen Bruchteilsladungen vor. Aus Millikans Messprotokoll wissen wir, dass er diese unerwünschten Werte einfach löschte, während Ehrenhaft sich an die Ergebnisse hielt (auch 1981 fand man auf winzigen Niobkugeln Ladungen von der Größe ⅓). Während Millikan hauptsächlich mit Wasser und Öl experimentierte, probierte Ehrenhaft auch viele andere Stoffe aus, weswegen er mehr Erfahrung auf dem Gebiet der unterschiedlichen Materialien hatte.

Der Streit zwischen Millikan und Ehrenhaft dauerte jahrzehntelang. In der Physik war die Bestimmung der kleinsten Ladung grundsätzlich wichtig, da deren Wert – genauso wie der der Lichtgeschwindigkeit – in vielen Gleichungen vorkommt. Zu Beginn des Streits war Robert Millikan ein über 40 Jahre alter, kaum bekannter Professor an der Universität Chicago, der kaum etwas publiziert hatte. Felix Ehrenhaft dagegen war 11 Jahre jünger, anerkannter Professor der renommierten Universität Wien und hatte zu dieser Zeit schon viele Publikationen verfasst.

Der Streit begann im Frühling 1910 und dauerte beinahe 20 Jahre. Die Physiker stimmten schließlich Millikans Ergebnis zu. Er bekam den Nobelpreis, während Ehrenhaft in Vergessenheit geriet. Ehrenhaft verhalf auch Persönlichkeiten wie Edward Teller zu ihrer Karriere, der ihn auch in seiner Biografie erwähnt. (Teller wurde von seinen Eltern zu Ehrenhaft gebracht. Ehrenhaft fragte, ob er wisse, was Rotation ist. Da Teller die Antwort wusste, nahm Ehrenhaft ihn auf, und Teller wurde Physiker.)

Bei dem Streit von 1910 ging es eigentlich um die Frage, ob wir glauben, dass sowohl die Struktur der Materie als auch die elektrische Ladung diskret und gequantelt ist. Anfangs bestimmte Ehrenhaft den genauen Wert und publizierte ihn. Als er aber seine Messungen verfeinerte, bemerkte er, dass auch noch geringere Ladungen vorkommen, und er begann, der machschen Linie folgend, den atomaren Aufbau der Materie zu bezweifeln. Es ist unbestritten,

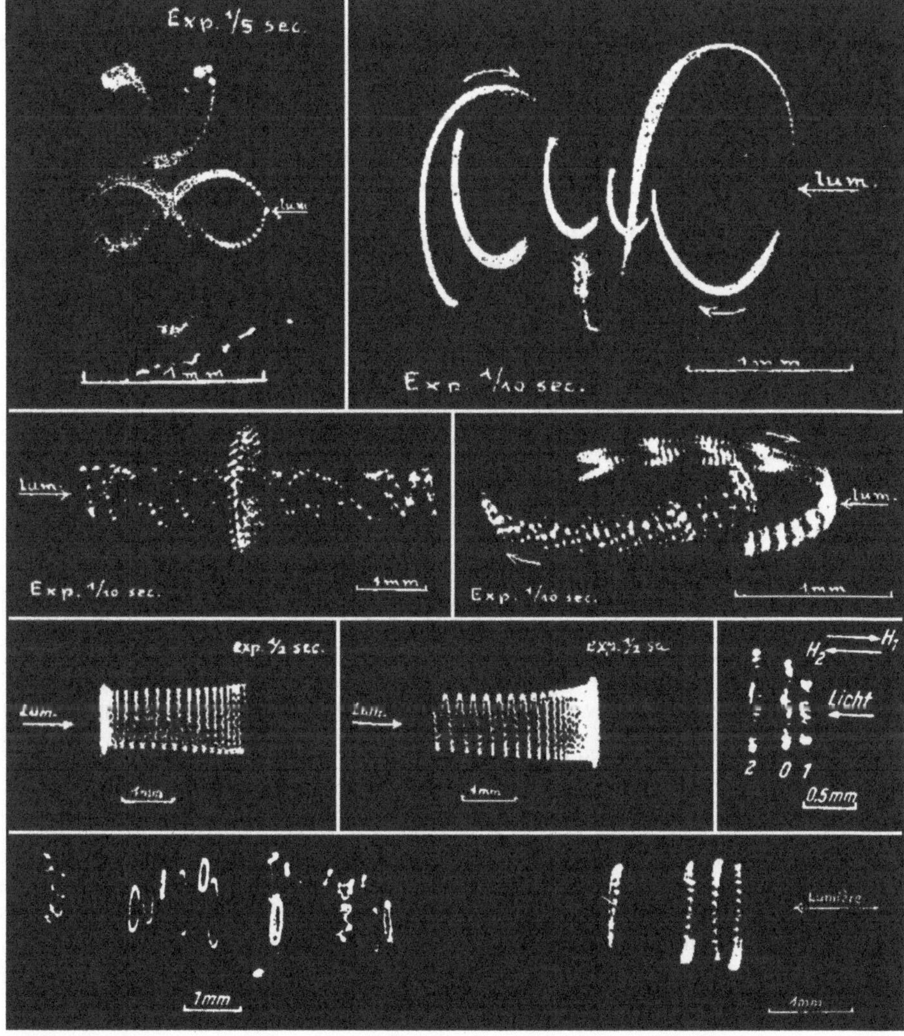

Abb. 100
Fotos einiger Messergebnisse von Ehrenhaft. Die beleuchteten Metalltröpfchen bewegen sich auf komplizierten Bahnen, was durch Temperaturunterschiede nicht zu erklären ist.

dass die Messungen außergewöhnlich kompliziert waren, da sehr kleine Kräfte genau gemessen werden mussten. Ehrenhaft maß drittel, aber auch halbe, fünftel und später sogar hundertstel Ladungen. Es war sehr schwer, die fehlerhaften von den richtigen Messungen zu unterscheiden, aber Ehrenhaft wollte unbedingt die genauen Werte bestimmen.

Eigentlich wurde der Streit 1927 durch die Auszeichnung Millikans mit dem Nobelpreis beendet, aber schon damals war sich nicht jeder sicher, ob alle Fragen auf dem Gebiet richtig beantwortet worden waren. Das Ende des Streits war praktisch eine »Volksabstimmung« unter den Physikern, da die Messmethoden auf diesem Gebiet noch nicht einmal heute genauer sind, als sie es damals waren. Ehrenhaft wurde von seiner Niederlage aber endgültig in den Hintergrund gedrängt, mitsamt seiner großen Entdeckung, den magnetischen Monopolen. Er hatte nämlich entdeckt, dass sich kleine Eisentröpfchen bei Bestrahlung mit UV-Licht, sichtbarem Licht oder Röntgenstrahlen in einem homogenen Magnetfeld mal wie nördliche, mal wie südliche magnetische Monopole verhalten. Da dies in homogenen Magnetfeldern der Fall war, können wir die Möglichkeit, dass sich die Eisentröpfchen wie kleine Kompasse verhielten, ausschließen. Dies trifft nur auf inhomogene Magnetfelder zu; bei homogenen verdrehen sich die Dipole nur, bewegen sich aber nicht fort.

Ab den 1930er-Jahren publizierten Ehrenhaft und seine Kollegen mehr als 100 Artikel über ihre Versuche mit magnetischen Monopolen. Ehrenhaft setzte diese Arbeit auch fort, als er während des Krieges erst in England und später in den USA im Exil lebte. Wahrscheinlich wurde er aber nicht beachtet, weil er den Streit mit Millikan verloren hatte. Die Situation verschlechterte sich weiter, als Ehrenhaft manchmal einige seiner Theorien zurückziehen musste, da sie durch seine späteren experimentellen Ergebnisse widerlegt wurden.

Das von ihm entdeckte Phänomen zeigte außerordentlich interessante und ungewöhnliche Eigenschaften: Die Teilchen bewegten sich in homogenen Feldern nicht immer auf geraden, sondern mal auf Spiral-, mal auf Doppelspiralbahnen. Dieses Phänomen können wir auch mit unserem heutigen physikalischen Wissen nicht erklären. Diese Trajektorien können nur dann gedeutet werden, wenn außer der heutigen Lorentzkraft noch weitere Felder und lorentzartige Kräfte eingeführt werden. Dazu müsste jedoch die Elektrodynamik erweitert werden.

Bei Ehrenhafts Messungen gab es aber noch ein weiteres Problem: Er fand viel geringere magnetische Ladungen, als es die Theorie zuließ. Die Theoretiker freuten sich über dieses praktische Ergebnis nicht, weil sie etwas anderes erwartet hatten. Ehrenhaft und seine wenigen Anhänger publizierten ver-

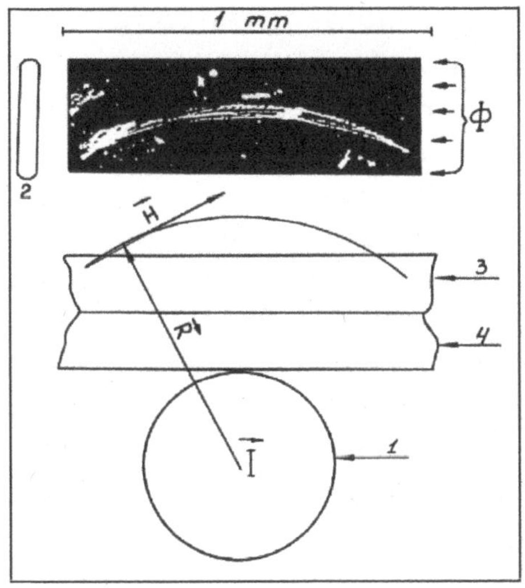

Abb. 101
Eines der Experimente von Michailow, in dem er die Bewegung von magnetischen Monopolen in dem magnetischen Feld eines dünnen Drahtes nachwies.
1: rechtwinklig zur Ebene angeordneter, stromdurchflossener Draht.
2: Lichtstrahl, der die Bewegung des Monopols bestrahlt.
3: Kupferplatte zur gleichmäßigen Hitzeversorgung.
4: Isolierende Glasplatte. Es ist gut zu sehen, dass sich die Monopole entlang des Magnetfeldes des Drahts auf einer kreisförmigen Bahn bewegen.

gebens in zahlreichen anerkannten Fachzeitschriften (damals war das noch möglich), denn nach Ehrenhafts Tod wurde seine Arbeit sofort abgebrochen. Jahrzehnte später nahmen der Russe Michailow und seine Frau Ehrenhafts Forschung wieder auf. Sie konnten die meisten seiner Ergebnisse unter sehr viel moderneren Umständen reproduzieren und somit auch beweisen, dass es möglich ist, magnetische Monopole zu erzeugen. Sie konnten sowohl nördliche als auch südliche magnetische Monopole erzeugen, indem sie Ferromagnettröpfchen mit rotem oder blauem Laserlicht bestrahlten. Zwar publizierten sie ihre Ergebnisse in einem halben Dutzend Fachzeitschriften, die Wissenschaft beachtete sie aber nicht, und so mussten die beiden ihre Experimente auf dem Küchentisch fortsetzen (in seinem letzten Brief an den Autor schrieb Michailow, dass er nicht einmal mehr seine Stromrechnung bezahlen könne).

Michailow hat vergeblich so genau gemessen. Der Nachweis der magnetischen Monopole stellte sich bereits nach den 1950er-Jahren als hoffnungslos heraus, da ihn die Wissenschaft sowieso nicht anerkennen würde. Wahrscheinlich hätte dem Fall weitergeholfen, wenn sich der damals bekannte Physiker Paul Dirac (der 1931 die Existenz magnetischer Monopole postuliert hatte) mit der Analyse der Ergebnisse dieser Experimente beschäftigt hätte. Dirac gab sich aber nicht weiter mit den seiner eigenen Theorie widersprechenden Experimentalergebnissen ab. Bei einem Vortrag sagte er einmal: »Ich möchte jetzt nicht über Ehrenhafts Ergebnisse sprechen. Ich habe sie nie gründlich untersucht und ich bezweifle auch, dass es sich lohnen würde.« Die Bösartigkeit und die Vorurteile sind hier deutlich herauszuhören.

Nach Professor Ehrenhafts Niederlage gegen Millikan erschienen seine Artikel oft mit einem redaktionellen Vorwort wie diesem: »Obwohl die Schlussfolgerungen von Professor Ehrenhafts Ergebnissen äußerst umstritten sind, haben die Experimente selbst viel Aufmerksamkeit auf sich gezogen.« Solche redaktionellen Kommentare machten die Forscher von vornherein darauf aufmerksam, dass sie sich von dem Thema lieber fernhalten sollten, da jeder, der sich hinter derart umstrittene Ansichten stelle, leicht sein Ansehen verlieren könne.

Wir dürfen aber auch Ehrenhafts Diskussionsstil nicht vernachlässigen. Laut einigen Memoiren wollte Ehrenhaft die Kollegen mit seinen Ergebnissen absichtlich ärgern, die es daher – obwohl sie die Phänomene selbst beobachtet hatten – vorzogen, dem Thema fernzubleiben, denn auch sie konnten die Phänomene nicht erklären. Der Philosoph und Wissenschaftstheoretiker Paul Feyerabend erzählt:

> Als ich Ende der 1940er-Jahre Schüler der Universität Wien war, gab es drei Physiker, die weithin bekannt waren: Karl Przibram, Felix Ehrenhaft und Hans Thirring. Przibram war Experimentalphysiker und hatte unter Thomson studiert, den er oft und voller Respekt erwähnte. Die Wissenschaftsphilosophen kennen ihn als Herausgeber des Briefwechsels zwischen Schrödinger, Lorentz, Planck und Einstein über die Wellenmechanik. Er war der Bruder des Biologen Hans Przibram, und ich denke, dass er der Onkel des Neurophysiologen Carl Przibram war. Er sprach leise und schrieb kurze Gleichungen an die Tafel. Manchmal wurden seine Vorlesungen von dem lauten Gerede oder Lachen einiger Studenten unterbrochen – das waren Studenten von Ehrenhaft. Ehrenhaft war Professor für theoretische und angewandte Physik in Wien. Als die Nazis einmarschierten, floh er und kam erst 1947 zurück. Damals sahen die Physiker ihn aber schon als Scharlatan an. Er führte regelmäßig experimentelle Beweise für die Existenz von Subelektronen, magnetischen Monopolen und Magnetolyse vor. Seiner Meinung nach war die Inertialbahn eine Spirale und keine geodätische Linie. In dieser Hinsicht stimmten seine Ansichten mit denen von Philipp Lenard und Johannes Stark überein; diese beiden erwähnte er oft respektvoll. Häufig rief er uns dazu auf, ihn zu kritisieren, und lachte über uns, als er sah, wie fest wir an die Maxwell-Gleichungen glaubten, ohne einzelne Effekte je berechnet und überprüft zu haben.
>
> Einmal, als wir die Sommerschule in Albach organisierten, baute er seine Versuche auf einem kleinen Bauernhof auf und lud alle ein, sich die Experimente anzuschauen. Auch Léon Rosenfeld und Maurice Pryce waren anwesend, die zu den besten Physikern ihrer Generation zählten. Nachdem sie sich die Experimente

angeschaut hatten, sahen sie aus, als hätten sie etwas sehr Obszönes gesehen. Sie konnten nur so viel hervorbringen, dass das, was sie gesehen hatten, wahrscheinlich ein Effekt war. Dann folgte Ehrenhafts Vortrag.

Rosenfeld und Pryce saßen in der ersten Reihe. Als Ehrenhaft die Zusammenstellung des Experiments erläuterte, ging er zu ihnen und fragte: »Was können denn diese klugen Theoretiker dazu sagen? Nichts können sie sagen. Sie müssen still sein und brav sitzen bleiben.« Und wirklich, Rosenfeld und Pryce, die sich sonst immer so elegant und präzise ausdrücken konnten, blieben diesmal völlig stumm. Ehrenhaft gehörte wirklich nicht zur Hauptströmung der Wissenschaft, aber er brachte die Anwesenden zum Nachdenken – viel mehr, als es irgendjemand sonst vor oder nach ihm getan hat.

Jetzt sind wir wohl bei der Hauptsache angekommen: Ehrenhaft wusste, dass die theoretischen Fachleute der Zeit seine Experimente nicht erklären konnten, und sah auf sie herab. Die Theoretiker wiederum konnten Ehrenhaft nicht ausstehen, weil sie mit ihren Erklärungen bei ihm nicht weiterkamen. Es war sehr viel einfacher, Ehrenhaft bloßzustellen, als skurrile Phänomene um die magnetischen Monopole zu erklären. Ehrenhaft beging zwei Fehler: Erstens machte er die Theoretiker vor der Öffentlichkeit lächerlich, und zweitens ermutigte er die Anwesenden zum Nachdenken, was die Wissenschaftler verärgerte. Das Ergebnis dieses Verhaltens war, dass sie Ehrenhaft ausschlossen, anstatt sich der Herausforderung zu stellen.

Und so schuldet uns die Physik bis heute nicht nur die Erklärung der Energie, des Impulses, des Drehimpulses, der Struktur der Atomkerne, der Fusion, der magnetischen Ladung und der elektrodynamischen Phänomene, sondern auch deren Erweiterung, Verallgemeinerung und die Entdeckung weiterer Arten elektromagnetischer Felder. Die Liste ist aber noch nicht zu Ende, da auch ein Teil der Begriffe, die die Struktur von Raum und Zeit erklären, dazugehören. Diese Mängel machen sich in der Biologie als »Paraphänomene« bemerkbar, aber auch in diesem Fall war es einfacher, die Themen aus der Wissenschaft zu verbannen, als sie zu erklären.

Dass Phänomene, Effekte und Erfindungen so einfach und konsequent aus der Wissenschaft verbannt, Erfindungen und Apparate vernichtet werden können und nicht einmal erwähnt werden dürfen, zeigt die Zustände in der heutigen Naturwissenschaft. Es muss einen oder mehrere sich planmäßig wiederholende Gründe geben, warum diese Erfindungen immer wieder untergehen. Im nächsten Kapitel werden wir versuchen, diesen Grund oder die Gründe zu finden.

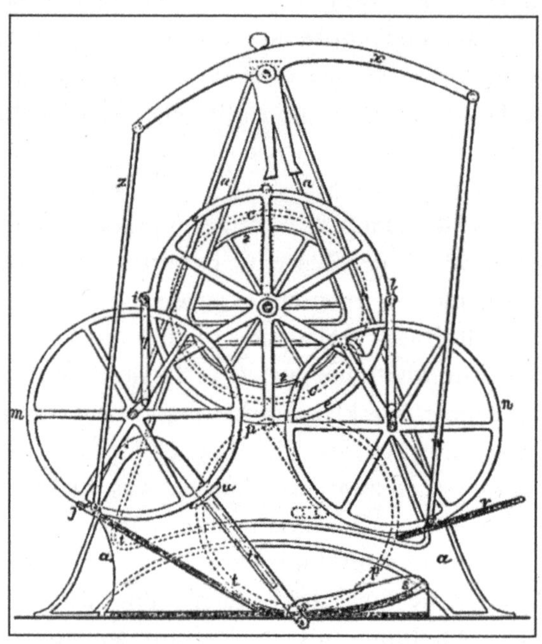

Abb. 102
Bauplan eines naiven Perpetuum mobile aus dem 19. Jahrhundert

Kapitel 8

Gründe des Versagens

In diesem Kapitel soll versucht werden, die Gründe des vertuschten Versagens der Wissenschaft und dessen tragische Folgen aufzudecken. Vielleicht können weitere Schäden vermieden werden, wenn wir die typischen, sich ständig wiederholenden Fehler aufdecken. Natürlich ist die Beurteilung der Gründe oft subjektiv und erhebt auch keinen Anspruch auf Vollständigkeit, aber es soll ein Anfang gemacht werden.

Verbote und die gewaltsame Unterdrückung des Denkens haben außer politischen auch immer ernsthafte wirtschaftliche und deshalb auch gesundheitliche und mentale Folgen. Die Weltgeschichte dient auch hier mit vielen Beispielen: Nord- und Südkorea oder Ost- und Westdeutschland, wo ein und dasselbe Volk sich nur wegen bestimmter Verbote vollkommen unterschiedlich entwickelt hat.

Geistige und wirtschaftliche Armut treten bekanntlich immer zusammen auf und verstärken einander. Wenn jemand arm ist, hat er bekanntlich wenig zu essen, wird von keinem Arzt versorgt und stirbt somit früher. Unsere Lebensqualität wird auch von der Kleidung und den Wohnumständen beeinflusst. Aber warum gibt es heute noch immer hunderte Millionen bitterarme Menschen auf unserem Planeten? Armut ist kein Zufall oder ein Fluch Gottes, sondern eindeutig das Ergebnis von Führungsfehlern und menschlichem Versagen.

Das Verbot von Forschung und Denken bringt natürlich auch immer Ungebildetheit mit sich, wodurch die Menschen immer ärmer werden. Es gibt einen juristischen Ausdruck dafür, wenn das Leben eines Menschen bewusst verkürzt wird, und auch dafür, wenn dies mit vielen Menschen getan wird. Bei einem Gerichtsprozess ist es ziemlich egal, ob das Leben eines Menschen mit einem Messer, einer Kugel, einem Seil oder mit Gift verkürzt wird. Und das Verbot von Forschung ist ja mit Sicherheit kein Zufall.

Dieses Buch handelt auch davon, wie dem Menschen vorenthalten wird, was ihm zusteht, und wie die Technologien verhindert oder verboten werden, die dem Menschen zum Nutzen gereichen und ihm ein besseres Leben ermöglichen könnten.

Wenn wir von Verboten sprechen, sprechen wir nicht vom Irrtum Einzelner, sondern vom systematischen Irrtum und den bösen Absichten ganzer Institutionen. Auf den ersten Blick geht es in diesem Buch zwar um Symmetrien, Lagrange-Funktionen oder technische Lösungen, in Wahrheit wird hier aber eine bestimmte reaktionäre Denk- und Sichtweise aufgedeckt.

Auch sehen muss man lernen

Die Fähigkeit zu sehen ist eine seltsame Sache, da – im Gegensatz zu der allgemeinen Überzeugung – auch dies erst gelernt werden muss. Wenn nämlich eine kleine Katze in einer Umgebung großgezogen wird, in der es nur horizontale Streifen gibt, wird sie nach einigen Monaten die vertikalen Streifen und Gegenstände nicht mehr erkennen. Deswegen wird sie als ausgewachsene Katze auch immer wieder gegen vertikale Stangen laufen und sich den Kopf stoßen, einmal, zweimal oder auch hundertmal. Zu diesem Zeitpunkt kann auch der Schmerz sie nicht mehr das korrekte Sehen lehren. Nur der Mensch verfügt über die Fähigkeit, bis ans Ende seines Lebens zu lernen und zu entdecken – theoretisch jedenfalls, denn wie wir gesehen haben, gilt dies nicht für jeden.

Die klügeren und gebildeteren Menschen unter uns sind sogar befähigt, geschehene Dinge ungeschehen zu machen und sichtbare unsichtbar. Meister dieser »Wissenschaft« sind Historiker, Politiker und Gebrauchtwarenhändler. Leider ist diese Mentalität aber auch bei den tonangebenden Wissenschaftlern weit verbreitet.

Wir haben gesehen, dass Effekte und Lösungen, die in der Natur bei den Lebewesen zu beobachten sind und in der Technik genutzt werden könnten, oft einfach unter den Teppich gekehrt und als nichtexistent erklärt werden. Dass die Forellen sich mit ihrer sonderbaren »Erfindung« durch die Wasserfälle kämpfen können, dass viele Lebewesen fehlende Elemente für sich synthetisieren und dass spiralförmige Molekülketten unbekannte, in der Technik noch nie da gewesene Kraftfelder erzeugen können, zählt nicht. Das alles kann abgestritten werden, einige führende Köpfe haben sich dies sogar zu ihrer wichtigsten Aufgabe gemacht.

In diesem Kapitel soll versucht werden zu beschreiben, wie und warum das alles geschieht, aber auch, warum die Vertreter und Institutionen der Wissenschaft, die doch dazu berufen und dafür bezahlt werden, neue Erkenntnisse zu erlangen, gerade die größten Feinde dieser nützlichen neuen Erkenntnisse sind. Inzwischen bekommen wir vielleicht auch eine Antwort darauf, warum es in den letzten 60 Jahren keine praktisch nutzbaren Durchbrüche in der Physik gegeben hat. Es gibt noch nicht einmal Ergebnisse, die es wert wären, beachtet zu werden, da sie weder äußerst neuartig noch nützlich oder interessant sind. Bis in die 1950er-Jahre gab es fast jährlich neue Ergebnisse, die von Forschern stammten, die zwar nicht viel Geld, aber sehr viel Fleiß, gute Ideen und intellektuellen Wissenshunger hatten. Bis in die 1950er-Jahre war die Physik der Motor des technischen Fortschritts (obwohl sie in unseren Beispielen auch dessen Bremse war); seitdem bremst sie die Technik und behindert so eindeutig die wirtschaftliche und gesellschaftliche Entwicklung.

Die Verantwortung der Historiker

Die Arbeit von Historikern kann ziemlich öde sein. In den durchschnittlichen Geschichtsbüchern geht es nur um gewonnene oder verlorene Kriege, ermordete oder gescheiterte Politiker oder eroberte und verlorene Territorien. Dieser Ansatz aber ist unvollständig, denn das Leben handelt nicht nur davon, sondern von viel tiefgreifenderen Dingen. Der Fortschritt einer Gesellschaft hängt von der Denkweise der Menschen ab. Wie sich eine Bevölkerungsgruppe entwickelt und wie ihre Geschichte aussieht, hängt hauptsächlich von ihrer Denkweise und Offenheit ab, also von der Mentalität, der Weltanschauung, dem technischen Fortschritt, der Organisiertheit und den wirtschaftlichen Möglichkeiten.

Darüber aber schreiben die Geschichtsbücher nur selten, da tiefgreifende technische, wissenschaftliche und wirtschaftliche Kenntnisse dazu nötig wären. Über solche Kenntnisse verfügen die Geschichtsschreiber leider meist nicht, weswegen sie die Geschichte nur verzerrt und oberflächlich darstellen können. Im Gegensatz dazu müsste zum Beispiel untersucht werden, zwischen welchen Möglichkeiten eine wichtige Führungspersönlichkeit sich entscheiden musste und welche Kenntnisse sie besaß. Ein Teil der Historiker hält die Frage »Was wäre gewesen, wenn …?« für unwissenschaftlich. Wenn man diese Frage aber nicht stellen darf, kann die Geschichte nicht wissenschaftlich erforscht werden. Ein Gebiet kann nur dann als wissenschaftlich angesehen werden, wenn diese Frage gestellt und beantwortet werden darf.

Stellt man hinsichtlich einer komplexen Maschine die Frage, was passiert, wenn man eine Teileinheit ein- oder ausschaltet, muss man sie auch beantworten können. Auch bei riesigen, chaotischen Systemen muss man sagen können, was passiert, wenn am Input etwas verändert wird. Ein Arzt muss auch wissen, wie sich der Körper eines Menschen verhalten wird, wenn ihm ein bestimmtes

Medikament verabreicht wird. Solche Fragen zu beantworten ist die Aufgabe der Wissenschaft. Dieses Buch handelt von den verpassten Möglichkeiten, den verlorenen Kämpfen der Menschheit und wichtigen verschwiegenen Geschehnissen. Wenn die Historiker die Kriege der Wissenschaftler genauso ausführlich schildern würden wie die der Soldaten, wären wir nicht in solch einer schwierigen Situation, denn die Kriege in der Wissenschaft und der Technik üben eine vergleichbare Wirkung auf die Menschheit aus wie militärische Konflikte (manchmal sogar eine größere). Auch hier gibt es verlorene Kriege, nur findet man sie nicht in den Geschichtsbüchern (wobei es auch über die schwer erkämpften wissenschaftlichen Siege und Ergebnisse kaum etwas zu lesen gibt). Wegen dieser fehlenden systematischen Geschichtsschreibung der Wissenschaften gibt es auf diesem Gebiet auch keine Entwicklung, und alles musste immer wieder von vorne begonnen werden.

Nun kommen wir zu der Frage, was passieren würde, wenn die Verbreitung der Methoden der Raumzeittechnologie* wenigstens auf dem Gebiet der

---

* Zum Begriff »Raumzeittechnologie« (Anmerkung der Redaktion): Hiermit ist die gezielte Manipulation der Raumzeit zum Zweck der Energiegewinnung gemeint. So wird die Raumzeit beispielsweise durch Kraftfelder auf eine solche Weise gekrümmt oder geformt, dass dabei Energie sozusagen aus der Zeit gewonnen wird (also durch die zeitliche Symmetriebrechung – siehe Besslerrad und andere Erfindungen).

Der Autor befasst sich auch mit »paranormalen« Fähigkeiten (Telekinese, Telepathie usw.). Er hat das Egely-Wheel erfunden, welches zur Messung der »Bioenergie« des Menschen dient, wie sie bei Telekinese oder bei Heilmethoden wie Qi Gong benutzt wird. Seine Forschungen deuten darauf hin, dass diese Energie ein »magnetischer Strom« ist, also ein Strom aus magnetischen Monopolen. Wie die Forschungen von Felix Ehrenhaft zeigen, verhalten sich rotierende Teilchen unter bestimmten Umständen wie magnetische Monopole. Wie man weiß, fließt elektrischer Strom auch im menschlichen Körper. In der DNA beispielsweise fließt der Strom sozusagen durch eine mikroskopische Spule, die winzig genug ist, um die Ladungen (Elektronen) rotieren zu lassen. Die Raumzeittechnologie befasst sich also auch mit Telekinese oder Lebensenergie, denn diese scheint durch symmetriebrechende (symmetrielose) physikalische Vorgänge zu entstehen, die eben Teil der Raumzeittechnologie sind. Mit dieser Technologie könnte auch geheilt werden, mit der zur Verfügung stehenden Energie könnten Maschinen oder Roboter betrieben werden, und folglich müsste man dann weniger arbeiten und wäre gesünder. Der magnetische Strom könnte genauso wichtig werden wie der elektrische.

Außerdem beschäftigt sich die Raumzeittechnologie auch mit superluminarer Informationsübertragung, sprich: Tesla- oder longitudinale elektromagnetische Wellen.

Der Autor hat an der dreibändigen Buchreihe *Einführung in die Raumzeittechnologie* mitgearbeitet, die bislang nur in ungarischer Sprache erschienen ist.

Energetik erlaubt wäre. Hier soll eine optimistische und eine pessimistische Version beschrieben werden: Was passiert, wenn sich die Gedanken auf diesem Gebiet verbreiten, und was passiert, wenn sie es nicht tun? Beginnen wir mit der guten Seite der optimistischen Version.

Die gute Seite der optimistischen Version

Wir können uns sicher sein, dass die Einnahmen des Durchschnittsbürgers beträchtlich ansteigen würden, wenn sich wenigstens die Erfindungen der Energetikabteilung von der Raumzeittechnologie verbreiten könnten. Mehrere Milliarden Menschen könnten endlich ein würdiges Leben führen. Das durchschnittliche Steuereinkommen des Staates würde zunehmen (da die Menschen jetzt mehr Geld zur Verfügung hätten), und die Arbeitszeiten wären kürzer. Die gesundheitliche Lage würde sich verbessern, da wir jetzt mehr Geld für das Gesundheitswesen bereitstellen könnten. Die Schulden der Entwicklungsländer würden abnehmen, weil sie jetzt kein Öl mehr kaufen müssten. Das Elend – der große Massenmörder unserer Zeit – würde sich selbstverständlich stark zurückziehen. Die Klimaerwärmung würde fast gestoppt und das Wetter wieder berechenbarer werden. Durch die geringere Ölverschmutzung wäre mehr Trinkwasser vorhanden, noch dazu in besserer Qualität. Die Böden wären nicht mehr übersäuert, weil keine schwefelhaltige Kohle mehr verbrannt wird.

Das Einkommen der Maschinenhersteller und der Unternehmen in der Vakuumtechnik würde stark ansteigen, weil eine komplette technologische Wende stattfände. Wegen des höheren Einkommens könnte auch der Tourismus weiter zunehmen. Weil es dann weniger Sturmschäden gäbe, könnten Versicherungen mehr Gewinn machen. Ein Großteil der schweren und gefährlichen physischen Arbeit würde verschwinden (zum Beispiel Kohleabbau), und die energieintensiven Rohstoffe (Stahl, Kupfer, Aluminium) würden billiger. Das Ingenieurwissen wäre mehr wert, und wegen der besseren Lebensqualität würde die Bevölkerung in den armen Ländern langsamer wachsen. Aus der erweiterten Elektrodynamik könnte man neue biologische und medizinische Entdeckungen ableiten. Wenn auch der biologisch nutzbare Teil der Raumzeittechnologie erforscht werden darf, werden weitere, heute schwer vorstellbare, aber sehr nützliche Entdeckungen gemacht werden.

Es würden neuartige, billige Kommunikationsgeräte mit größerer Reichweite auf dem Markt erscheinen. So könnte beispielsweise auch die Bildung billiger werden. Die neuen Kommunikationsmöglichkeiten würden vielleicht auch die Kontaktaufnahme mit anderen Zivilisationen ermöglichen, die dieselbe Technologie nutzen. Dies würde wiederum zur Erweiterung unseres Wissens beitragen. Das Personal und die Ausgaben der Armeen würden abnehmen (da es in einer Wohlstandswelt weniger Grund für Streitigkeiten gibt), aber auch die Zahl der Verbrechen, die aus Armut begangen werden, würde sinken.

Die schlechte Seite der optimistischen Version

Das Kartenhaus der verschmutzenden Technik ist schon ziemlich hoch, und dessen Zusammensturz wird nicht problemlos vonstatten gehen. Diese Veränderungen würden natürlich nicht nur Gewinner, sondern auch Verlierer mit sich bringen.

Die heutige technische Zivilisation ist auf verschmutzende Rohstoffe und Energiequellen aufgebaut. Selbstverständlich würde die fehlende Einnahmequelle in den heutigen Ölstaaten – wenn auch nur für kurze Zeit – ein großes Problem darstellen. Die Einnahmen von Ländern wie Russland, Irak, Iran und Algerien würden schlagartig abnehmen, wenn sie sich nicht auf die neuen Technologien umstellen. Auch die Diplome der Physiker wären wertlos, wenn sie sich nicht in die neue Technologie einarbeiten. Wegen der höheren Einkommen würden die Grundstücke teurer werden, was aber der billigere Verkehr etwas ausgleichen könnte. Die vielen neuen Fahrzeuge würden mehr Staus verursachen. Dem könnte aber die Antigravitationstechnik abhelfen. Die Automobilhersteller würden wegen der Umstellung der Technik zwar eine Zeit lang rote Zahlen schreiben, danach könnten sie aber Rekordgewinne einfahren, da der Gesamtautobestand ausgewechselt würde.

Die schlechte Seite der pessimistischen Version

Wenn die Raumzeittechnologie verboten bleibt, wird sich das Klima der Erde weiter verändern, die Durchschnittstemperatur wird steigen, die Fluktuation von Temperatur und Niederschlag zunehmen. Dadurch erhöht sich der Meeresspiegel, was dann wiederum zu einer Überflutung des Nildeltas, Floridas, Bangladeschs und großer Teile Hollands führt. Die Zahl und die Stärke der Stürme würden weiter zunehmen, die Versicherungen müssten die Beiträge erhöhen.

Die Kluft zwischen den armen und reichen Ländern würde noch größer werden, und der allgemeine Gesundheitszustand würde sich weiter verschlechtern. Die Weltbevölkerung aber würde wegen der schlechten wirtschaftlichen Lage weiter anwachsen, unberührte Natur würde es wahrscheinlich nicht mehr geben, und der Preis des Öls würde steigen. Der Boden würde immer saurer, erst recht, wenn die Motorisierung auch in China, Indien und Indonesien stark zunimmt. Aus Geldmangel würde die Anzahl der Forscher abnehmen. Die Rolle der staatlichen Gewaltorgane würde zunehmen.

Die gute Seite der pessimistischen Version
Einen guten Aspekt gibt es vielleicht auch an der pessimistischen Version: das Sparen. Man würde versuchen, Energie und Wasser zu sparen, und die Informatik würde sich sehr rasant entwickeln. Ungefähr diese Richtung hat die Menschheit schon eingeschlagen.

Der Preis des Fortschritts – Hindernisse der Innovation

Wir sehen, dass es große Unterschiede zwischen den beiden Versionen gibt. Der Einsatz ist groß. Der Fortschritt der Technik ist nützlich und dient langfristig der ganzen Menschheit, obwohl er während des Übergangs kurzfristig große Probleme verursachen kann.

In der Geschichte war der Fortschritt der Technik nicht immer von kurzfristigem Vorteil. Ein bekanntes Beispiel hierfür ist die Baumwollentkörnungsmaschine von Eli Whitney in den Vereinigten Staaten. Mithilfe dieser Maschine konnte Anfang des 19. Jahrhunderts zwar Baumwolle von sehr guter Qualität hergestellt werden; weil die Maschine aber gleichzeitig großen Profit versprach, wurden sehr viel mehr Sklaven benötigt. Das wiederum führte zur Entvölkerung in weiten Gebieten Afrikas und zu vielen menschlichen Tragödien. Diese Tragödien haben dann allerdings das tiefere Verständnis und das breite Bekanntwerden der Idee von menschlicher Freiheit und Anständigkeit gefördert.

Die Verbreitung der Dampfmaschine und der Fortschritt in der Eisenbahntechnik und im Schiffsverkehr erhöhten die Nachfrage an Kohle. So mussten im zunehmenden Kohleabbau tausende Kinder unter unvorstellbaren Bedingungen arbeiten, und einige Abbaugebiete wurden so stark von Rauch bedeckt, dass sogar zur Mittagszeit kaum etwas zu sehen war.

Man sagt, dass alles mit allem zusammenhängt: die Technik mit der Wirtschaft, die Wirtschaft mit der Wissenschaft und über die Politik auch mit unserer Lebensqualität. Im gleichen Sinne dient beispielsweise eine neue theoretische Entdeckung in der Physik als Grundlage für viele Erfindungen; neue Wirtschaftszweige und neue Möglichkeiten entstehen, alte verschwinden.

Nun soll die Frage über den Unterschied zwischen der optimistischen und der pessimistischen Version beantwortet werden. Man muss wissen, dass immer mehrere Entwicklungsversionen vorhanden sind. Deshalb muss der Innovationswirkungsgrad unseres jetzigen Fortschritts so bestimmt werden, dass man die Zahl der realisierten nützlichen Erfindungen durch die nicht realisierten teilt. In diesem Buch ging es hauptsächlich um den Nenner, also um die zwar realisierbaren, aber nicht umgesetzten Erfindungen. Heute kann aber niemand mit Sicherheit sagen, wie viele nicht umgesetzte Erfindungen noch in der Natur schlummern, da bei der Zahl und der Art der umsetzbaren Erfindungen wieder nur die lebendige Natur als Anhaltspunkt dienen kann.

Zwar sind viele wichtige Erfindungen in der Natur nicht vorhanden (zum Beispiel die Gasturbine oder der Propeller), sie setzt diese Prinzipien aber auf andere Weise um. Also muss der Wirkungsgrad des Innovationsvorgangs doch bei den umgesetzten Erfindungen der Natur, also im Verhältnis der Erfindungen von Mensch und lebendige Natur, gemessen werden. Das Ergebnis dieser Rechenaufgabe ist nach Einschätzung des Autors fast gleich null. Das heißt, dass fast keine einzige nützliche »Erfindung« der lebendigen Natur in der Technik des 2. Jahrtausends verwendet wurde. An diesem niedrigen Wirkungsgrad ist zweifellos auch die Schwäche des Innovationsvorgangs schuld, der – zusammen mit unzähligen Hindernissen – auch den heutigen traurigen Zustand der Erde verursacht hat.

Verbotene, geduldete und unterstützte Erfindungen

Heutzutage ist es kaum eine Frage, ob der Mensch überhaupt ohne technische Erfindungen oder Industriegüter leben kann. Dieser Vorgang hat schon in der Altsteinzeit mit der »Erfindung« vom Feuer und den geschlagenen Steinwerkzeugen begonnen, und seitdem geht er immer weiter. Deswegen ist Innovation wichtig. Die Erfindungen können wir – wie viele andere Dinge – in drei Kategorien unterteilen: verbotene, geduldete und unterstützte Erfindungen. Zwischen diesen Kategorien gibt es große Unterschiede, das Schicksal der Erfinder aber ist oft gleich. In diesem Buch wurden grundsätzlich nur verbotene Erfindungen vorgeführt, also Phänomene, deren physikalisches Grundprinzip nicht verstanden oder dessen Existenz kategorisch abgestritten wird.

Wenn ein Erfinder ein solches Phänomen entdeckt, wird sofort erklärt, dass dieses Phänomen »wissenschaftlich« ausgeschlossen ist. Dann kann der Erfinder kein Geld mehr aus öffentlichen Quellen bekommen, keine Artikel mehr in Fachzeitschriften publizieren, und wenn ein Artikel in einer Zeitschrift erscheint, wird er öffentlich bloßgestellt und als »verrückt« abgestempelt. Heute ist der einfachste Weg, als verrückt bezeichnet zu werden, wenn man über Perpetua mobilia spricht und womöglich auch noch behauptet, man hätte eines gebaut. Dieses Vorurteil wird wahrscheinlich noch mindestens eine Generation lang tief im Bewusstsein der Menschheit verankert bleiben.

Die lange Einführung und die lange Vorstellung der vielen Fälle sowie die detaillierten physikalischen und mathematischen Erklärungen waren nötig, um dieses Vorurteil wenigstens etwas abzuschwächen und zu zeigen, auf welchem Gebiet der Physik der Energieerhaltungssatz umgangen werden kann. (Wenn ein Erfinder sagt, er habe Überschussenergie mit einem Gerät produziert, das in konservativen Kraftfeldern arbeitet, liegt er tatsächlich falsch. Man muss darauf achten, ob die zu beurteilende Erfindung konservative oder nichtkonservative Felder benutzt.) Bei verbotenen Erfindungen ist auch die Patentierung unglaublich schwierig und kann nur mit Tricks oder auf Umwegen erreicht werden. Erfolglosigkeit ist garantiert, wenn in der Überschrift der Ausdruck »Perpetuum mobile« zu finden ist.

Zur Kategorie der geduldeten Erfindungen gehören jene Entdeckungen, deren Einführung ein neues Zeitalter eingeleitet hat. In diesen Fällen beginnt der Erfinder mit bekannten physikalischen Phänomenen, die Anwendung aber ist neu. Einige Beispiele aus dem letzten Jahrhundert sind der Fernseher, das Funkgerät, die Fliegerei, Antibiotika, der Atomreaktor, der Computer oder das Internet. In allen Fällen sind die Erfindungen ohne äußere Hilfe entstanden. Wenn man aber glaubt, dass die Erfinder dieser Dinge sofort anerkannt und berühmt wurden, liegt man falsch. Diese Menschen sind – wenn sie auch nicht gleich bestraft wurden wie die Erfinder der verbotenen Erfindungen – meist arm und unbekannt gestorben. Sehen wir uns kurz einige Beispiele näher an.

Beim Erfinder des Funkgeräts denken die meisten sicher an Guglielmo Marconi, der auf diesem Gebiet wirklich wichtige Ergebnisse erzielte. Das erste funktionierende Funkgerät aber bauten Nikola Tesla und Alexander Stepanowitsch Popow. Die Massenproduktion dieses Geräts wurde nur durch Teslas Geheimnistuerei und seine Pläne auf anderen Gebieten verhindert.

Kennt der Leser vielleicht John Vincent Atanasoff? In den 1930er-Jahren baute er im US-Bundesstaat Iowa als Erster einen funktionierenden Computer. Dieses Gerät behandelte Datenspeicherung und Rechenoperationen schon getrennt und war überhaupt das erste seiner Art, das das binäre Zahlensystem benutzte. Atanasoff wurde 1942 in die amerikanische Marine eingezogen und konnte deshalb kein Patent für seinen Rechner namens ABC einreichen. Also landete das Gerät auf dem Speicher. Obwohl der ABC noch nicht wiederprogrammierbar war, keine großen Zahlen verwalten konnte und nie bis zur Endphase der Entwicklung kam, waren viele Funktionen der heutigen Computer bereits bei ihm vorhanden. 1938, etwa zur gleichen Zeit wie Atanasoff, stellte der deutsche Erfinder Konrad Zuse den Computer Zuse Z1 fertig, der allerdings im Krieg zerstört wurde. John Mauchly und John Eckert entwickelten dann 1946 den ENIAC, der mit seinen 30 Tonnen Gewicht, 19 000 Vakuumröhren und 6000 Relais als Höchstleistung der damaligen Wissenschaft galt – Atanasoffs Leistung war damit vollkommen in Vergessenheit geraten.

Die Entwicklung der Halbleiter und der Transistoren ist auch mit dem Namen Thomas Henry Moray verbunden. Der Transistor ist eine der wichtigsten Erfindungen des vergangenen Jahrhunderts und das Ergebnis der Forschung sehr vieler Menschen. In den 1930er-Jahren hatte auch ein ungarischer Erfinder und Amateurfunker die Idee, drei Halbleiter aufeinanderzuschichten, um so die Elektronenröhre durch einen kleinen Apparat abzulösen. Seine Idee wurde aber vergessen, und er selbst starb im Zweiten Weltkrieg an der Ostfront. Der erste Transistor, der schließlich in Produktion ging, wurde 1947 in den Bell Laboratories (Bell Labs) nach den Arbeiten von John Bardeen, William Shockley und Walter Brattain gebaut. Ihre Namen sind in der Technik und der Wissenschaft wenigstens nicht vergessen, obwohl sie nicht bekannter als ein durchschnittlicher Popstar sind.

Heute kennt kaum noch jemand den Namen Robert Norton Noyce, obwohl er den ersten Mikrochip baute. Zum ersten Mal sah er einen primitiven Transistor, als er Student war, und hatte die Idee, mehrere Transistoren irgendwie zu verbinden. Noyce arbeitete in dem von Shockley gegründeten Labor für Halbleiter. Shockleys autoritärer Stil gefiel dem Forscher aber nicht, und so gründete er mit sieben anderen jungen Wissenschaftlern die Firma Fairchild Semiconductor, die ebenfalls Halbleiter herstellte; diese Firma wurde Marktführer, bis sie von Intel und anderen Firmen überholt wurde. Noyce benutzte einen neuen chemischen Vorgang, um nicht nur Transistoren auf einer Silikonplatine zu platzieren, sondern auch noch ihre Verbindungen. So wurde die teure, schwierige Verkabelung vermieden. Außerdem erwiesen sich die neuen, integrierten Stromkreise auch als viel schneller.

Die Idee ist nicht allzu kompliziert, weswegen ein Forscher der Texas Instruments, Jack St. Clair Kilby, schon ein halbes Jahr zuvor einen ähnlichen Chip gebaut hatte; dieser war aber aus teurem Germanium gefertigt, hatte äußere Drähte und war deshalb viel schwieriger in größeren Mengen herzustellen. In diesem Fall wurden die zwei Forscher keine verbitterten Feinde, sondern erkannten die Forschungsergebnisse des anderen an.

Wer kennt heute noch den Namen Tim Berners-Lee? Dieser junge Physiker vollbrachte etwas, was eigentlich eines Elektroingenieurs würdig gewesen wäre: Er erfand das Internet. Seine Idee war, Computer miteinander zu verbinden und dafür Hypertext (HTML) zu benutzen. Die Idee der freien Übertragung von Gedanken und Dateien von Computer zu Computer stammt also ursprünglich von ihm. Der Durchschnittsbürger weiß zwar viel über das Internet, den Namen Berners-Lee kennt aber kaum einer unter Tausenden.

Der Erfinder des PC ist ähnlich unbekannt. Die großen Computer von IBM beherrschten den Markt schon lange, als eine Gruppe, die aus dem jungen Wissenschaftler Butler Lampson und einigen Entwicklern der Drucktechnologiefirma Xerox bestand, im Jahre 1973 den PC in der heutigen Form (mit Piktogrammen) erfand. Die Firma Xerox erkannte aber die Bedeutung der Erfindung nicht und stellte die Forschung auf diesem Gebiet bald wieder ein. Von dieser Forschung profitierten dann zwei andere junge Entwickler: Steve Jobs – Gründer der Firma Apple – und Bill Gates – Gründer der Firma Microsoft –, deren Namen heute jeder kennt.

Diese Erfindungen gehörten zur geduldeten Kategorie. IBM ließ keinen PC entwickeln, weil man es für einfacher hielt, kleinere Terminale mit einem großen Computer zu verbinden und nicht in allen kleinen Computern selbstständige Prozessoren und Speicher zu verbauen. Dieser Gedanke ist zwar nachvollziehbar, aber offenbar denkt die Menschheit anders darüber.

Schon diese wenigen Beispiele haben gezeigt, dass auch im Fall der geduldeten Erfindungen die Anerkennung und Belohnung der besten Ingenieure und Forscher nicht zwingend notwendig ist, auch wenn dies manchmal der Fall ist. Vielleicht ist es also einfacher, Topsportler oder Schauspieler zu werden, als an irgendwelchen Erfindungen mit unsicherem Ergebnis herumzubasteln.

Es gibt aber noch eine Kategorie: die unterstützten Erfindungen. Hier liegt der Schwerpunkt auf der technischen Entwicklung solcher Erfindungen. Diese Kategorie wird meistens vom Militär unterstützt; hierzu gehören die Atombombe, die Gasturbine oder das Radar, obwohl bei allen ein Teil der Erfindung auch in die zivile Nutzung übergegangen ist. Auch in dieser Kategorie wurden nur wenige durch wichtige Ergebnisse richtig bekannt oder sogar reich.

Beginnen wir mit dem Ungarn John von Neumann (1903–1957). Sein Talent zeigte sich schon sehr früh; dieser geniale Mathematiker hat auch in der Physik einiges bewirkt. Später arbeitete er mit den besten Forschern in Deutschland zusammen. Nach der Machtübernahme der Nazis wanderte er wie viele andere Forscher jüdischer Abstammung nach Amerika aus. Neumann entwickelte zusammen mit Edward Teller die Idee der Implosionsplutoniumbombe, ist aber eher wegen seiner Forschungen auf dem Gebiet der theoretischen Computertechnik bekannt. Neumann und Teller waren während des Zweiten

Weltkriegs und danach sehr wichtige wissenschaftliche Ratgeber der amerikanischen Regierung und Mitglieder der Kommission für Atomenergie. Ihre Arbeit wurde zwar anerkannt und unterstützt, sie selbst wurden dadurch aber kaum bekannter oder gar reich.

Das Schicksal des 1912 geborenen britischen Mathematikers Alan Turing, der 1937 in einem Artikel die Möglichkeiten der Computer zusammenfasste, ist noch trauriger. Damals stand der Computer noch nicht einmal im Zentrum des Interesses; Turing und Atanasoff arbeiteten, ohne etwas voneinander zu wissen, daran. Turings Arbeit wurde während des Zweiten Weltkriegs immer wertvoller, als der »Enigma«-Code der Deutschen von den Alliierten entschlüsselt werden musste, denn seine Arbeiten haben entscheidend dazu beigetragen. Turing war ein Pionier der künstlichen Intelligenz und beschrieb schon 1950 die Möglichkeiten dieser Wissenschaft. 2 Jahre später wurde er aber wegen seiner Homosexualität verurteilt, sodass er schließlich 1954 Selbstmord beging.

Auch das Schicksal des Ungarn Leó Szilárd (1898-1964), der die Theorie der Kettenreaktion entdeckte und 1930 in England patentieren ließ, ist nicht viel glücklicher. Szilárd spielte, wie Teller und Neumann, beim Start des Manhattan-Projekts – also der praktischen Nutzung der Atomenergie – eine entscheidende Rolle. Da er sehr impulsiv war und noch dazu ein Nonkonformist, der die Obrigkeit nicht achtete, konnte er sich mit den militärischen Führern des Projekts nicht einigen. Obwohl er ein brillanter Physiker war, ist sein Name kaum bekannt. Eigentlich ist er zusammen mit Enrico Fermi und Eugene Paul Wigner Vater des Atomreaktors. Seinen Namen kennt man aber heute nur noch in Ungarn, und auch nur deshalb, weil die vor einigen Jahren erschienenen Biografien ihm wieder zu etwas Bekanntheit verhalfen und seine wahren Errungenschaften würdigten.

Diese rein zufällig gewählten Beispiele zeigen, dass die Arbeit der Erfinder und Forscher auch mit unterstützten Erfindungen nicht einfach ist, selbst wenn sie finanzielle Hilfe bekommen. Auch andere wichtige Bedingungen wie beispielsweise Ermutigung durch das Umfeld und Unterstützung bei der Verbreitung ihrer manchmal schockierenden Ergebnisse sind nicht immer gegeben. Das beste Beispiel dafür, dass Innovation auch für unterstützte Gruppen nicht einfach ist, ist vielleicht die Langsamkeit und Trägheit der riesigen Pharmakonzerne. Wie schwer die Forschung erst auf verbotenen Gebieten ist, kann man sich besser vorstellen, wenn man sieht, dass sogar die unterstützten Forschungen oft sehr lange brauchen, um ein Problem überhaupt lösen zu können.

Schwierigkeiten beim Prozess des Erfindens

Es ist viel schwieriger, eine Erfindung zu entwickeln, wenn sie ein neues Zeitalter einleitet, als ein seltsames Phänomen zu entdecken. Denn es ist viel schwerer, eine Erfindung fertigzustellen, als man es sich vorstellt. Sehen wir uns einmal an, welche Hindernisse bei der Entwicklung einer Erfindung vom Gedanken bis zu seiner Realisierung überwunden werden müssen:

❶ *Die Grundidee* verlangt vielleicht am wenigsten Arbeit, dafür jedoch umso mehr Genialität oder Glück. Wirklich neue Ideen haben nur sehr wenige, und die Idee allein reicht nicht aus, um etwas zu schaffen; gleichzeitig ist sie aber Voraussetzung für eine Erfindung.

❷ *Die Idee* muss auf jeden Fall mit Experimenten überprüft werden, und an diesem Punkt scheitern neun von zehn möglichen Erfindungen, weil für solche Experimente eine entsprechende Ausrüstung und großes Fachwissen benötigt werden, an die man nur mit Geld und vielen Jahren Arbeit gelangen kann. Manchmal haben Erfinder auch Ideen, die mit der Technik ihrer Zeit nicht umsetzbar sind, wie zum Beispiel die Kugellager mit Rädern von Leonardo oder die Holografie. Neumann hat zwar das Prinzip des Lasers beschrieben, konnte dazu aber keine Experimente ersinnen. Selbst wenn ihm das gelungen wäre, wären solche Experimente Anfang der 1950er-Jahre noch nicht realisierbar gewesen; darauf musste man noch ca. 10 Jahre warten.

❸ *Das Brettmodell.* Wenn die Experimente erfolgreich waren, muss mindestens ein kleines Gerät gebaut werden, das die praktische Umsetzung der Theorie demonstriert. Dieses Gerät muss mindestens 2 Minuten lang funktionieren. Auch eine Basisdokumentation wird benötigt. Für diesen Schritt braucht man meistens schon recht viel Geld, was die Erfinder selten haben.

❹ *Der Prototyp.* Wenn das Brettmodell funktioniert, müssen mit ca. zehnmal so viel Geld und Arbeit alle technischen Probleme gelöst werden. Es muss ein Gerät gebaut werden, das sicher und über lange Zeit funktioniert. Die energetischen Erfindungen sind – außer sehr, sehr wenigen, wie beispielsweise dem Apparat von Griggs – nicht über diese Phase hinausgekommen; es gab immer nur ein oder ein paar Modelle. Diese reichten jedoch nicht aus, um den Rest der Welt zu überzeugen.

❺ *Die Nullserie.* Wenn der Erfinder zufällig doch genug Geld zur Verfügung hat, um den Prototyp in größeren Mengen zu produzieren, kommt die Nullserie. Wenn der Prototyp zehnmal so viel gekostet hat wie die Experimente, kostet dieser Teil zehnmal so viel wie der Prototyp, da jetzt die Schwierigkeiten der Massenproduktion überwunden und alle Parameter genau dokumentiert werden müssen. Bis hier kommt kein einzelner Erfinder, hierfür werden auf jeden Fall sehr viel Geld und viele Leute gebraucht.

❻ *Massenproduktion und Marketing.* Wenn die Nullserie fertiggestellt ist, wird für den Start wieder eine große Menge Geld benötigt; diese Summe steht aber auch kleineren Gruppen nicht mehr zur Verfügung, da die Massenproduktion oft neue Geräte oder Fabriken erfordert. Hierfür ist aber noch mehr Geld nötig; ohne die Unterstützung von Banken und Marketingspezialisten kommt man hier nicht mehr weiter.

❼ *Die Patentierung.* Alle vorherigen Schritte waren umsonst, wenn man seine Erfindung nicht schützen kann. In diesem Fall gibt es nämlich keinen Anleger, der sein Geld investieren würde. Die Patentierung ist aber wieder sehr teuer und verlangt den Erfindern viel Arbeit und Geduld ab. Im Fall von Bessler, Moray oder Tesla ist klar zu sehen, dass das fehlende Patent der Grund für ihre Geheimnistuerei war, aber auch bei anderen Erfindern ist dies der Fall. Das liegt daran, dass es diese Geräte nach der offiziellen Wissenschaft gar nicht geben darf, auch wenn sie im Einsatz demonstriert wurden.

An diesem Punkt wird die Verantwortung der institutionalisierten Wissenschaft besonders klar. Die Wissenschaft als Institution, als SYSTEM, verhindert das Verständnis und die Verbreitung dieser Geräte seit mehr als 300 Jahren, weswegen wir uns jetzt etwas intensiver mit ihr beschäftigen wollen.

Die unterschiedlichen Gesichter der Wissenschaft

Wissenschaft als Methode

Begriffe wie »Glaube«, »Sozialismus«, »Liebe«, »Zuhause« usw. können auf sehr unterschiedliche Weise verstanden werden, auch mit regional gefärbten Variationen. So bedeutet das Wort »Sozialismus« in der Schweiz etwas anderes als in Schweden, in Albanien oder in Kambodscha. Ähnlich verhält es sich auch mit dem Begriff »Wissenschaft«, der oft sogar auf widersprüchliche Weise benutzt wird. Unter den Deutungen dieses Wortes muss die Wissenschaft als Methode, also ihre Forschungsmethoden, besonders hervorgehoben werden. Die Beobachtung, das Experimentieren, die Hypothese, die Durchführung von Experimenten und die Auswertung der Ergebnisse gehören dazu. Diese Methoden haben uns noch nie enttäuscht, und wir können uns sicher sein, dass sie uns genaue Ergebnisse liefern.

Geisteswissenschaften und Naturwissenschaften unterscheiden sich nicht nur thematisch, sondern vor allem auch durch ihre Forschungsmethoden, deshalb darf man die beiden Wissenschaften nicht über einen Kamm scheren. Beide sind sehr wichtig und praktisch, arbeiten aber nach völlig unterschiedlichen Prinzipien. Meistens liefern die gesellschaftlichen Experimente – denn es gab und gibt sie noch immer – die kostspieligsten und schmerzlichsten Ergebnisse, wohingegen die Experimente der Naturwissenschaften in der Regel weniger Komplikationen verursachen.

Wissenschaft als Tradition

Die Wissenschaft kann aber auch als ständig wachsender Speicher von Wissen angesehen werden, also als Sammlung alles bisherigen Wissens über ein Thema – ohne dass die Angaben auf ihren Wahrheitsgehalt überprüft würden. Dieses Verständnis von Wissenschaft ist am weitesten verbreitet. Die Wissenschaft als das über Generationen gesammelte Wissen ist auf allen Gebieten der Forschung Grundlage für den Fortschritt. Deswegen ist es wichtig, welches Wissen in diesen Speicher aufgenommen werden darf und welches nicht. Warum durften zum Beispiel die Entdeckungen von Bessler, Moray, Tesla, Schauberger, Coler oder Hubbard nicht darin gespeichert werden? Wer entscheidet darüber und unter welchen Aspekten? Diese Fragen sind sehr wichtig. Die »Torwächter« entscheiden nämlich über die wichtigsten Fragen, von denen unser aller Zukunft abhängt. Das Tor dieses Speichers bewachen größtenteils Fachjournale und Herausgeber, deren Toleranz oder Sturheit sich in der Zukunft als viel wichtiger herausstellen können als die Entscheidungen von Politikern.

Eigentlich mischen sich in diese Entscheidungen auch die Institutionen der Wissenschaft ein – dies hebt die persönliche Verantwortung aber nicht auf. Von der Geschichte wissen wir, dass Beobachtungen seltener Naturphänomene und Artikel, die die allgemein akzeptierten Theorien infrage stellen, nicht viele Chancen haben, in Fachjournalen publiziert zu werden. Deshalb ist das Sichtfeld der wissenschaftlichen Forschung oft sehr beschränkt, was der Menschheit große Verluste verursacht. Diese Beschreibung trifft sowohl auf die Geistes- als auch auf die Naturwissenschaften zu.

Die Wissenschaft wird auch als ein wichtiger Faktor der Aufrechterhaltung und Weiterentwicklung der Produktion angesehen; diese Sichtweise ist das Ergebnis von technischen Erfahrungen, Experimenten und Ergebnissen. Manchmal wird sie auch als Gestalter von Glauben und Stellungnahmen über das Universum oder die Menschheit angesehen, obwohl die Religionswissenschaft einen inneren Widerspruch enthält; mit dem Glauben kann nämlich nicht experimentiert werden, da er von innen kommt.

Sehen wir uns jetzt den gravierendsten Grund des Versagens an: die Wissenschaft als Institution.

Wissenschaft als Institution

Die Wissenschaft als Institution ist erst ein paar hundert Jahre alt. Ende des Mittelalters, Anfang der Neuzeit versammelten sich Forscher und Wissenschaftler, um eine Institution zu erschaffen, die ihren Forschungen eine informelle Plattform für den Austausch geben sollte. Universitäten gab es zwar schon lange, aber sie waren so konservativ, dass dort keine wirkliche Forschung betrieben werden konnte. Daher organisierten diese wenigen Forscher, von denen sich jeder in seinem eigenen Land ernsthaft mit der Erforschung der Natur beschäftigte, Akademien in ihren Heimatländern. Vor einigen hundert Jahren waren diese Akademien in der Tat der einzige Motor der Entwicklung. Doch langsam wuchs die Zahl der Forscher auf mehrere tausend in jedem Land. Von da an galt die Mitgliedschaft an einer Akademie schon als Privileg, und die Akademien begannen, genauso starr und konservativ zu werden wie einige Jahrzehnte zuvor die Universitäten. Als dann die Mitgliedschaft an einer Akademie auch schon finanzielle oder gesellschaftliche Vorteile bedeutete und man als Akademiker hoch angesehen war, veränderte sich alles. Von da an bremsten die Akademien die Wissenschaft eher, anstatt sie weiterzubringen.

Dies hat mehrere Gründe. Der erste ist vielleicht die Tatsache, dass die Anzahl der Akademiker einer Akademie begrenzt ist und die alten die neuen Mitglieder wählen – auf diese Weise veralten die Akademien. Dieser Alterungsprozess ist für alle Gruppen in der Geschichte typisch, deren neue Mitglieder von den alten gewählt wurden. Diesen Prozess – und dessen Folgen – kann man beispielsweise auch bei den hierarchisch organisierten katholischen Bischöfen oder dem Zentralkomitee der Kommunisten beobachten (nach der Erlangung der Macht).

Die Akademien sähen ganz anders aus, wenn die Forscher selbst die neuen Mitglieder wählen dürften, da nur die Fachleute eines Gebiets wirklich sagen können, wer auf diesem Gebiet hervorragend ist. Wenn diese Entscheidung aber von einer kleinen, überalteten Gruppe von Bürokraten gefällt wird, ist der mentale Tod auf allen Ebenen vorprogrammiert. Diese Methoden stammen aus dem Mittelalter, als sich auf einem Gebiet höchstens dreißig Menschen mit einem Thema beschäftigten, man minimale wissenschaftliche Kenntnisse brauchte und sich diese Personen gegenseitig kannten.

Ein anderer wichtiger Gesichtspunkt ist, wie vollständig die Kontrolle ist, die eine Akademie über ein gegebenes Forschungsgebiet hat. Bestimmt dieser Aspekt, wie weit Vorschläge von unten nach oben gelangen? Hat ein Projekt überhaupt die Möglichkeit, ins Leben gerufen zu werden, wenn es von unten kommt? Die Geschichte der Technik und der Wissenschaft lehrt uns, dass ein Mensch irgendwann (meist um das 70. Lebensjahr herum) kaum noch neue, revolutionäre Ideen hat. Die Praxis zeigt, dass Akademiker meistens eben wegen ihres fortgeschrittenen Alters nicht mehr viel zur Weiterentwicklung der Wissenschaft beitragen können. Gegenbeispiele aber, dass gute Ideen, die von unten oder von außerhalb der Akademie kamen, einfach niedergemacht wurden, gibt es reichlich.

Wenn eine kleine Gruppe (zum Beispiel der Rat der Weisen aus dem Alten Testament, die Bischöfe des Mittelalters, das Zentralkomitee einer Partei oder eben die Akademie) alle Ideen kontrolliert, sprechen wir von der Entstehung eines Systems. Die Geschichte zeigt, dass ein solches System nach einiger Zeit das Gegenteil des Gründungsziels bewirkt und die ursprünglichen Ziele nur noch bei Formalitäten befolgt werden. Der Leser kann selbst darüber urteilen, wie sich etwa die Kardinäle um den Papst zur Zeit der Inquisition verhalten haben oder ob die Schar der vergreisten Mitglieder des Zentralkomitees der KP in der Sowjetunion zur Zeit von Leonid Breschnew die Interessen der Arbeiter vertreten hat. Die traurige Erfahrung ist, dass die nicht von unten gewählten Anführer, die bis zum Ende an ihrer Macht festhalten, ohne mit der Wimper zu zucken gegen die ursprünglichen Zielsetzungen ihres Komitees handeln. In der Geschichte gab es hierbei keine Ausnahmen.

Wissenschaft als System

Das System der Wissenschaft weicht aber trotzdem von den anderen ab, weil nämlich nur sehr wenige bemerken, was hier eigentlich passiert. Zur Zeit von Jan Hus oder Martin Luther waren die Unruhen des Volkes öffentlich (da bei offiziellen Glaubensdiskussionen die Probleme bis zu einem gewissen Punkt besprochen werden konnten), und viele erkannten auch die Schwachstellen des sogenannten existierenden Sozialismus. In die Wissenschaft aber hatten nur sehr wenige einen echten Einblick, und gerade deswegen ist die Wissenschaft als System so gefährlich, heimtückisch und bösartig. Diese Gefahr erkennt allerdings nur der, der als Wissenschaftler mittendrin arbeitet.

Ein Durchschnittsmensch kann bei den Forschungsergebnissen in den Nachrichten nicht zwischen den wirklich neuartigen und den routinemäßigen Scheinresultaten unterscheiden. In der Physik fällt besonders auf, dass im letzten halben Jahrhundert keine neuen Entdeckungen gemacht wurden, obwohl es nie so viele Physiker gab wie heute und ihnen nie so viel Geld zur Verfügung stand. Eigentlich wurde in der Physik seit den 1950er-Jahren – im Gegensatz zur Biologie oder zur Biochemie – nichts praktisch Anwendbares, grundsätzlich Neues entdeckt, obwohl es, wie wir gesehen haben, sehr vieles gibt, was man hätte entdecken können.

Heute ist die Physik wegen der Verbote praktisch stehen geblieben, weshalb sich auch die Technik und die Wirtschaft nur bis zu einem gewissen Grad weiterentwickeln können. Einige ehrliche Forscher geben dies auch offen zu. Der holländischstämmige Nobelpreisträger für Physik des Jahres 1999 hat zum Beispiel eingeräumt, dass die Bedeutung seiner Arbeit eigentlich gleich null ist und seine Ergebnisse keinerlei Einfluss auf die Gesellschaft haben werden. Dies sagte Martinus J.G. Veltman, der den Preis für seine Theorie über die Quantenstruktur der elektroschwachen Wechselwirkungen bekam. Ähnlich äußerte sich auch der Nobelpreisträger von 1998 über seine eigene Arbeit. Wenn es aber keine Ergebnisse gibt, gibt es nach einiger Zeit auch kein Geld, und das Interesse wird allmählich vom Motor der Entwicklung abgelenkt, die jungen, talentierten Studenten suchen woanders Arbeit, und dies reduziert die Chance einer bahnbrechenden wissenschaftlichen Entdeckung noch weiter. Die Physik befindet sich wegen des Verhaltens des Systems, das in allem Neuen einen Feind sieht, schon in diesem selbstzerstörerischen Tiefflug.

Das System der Wissenschaft ist das umfassendste, härteste und totalitärste System – in seiner heutigen Form gibt es kein Hintertürchen. Hier kann kein Gegenlager aufgebaut, kein Asyl beantragt, in keiner Gegenzeitschrift publiziert oder vor Gericht gegangen werden wie in der Politik. Das System der Wissenschaft ist ein totalitäres System, eine Diktatur. Eigentlich sprechen wir nur von etwa drei bis vier Redakteuren hinter den Kulissen, in der Praxis aber sind sie die grauen Eminenzen, die im Hintergrund die Fäden ziehen. Vielleicht es ist auch kein Zufall, dass alle drei einflussreichen Fachjournale dieses Gebiets – *Science*, *Physical Review* und *Nature* – auf Englisch erscheinen. Der Durchschnittsbürger kann sich gar nicht vorstellen, was für eine Macht die Redakteure dieser Zeitschriften haben – sie können unser Schicksal für Jahrhunderte entscheiden. Diese Redakteure sind weder in Nachrichtensendungen noch in Tageszeitungen zu sehen wie die Politiker. Dabei ist ihre Macht langfristig gesehen größer als die jedes anderen. Wenn es schwer wird, jemandem »in die Karten zu sehen«, und es um sehr wichtige Dinge geht, wird es gefährlich – sofern die Entscheidungen nur von wenigen Leuten, noch dazu im Dunkeln, getroffen werden.

Man könnte denken, dass die Wissenschaft für alle neuen, guten Ideen offen sei und bereit, alle etwaigen bisherigen Fehler neu zu untersuchen. Die in diesem Buch vorgestellten Fälle verdeutlichen aber, wie sehr man sich in dieser Annahme täuscht. Je wichtiger und tiefgründiger ein Begriff der Physik ist, desto konservativer geht das System damit um. Leider hat sich die Naturwissenschaft in ein dogmatisches System verwandelt, wo nur persönliches Ansehen zählt. Dies ist die Folge ihrer Organisation, ihrer geheimen Entscheidungen, ihrer Machtstruktur und der vielen hierarchischen Schichten. Heute hätte ein Beamter des Patentamtes keine Chance, einen Artikel über etwas wie die Relativitätstheorie in einer renommierten Fachzeitschrift zu publizieren (wie Einstein), und kein Buchbindergeselle könnte Experimentalphysiker werden (wie Faraday).

Die entscheidenden Entdeckungen kamen auch früher fast immer von außen. So kam zum Beispiel die Theorie der Energieerhaltung vom Arzt Julius Robert von Mayer oder andere wichtige Arbeiten vom Bierbrauer James Prescott Joule. Solche Fälle wären heute völlig unmöglich. Das System hat sich geschlossen und hat nicht nur äußere, sondern auch innere Wände. Heute kann ein indischer, ein chinesischer oder ein russischer Forscher kaum in den führenden Fachzeitschriften publizieren, und Artikel, die dem Dogma widersprechen, haben von vornherein keine Chance.

Dies hat dazu geführt, dass die Physik seit 60 Jahren kaum vorangekommen ist, obwohl es mehr als genug zum Finden und Erfinden gäbe. Denken wir nur an die vielen interessanten »Erfindungen« der lebendigen Natur, die wir heute noch nicht verstehen und deshalb auch nicht nutzen können. Dies könnte eigentlich eine gute Nachricht für junge Wissenschaftler sein, es ist aber gleichzeitig auch eine schlechte, weil das System die Erforschung dieser Gebiete nicht zulässt.

Es ist schon mehr als eigenartig, dass von Osteuropa bis Peking praktisch niemand die Chance hat, einen Artikel in einer großen Fachzeitschrift zu publizieren, denn diese Möglichkeit ist nur noch ein paar Forschern einiger weniger Universitäten in den Vereinigten Staaten vorbehalten. Wenn wir nachzählen würden, wie viele Menschen mit neuen Ideen ernst genommen werden, würden wir wahrscheinlich eine Zahl unter hundert erhalten, obwohl noch nie so viele Wissenschaftler in der Forschung gearbeitet haben wie heute. Diese Konzentration und Hierarchisierung ist der unscheinbare und kaum bekannte Grund dafür, dass keine Ideen mehr von den unteren Schichten bekannt werden können.

Jedes System wird durch Dogmen, die nicht hinterfragt werden dürfen, erst so richtig zum System. Solche unanfechtbaren Dogmen sind beispielsweise die Unfehlbarkeit des Papstes, die führende Rolle der Kommunistischen Partei oder die falsche Verallgemeinerung der Erhaltungssätze in der Physik. Wenn die Wissenschaft mit ihren Dogmen zusammen einstürzen würde, würde sie zweifellos viele kleine Länder und große Firmen unter sich begraben (und wie immer würden wieder einmal die Unschuldigen am meisten leiden).

Dass die Naturwissenschaft ein System geworden ist, kann von außen nur sehr schwer wahrgenommen werden, weil die Äußerlichkeiten hier nicht wichtig sind; es gibt ja keine Paraden, die die Wissenschaft veranstaltet, und sie hat auch keine Fahnen. Dogmen gibt es aber in der Wissenschaft genauso wie bei politischen Systemen, und diese dürfen nicht verändert werden – das System widersetzt sich gewaltsam. Wenn es sein muss, vernichtet das System der Wissenschaft seine Gegner, genauso wie das System der Politik es tut. Einige Beispiele dafür haben wir im Abschnitt über Wasserautos gesehen. Das System der Naturwissenschaft ist im Schatten des politischen und wirtschaftlichen Systems immer präsent, verändert sich aber sehr viel weniger. Die politischen Wenden und Regierungswechsel stören das System der Naturwissenschaft nicht; es ist viel größer und robuster.

Jedes beliebige Regime mit seiner Geheimpolizei ist gegenüber dem System der Naturwissenschaft, wo es viel mehr Freiwillige und Gefolgsleute aus Überzeugung gibt als bei irgendeiner politischen Partei oder einer Glaubensrichtung, ein Anfänger. Das Problem ist nur, dass über die wichtigen naturwissenschaftlichen Fragen und Dogmen auch heute noch der Glaube und nicht das Wissen entscheidet. Das heutige System der Naturwissenschaft wurde von allen bisherigen politischen Systemen unterstützt, es wurde nie eine offene Diskussion angestrebt. Dieses System wurde noch nie gestürzt, und es gab auch noch keinen Prozess gegen unqualifizierte Anführer, weil das System seine wenigen Opponenten leicht mundtot machen kann.

In diesem System treffen sich Wissen und Macht kaum. Die Menschen, die kluge Entscheidungen fällen könnten, besitzen nur selten Macht, denn um an die Spitze des Systems zu gelangen, braucht man andere Fähigkeiten, als neue Dinge erfinden zu können. Es wäre die Aufgabe der Politik, kreative Forscher an die Spitze des Wissens zu bringen. Dazu wäre es aber unbedingt nötig, dass die Anführer der Wissenschaft von den Forschern selbst gewählt werden. Heute ist dies aber genauso unvorstellbar wie der Fall, dass die Katholiken selbst den Papst wählen oder die Parteien zur Zeit des Kommunismus ihre Parteivorsitzenden selbst wählen. Es wird sorgfältig darauf geachtet, dass es nicht dazu kommt, dass das einfache Volk seinen Willen äußern kann.

Die kleinen Gruppen, die im Besitz der uneingeschränkten Macht sind, sind immer nach dem Prinzip eines Wasserleitungnetzes aufgebaut, bei dem die Wasserhähne hintereinander angebracht sind, nicht nebeneinander. Je mehr Hähne hintereinander montiert sind und je schmaler diese sind, desto schwerer kann das Wasser fließen. Schon der Verschluss eines einzigen Wasserhahns kann den Fluss stoppen. Die Struktur der Akademie ist so aufgebaut, dass bei jedem Thema der Einspruch einer einzigen Person reicht, um einen ganzen Vorgang zu stoppen. Bei einem Gremium, dessen Mitglieder von unten gewählt sind und die zur Verantwortung gezogen oder gar abgewählt werden können, wäre dies nicht möglich, und der Fortschritt hätte eine Chance.

Gibt es einen Ausweg?

Die Institution der Wissenschaft hat in der Geschichte nie gut und effektiv funktioniert. Zwischen der Wissenschaft als Institution und der Wissenschaft als Methode gab es schon immer starke Gegensätze. Eine gut funktionierende Institution sucht nämlich immer neue, bessere Lösungen und entscheidet über bestimmte Fragen nicht aufgrund von Ansehen, sondern anhand von Versuchsergebnissen und vernünftigen Argumenten. Eine solche Institution gibt zu, wenn sie sich geirrt hat, und tut alles, damit dies nicht noch einmal passiert. Einer gut funktionierenden Institution ist es egal, von wem eine Idee stammt. Nicht das Ansehen oder der Rang zählen, sondern der Einfallsreichtum und der Nutzen der neuen Idee. Eine funktionsfähige Institution ist offen und kehrt die ungelösten Fragen nicht unter den Tisch.

Eine fortschrittliche Institution sucht immer neue Herausforderungen auf allen Gebieten. Ihre Struktur und ihr Mitarbeiterbestand sind immer in Bewegung, und eine Führungsposition wird nicht erst nach einem Todesfall neu besetzt (wie beim Papstamt oder in der Kommunistischen Partei). Eine solche Institution hat es aber auf Erden noch nicht gegeben, und dies hat die schon beschriebenen katastrophalen Folgen. Gerade in der Wissenschaft, wo eine Frage anhand von Experimenten und Beobachtungen entschieden wird, gibt es nichts Schlimmeres als eine Missachtung der obigen Prinzipien, weil die Wissenschaft dann bremst, anstatt anzutreiben.

Wie viele Fälle gibt es wohl, bei denen eine Akademie die Lösung eines Problems mit aller Kraft unterstützt hat, bis es gelöst und realisiert wurde?

Anfang des 19. Jahrhunderts gab es in Frankreich ein paar solcher Fälle, seitdem aber nie wieder. Deswegen ist eine solche Institution sowohl für uns selbst als auch für unsere Zukunft so gefährlich. Die Geschichte zeigt uns, dass absolute, unkontrollierbare Macht früher oder später immer korrupt wird und sich gegen ihr ursprüngliches Ziel wendet.

Dies gilt erst recht für die Naturwissenschaft, da viele wichtige wissenschaftliche Fragen nur von sehr wenigen Menschen beurteilt werden können, und auch dies nicht vollumfänglich. Wer Experte auf dem einen Gebiet ist, ist auf dem anderen wahrscheinlich ein Laie, selbst wenn die Themen ähnlich zu sein scheinen. Ein Physiker, der sich beispielsweise mit negativen Ladungen beschäftigt (Elektronenphysik), weiß wahrscheinlich nichts über ein Problem mit positiv geladenen Teilchen, da sich mit diesen Teilchen (Protonen) andere Wissenschaftler beschäftigen, die nicht einmal die Fachzeitschriften des entfernten Kollegen lesen. Die Wissenschaft ist heutzutage so stark spezialisiert, dass niemand – selbst wenn es nur gutmütige Wissenschaftler gäbe – die einzelnen Teilgebiete im Überblick behalten kann, und so kann niemand die Kontrolleure – die Akademiker, die sich immer wieder selbst wählen – kontrollieren.

Die Naturwissenschaft kann auch von keiner zivilen Organisation kontrolliert werden; wir können gar nicht beeinflussen, wofür unsere Steuergelder ausgegeben werden.

Heute gibt es sogar innerhalb der Naturwissenschaft viele Richtungen, die zweifelhaft sind, weil sie keinen Nutzen haben. Zu dieser Kategorie gehören zum Beispiel die Kernphysik, die Teilchenphysik und die Erforschung der Gravitation, da auf diesen Gebieten bei den aktuellen Dogmen und Verboten keine neuen Ergebnisse geliefert werden können. Diese tragische Situation erkennen vielleicht auch die Entscheidungsträger, aber ihre einzige Reaktion ist die schnelle und saubere Vernichtung von leiser Kritik, bevor sie laut werden kann. Würde der Steuerzahler, wenn er entscheiden dürfte, das Geld wohl eher für die seit Jahrzehnten tote Kernphysik, die überflüssige Atomphysik oder lieber für die Entwicklung von Erfindungen im Bereich der Energetik ausgeben, die sein Leben bedeutend erleichtern könnten?

Fragen

Denken wir einmal darüber nach, welche Faktoren unsere Lebensqualität und unsere Zukunft am stärksten beeinflussen. Nach Meinung des Autors sind die wichtigsten Fragen auf diesen Gebieten die folgenden:

❶ Sind sich unsere gewählten Vertreter (egal in welchem Land und auf welcher Ebene) darüber im Klaren, welche energetischen Möglichkeiten sich uns in der Technik und in der lebendigen Natur bieten?
❷ Warum können Akademiker, die einen Fehler nach dem anderen machen und die Verbote gegen die Erforschung wichtiger Effekte und Phänomene aussprechen, nicht ihrer Posten enthoben werden?
❸ Warum können jene Akademiker und Wissenschaftsfunktionäre, die Fehler machen und sie dann vertuschen, nicht entlassen oder bestraft werden? Wenn ein Arzt oder ein Anwalt wegen eines Fehlers zur Verantwortung gezogen werden kann, wieso ist dies nicht bei einem Wissenschaftler möglich? Oder ist nie solch ein Fehler geschehen? Kann ein solcher Fehler etwa nicht publik gemacht werden?
❹ Ist das heutige Führungssystem der Wissenschaft das bestmögliche? Ist es übersichtlich und offen zugänglich? Wer entscheidet über unser Leben, die Zukunft unserer Kinder und unseres Planeten? Und was sind die Aspekte bei der Entscheidung über die Verwendung unserer Steuergelder? An wen können wir uns eigentlich mit unseren Fragen und Beschwerden wenden? Hört uns überhaupt jemand zu?

Werden wir aus unseren Fehlern lernen?

Abba Eban, der frühere Außenminister Israels, sagte einmal: »Der Mensch kann sehr verständig, sehr klug und kompromissfähig sein – wenn er alle anderen Möglichkeiten schon ausgeschöpft hat.« Dieser weise Spruch gilt natürlich auch in der Wissenschaft. Hier soll ein bekanntes Beispiel aus der Weltgeschichte angeführt werden, um zu zeigen, dass der Mensch nicht einmal in größter Gefahr kreativ denken kann.

Die Pocken sind eine Virusseuche und haben seit der Antike unter der Menschheit gewütet. So wird die sechste ägyptische Plage von vielen Exegeten mit den Pocken identifiziert. Um 250 v. Chr. gab es eine größere Epidemie in China, und seit dem 2. Jahrhundert n. Chr. ist die Krankheit von römischen Soldaten aus dem Irak nach Europa eingeschleppt worden, wo sie dann 24 Jahre lang massenhaft Todesopfer forderte, auch in Deutschland. Dies war die sogenannte »Antoninische Pest«.

Dem Bagdader Arzt Muhammad ibn Zakariya ar-Razi fiel dann im 10. Jahrhundert der Unterschied zwischen Pocken und Masern auf, und er erkannte, dass die Krankheit bei Menschen nicht ein zweites Mal auftritt, dass einmal Erkrankte also immun wurden.

Diese Erkenntnis führte jedoch noch zu keiner praktischen Schlussfolgerung. Man mag sagen, dass die technischen Mittel noch nicht vorhanden waren, aber bereits in der Antike waren ja Ärzte oft sehr erfinderisch. In erster Linie mangelte es damals noch am zündenden Funken, und so grassierten die Pocken weiterhin in großen Wellen.

Die Kreuzritter trugen maßgeblich zur Verbreitung der Pocken in ganz Europa bei, und als Europäer sie ab 1518 nach Amerika einschleppten, fielen ihr Millionen von Indianern zum Opfer.

Ab dem 18. Jahrhundert häuften sich die Pockenfälle und lösten die Pest als schlimmste Krankheit ab. Nach Schätzungen starben jedes Jahr 400 000 Menschen an Pocken.

Schließlich entdeckte der englische Arzt Edward Jenner, wie man die Pocken mit einer einfachen Impfung bekämpfen konnte. Jenner hatte nämlich bemerkt, dass Melkerinnen, Hirten und Stallburschen, die schon einmal die Kuhpocken gehabt hatten, nicht an den menschlichen Pocken erkrankten. 1796 entnahm er dem Arm einer Melkerin etwas mit Kuhpocken infizierte Flüssigkeit und impfte einen Jungen damit, den er später mit den Erregern menschlicher Pocken infizierte. Der Junge erkrankte nicht. Dieses einfache Vorgehen hätte gereicht, um das Leben mehrerer Millionen Menschen zu retten. In früheren Jahrhunderten stand aber diese Art des Denkens noch nicht zur Verfügung.

Aber auch Jenners Idee wurde von der offiziellen Wissenschaft – wie kaum anders zu erwarten – nicht angenommen. Im Jahre 1798 führte er zwar seine Entdeckung der Royal Society vor, diese wagte aber nicht, die kaum bewiesene Hypothese zu veröffentlichen, woraufhin der Arzt Jenner auf eigene Kosten ein Büchlein mit der Beschreibung seines Verfahrens drucken ließ (*An Inquiry into the Causes and Effects of the Variolæ Vaccinæ*). So begann durch die Verbreitung des kleinen Büchleins die Anwendung des Impfstoffs.

Mittlerweile wurde Jenners Methode perfektioniert. Napoleon erkannte die Bedeutung der Entdeckung, und so wurden langsam auf der ganzen Welt Impfstationen gebaut. Trotzdem dauerte es noch 75 Jahre, bis die Impfung in allen fortschrittlichen Ländern zur Pflicht gemacht wurde und die letzte große Krankheit des Mittelalters besiegt werden konnte.

Seit der Beobachtung des Bagdader Arztes ar-Razi dauerte es also rund 900 Jahre, bis schließlich Nägel mit Köpfen gemacht werden konnten. Heute gelten die Pocken als besiegt.

Ein Erfinder oder Entdecker hat es immer mit einer grundlegenden Schwierigkeit zu tun: Er will etwas, das es noch nicht gibt, das er aber durch seine

Arbeit und seine Gedanken der Menschheit geben kann. Deshalb ist es kein Zufall, dass Erfinder ihre Ideen oft nicht verwirklichen können und arm und verlassen sterben. Wir kennen diese Gesetzmäßigkeit: Der Widerstand der Menschen gegen eine Entdeckung nimmt entsprechend dem Neuheitsgrad exponentiell zu. Im Fall von verbotenen Erfindungen nimmt der Widerstand sogar um eine höhere Potenz zu.

Eine echte Marktwirtschaft – also eine Wirtschaft, die zum Beispiel die Verbreitung von verbotenen Erfindungen ermöglicht und bei der sich die Freiheit der Menschen nicht nur darin zeigt, dass sie zwischen zwanzig verschiedenen Getränken wählen können –, könnte hier weiterhelfen. Auch dass es viele Arten von Autos auf dem Markt gibt, heißt nicht viel, denn hinter dem Lack der Autos verbirgt sich immer dasselbe Prinzip.

All dies weist darauf hin, dass bei den Leitern der Wissenschaft ein gewisser Grad an Neugier nötig wäre, um solche Erfindungen überhaupt zu verstehen, zu akzeptieren und ihre Verbreitung zu erlauben.

Herausforderungen

In der Naturwissenschaft trifft die Tatsache, dass die Geschichte immer von den Gewinnern geschrieben wird, leider noch mehr zu als sonst irgendwo. Nur sehr wenige Menschen können hinter die Kulissen sehen.

Das vielleicht einzige Buch, das dieses Thema behandelt, ist *Challenges* von Serge Lang, und wurde vom Springer-Verlag herausgegeben. In dem über 800 Seiten langen Buch hat Lang ähnliche Fälle, wie sie in dem hier vorliegenden Buch vorgestellt wurden, auf dem Gebiet der Biologie und der Geisteswissenschaften untersucht. Lang (der eigentlich Mathematiker ist) kam zu folgender Schlussfolgerung:

> Für das Niveau der Wissenschaft sind die Forscher selbst verantwortlich. Wenn man in Betracht zieht, dass in der Vergangenheit oft die Institutionen Fehler gemacht haben, können wir den offiziellen Organisationen nicht die Aufdeckung dieser Geschehnisse anvertrauen. Jeder muss seine Möglichkeiten und Verbündeten allein finden, um dann gemeinsam die Fehler der Institutionen aufdecken und genauso dokumentieren zu können wie in diesem Buch. Es liegt in den Händen von uns allen, eine Wissenschaft entstehen zu lassen, in der jeder seine Ergebnisse publizieren kann.

Lang hat drei Gesetzmäßigkeiten aufgestellt:

1. Die Machthaber tun, was sie wollen und wann sie es wollen, und rechtfertigen es dann im Nachhinein. Wenn dies aus irgendeinem Grund nicht klappen sollte, tun sie es trotzdem, und decken sich anschließend gegenseitig.
2. Die Institution, die Führung, wird alle ihre Mitglieder schützen, solange sie selbst dadurch nicht gefährdet ist; wenn dies doch der Fall ist, opfert sie eines ihrer Mitglieder wie ein Opferlamm, nur um sich selbst zu schützen.
3. Alles läuft so ab wie bei Videospielen – man kann nie schnell genug schießen.

Die traurigste Lehre, die wir aus der Wissenschaftsgeschichte ziehen können, ist, dass die Wissenschaft als Institution nicht frische, neue Gedanken formuliert, sondern genau das Gegenteil der Fall ist. Die schon vorhandenen und funktionierenden Lösungen werden lieber vertuscht – Hauptsache, man wird nicht mit seinen früheren, groben Fehlern konfrontiert. Die institutionelle Wissenschaft wäre nur dann funktionsfähig, wenn sie imstande wäre, Ideen von unten und auch von außen anzunehmen und zu fördern. Dies ist aber nicht der Fall: Je grundlegender die hinterfragten Begriffe sind, desto feindseliger, oberflächlicher und fachlich anspruchsloser reagiert die Institution, und desto stärker ist der Widerstand.

Oft ist der Widerstand sogar hysterisch – wie beispielsweise bei den Erhaltungsgesetzen, der elektrischen Ladung, der Struktur des Raums, der Erweiterung der Elektrodynamik oder dem Aussehen des Atomkerns. Bei diesen Themen wendet die Wissenschaft als System sofort die ihr zur Verfügung stehenden Machtmittel an. Wir sehen, dass die Kennzeichen einer Diktatur auch bei der Naturwissenschaft als System eindeutig vorhanden sind. Die totale Zensur der Presse, das Fehlen persönlicher Gedankenfreiheit und die vollkommene Skala von Retorsionen – dies alles wendet auch die Wissenschaft als System an. (Wie mag es dann erst in den Gesellschaftswissenschaften aussehen, die doch sehr viel subjektiver sind?)

Wissenschaft als System ist auch deshalb gefährlich, weil die Gesellschaft ihr vollkommen ausgeliefert ist und ihr wehrlos gegenübersteht. Auch Diktatoren sind nur für das Ausland leicht zu erkennen, nur von außen ist Protest möglich. Im eigenen Land kann man nur schwer etwas gegen sie tun. Wer aber nicht zu den »Insidern« der Wissenschaft gehört, wird natürlich als Außenseiter angesehen und kritisiert; leider zählt auch hier nicht der Inhalt, sondern nur, von wem die Kritik stammt.

In diesem Buch wurde die systematische Unterdrückung bestimmter wichtiger Themen dargestellt, aber außer diesen gibt es mit Sicherheit noch sehr viel mehr. Dies weist darauf hin, dass das Problem nicht im System liegt, sondern dass das Problem das System selbst ist. Durch diese Fälle lassen sich auch die Forschung, die Bildung, die Publikationen, aber auch die darüberstehende politische Führung jedes vergangenen Zeitalters und jeden Landes beurteilen. Es ist deutlich geworden, dass die Menschheit die Wissenschaft als System in ihrer heutigen Form nur schwer besiegen kann. Die Führungsgremien der Wissenschaft haben dicke Wände zwischen die kreativen Erfinder und die Menschen, die sich neue Erfindungen von ihnen erhoffen, gezogen.

Die Wissenschaft als System kann also nur durch Hintertüren, gewissermaßen auf »Guerilla-Art«, besiegt werden. Die heute publizierten Fachartikel sind praktisch wertlos (zumindest in der Physik), und da diese die Hauptsachen verschweigen und die Aufmerksamkeit von ihnen ablenken, sogar schädlich. Heute liegt der Schwerpunkt der Veröffentlichungen in der Physik auf der Vereinigung der Wechselwirkungen, obwohl es viel wichtiger wäre, die grundlegenden Begriffe der Physik zu verstehen, also was Energie, Impuls oder Ladung wirklich sind. Denn nur wenn diese geklärt sind, darf man weitergehen, da man sonst auf unsichere Theorien aufbaut.

Der Nimbus der Unfehlbarkeit

Von allen Systemen überhaupt hat sich bisher das der Wissenschaft die beste Propaganda verschafft und sich so den Mythos der Unfehlbarkeit kreiert. Wenn wir unsere Lage aber kritisch betrachten, bewegen wir uns in die schlechteste aller möglichen Richtungen, obwohl wir schon oft fertige Lösungen auf dem Tablett serviert bekommen haben. Dies geht sogar so weit, dass man sich fragen muss, ob es überhaupt einen realen wirtschaftlichen Fortschritt gibt. Wenn man nämlich die durch die Wirtschaft verursachten Umweltprobleme in die wirtschaftlichen Berechnungen mit einbeziehen würde, würde sich herausstellen, dass das Wachstum negativ ist, weil die Kosten der Wiederherstellung der durch sie verursachten Umweltschäden größer sind als ihr ganzer Profit.

Das heutige autoritäre System kann aber nur unterdrücken und nicht nachdenken. Es ist praktisch ein »Nordkorea-Modell« der Naturwissenschaft, da es keine Denk-, Publikations- oder Handlungsfreiheit gibt. Es lohnt sich, einmal darüber nachzudenken, warum dieses System es den »Gärtnern« so leicht macht.

Was in der Weltgeschichte geschehen ist, ist nicht die einzig mögliche oder gar bestmögliche Variante. Leider beschränken sich die Historiker meistens darauf, das genaue Datum eines Geschehens herauszufinden, da sie kein Interesse an der Bedeutung der Technik und der Wissenschaftsgeschichte haben. Entweder verachten sie sie oder sie verstehen ihre Bedeutung nicht.

Unser Schicksal hat sich durch die Möglichkeiten in der Naturwissenschaft, die der Mensch versäumt hat, entwickelt. Weder der Ausbruch des Ersten noch der des Zweiten Weltkriegs war eine Schicksalsfügung, denn in beiden Fällen haben nur unkluge Entscheidungen von verantwortlichen Politikern die Länder in diese Situation gebracht. Diese Tatsache ist mehr oder weniger bekannt.

Dass es in der Naturwissenschaft aber viele sündhafte Versäumnisse mit viel fataleren Folgen gab und gibt, ist weniger bekannt. Im Rahmen dieses Buches konnten nur einige dieser Fälle aufgedeckt werden und auch diese nicht vollständig. Aber vielleicht reichen sie schon dazu aus, um zu erkennen, was für gewaltige Möglichkeiten wir versäumt haben und immer noch versäumen, weshalb wir uns primitiv und in eine sehr gefährliche Richtung entwickeln. Nennen wir das ruhig eine Sackgasse. Die Verantwortung, die Menschen nicht darauf aufmerksam gemacht zu haben, liegt bei den »Wissenschaftlern« – vielleicht, weil es ihnen selbst nicht ganz klar war. Und das Erschreckendste daran ist zu sehen, wie schnell sich eine Organisation, die eigentlich den Interessen und der Weiterentwicklung des kleinen Menschen dienen sollte, gegen ihr ursprüngliches Ziel wendet.

Diese Kehrtwende ist von außen wohl kaum zu erkennen, was das Ganze so gefährlich für die Gesellschaft macht. Aus der Geschichte von Systemen und Organisationen zur Unterdrückung wird aber eines klar: Wenn ein System oder eine Organisation nicht zur Rechenschaft gezogen werden kann und über allen Gesetzen steht, weil seine Mitglieder nicht bestraft oder zurückgerufen werden können, und wenn die Mitglieder nicht von unten gewählt werden, wird sich das System oder die Organisation früher oder später gegen ihr ursprüngliches Ziel wenden – die äußeren Erkennungszeichen behält es natürlich zum Schein weiterhin. Diese Entwicklung zeichnet sich bei den akademischen Gremien ab, die die Menschheit auf diesen traurigen und armseligen Weg gezwungen haben.

Es scheint, als wäre das akademische Regime das letzte noch funktionierende Überbleibsel des Feudalismus. Kann dieses an Sklerose erkrankte System überhaupt der Motor der Forschung und der gesellschaftlichen Entwicklung sein? Dieses System gibt Fachjournale heraus, verleiht Auszeichnungen an Forscher (bestimmt, wer überhaupt forschen darf) und verteilt die Forschungsgelder. Alle Fäden laufen dann in den Händen dieser Institution zusammen.

Es ist auch nicht zu erwarten, dass die Industrie, zum Beispiel eine Ölgesellschaft, dieses System umgeht und Gelder für die praktische Umsetzung der aufgezählten Erfindungen zur Verfügung stellt. Das System fördert die »Stabilität«, das heißt die Stagnation, nicht die bessere Zukunft.

Es begünstigt aber auch das Ausleben von menschlichen Schwächen. Das System der Wissenschaft und der technischen Entwicklung verfolgt eine falsche Konzeption, nämlich die der öffentlichen Demütigung. Die Zusammenwirkenden werden dazu gezwungen, öffentlich ihre Dummheit und Ohnmacht einzugestehen. Hätte etwa der Nobelpreisträger Millikan die Erfindung von Moray, einem einfachen Techniker vom Lande, unterstützen können? Damit hätte er zugegeben, dass dieser klüger ist als er selbst. So etwas tun nur Heilige, keine Durchschnittsmenschen. Ähnlich sind die Beamten des Patentamtes dazu gezwungen, beim Vergeben eines Patents öffentlich zuzugeben, dass dies eine gute Idee ist, auf die auch sie hätten kommen können. Deswegen funktioniert dieses System auch nicht. Wir sehen, dass es heute nur Systeme und Gremien gibt, die nicht funktionieren können.

Das System wissenschaftlicher Akademien ist das einzige in der Geschichte, das noch nie gestürzt wurde, wo jeder Fehler, egal wie schwerwiegend er ist, vertuscht oder sogar belohnt werden kann und der Steuerzahler noch nicht einmal fragen kann, wofür sein Geld ausgegeben wurde. Was kann ein Bürger in solch einer Situation tun? Die Antwort darauf ist nicht leicht. Vielleicht müssten Leiter gewählt werden, die auch über gewisse technische Kenntnisse verfügen. Es würde wohl auch helfen, wenn weniger Politiker und Juristen in den Gremien säßen, die die wissenschaftlichen Institutionen überwachen, da sie nicht über das erforderliche Fachwissen verfügen.

Was sagen die Experten, die die Institutionen kontrollieren, dazu? Die Antwort darauf finden wir in Cyril Northcote Parkinsons Buch *Parkinsons Gesetz und andere Studien über die Verwaltung*. Der Autor sieht folgende Lösung für Institutionen, die viele Fehler machen und unfähig zu Veränderungen sind:

> Die Institution ist in jeder Hinsicht praktisch tot. Sie kann zwar neu gegründet werden, hierzu müssen aber der Name und der Sitz verändert und das Personal ausgewechselt werden. Wer dabei sparen möchte, neigt dazu, einen Teil des alten Personals »wiederverwenden« zu wollen, um Kontinuität zu gewährleisten. Genau dies ist aber zu vermeiden. Alle Teile des alten Systems müssen als infiziert

betrachtet werden. Weder die Ausrüstung noch das Personal oder die Tradition der alten Institution darf übernommen werden. Alles muss sozusagen desinfiziert und unter strenge Quarantäne gestellt werden. Die bisherigen infizierten Mitarbeiter müssen mit einem guten Zeugnis zu den Konkurrenzinstitutionen geschickt werden, die wir am wenigsten mögen, die Ausrüstung und die Akten müssen unverzüglich vernichtet werden. Was das Gebäude angeht, ist es das Beste, es hoch zu versichern und dann anzuzünden. Erst dann können wir uns sicher sein, auch die letzten Keime des alten Systems vernichtet zu haben, wenn alles in Schutt und Asche liegt.

So viel also zu dem Tipp von Parkinson, der ein anerkannter Experte für Institutionen war. Wie soll es dann aber weitergehen?

Eine optimistische Lösung

Damit die Wissenschaft sowohl als Methode als auch als Institution funktionieren kann, sind einige wichtige Veränderungen nötig.

❶ Die Führungsgremien der Forschergemeinschaft müssten von unten gewählt werden, wobei jeder aktive Forscher ein Wahlrecht hätte. Jeder dürfte nur den Leiter seines eigenen Fachgebiets wählen. Dieses Gremium sollte nur für einen absehbaren Zeitraum (3–5 Jahre) gewählt werden, auf keinen Fall für ein ganzes Leben. So könnte die heutige vorherrschende Gerontokratie gar nicht erst entstehen.

❷ Die Aufnahme und das Absetzen jedes Themas und die Einstellung von Forschungen sollte aufgrund von Experimenten und nicht nach dogmatischen Aspekten stattfinden.

❸ Es könnte sich eine Gruppe mit der Prüfung der Ideen von »außen« beschäftigen, um keinen einzigen wertvollen Gedanken zu verlieren, nur weil er gerade im Kopf eines Durchschnittsmenschen und nicht in dem eines Forschers entstanden ist. Aber auch dies würde wahrscheinlich nur bei den grundlegenden Forschungen helfen.

❹ Im Fall von Innovation müssten weitere Schritte unternommen werden. Als Allererstes müsste den Patentämtern das Recht entzogen werden, die Naturgesetze zu bestimmen oder zu beurteilen. Wir haben bereits einen hohen Preis gezahlt, weil Patentamtsbeamte entschieden haben, was in der Natur möglich ist und was nicht. Das Amt dürfte nur eine Aufgabe haben: Es müsste feststellen, ob die Erfindung wirklich neuartig ist und ob sie geschützt werden kann oder nicht. Es sollte das Recht besitzen, die Demonstration der Erfindung zu verlangen, und verpflichtet sein, das Patent zu vergeben, wenn die Demonstration erfolgreich war.

Diese wenigen Schritte würden ausreichen, um in der Naturwissenschaft und Industrie einen sprunghaften, beispiellosen Fortschritt auszulösen und das jahrhundertelange zufällige und langsame Vorwärtstorkeln endlich zu beenden.

Ende. Ende?

Abb. 103
Darstellung eines wasserbetriebenen Perpetuum mobile mit angeschlossener Schleiferei

Nachwort

So ein Tier gibt es doch gar nicht!

Man muss es wohl niemandem erklären, dass unser graues Alltagsleben und die gesamte Wirtschaft auf das Gesetz der Energieerhaltung aufgebaut sind. Es ist traurig, aber dieses Gesetz ist wichtiger als Gott, denn an Gott glauben viele – viele aber auch nicht (und hier in Europa werden es immer weniger): Die Kirchen leeren sich. Nun, beim Glauben gibt es zumindest die freie Wahl. An den Energieerhaltungssatz hingegen *muss* man glauben. Das gilt nicht nur für Ingenieure, Physiker oder Geschäftsleute, sondern auch für die politische Elite. Sie entscheidet über Gasleitungen, erneuerbare Energien und das Schließen von Atomkraftwerken – in Ungarn gerade über den Bau von einem – aber auch über den Einsatz von Militäreinheiten, deren Aufgabe es ist, Gas- und Ölfelder zu besetzen und zu verteidigen.

Die Kriege der vergangenen 500 Jahre wurden immer wegen wertvoller Ressourcen geführt, von denen die Energie die wichtigste ist, da sie für alles andere unentbehrlich ist. Der Energieerhaltungssatz ist das wichtigste Gesetz für uns Menschen, auch wenn es niemand ausspricht – ob wir es nun wollen oder nicht.

Das Schicksal ganzer Länder könnte vollkommen anders verlaufen, abhängig davon, ob dies ein richtiges, immer gültiges Gesetz oder nur eine umgehbare Regel ist. Wenn dieses Gesetz immer gilt, müssen wir die Sonnen- oder Ölstaaten im Gegenzug für ihre Energie auf dem Rücken mitschleppen. Wenn es nicht gültig ist, können viele fleißige Länder diese Regel von sich abschütteln und sich erheben, und auch die Erde wird dann nicht in 200 Jahren verglühen. Das Leben von Milliarden Menschen und das Schicksal der Natur sind eng mit den Erhaltungssätzen verbunden. Aber schon das bloße Infragestellen von ihnen gilt als Sakrileg, worauf in dem »Land der Wissenschaft« die sofortige Todesstrafe steht.

Der Energieerhaltungssatz ist heute ein Glaube, der jenseits von jeglichem Verdacht steht. Es ist verboten, experimentelle Beweise zu verlangen, womit die Grundregeln der Wissenschaft als Methode gebrochen werden. Wer Skepsis zeigt, wird eliminiert. Ich habe das persönlich erlebt, wurde als 40-Jähriger »umgebracht«, also aus diesem »Land« gestrichen.

Dieses Nachwort zu meinem vor mehr als 20 Jahren erstmals erschienenen Buch verfasse ich nun 65-jährig, mit viel Lebenserfahrung. Auch heute noch würde ich das meiste genauso schreiben.

Einen Großteil meiner Forscherlaufbahn habe ich noch nicht einmal auf einem unbekannten Grenzgebiet verbracht, sondern kämpfte weit darüber hinaus. Es wird wohl kaum einen anderen Forscher geben, der so viele ungewöhnliche Dinge erlebt hat wie ich. Mich interessierten die neuen Gebiete, gleichzeitig nahm ich den ständigen Kampf, die zwangsläufige Ausgrenzung und eine Reihe Strafen auf mich. Jedem, der sich zu weit vorwagt, geht es so – immer und überall …

Marco Polo wurde noch jahrhundertelang ausgelacht, weil er über Geld aus Papier, brennende Steine (Steinkohle) und umgekehrten Wein (der belebt und nicht betrunken macht) schrieb, den wir heute als Tee trinken.

Während meiner Laufbahn als Forscher interessierten mich hauptsächlich energieerzeugende Vorgänge, und zwar im weitesten Sinn des Wortes. Erst im Laufe der Jahrzehnte wurde mir langsam die Bedeutung der geometrischen (Energie, Impuls) und diskreten (Ladung) Erhaltungsgesetze in unserem Alltagsleben klar.

Die erste kalte Dusche erlebte ich, als ich am Ort des Geschehens, beispielsweise bei zerstörten Häusern, Fälle von Kugelblitzen sammelte. Oft bot sich mir ein erschütternder Anblick, zum Beispiel grünliche Flecken, die von Kupferleitungen stammten, die aus der Wand explodiert und verdampft waren, oder Wände, die ein Kugelblitz – manchmal sogar mit einem elliptischen Querschnitt – durchbohrt hatte. Etwa 10 Jahre lang sammelte ich Spuren der Zerstörung und machte Fotos und Videos von Geschehnissen, die unserem heutigen Wissensstand nach völlig unmöglich sind. Was genau ist das Problem, wenn ein Kugelblitz von der Größe eines Apfels 4–5 Kilogramm Kupferleitung verdampfen lässt? Es gibt mehrere: Der Kugelblitz muss als Plasma elektrisch neutral sein, da er sonst sofort explodieren würde.

Dieses Phänomen erhitzt die Drähte (Fernseher, Radios) nämlich mit elektrischem Strom; einige Augenzeugen (die unvorsichtigerweise hineinfassten), erlitten einen Stromschlag. Die Ladungsmenge, die zum Verdampfen von einigen Kilogramm Draht erforderlich ist, kann aber nicht im Inneren des Kugelblitzes stecken, da einige Coulomb Elektronen nicht einfach so versteckt oder gespeichert werden können, denn das bedeutet eine riesige Abstoßkraft, und das Phänomen könnte nicht eine millionstel Sekunde stabil bleiben. Auch mit dem Energiegehalt gab es ein großes Problem. Der Energiegehalt einer leicht ionisierten, apfelgroßen Plasmakugel (das heißt einer Flamme) beträgt unter atmosphärischem Druck nur ein paar Joule. Um 4–5 Kilogramm Kupfer verdampfen zu lassen, wird aber mehrere tausend Mal so viel Energie benötigt! Und was ist, wenn der Kugelblitz eine Grube voll Wasser zum Kochen bringt oder ein Einfamilienhaus auseinanderdrückt – von innen nach außen?

Stimmt der Ladungserhaltungssatz nicht? Trifft der Energieerhaltungssatz etwa nicht zu? Selbst wenn der Kugelblitz von einem Fusionsprozess angetrieben würde (was nicht der Fall ist), ist die Menge der durch die aufglühenden Drähte fließenden Ladung immer noch einige Milliarden Mal größer, als sie in einer solchen Kugel vorstellbar ist.

Nach den Beobachtungen der vergangenen 2000 Jahre ist dieses Phänomen immer gleich – ganz egal, ob sie im alten China oder zu unserer Zeit gemacht wurden.

Wie sich die meisten meiner Forscherkollegen verhielten, als sie die zerstörten Häuser und die eigenartigen Spuren auf den Videos sahen? Genauso wie der Bauer, der in den Zoo der Hauptstadt reist und beim Anblick einer Giraffe ruft: »So ein Tier gibt es doch gar nicht!«

Meine Sammelarbeit wurde auch sofort verboten, weil (so der Generalsekretär der Ungarischen Akademie der Wissenschaften und Ferenc Szabó, der damalige Direktor des KFKI [Zentrales Physikalisches Forschungsinstitut]) diese Dokumente geeignet seien, Unruhe zu stiften … So ein Phänomen gibt es eben nicht!

Die Eigenarten der Kugelblitze zeigten mir, dass jedes unbekannte Phänomen auch unter dem Aspekt der Erhaltungsgesetze untersucht werden sollte. Später, als ich versuchte, die Funktionsweise vergessener Erfindungen zu verstehen, bekam ich noch größere Ohrfeigen. Hier begegnete ich zum ersten Mal der Tatsache, dass die »Erhaltungsgesetze« nicht durch Messungen bestätigt wurden. Großteils deswegen, weil wir nicht messen konnten (oder es auch heute noch nicht können), ob sie stimmen. Deswegen ist es – leider – auch heute noch eine Frage des Glaubens, ob wir ihnen immer vertrauen können.

Aber sind dieser blinde Glaube und ein so starkes Vertrauen in diese Gesetze, von dem ein Diktator nur träumen kann, gerechtfertigt?

Meiner Meinung nach nicht – obwohl so etwas zu behaupten heutzutage die denkbar größte Ketzerei ist. Dabei lieferte Orffyreus alias Bessler, das glückliche (oder unglückliche) deutsche Genie, einen eindeutigen Beweis dafür, dass es Ausnahmen von dieser Regel – die eben kein Gesetz ist – gibt.

Seine Maschine wurde von so vielen Menschen (unter ihnen auch Leibniz) in Betrieb gesehen, dass wir nicht wortlos an ihm vorbeigehen können, wie man es seit 300 Jahren tut.

Der Energieerhaltungssatz – und lassen Sie mich auch den Impuls- und Drehimpulserhaltungssatz hinzufügen – ist heute dank der digitalen Technik schon durch Experimente überprüfbar – jedenfalls in der klassischen Mechanik und in der Strömungslehre.

Aber in welchen Fällen lohnt es sich überhaupt, nach Ausnahmen zu suchen? Wo lohnt es sich zu messen? Wo ist die Chance gegeben, eine nützliche Abweichung von diesen Gesetzen zu finden? In der Thermodynamik (Wärmelehre) bestimmt nicht, dort können wir Gift darauf nehmen, dass die Energie wirklich erhalten bleibt (es war allerdings ein fataler Irrtum, von diesem Gebiet ausgehend zu verallgemeinern).

Aber wo sich große Massen geordnet bewegen, ist eine geringe Chance vorhanden, wenn auch nicht überall. Wenn wir einen Tischtennisball fallen lassen, springt er in immer geringerer Höhe wieder hoch; nie höher als nach dem letzten Aufprall. Ist diese Tatsache aber ein Beweis für den Energieerhaltungssatz? Nein. Denn die Energie des Schalls und die in dem Ball und auf dem Boden entstehende Hitze können wir noch nicht genau messen – jedenfalls nicht bei dem heutigen technischen Niveau. Der Messfehler wäre vielleicht sogar doppelt so groß wie die zu messenden Größen. So eine »Messung« wäre also ein Witz! Könnte es sein, dass bei der Summierung der mechanischen, der Wärme- und der Schallenergie die Bilanz nicht stimmt? Wir wissen es nicht. Wir glauben nur, hier sei alles in Ordnung. Denn wir wissen, dass wir es nicht messen können. Und bei einem komplizierten magnetischen Schwingkreis hätten wir es noch schwerer! Von Zeit zu Zeit wird von Transformatoren berichtet, die sich verdächtig stark erhitzen und zu viel Wärme abgeben. Nachgemessen wird aber nicht.

Hieraus folgt, dass auch in den Naturwissenschaften der Glaube überall dort präsent ist, wo wir keine Messungen durchführen können, wollen oder uns nicht trauen, es zu tun.

Das Motto der Aufklärung lautete: Habe Mut zum Wissen! Habe Mut zu hinterfragen! Habe Mut nachzudenken!

Haben wir hier und heute wirklich Mut zum Wissen? Wollen wir wirklich wissen? Dies ist sehr wohl eine praktische, keine theoretische, und auch heute noch aktuelle Frage.

Ich habe meinen Abschluss als Energieingenieur, genauer gesagt als Wärmekraftmaschineningenieur, an der Technischen Universität Budapest gemacht, wo auch ein entfernter Verwandter von mir studiert hat: Edward Teller, einer der Väter der Wasserstoffbombe. Nach meinem Abschluss arbeitete ich für ca. 20 Jahre im Nuklearforschungsinstitut der Akademie.

Auch für mich war es lange natürlich, dass wir die Erhaltungsgesetze ohne jegliche Zweifel anwenden. Es gibt ja – so dachte ich – keinerlei Beweise für deren Brechung, sonst hätte ich sicher schon davon gehört oder gelesen. Damals dachte ich noch, die Wissenschaft als Institution sei, von kleineren Fehlern abgesehen, ein gutes System, das eventuelle Fehler auch von selbst korrigieren kann. Genauso dachte ich – im Realsozialismus, also in den 1960er- und 1970er-Jahren lebend – über Politik.

Ich wusste aber auch, dass meine Kommilitonen wegen ihrer Proteste am 15. März (Jahrestag der Revolution von 1848) manchmal von der Polizei festgenommen und verprügelt wurden. Aus diesem Grund wurden natürlich einige Studenten der Universität verwiesen. Sie konnten nur noch Hilfsarbeiter werden und wurden zu überwachten und gebrandmarkten Personen.

Damals hoffte ich noch, das seien nur lokale Überreaktionen, die mit dem System an sich nichts zu tun hatten. Auch mir gefiel es nicht, dass wir nicht frei reisen, schreiben und lesen durften. Für mich war das aber der Preis dafür, dass ich mich sicher fühlen konnte. Auch mein Opportunismus spielte dabei eine Rolle. Ich wollte gerne Ingenieur werden und an sinnvollen Entwicklungen teilnehmen. Deshalb habe ich ertragen, geschluckt oder nicht hingesehen, wenn mir etwas nicht gefiel.

Doch die folgenden Jahrzehnte zeigten, dass diese Prügeleien, Verweise und Brandmarkungen keine lokalen Überreaktionen waren, sondern die generelle Regel. Dass man in der Zeitung zwischen den Zeilen lesen und sich überlegen musste, was dort verschwiegen wurde, ärgerte mich anfangs, dann gewöhnte ich mich daran (später beim Lesen von wissenschaftlichen Publikationen erwies sich diese Fähigkeit als ziemlich praktisch).

Diese frühe bittere Erfahrung half mir später, mich in einem anderen autoritären System, der existierenden Wissenschaft, zu orientieren. Ich muss sagen, dass Letzteres gefährlicher für die Menschheit ist, weil es sich besser tarnen und verstecken kann als eine Diktatur.

Deshalb lautet meine Antwort, wenn jemand erneut die Frage stellen sollte, warum das Rad von Bessler nicht nachgebaut werden konnte: Einerseits muss darüber geschwiegen werden, weshalb nur wenige talentierte Menschen daran arbeiten. Andererseits meint man heute – gerade wegen der falschen Verallgemeinerung der Energieerhaltung –, es lohne sich gar nicht, sich damit zu befassen. Außerdem wäre es heutzutage neben den technischen Schwierigkeiten noch schwerer, für eine solche Maschine Akzeptanz zu finden und sie patentieren zu lassen. Die Welt der Wissenschaft ist heute noch härter, als sie es damals war.

Die Suche nach einem Ausweg

Aber sehen wir uns einmal an, was man unter äußerst bescheidenen Umständen überhaupt tun konnte, um die Sache der geometrischen »Erhaltung« – Symmetrie – ohne Vorurteile zu untersuchen. Hierzu mussten sowohl für die theoretischen als auch für die experimentellen Ansätze völlig neue Wege gefunden werden.

In Bezug auf die theoretischen Grundlagen lieferte mir die bereits erwähnte deutsche Mathematikerin Emmy Noether die wertvollste, auch in der Praxis brauchbare Hilfe. Ihre enthüllende Entdeckung ist, dass jedes Erhaltungsgesetz mit einer geometrischen (kontinuierlichen) Symmetrie verbunden ist: Die Energieerhaltung ist demnach mit der Symmetrie der zeitlichen Verschiebung der Abläufe verbunden, der Impuls mit der Symmetrie der räumlichen Verschiebung und der Drehimpuls mit der der räumlichen Rotation.

Das ist es, was die Gemeinschaft der Physiker in vielen Büchern und wissenschaftlichen Monografien zwar oft beschreibt, aber nicht versteht. Dies ist kein Zufall, weil man nämlich denkt, dass die oben erwähnten Verschiebungssymmetrien immer erfüllt werden. Man glaubt, dass auf dem Gebiet von einigen Metern sowohl der Raum als auch die Zeit homogen, also gleichmäßig seien. Uns wird immer eingebläut, dass es im Raum und in der Zeit weder »Löcher« noch dichtere oder dünnere Stellen gibt und die Raumzeit nicht künstlich verändert, umgeformt, geknetet oder gestaucht werden kann.

Auch die Ansicht, nach der die Raumzeit (früher »Äther« genannt) leer ist und keine materiellen Eigenschaften besitzt, ist falsch. Diese Auffassung verbreitete sich durch die frühe Arbeit Albert Einsteins – nämlich durch die spezielle Relativitätstheorie. Diese Theorie begrenzt sich auf Bewegungen mit konstanter Geschwindigkeit, wo keine Kraftfelder wirken! Sobald Kraftfelder erscheinen, verändert sich alles. Der Äther – heutzutage fälschlicherweise »Vakuum« genannt – manifestiert sich auch auf andere Weise, nämlich mit messbaren Eigenschaften. Der nach dem holländischen Physiker H. Casimir benannte Effekt ist der bekannteste, und er ist am besten durch Messungen belegt. Außerdem ist er, beispielsweise durch Kavitationseffekte, auch in der Praxis nutzbar.

Trotzdem werden diese wichtigen Dinge im Unterricht überhaupt nicht erwähnt. Heute wird einem frisch diplomierten Ingenieur ein Weltbild vermittelt, nach dem der Raum leer ist, also kein Medium beinhaltet. Man kann demnach angeblich keine Maschinen bauen, die die Zerrung der Raumzeit ausnutzen würden.

Wenn man aber als Physiker in einem anderen Gebäude allgemeine Relativitätstheorie studiert, muss man bei der Prüfung etwas anderes antworten, etwa im Stil von: »Die Raumzeit kann gekrümmt und verzerrt werden – sichtbar ist dies aber nur bei der Gravitation in der Nähe von großen Massen, zum Beispiel bei schwarzen Löchern.« Wenn aber die Raumzeit (das »Vakuum«) leer ist, weil sie nichts beinhaltet, was ist es dann, was sich »krümmt«, dichtere und dünnere Stellen haben oder bei rotierenden, elektrisch geladenen Löchern sogar noch mehr deformiert werden kann (Kerr-Newman-Metrik)?

Bei der Prüfung an einer technischen Universität muss man antworten, dass es drei Raumdimensionen gibt und die Raumzeit leer ist (es gibt keinen Äther), bei der Prüfung der Physiker aber, dass es natürlich höherdimensionale Raumzeit gibt, und man kann sogar schöne Tensorgleichungen aufschreiben – abhängig davon, durch welche Art von Kraftfeld sie gerade gekrümmt wird: Gravitationskraftfeld, elektrisches oder magnetisches Kraftfeld. Das bedeutet, dass das Weltbild eines Physikers und eines Ingenieurs unterschiedlich ist. Das Problem dabei ist, dass beide falsch sind, nur jeweils auf andere Weise. Das korrekte Weltbild beinhaltet auch einen superflüssigen Äther, der elastisch verzerrt werden kann. Dort ist außer den von uns wahrgenommenen drei Dimensionen mindestens noch eine makroskopische vorhanden, die rechtwinklig zu den anderen drei steht. Dieser Raum kann aber auch durch alltägliche Kraftfelder verzerrt werden. Das lässt sich mithilfe von zwei Quarzoszillatoren, wie man sie problemlos in einem Geschäft kaufen kann, leicht in einem Versuch überprüfen. Diese Oszillatoren werden meist mit Metallhüllen angefertigt und halten ihre Frequenz auf 0,0001 Prozent genau.

Wenn wir die Schwingungszahl zweier Oszillatoren, deren Frequenzen sehr nahe beieinanderliegen, voneinander subtrahieren, erhalten wir die Unterschieds- oder Schwebungsfrequenz, welche ein kleiner und leicht messbarer Wert ist. Wenn wir Quarzoszillatoren kaufen, deren Quarzfrequenz ca. 100 Megahertz oder sogar nur 10 Megahertz beträgt, liegt der Unterschied in der Größenordnung von nur einigen hundert oder tausend Hertz. Wenn wir also einen der Oszillatoren in ein Kraftfeld setzen, den anderen aber nicht, sehen wir, um wie viel sich seine Quarzfrequenz verändert. Die Veränderung der Ausgangsfrequenz selbst kann nur sehr schwierig auf direkte Weise und genau gemessen werden, die Frequenz aber, die sich aus dem Unterschied der Frequenzen ergibt, ist gut zu sehen!

Dieses Experiment haben wir sowohl mit einem Ferritmagneten als auch mit einem Oszillatorpaar, das an einem Kreisel angebracht war, erfolgreich durchgeführt. Der eine Oszillator befand sich in der Mitte der Rotationsachse, der andere an der Kante der Scheibe, wo die Zentripetalbeschleunigung sehr beachtlich ist. Die lokale Beschleunigung und Verlangsamung der Zeit war gut zu sehen, ihr Durchschnitt aber ergab null!

Die Ergebnisse zeigten auch mit dem Permanentmagneten, dass (was übrigens auch die allgemeine Relativitätstheorie behauptet) die Zeit in einem Kraftfeld langsamer vergeht als in der »ungestörten« Raumzeit. Die Hauptsache ist: Schon ein einfacher Magnet beeinflusst die lokale Geschwindigkeit der Zeit. Und hier bleibt die Wissenschaft auch zufrieden stehen, ohne an die Folgen zu denken. Und die gibt es. Daher müssen wir Noethers Erkenntnisse ernst nehmen. Denn wenn die Erhaltung der Energie eine zeitliche Verschiebungssymmetrie ist, bleibt die Energie für einen Gegenstand nicht erhalten, wenn sich die Geschwindigkeit der Zeit während der Bewegung eines Gegenstandes in einer durch ein Kraftfeld verzerrten Raumzeit verändert.

So kann uns die Umkehrung (Verallgemeinerung) des Noether-Theorems helfen, das Geheimnis Besslers oder anderer Erfinder zu lüften. Es muss ein Kraftfeld geschaffen werden, das in jedem Punkt und jedem Moment eine Kraft permanent variierender Größe und Richtung ergibt (am besten ein Wirbelfeld), denn dann vergeht die Zeit an jedem Punkt mit einer anderen lokalen Geschwindigkeit. Dies hat natürlich die Nichterhaltung des linearen Impulses und des Drehimpulses zur Folge!

Diese Möglichkeit erkannten auch die Forscher der allgemeinen Relativitätstheorie, allerdings nur auf theoretischer Ebene. Sie kamen darauf, dass etwas (oder jemand), das ein langes, rotierendes, stabartiges schwarzes Loch spiralartig umkreist, schon eine Zeitmaschine sein, in seine eigene Vergangenheit zurückreisen und sogar Energie produzieren könnte. Kip Thorne und Igor Nowikow machten sich daran, ein lesenswertes Buch zum Thema Wurmlöcher, Zeitmaschinen und Raumzeitsingularitäten zu publizieren, fürchteten aber, die Medien würden sich auf den Fall stürzen und sie für verrückt halten.

Die Mehrheit der Physiker kann dieses Paradoxon einfach nicht schlucken. Es lohnt sich, die Bücher von Kip Thorne oder Archibald Wheeler zu diesem Thema zu lesen (Hawking oder Penrose beispielsweise beschäftigen sich nicht mit dieser Möglichkeit). Wie könnte ein ideales Kraftfeld, in dem die Umkehrung (Ausweitung) des Noether-Theorems auch wirklich stattfindet, in der Praxis aussehen? Der ideale Fall ist ein Wirbelfeld.

Ein Wirbelfeld ist nicht kompliziert, aber nicht jedes beliebige ist dazu geeignet. In einem tropischen Zyklon beispielsweise ist die Corioliskraft sehr klein, weshalb die Erhaltungsgesetze dort nicht spektakulär gebrochen werden! Es ist sehr wichtig, dass ein Massepunkt, welcher sich in diesem Kraftfeld bewegt, »fühlt«, dass mit jedem Punkt, den er durchquert, die auf ihn wirkende Kraft zunimmt und sich auch die Richtung der Kraft ständig ändert. In der belebten wie auch in der unbelebten Natur finden wir hierfür zahlreiche Beispiele. Es ist wichtig, dass diese Wirbelfelder auch geschwindigkeitsabhängige, also nichtkonservative Kräfte, wie beispielsweise die Corioliskraft oder die Lorentzkraft, beinhalten. Im Folgenden möchte ich davon einige Fälle aus der Praxis aufzählen.

Die bekanntesten sind vielleicht Tornados, obwohl sie nur äußerst selten entstehen – vielleicht ein Wirbel aus jeder tausendsten sogenannten Superzelle. Aus tausend Wirbeln entwickelt sich etwa einer zu einem sich selbsterhaltenden, stabilen Tornado oder einer Wasserhose, wenn er sich gerade über eine Wasseroberfläche verirrt. Glücklicherweise wurden bis heute viele Videos von Tornados gemacht. Wir wissen, dass die Rotation in extremen Fällen eine Geschwindigkeit von 200 bis 500 km/h erreicht, welche bis zu 1 oder 2 Stunden lang stabil bleiben kann! Das Merkwürdige daran ist, dass ein Strömungssimulationsprogramm (das »hydrodynamische Simulationsprogramm«), wenn man die Mess- und Geschwindigkeitsdaten eingibt, anhand der beobachteten Größen- und Geschwindigkeitsdaten schnell berechnet, dass sich das Phänomen wegen der großen Reibungsverluste, die sich aus der enormen Geschwindigkeit ergeben, nach ein paar Sekunden auflöst. In den vergangenen Jahrzehnten habe ich viele ratlos wirkende Artikel über Tornadosimulationen gelesen. Die Frustration der Forscher auf diesem Gebiet ist offensichtlich.

Warum ist ein Tornado so rar? (Ich habe noch keinen gesehen.) Weil er sehr schwer stabil wird. Weil gerade so viel Überschussenergie entstehen muss, wie der Reibungsverlust plus verrichtete Arbeit betragen. Verrichtete Arbeit heißt zum Beispiel das Aufsaugen eines Sees oder die Zerstörung einer Kleinstadt. Wenn die Überschussenergie etwas größer ist als der Reibungsverlust, zerfällt der Tornado schon zu Beginn seiner Entstehung. Ist sie geringer, löst sich der Tornado schnell auf, was der »Papierform« entspricht. Es handelt sich also um ein – zum Glück – äußerst empfindliches und seltenes Phänomen!

Selbsterregung

Das Phänomen der Selbsterregung – also das Erscheinen der inneren Energieproduktion – ist hier ein grundsätzliches Phänomen (welches natürlich auch die Produktion von Impuls und Drehimpuls mit sich bringt). In meiner Kindheit beobachtete ich in der Großen Ungarischen Tiefebene (Puszta) an sehr heißen Nachmittagen im August oft die Entstehung von Sandtromben

(Staubteufel) – manchmal aus nächster Nähe. Zuerst ist es völlig windstill, und auf einmal wirbelt eine 20–30 Meter hohe Trombe massenhaft Staub auf – manchmal sogar einige Minuten lang – und verschwindet ebenso unerwartet, wie sie erschienen war.

Tornados gibt es aber nicht nur auf der Erde – ganz im Gegenteil. Sie wüten seit langer Zeit auf beiden Polen der Venus, da ihre Atmosphäre deutlich massiger und dichter ist als die der Erde. Die Riesentornados des Jupiters, welche sich über Jahrzehnte hinweg drehen, sind sogar noch bekannter. Der wildeste ist der Große Rote Fleck – niemand weiß, wann er entstanden ist. Cassini entdeckte ihn 1665, und bis heute dreht er sich immer noch. Dies fiel auch den Astronomen auf, welche mit mäßigem Erfolg versuchten, Theorien für dieses Phänomen aufzustellen. Und so blieb alles beim Alten. Niemanden interessiert es, warum diese Riesentornados sich nicht auflösen. Auch die Oberfläche des Saturns ist voller Lufttromben, die sich jahrzehntelang drehen. Jetzt ist es auch nicht mehr überraschend, dass der Große Dunkle Fleck auf dem Neptun auch ein stabiler Gaswirbel ist, etwa so groß wie die Erde.

Weiterhin ist interessant, dass diese Planeten zweimal so viel Wärme abstrahlen, wie sie von der Sonne bekommen. Reiner Zufall? An Wirbelphänomene, die sich selbst erhalten, denkt bestimmt niemand. Die Physiker gehen über diese Seltsamkeiten der Natur immer hinweg.

Die wirbelartige Formation verhält sich auch im Fall der Spiralgalaxien eigenartig, denn auch diese gehorchen der Schulphysik nicht. Elliptische Galaxien oder Kugelsternhaufen halten sich an die Schulphysik, und dort gibt es keine Abweichung vom newtonschen Gravitationsgesetz. Spiralgalaxien hingegen bewegen sich so bedeutend anders, dass die Astronomen gezwungen waren, die Begriffe der Dunklen Energie und der Dunklen Materie in die Physik einzuführen, um die Abweichung zu erklären. Eine kleine Minderheit von ihnen schlägt jedoch vor, die newtonschen Grundgesetze der Bewegung zu modifizieren (MOND-Theorien), denn dann könnten die beobachteten Bewegungen wieder durch die neuen Grundgesetze der Bewegung beschrieben werden. Der Schönheitsfehler dieser Theorien liegt allerdings darin, dass die Erhaltungsgesetze nicht mehr stimmen, wenn die eben genannten Gesetze modifiziert werden. Die Erhaltungsgesetze stammen ja von den Symmetrien, von denen stammen wiederum die newtonsche Mechanik und die maxwellsche Theorie der Elektrodynamik …

Solche Messanomalien wurden aber auch bei der Analyse der Umlaufbahnen der Raumsonden Pioneer 1 und Voyager 2 beobachtet. Diese bewegen sich nämlich nicht auf einer symmetrischen Kreisbahn, sondern auf einer komplizierten, auch schneckenförmige Abschnitte beinhaltenden Bahn, wo der sogenannte Schleudereffekt genutzt wird.

Um auch die lebendige Natur nicht zu vergessen: Auch der Fall von Viktor Schauberger und der wirbelartigen Flüssigkeitsbewegung um Forellen zeigt: Es lohnt sich, sich mit der Dynamik der Spiralbewegung zu beschäftigen. Auch wir haben dies getan, sogar gleich mit zwei Methoden. Die eine haben wir mit einem spiralförmigen Hochgeschwindigkeitselektronenstrahl bereits erfolgreich erprobt. Bei der anderen geht es um schraubenförmig gewundene mechanische Apparate. Hier können wir höchstens von einem halben Erfolg berichten.

Die Dynamik der Spirale

Emmy Noethers Theorem über den Zusammenhang der geometrischen Erhaltungsgrößen und Symmetrien kann also in die Praxis umgesetzt werden und ist somit eine überprüfbare Hypothese (im Gegensatz zur religionsähnlichen Stringtheorie).

Wenn die Energieerhaltung eine zeitliche Verschiebungssymmetrie ist, kann sie aufgehoben werden, indem die geometrischen Symmetrien vernichtet werden. Im Fall einer geradlinigen Bewegung kann ein Massepunkt also beliebig beschleunigt oder gebremst werden – die räumliche Verschiebungssymmetrie (und damit die Energie und der Impuls) bleibt erhalten.

Wenn sich ein Massepunkt aber auf einer Spiralbahn bewegt, auf der die Kraft, die Beschleunigung und alle höheren Ableitungen für ihn an jedem Punkt in Raum und Zeit unterschiedlich sind, bleiben weder Energie noch Impuls, noch Drehimpuls erhalten. Die Hauptsache ist nicht die Spiralbahn, sondern die räumliche und zeitliche Veränderung der sie erzeugenden Kraft – nur dass wir dies nicht sehen, sondern bloß darauf schließen können.

Die Hauptsache sind die räumliche und zeitliche Veränderung sowie die Verteilung des Kraftfeldes, das die Bewegung des Massepunktes beeinflusst. Auch die Natur des die Bewegung erzeugenden Kraftfeldes ist nicht wichtig. Es kann gravitativ, elektromagnetisch, ja sogar mechanisch oder deren Summe sein; die Hauptsache ist, dass der Massepunkt, der das Kraftfeld »fühlt«, immer die Brechung der ganzen zeitlichen Verschiebungssymmetrie merkt. Der Massepunkt soll bei seiner Bewegung »fühlen«, dass nichts konstant ist, sondern sich ständig alles verändert. Eine auf einer Spiralbahn rollende Kugel, deren Geschwindigkeit jedoch konstant ist, »fühlt« dies natürlich nicht – und hierbei wird auch nichts gebrochen.

Was ist wie viel?

Hier muss eine Frage erwähnt werden, die die von der Praxis abgekommenen Physiker mit einem Schulterzucken quittieren, was ein Ingenieur aber nicht tun kann: Es muss gemessen werden, wie große Kräfte, Beschleunigungen und Rucke erzeugt werden müssen, damit der Symmetrieverlust schon gut messbar – vielleicht sogar praktisch nutzbar – wird.

Unsere eigenen Messerfahrungen sind deprimierend. Leider wird eine enorme Kraftveränderung und -rotation benötigt, um einen gut messbaren Effekt zu erzeugen. In erster Linie sind Elektronen als Versuchskaninchen geeignet, bei denen schon geringe Kräfte beträchtliche Beschleunigungen und Rucke verursachen können. So haben wir überhaupt nur bei wenigen Kraftfeldern die Möglichkeit zum Erfolg: 1) Das Kraftfeld beeinflusst einen Elektronenstrahl, der sich durch ein Vakuum bewegt; 2) es beeinflusst Elektronen der Atome unseres Stoffes, die sich in einem Draht oder Magneten bewegen.

Das Gebiet der Mechanik erweist sich als deutlich schwieriger, denn größere Beschleunigungen sind nur mit Kräften möglich, die sich auch zeitlich verändern. Dort verzehren aber die immer präsenten Reibungskräfte den eventuellen Energieüberschuss, und so verdecken die Verluste meistens den Gewinn. Hier gibt es, wenn überhaupt, nur Chancen auf einen Durchbruch, wenn auch die Selbsterregung mithilft. Ich denke, deswegen können die Tornados der Erde und ferner Planeten ein praktisches Beispiel für die Verletzung der Energieerhaltung sein – mit der Umkehrung des Noether-Theorems. Besslers Rad aber könnte die raffinierteste und trickreichste Anwendung des umgekehrten Noether-Theorems sein. Die einfachste Lösung wäre ein Elektronenstrahl, der sich in einem inhomogenen, nach innen stärker werdenden, statischen Magnetfeld bewegt. Er müsste von der Kante einer Vakuumkammer losgeschickt und nach etwas elektrostatischer Beschleunigung gegen eine innere Elektrode gelenkt werden – damit wäre der Stromkreis geschlossen.

Am Anfang meiner Forschungen hoffte ich, dass wenigstens irgendein Amateurforscher schon auf diese Idee gekommen wäre und sie patentiert oder zumindest beschrieben hätte. Halbwegs hatte ich damit auch recht. Ich fand mehrere unterschiedliche Lösungen (auch diese Suche dauerte Jahre, da es das Stichwort »Energieerhaltungsverletzende Apparate« damals in den Patentbibliotheken nicht gab).

In der Mechanik überzeugt beispielsweise das Patent von James W. Black (US Patent 5.182.958), das auch durch Messungen bestätigt wurde und bei dem die Wirkung des rotierenden Kraftfeldes gut zu beobachten ist.

Das Gerät von Geoffrey Spence (US Patent 4.772.816, 20. September 1988) erfüllte fast wortwörtlich meine Erwartung bezüglich des Elektronenstrahls.

Die dritte Lösung sind die Patente von Kenneth Redford Shoulders, der mithilfe von Hochspannung an der Spitze einer Nadel unglaublich große Feldstärken bei Gasentladungen erzeugte, die sich zeitlich veränderten (US Patent 5.018.180: 1991). Hier wirkt eine so intensive Feldstärke auf die Elektronen – und sogar auf die Ionen! –, dass sie sogar die der Schwarzen Löcher am Ereignishorizont übertrifft!

Ich schrieb jedem der genannten Erfinder, aber nur Spence antwortete. Zwar erwähnte er in seinem Patent nicht die Entstehung von Überschussenergie, bestätigte bei unserem Telefonat aber meinen diesbezüglichen Verdacht. Zum Glück (oder Unglück) arbeitete ich danach jahrelang mit ihm zusammen. Er fand nämlich einen Sponsor, der sich bereit erklärte, in die industrielle Umsetzung der Erfindung zu investieren. Geoffrey Harrison Galley, der Erfinder der elastischen Kontaktlinse, investierte sein beachtliches Vermögen in die Umsetzung neuer Erfindungen. Da Fachleute in Ungarn viel billiger sind als beispielsweise in England, richteten wir das Labor, dessen Aufgabe es war, die Erfindung von Spence zu bauen, bei uns ein.

Zum ersten Mal wurde ich mit Problemen konfrontiert, als Spence mit offenen Karten spielen musste. Schnell wurde nämlich klar, dass von den angeblichen früheren Experimenten keinerlei Messprotokolle oder Baupläne erhalten geblieben waren. Spence hatte eine Hypothek auf sein Familienhaus aufgenommen, um seine Erfindung verwirklichen zu können. Das Geld schwand schneller, als er gedacht hatte, und so konnte er das zur Produktion geeignete Gerät nicht rechtzeitig fertigstellen. Deswegen verlor er sein Haus und wohnte mit seiner kranken Mutter zwischen Kartonstapeln, die bis zur Decke reichten, in einer kleinen staatlichen Sozialwohnung. Angeblich hatten Vollstreckungsbeamte die Messprotokolle und die Diffusionspumpen in den Müll geworfen, während er Hilfe suchte.

Jedenfalls gab ihm Geoffrey Galleys Unterstützung die Möglichkeit zum Neuanfang – und mir die Möglichkeit zur Teilnahme an einem wichtigen Projekt.

Sobald die Firma gegründet war und die Geheimhaltung von Spence beendet war, kamen die Probleme, eins nach dem anderen. Spence sagte, er könne den Elektronenstrahl mit nur einem schwachen äußeren Magnetfeld und einigen Hilfsmagneten lenken und er habe die Elektronenkanonen mit Bariumkathoden, welche für diese Aufgabe benötigt werden, selbst entwickelt. Außerdem behauptete er, dass er bei seinen Experimenten einen fokussierten

Elektronenstrahl mit großer Stromstärke erzeugen und damit 20 Kilowatt Überschussenergie produzieren könne (die späteren Laborexperimente bestätigten dies nicht).

Was mich wirklich störte, war, dass er uns weismachen wollte, die mit hoher Geschwindigkeit auf der inneren Sammelelektrode einschlagenden Elektronen gäben ihren Überschuss an kinetischer Energie mit geringen Verlusten ab. Er behauptete also, dass der sich auf einer Spiralbahn bewegende Elektronenstrahl sich im Vakuum wie ein Generator verhalte und der Einschlag auf der Sammelelektrode keinen bedeutenden Energieverlust darstelle, er sich dort in potenzielle Energie verwandle und einen Akku auflade. Weiterhin wollte er uns weismachen, er habe den Elektronenstrahl großer Stromstärke durch Sekundäremission erzeugt – auch das konnte er in der Praxis nicht beweisen.

Es vergingen ca. 3 Jahre, in denen wir genau seinen Anweisungen folgten. In dieser Zeit wurde immer deutlicher, dass er Unsinn redete und uns nur etwas vormachte. Das wurde uns aber nur langsam klar, und auch gegenüber dem Sponsor, Geoffrey Galley, baute sich eine Spannung auf. Es folgten Monate schlafloser Nächte. Hinzu kam noch, dass Spence oft ohnmächtig wurde, weil er Diabetiker war. Im Labor aß und schlief er meistens nur. Zum Arbeiten kam er gar nicht ins Labor herein, er gab uns nur Skizzen und mündliche Anweisungen und redete dann am Thema vorbei.

In der Zwischenzeit lernten wir alles über Vakuumtechnologie: wie Dichtungen gemacht und Turbopumpen bedient werden, Durchleitungselektroden, Elektronenkanonen und -optiken mit elektrostatischer Linse gebaut werden und wie magnetische Feldstärkeverteilung in beliebiger Form erzeugt, verändert und gemessen wird. Als wir dies alles beherrschten, kamen wir darauf, wo Spence sich geirrt hatte: Er dachte, die Sekundäremission würde Energie erzeugen, dabei verbraucht sie welche. Die schräg in die innere Elektrode einschlagenden Elektronen lösten nämlich zwei bis drei Elektronen aus der Oberfläche heraus, und diese begannen sich elektrisch aufzuladen. Spence dachte, dass die so entstandene Potenzialdifferenz zwischen der inneren Elektrode und der Elektronenkanone ein Gewinn sei, es war aber ein Verlust. Es ist nicht egal, ob wir geben oder bekommen! So kam ich in große Schwierigkeiten. Sollten wir die nutzlose Arbeit beenden oder einen Ausweg suchen?

Gleichzeitig war ich aber auch davon überzeugt, dass die Tornados, die jahrhundertealten Wirbel der großen Gasplaneten, die Forellen Schaubergers und die Apparate von Coler oder Hubbard wirklich Überschussenergie produzierten. Deshalb begannen wir mit meinen Kollegen hinter dem Rücken von Spence ein eigenes Forschungsprojekt.

Es gab zwei große Unterschiede zwischen unserer Vorstellung und dem (nicht funktionierenden) Gerät von Spence. Erstens brachten wir innerhalb der inneren Sammelelektrode ein bewegbares Glied aus Permanentmagneten an, zweitens war die Sammelelektrode bei uns negativ geladen. Auf Abb. 104 ist der Sinn des Ganzen zu sehen. Die Hauptsache ist, dass der Elektronenstrahl, der bei seiner Bewegung auf der Spiralbahn Überschussenergie erhält, nicht mit voller Geschwindigkeit auf die Sammelelektrode aus Metall trifft, denn dann erhalten wir nur wertlose Wärme und Röntgenstrahlung.

Es muss erreicht werden, dass er sanft landet, damit seine kinetische Energie in potenzielle verwandelt wird. Das bedeutet, dass er mit der kleinstmöglichen Geschwindigkeit, mit nur ein paar Elektronenvolt Verlust, einschlägt, was als »Eintrittsarbeit« bezeichnet wird. Hierzu musste die Sammelelektrode nur mit

Abb. 104
Kontrolle der Überschussenergie bei spiralförmiger Elektronenbahn

Abb. 105
Errechnung des Nullniveaus

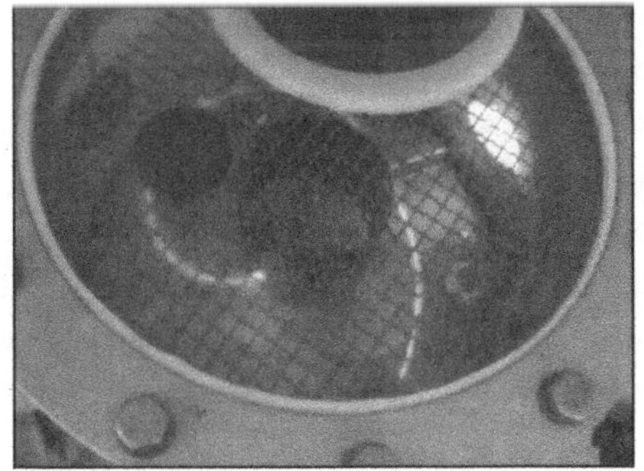

Abb. 106
Der Elektronenstrahl

Abb. 107
Lenkung des Elektronenstrahls durch die Lorentzkraft

ein paar Batterien statisch aufgeladen werden. Aus der Potenzialverteilung konnten wir berechnen, wo sich die Ebene befindet, die (gemäß Abb. 105) das Nullniveau darstellt. Das bedeutet, wenn der Elektronenstrahl sich der inneren Elektrode, die ihn abstößt, nähert, befindet er sich in der »verbotenen Zone«! Die fotografierten und gefilmten Ergebnisse konnten wir mit der nach der Schulphysik berechneten elektrischen Potenzialverteilung vergleichen.

Wenn ein sich bewegendes Elektron über das Ausgangspotenzial hochkommt – also in das Innere des kompliziert geformten, elektrischen, abstoßenden Feldes eindringt, kann das nur mithilfe von Überschussenergie geschehen. Das bedeutet, wenn eine von einer Grabenflanke hinunterrollende Kugel auf der anderen Seite höher rollt als von der Stelle, von der sie herabrollte, kann das nur mithilfe von Überschussenergie geschehen. Anders ausgedrückt: Wenn ein fallen gelassener Ball höher springt als bis zu seinem Ausgangspunkt, hat er von irgendwoher zusätzliche Energie bekommen.

Bei uns machte sich dies bemerkbar, indem der Elektronenstrahl nicht immer bei der Nullpotenziallinie »abprallte«, sondern in den abstoßenden Raum eindrang. Darauf hatten wir seit Jahren gewartet.

Leider erreichten wir das erste Ergebnis nur langsam, erst nach dem Fehlschlagen von Hunderten von Experimenten: Hier erklomm der Elektronenstrahl schon einen »Überschusspotenzialberg« (oder eher Hügel) von wenigstens 20 Volt. Ständig mussten wir uns neue, kleinere und größere Ingenieurtricks einfallen lassen, bis es endlich gelang, ein elektro- und magnetostatisches Feld zu entwickeln, das später immerhin schon ein Überschusspotenzial von 180 Volt abgab. Unser Ziel wären natürlich 230 Volt gewesen, da diese Spannung in Haushalten benutzt wird.

Doch dann kam das Unglück. Zum einen ordnete der damalige ungarische Finanzminister (István Csillag) an, dass das Finanzamt die 25 Prozent Mehrwertsteuer nicht mehr zurückzahlen sollte, was bei uns wegen unseres kleinen Budgets ein großer Aderlass war. Der ungarische Staat nahm dem Bürger das Geld einfach weg. Ein weiteres Problem war die Finanzkrise von 2006, die die finanzielle Lage unseres Sponsors stark erschütterte – nicht unser Projekt, sondern eine Flugzeugfabrik, in der sein liquides Geld gesteckt hatte. Natürlich trug auch das verantwortungslose Verhalten von Spence dazu bei: Bis zum letzten Moment machte er Versprechungen. Wegen seiner funktionsunfähigen Konzeption, an der er bis zum Ende festhielt, waren bedeutende Ressourcen gebunden. Er selbst bewegte natürlich nicht einmal den kleinen Finger, um sein Konzept zu verwirklichen, sondern kommandierte uns nur herum. Als ich ihn immer ärgerlicher zur Verantwortung ziehen wollte, reiste er einfach nach Hause und nahm das Telefon wochenlang nicht ab (kurz nach der Auflösung des Labors erkrankte er und starb an Krebs).

Seine Einstellung störte uns sehr, aber er konnte sich nicht ändern oder aus seinen Fehlern lernen.

Unsere Messerfahrungen waren interessant. Das Wichtigste davon möchte ich hier beschreiben. Die größte Lehre, die wir daraus ziehen konnten, war, dass das Phänomen sich bezüglich der Ausgangsparameter äußerst empfindlich verhält. Das erste ist der Winkel, mit dem der »Einschuss« in das Magnetfeld stattfindet. Die Elektronenkanone verbanden wir mit dem zylinderförmigen Vakuumgefäß durch eine schwenkbare Vakuumschleuse, wodurch wir während der Messungen den Winkel um ± 10 Grad ändern konnten – was sich als äußerst wichtig erwies. Den Elektronenstrahl machten wir mit Niederdruck-Argon sichtbar. Wenn der Druck weit unter einem tausendstel Torr lag, beeinflusste die Ladung der so entstehenden positiven Ionen die Verteilung des inneren elektrischen Feldes nicht mehr. Bei diesem niedrigen Druck bekamen wir gerade noch dämmerndes Licht, weshalb wir erst nach völliger Verdunkelung und nachdem sich unsere Augen an die Dunkelheit gewöhnt hatten, den Elektronenstrahl sehen konnten. Mal fotografierten wir, mal filmten wir. Der Elektronenstrahl selbst blieb – dank der guten Elektronenoptik – mit einer Stromstärke von einigen Milliampere auf einer Strecke von etwa einem halben Meter 2–3 Millimeter dick. Erst nach dieser Distanz fing der Strahl an zu zerfallen, doch uns genügte das schon. Im Allgemeinen prallte der Elektronenstrahl im wahrsten Sinne des Wortes vom Nullpotenzialdamm ab, manchmal sogar mehrmals. Das Nullpotenzial war hart wie eine Betonwand. Das ist Schulphysik, wenn die Erhaltung der Energie zutrifft, und dies muss immer geschehen, sofern es keine Ausnahme gibt!

Das Magnetfeld setzten wir aus einem schwächeren, äußeren Feld (elektromagnetischen Ursprungs) und einem stärkeren, inneren Feld (welches aus Permanentmagneten resultierte) zusammen. Dieser innere Magnet konnte dank eines raffinierten Mechanismus im Vakuumbehälter bewegt werden, und so konnte der Elektronenstrahl durch die Lorentzkraft sehr präzise gelenkt werden (siehe Abb. 107, S. 327).

Auch das elektrische Potenzial der inneren Sammelelektrode musste verstellt und die Elektronen sogar zwischen zwei spiralförmigen Elektroden hindurchgeleitet werden, damit der Effekt erschien. Das von der Natur vorgegebene »Parameterfenster«, wo sich die Verletzung des Energieerhaltungssatzes zeigte, war äußerst eng. Schon die Veränderung des Einschusswinkels um 1–2 Grad reichte aus, um den Effekt verschwinden zu lassen. Der Elektronenstrahl prallte dann wieder von der Potenzialmauer ab. Schon bei diesen verhältnismäßig schwachen elektrischen und magnetischen Feldern konnten wir sehen, dass im Fall von »guten« Parametern die Elektronen weit in den abstoßenden Raum eindrangen.

Die Elektronen wurden von 400 bis 500 Volt beschleunigt, und auch in unserem besten Fall bekamen wir nur einen Potenzialgewinn von 180 Volt. Inzwischen bewegten sich die Elektronen natürlich mit ca. 10 Prozent der Lichtgeschwindigkeit, es wirkten aber riesige rotierende, beschleunigende Kräfte auf sie. So eine Beschleunigung hätte kein normaler fester Gegenstand ausgehalten. Die Elektronen aber drangen weit in das Feld der Sammelelektrode mit starkem abstoßendem Potenzial ein, dann prallten sie davon ab und wurden zerstreut. Jahrelange intensive Arbeit war nötig, bis wir uns jene Verteilung des statischen elektrischen und magnetischen Feldes erarbeitet hatten, bei dem ständig zunehmende, entlang der Bahn rotierende Kraft auf die sich bewegenden Elektronen wirkte.

So weit kamen wir leider nicht mehr, dass der Elektronenstrahl »sanft« in die Sammelelektrode einschlug, über einen Widerstand nützliche Arbeit leistete, dann wieder austrat und diesen Zyklus durch die Kathode der Elektronenkanone wieder als Elektronenstrahl wiederholte.

Eigentlich war dies erst für einen späteren Schritt geplant. Bis dahin kämpften wir, um das magische Überschusspotenzial von 230 Volt zu erreichen, was schon die Schwelle zur industriellen Nutzung darstellt. Dies schien irgendwo in einem Vakuum, einer Dose aus Glas (oder Metall) von der Größe eines Hutkoffers (für den Preis eines alten Schwarz-Weiß-Fernsehers) lösbar zu sein.

Zu diesem Zeitpunkt, 2006, brach die Wirtschaftskrise aus, die auch das für uns vorgesehene Geld des Anlegers, Geoffrey Galley, mit sich nahm.

Im Nachhinein denke ich, dass der Hauptverantwortliche für das Ende des Projekts der Ideengeber selbst, Geoffrey Spence, war. Die ganze Zeit hatte er an seiner falschen Idee festgehalten, vielleicht auf ein Wunder hoffend. Wenn er seinen Irrtum rechtzeitig eingestanden und nicht jahrelang sinnlos Kapazitäten verbraucht hätte und auch den experimentellen Ergebnissen Beachtung geschenkt hätte, hätten wir eine Chance zur Weiterentwicklung und zur Beendigung des Projekts gehabt.

An dem Auftreten des Effekts besteht kein Zweifel; er zeigte sich auf sehr spektakuläre Weise. Im Allgemeinen prallte der Elektronenstrahl von der Potenzialwand ab. Wenn der Einschusswinkel aber gut getroffenen und das Magnetfeld entsprechend aufgebaut war, drang der Elektronenstrahl tief in den abstoßenden Raum ein. Dies ist ein Effekt wie bei einem Tischtennisball, der höher springt als von der Stelle, von der er losgelassen wurde, oder wie bei einem Skifahrer, der auf einen höheren Berg fährt als den, von dem er heruntergefahren ist. In unserem Fall ist der beschleunigende »Potenzialberg« 550 Volt hoch. Auf der anderen Seite würde er dann einen 550 + 180 Volt hohen Berg erklimmen. Oder um beim Tischtennisball zu bleiben: Es ist so, als würde ein Ball, der aus einer Höhe von 550 Zentimeter fallen gelassen wurde, 180 Zentimeter höher springen, als seine Ausgangsposition war.

Dieses statische elektrische Feld von 180 Volt konnten wir gut messen und es in den Monaten nach dem Entdecken des Effekts mit vielen Methoden und mehreren Messgeräten überprüfen. Wir platzierten sogar eine Elektrode in dem Behälter, die auf ein bekanntes negatives Potenzial (-60 Volt) geladen war. Der Elektromagnet wurde hinter ihr entlanggeführt, sodass uns also die Berechnung eines eventuell falschen elektrostatischen Feldes nicht irreführen konnte. Das Eindringen in das abstoßende Feld geschah durch die Verletzung des Energieerhaltungssatzes!

Der auf der Brechung der Symmetrie und der Spiraldynamik beruhende Effekt – den wir bei Tornados am Himmel und auf der Erde sehen – funktionierte bei uns mit einem Elektronenstrahl. Deshalb nannten wir ihn Elektronentornado. Es war sehr schwer, ihn zu erzeugen. Deshalb ist es auch so selten, dass ein »Glückspilz«-Erfinder diesen Effekt entdeckt. Aber ich denke, es ist die einfachste Konfiguration, wenn wir die Überschussenergie in der Form von Gleichstrom erhalten wollen.

Natürlich kann die vollständige Vernichtung von Symmetrien der räumlichen und zeitlichen Konstanz in komplizierterer technischer Form ohne Elektronenstrahl auch einfacher gelöst werden, nämlich mit Magneten: Dies ist aber nur noch durch transiente Magnetfelder möglich. Bei diesen ist die vollkommene Symmetriebrechung technisch aber schwerer nachvollziehbar und nicht so anschaulich wie bei einem Elektronentornado. In Kapitel 6 habe ich auch dafür einige Beispiele angeführt, wie Hans Coler oder Alfred Hubbard.

Hier wird der Drehimpuls der Elektronen (auch dieser ist ein Vektor wie die Geschwindigkeit oder die Beschleunigung) eine Zeit lang so bewegt, dass alle räumlichen und zeitlichen Symmetrien verschwinden. Auch dies ist nicht leicht, weil Elektronen in einem Magneten (oder Kupferdraht) durch sehr schnelle Transiente in ungewohnte Richtungen synchron gestoßen werden müssen, als würde man winzige Kreisel bewegen.

Diese »Spur« ist aber noch schwächer. Dennoch werden die meisten Lösungen – oder die Nachricht davon – auf diesem Gebiet gefunden. Das Internet ist voll von Permanentmagnetmotoren, bei denen der Spruch »nicht einmal die Hälfte stimmt« zutrifft. Es besteht allerdings die Chance, dass in naher Zukunft auf diesem Gebiet ein Durchbruch stattfindet.

Zwischen den Zeilen lesen

Grundsätzlich kann man die vergessenen oder besser die verbotenen Erfindungen der Energetik in drei Kategorien einteilen. Zu der ersten, kleineren Gruppe gehören die Erfindungen, die auf der Verletzung der Erhaltungsgesetze, von denen ich auch bisher schon geschrieben habe, beruhen. Hierzu zählen der Apparat von Bessler, aber auch die Maschinen von Coler und Schauberger oder Hubbards magnetische Maschine. Die zweite, deutlich größere Gruppe, beruht auf den bisher unbekannten Versionen der »Kalten Fusion«, wie beispielsweise die Maschinen von Tesla, Moray, Horváth oder Meyer.

Mit der Kalten Fusion habe ich bedeutend mehr praktische Erfahrung. Mitte der 1990er-Jahre begann ich, mich mit diesem Thema zu beschäftigen. Wir konnten die großflächige Zelle nach Patterson erfolgreich betreiben – allerdings nur einige Stunden lang. Dann war die Produktion von Überschusswärme wegen der Beschädigung und Verschmutzung der Oberfläche der Kathode beendet. Es musste also eine völlig andere technische Lösung her. Mit kleineren Pausen dauerte das 20 Jahre. Über diesen Bereich werde ich hier jetzt aber nicht schreiben; ich befürchte, dass ich ohnehin schon von zu vielen Dingen berichten möchte. Auf den folgenden Internetseiten findet der interessierte Leser noch sehr viel mehr glaubwürdige Messergebnisse und Informationen:

http://jlnlabs.online.fr/cfr/index.htm
https://web.archive.org/web/20170703191435/http://www.rexresearch.com/piantelli/piantelli.htm
https://web.archive.org/web/20170615120626/http://www.rexresearch.com/rossi/rossi.htmhttp://www.rexresearch.com/bussard/bussard.htm
https://web.archive.org/web/20170615133524/http://www.rexresearch.com/arata/arata.htm
http://www.encyclopedia.com/topic/cold_fusion.aspx
http://coldfusioninformation.com/
http://coldfusionnow.org/
http://www.egely.hu/letoltes/Nano-dust-Fusion.pdf
http://www.lenr-canr.org/
https://www.iscmns.org

Seit ca. 20 Jahren arbeiten 100-200 Forscher an diesem Thema, größtenteils Italiener, Russen, Japaner und Amerikaner. Auch für die in der Natur vorkommende Transmaterialisierung könnte ich die meisten Beispiele unter dem Stichwort »biologische Transmutationen« (staubiges Plasma im interstellaren Raum oder das Magma der Erde) aufzählen. Aber selbst die oberflächliche Beschreibung dieses Themas würde den Rahmen eines Nachworts sprengen.

Die dritte bedeutende Möglichkeit ist die Umgehung des zweiten Hauptsatzes der Thermodynamik, also die technische Verwirklichung einer Art maxwellschen Dämons. Auch hier haben wir ein praktisches Ergebnis, eine kleine Maschine, die äußerst wenig elektrische Energie produziert, jedoch keine andere Energiezufuhr benötigt als die Wärme (Zimmertemperatur) aus ihrer Umgebung.

Trotzdem bleibe ich jetzt aber bei den Grundlagen der Erhaltungsgesetze, da der Leser kaum woanders Literatur zu diesem Thema finden wird. Und so möchte ich lieber auch meine eigene Wegsuche, meine Eindrücke und Erfahrungen beschreiben …

Die Umkehrung des Noether-Theorems hat mir zwar viel geholfen, erschien mir als theoretische Spur aber immer noch nicht sicher genug. Deswegen folgte ich noch zwei anderen parallelen Spuren. Dies waren Artikel, die sich mit der allgemeinen Relativitätstheorie und der Krümmung der Raumzeit beschäftigen. Danach kämpfte ich mich durch Artikel und Bücher über geometrische Symmetrien und deren Vernichtung. Auch dies brachte viel Enttäuschung und Frustration mit sich. Es war offensichtlich, dass ein Großteil der Autoren keinen Überblick über das Thema hatte, von der Praxis völlig abgekommen war und nur von anderen übernommene Klischees zusammenschnitt. Die Lagrange- oder Hamilton-Gleichungen beispielsweise wurden zwar routinemäßig aufgeführt, es wurde aber nicht untersucht, wann sie gültig sind.

Meiner Ansicht nach waren die Grundlagen der Physik voller verwirrender, innerer Widersprüche. Die einzelnen Gebiete »kamen nicht zusammen«. Sie ähnelten eher den Flecken eines Leoparden. Oft waren sie auch von der Praxis, also dem praktisch nutzbaren Ingenieursdenken, losgelöst.

Das Weltbild der allgemeinen Relativitätstheorie beruht auf der Feldgleichung Einsteins – diese stellte er aber nicht aufgrund von Experimenten oder Ableitungen auf, sondern auf intuitive Weise, und zwar so, dass die geometrischen Erhaltungsgrößen zutreffen. Diese Theorie suggeriert ein Bild, nach dem die Raumzeit flexibel und biegsam, also gummimembranartig ist: Wo Materie (Gravitation) oder ein anderes Kraftfeld vorhanden ist, werden die miteinander verflochtenen Dimensionen von Raum und Zeit verzerrt.

Was mich an diesem Modell stört, ist zunächst einmal, dass das aus drei räumlichen und einer zeitlichen Komponente bestehende Dimensionsgefüge nur in einem Hyperraum gekrümmt sein kann, wo es noch eine echte, vierte Raumdimension gibt. Wegen der Kugelblitze ist dies auch mein Weltbild (ganz nebenbei berichten auch Menschen mit Nahtoderfahrungen über einen solchen Raum – für sie sieht das Jenseits so aus). Physiker bestreiten dies. Für sie gibt es zwar mehrere Raumdimensionen, sie sind aber noch kleiner als ein Elektron und gekrümmt. Dies wiederum halte ich für eine falsche, unbewiesene Vorstellung.

Ein weiteres Problem sehe ich darin, dass Physiker die Raumzeit nur in astronomischen Maßstäben für krümmbar halten und nicht in dem bei Ingenieuren so beliebten Zentimeter- oder gar Metermaßstab. Deshalb gibt es auch keinen Dialog zwischen Ingenieuren und jenen Physikern, die sich mit der allgemeinen Relativitätstheorie beschäftigen. Für Letztere ist das elektrisch geladene »haarige Schwarze Loch« das Objekt, das der Praxis am nächsten ist (das ist kein Witz, sehen Sie im Buch von Kip Thorne nach!).

Ein Ingenieur beschäftigt sich nur außerhalb seiner Arbeitszeit mit solchen Dingen, und auch dann nicht auf theoretischer Ebene!

Die allgemeine Relativitätstheorie kann nichts mit der Symmetrievernichtung anfangen, weil sie sich mit statischen Feldern beschäftigt: meistens mit Körpern, deren Masse unverändert bleibt. Sie können zwar rotieren, das macht sich aber praktisch kaum bemerkbar. Die Forscher können auch leicht gekrümmte Raumzeitmetriken erschaffen, bei denen das hamiltonsche Prinzip (Prinzip der kleinsten Wirkung) nicht zutrifft, sie verbinden dies aber nie mit der Praxis, obwohl an der Spitze einer elektrisch geladenen Nadel, wo sich die Feldstärke zeitlich verändert – und es auch eine solche Metrik gibt – auch in der Praxis bizarre Dinge passieren (siehe die schon erwähnten Erfindungen von Shoulders!).

Ein theoretischer Physiker macht sich die Hände nicht mit irgendwelchen komischen Erfindungen »schmutzig«. Die Physik kann sich auch deshalb nicht mehr weiterentwickeln, weil die »kulturelle Abstoßung« zwischen Ingenieuren und Physikern größer ist als der Wunsch nach der Erkundung der Natur.

Die allgemeine Relativitätstheorie beschäftigt sich aber auch nicht mit Wirbelfeldern, die durch den Schleudereffekt bei Raumsonden entstehen (in diesem Fall wirken auf die Raumsonden nicht die gewöhnlichen zentralen, konservativen Kraftfelder, sondern kompliziertere Wirbelfelder). Und siehe da, dort passieren schon eigenartige Dinge. Die beobachtete Bewegung weicht von den vorhergesagten Werten der gewöhnlichen Physik ab! Doch aus dem

Elfenbeinturm scheint auch dies ein schmutziger Fall der Praxis zu sein; sollen die Ingenieure doch schwitzen, wenn sie schon das Problem (die Raumsonden) ins Leben gerufen haben.

Kein Wunder, dass die Symmetriekonzeption von Emmy Noether nicht Teil der allgemeinen Relativitätstheorie ist, leider aber auch nicht des Ingenieursdenkens! Natürlich stimmt es auch, dass im Falle totaler Symmetrielosigkeit nichts im Voraus berechnet werden könnte und die Theorie somit völlig hilflos dastehen würde!

Auch von der Festigkeitslehre (Kristallphysik) habe ich etwas über kontinuierliche Symmetrien gelernt, genauer gesagt aus den Arbeiten von Pierre Curie und Alexei Schubnikow. Diese Teilwissenschaften beschäftigen sich aber nicht mit der Raumzeit oder dem Äther – für sie gibt es so etwas gar nicht! Dort werden nur endliche Symmetrien – Spiegel- und Rotationssymmetrien – und die Eigenschaften der Kristalle untersucht, kontinuierliche Symmetrien aber nicht.

Die Bücherei verließ ich immer mit dem unguten Gefühl, dass 99 Prozent der praktischen Fälle nicht untersucht werden, ja es wird noch nicht einmal erwähnt, dass sie untersucht werden müssten. Deswegen muss man zwischen den Zeilen lesen! Folglich denke ich auch, dass es zu früh und falsch war, der Relativitätstheorie das Attribut »allgemein« voranzustellen. Sie ist nämlich sehr weit davon entfernt, jeden beliebigen, allgemeinen Fall zu beschreiben, also wirklich allgemein zu sein. Und nach dem Stand der Dinge wird sie auch in Zukunft nicht allgemein genug werden. Deshalb gab es in den letzten 50 Jahren auch keinen erwähnenswerten Fortschritt, nur die Tabus und Verbote wurden immer stärker.

Käfer und Forellen

Die nächste Spur war die Suche nach Eigenarten der lebendigen Natur. Der Flug der Insekten interessiert mich schon seit meiner Kindheit, und meine Hydraulikausbildung (Strömungslehre) an der Universität trug noch dazu bei. Es stellte sich heraus, dass sowohl dem Vater der deutschen Strömungstechnik (Ludwig Prandtl) als auch dem Berater der amerikanischen und japanischen Flugzeugindustrie, der ungarischer Abstammung war (Theodore von Kármán), beispielsweise der Flug der Hummeln aufgefallen war. Sie amüsierten sich viel darüber, dass nach ihren Berechnungen, die auf den an sich korrekten Gesetzen der Schulphysik beruhten, Hummeln, Fliegen, Wespen oder auch Hirschkäfer gar nicht fliegen können (Wespen fliegen sogar mit schweren Puppen als Beute ausgezeichnet!). Mit Schmetterlingen oder Libellen gibt es keine Probleme, sie fliegen gemäß der Schulphysik. Doch wenn wir anfangen, die Welt der immer kleineren Flügel zu untersuchen, verdichten sich die Gewitterwolken. Und um eine sehr lange Geschichte kurz zu machen: Wir haben auch experimentell nachgewiesen, dass es wirklich ein Problem gibt!

Wir fertigten einen großen, vakuumdicht verschlossenen Kasten aus Plexiglas an und ließen Fliegen in ihm fliegen – einige flogen sogar bei einem Druck von nur 50 Torr. In diesem Fall beträgt die Auftriebskraft nicht einmal 10 Prozent der berechenbaren Auftriebskraft bei atmosphärischem Druck!

Natürlich taten wir zwei wichtige Dinge, um zu vermeiden, dass die Insekten sterben: Einen Teil der abgesaugten Luft ersetzten wir durch Sauerstoff, und wir benutzten eine zweistufige Wasserstrahlpumpe, damit der Sauerstoff auch feucht war. So trockneten die Gelenke der Insekten nicht aus (siehe Abbildung 108).

Bei einem Sauerstoffdruck von 150 Torr flog ein Großteil der gerade eingefangenen Fliegen nur hin und wieder – natürlich war die Gefangenschaft ungewohnt. Um zu untersuchen, wie Insekten fliegen, würden wir allerdings

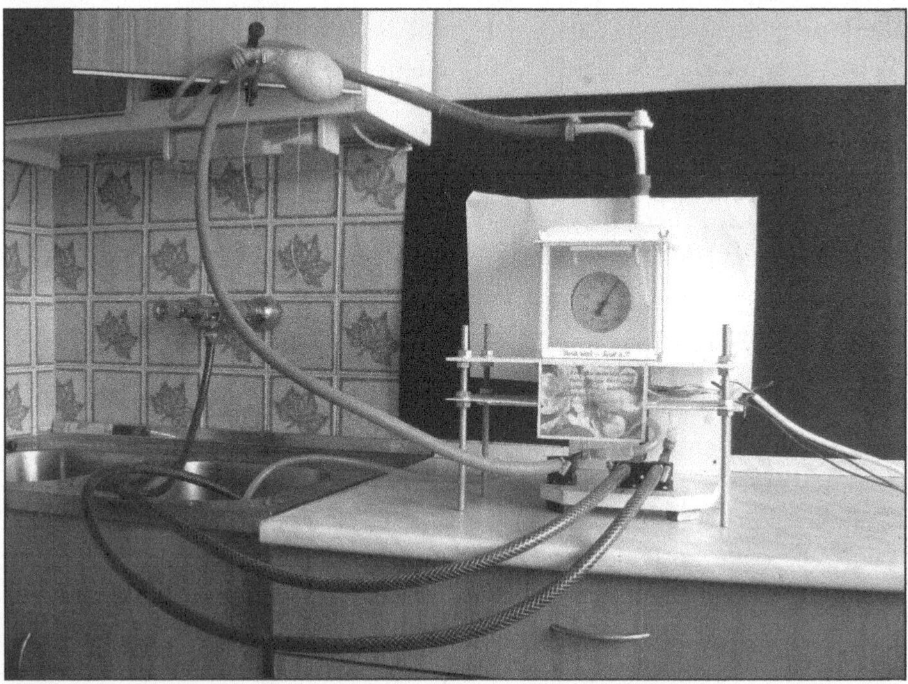

Abb. 108
Eigener Versuchsaufbau: Insekten in der Vakuumkammer

ein eigenes Kapitel benötigen. Hierbei zeigt sich nämlich ein Mangel an Auftriebskraft und Impulserhaltung!

Wir dachten auch daran, die spiralartigen strömungstechnischen Experimente von Viktor Schauberger zu reproduzieren, die er sich bei den Forellen abgeschaut hatte. Nur dass Schauberger selbst damals die komplizierten kegelartigen Spiralkanäle aus Kupferplatten in Form hämmerte, in denen das Wasser »von allein« losfloss, also ein so großer Druckunterschied entstand, dass er die Reibung und die Gravitation überwand.* Einfacher gesagt: Das Wasser floss von allein. Quatsch? Sehen sie sich die Forellen in ihrem ursprünglichen Lebensraum, den schnellen Bergbächen, einmal an! Sehen Sie nicht nur, geehrter Leser, beobachten Sie sie auch! Es wird ein Erlebnis fürs Leben sein, es lohnt sich!

Von den kegelartigen Spiralleitungen aus Kupfer oder sogar Glas hätten mehrere hundert (oder tausend?) hergestellt und der bei ihnen anliegende Druckunterschied als Funktion des Masseflusses (Geschwindigkeit) gemessen werden müssen. Nur wäre es schwer gewesen, die Veränderung des Durchmessers entlang der Länge irgendwie zu messen, sie mit einer Funktion zu beschreiben und diese Daten dann zu vergleichen. Dies schien uns im Jahre 2000, als wir uns an die Aufgabe machten, unlösbar. Seitdem hat sich die Welt sehr verändert: Mittlerweile sind 3D-Drucker auf dem Markt und werden immer besser. Die Kanäle könnten heute gedruckt und die Teile billig, schnell und – besonders wichtig – präzise produziert werden. Sie wären reproduzierbar und algorithmisierbar. Der an dem Spiralrohr anliegende Druckunterschied könnte als Funktion der Eintrittsgeschwindigkeit der Flüssigkeit verzeichnet werden. Wenn 10–20 Personen zusammenarbeiten würden, könnten sie in 2–3 Jahren vielleicht die Idealform des »Minitornados« finden.

---

* Viktor Schauberger war mit seinen Bemühungen nicht ganz allein. Im März 1952 beauftragte die Wasserwirtschaftsabteilung des Bundesinnenministeriums Prof. Dr. Franz Pöpel von der TH Stuttgart mit einer ungewöhnlichen Analyse. Er sollte Fließvorgänge in einer Wasserleitung untersuchen, deren Form dem Gehörn einer Kudu-Antilope nachempfunden war. Der Vorschlag dazu kam von Viktor Schauberger. Der Reibungswiderstand im Innern des Drallrohres war nicht nur deutlich niedriger als der herkömmlicher Kupferrohre. Bei bestimmten Fließgeschwindigkeiten erreichte er sogar negative Werte – die Wendelform erzeugte einen Sog. Doch trotz dieses vielversprechenden Ansatzes war Pöpel kurz darauf gezwungen, das Projekt aufzugeben. Erst 1977 veröffentlichte er einen Artikel dazu in der Zeitschrift *Kosmische Evolution*. [Anmerkung der Redaktion; Quelle: Ralf Kreher, *http://www.berliner-zeitung.de/viktor-schaubergers-versuche-einer-naturgemaessen-technik-wasserfluss-durchs-antilopenrohr-16915446;* siehe hierzu auch Abbildung 111 auf der folgenden Seite.]

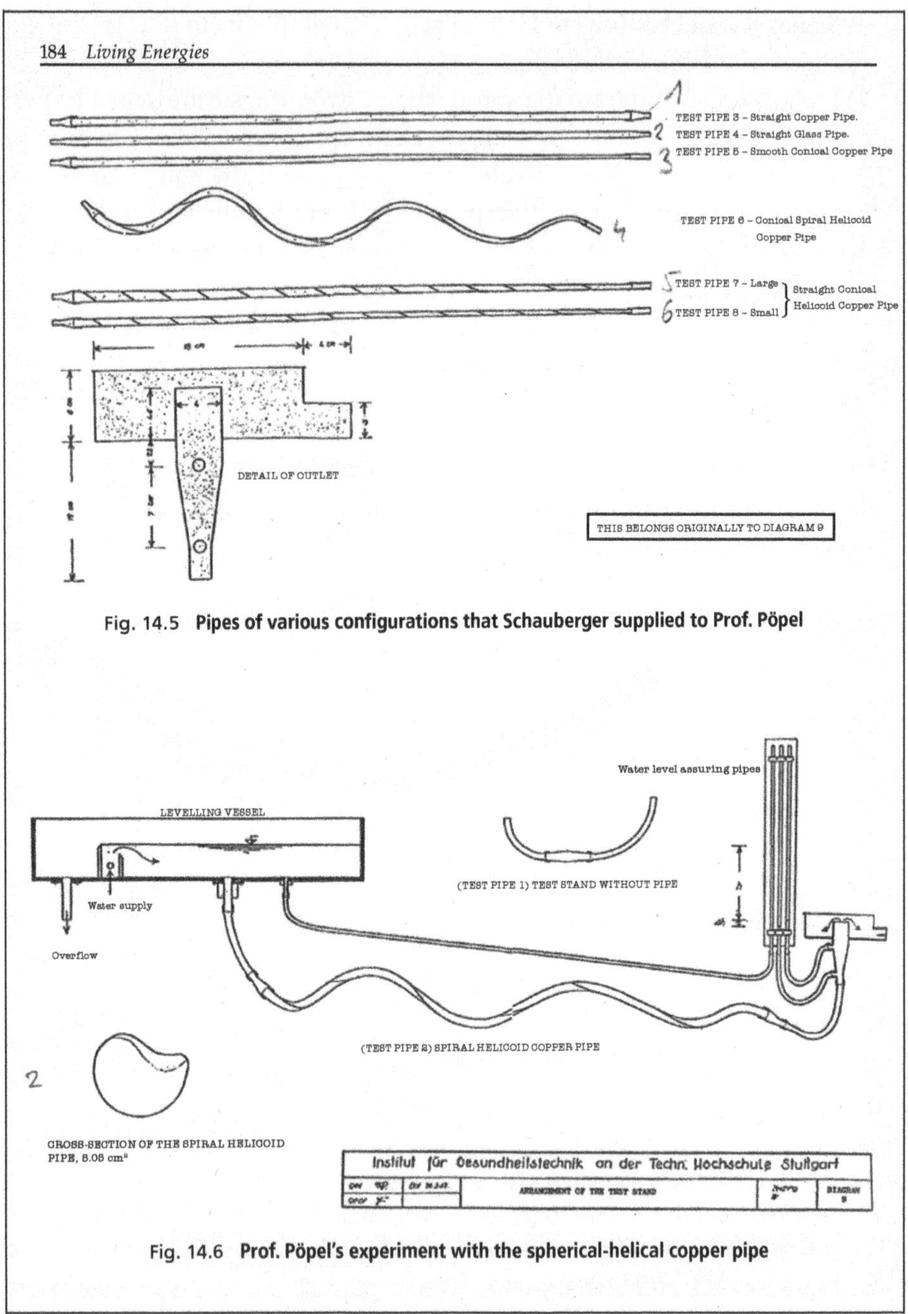

Fig. 14.5 **Pipes of various configurations that Schauberger supplied to Prof. Pöpel**

Fig. 14.6 **Prof. Pöpel's experiment with the spherical-helical copper pipe**

Abb 109

Oben: Verschiedenartige Röhrenformen, die Schauberger Prof. Pöpel empfahl.
Unten: Prof. Pöpels Experiment mit gewendelten Drallrohren aus Kupfer (1952).

Eigene mechanische Experimente

Natürlich schien das im Jahre 2000 noch Zukunftsmusik zu sein, PCs und Laptops sowie Drehpositionssignalgeber waren aber schon auf dem Markt erschienen. Eine 360-Grad-Drehung konnte also in 300, 600 oder sogar 1000 Teile aufgelöst gemessen werden, da man mithilfe der Chiptechnologie schon sehr feine optische Gitter ätzen konnte.

So kann die Position einer Masse mit zwei oder drei Drehpositionssignalgebern als Funktion der Zeit sehr genau verfolgt werden. Auf diese Weise können sogar ihre Geschwindigkeit (und somit auch die kinetische Energie) sowie die Feder- und Inertialkräfte berechnet werden, die auf die sich bewegende Masse einwirken.

Hierzu mussten wir natürlich ein äußerst schnelles 3-Kanal-Messdatenerfassungsmodul und die dazugehörige Maschinensoftware entwickeln.

Unser Ansatz war, dass wir die auf die Masse wirkenden Kräfte aus Feder- und Inertialkräften ausarbeiten. Wir hofften, während der Bewegung solche Abschnitte zu finden, bei denen die Gesamtenergie eventuell zunimmt. Denn wenn die Energieerhaltung in jeder tausendstel (oder Femto-)Sekunde gültig ist, muss die Gesamtenergiekurve immer monoton fallen. Horizontal kann sie nur verlaufen, wenn die Bewegung für einen Moment gerade an einem toten Punkt anhält und so kein Reibungsverlust entsteht.

Diese Messaufgabe hat meines Wissens vor uns noch niemand gelöst. Technisch wurde sie gerade zu dieser Zeit lösbar, da die nötigen Datensammlerchips und Winkelpositionssensoren gerade in diesen Monaten erschienen.

Wir sahen uns unglaublich vielen Herausforderungen gegenüber: So mussten wir eine geschickte Lagerung für die Massen finden, damit der Reibungsverlust minimal ist und nicht den eventuellen schwachen Effekt überdeckt. Auch das Problem der Kalibrierung musste gelöst werden, um den Trägheitsmoment eines komplizierten Körpers um bis zu drei Achsen messen und die Messungen authentifizieren zu können.

Ich brauche wohl kaum zu erwähnen, dass es einige Jahre dauerte, bis wir – uns Schritt für Schritt vortastend und nach vielen, vielen theoretischen und praktischen Hindernissen – endlich zuverlässige Maschinen planen, produzieren, zusammensetzen, messen und schließlich die Ergebnisse auswerten konnten.

Bis dahin war die Frage der Energieerhaltung eine Frage des Glaubens gewesen und nicht das Ergebnis von Messungen – was die Hauptsache der Wissenschaft als Methode ist.

Wir bauten mindestens fünfzig verschiedene Geräte, jedes in mindestens vier bis fünf Versionen. Jedes einzelne probierten wir unter unterschiedlichen Ausgangs- und Randbedingungen aus. Währenddessen erfassten wir mehrere hundert Millionen Messpunkte.

Die maschinelle Arbeit und die Durchführung der Experimente waren allein meinem Kollegen Csaba Cskör zugeteilt worden, der auch schon beim Elektronentornadoprojekt mit mir zusammengearbeitet hatte. Die Auswertung und die Besprechung der Erfahrungen führten wir dann zusammen durch.

Und das Ergebnis? Das Bild war gemischt. Unsere Messmaschinen mit einer durchschnittlichen Länge von 20-30 Zentimetern (wobei die nützliche Spiralbahn nur 10-15 Zentimeter betrug) kamen nicht einmal in die Nähe der selbstlaufenden Maschinen wie dem Besslerrad.

Es gab einige wenige dynamische Abschnitte, wo es schien, als würde die Gesamtenergiekurve für eine kurze Zeit aus der Deckung des Reibungsverlustes hervorkommen, und wo die Summe der kinetischen Gravitations- und Federenergie zu wachsen schien. Nach einigen Jahren sahen wir auch schon genau, wie groß der aus der kinetischen Reibung resultierende Verlust ist – dies war die größte Quelle der Unsicherheit.

Aus dieser unsicheren Lage konnten wir jedoch wegen Geldmangels niemals herauskommen. In der Größenordnung von 20-30 Zentimetern konnten wir aus Stahl noch genügend starre Halterungen bauen, bei denen die Messungenauigkeiten, die sich aus Vibrationen ergaben, noch nicht allzu störend waren. Bei größeren Maßstäben erwies sich Aluminium jedoch als zu schwach und deformierbar, zudem vibrierte es sehr stark. Deswegen wurde der gemessene Wert der ersten und zweiten Ableitung (Geschwindigkeit und Beschleunigung) unsicher.

Wenn die Halterung jedoch aus Stahl gefertigt wurde, wurden die Masse und das Trägheitsmoment der sich bewegenden Arme und Stangen, die an dem Effekt nicht beteiligt waren, auf Kosten der sich nützlich bewegenden Massen so groß, dass die Größe der von ihnen erzeugten Reibung die Größe des zu erwartenden Effektes hoffnungslos überdeckte.

Räder mit einem Durchmesser von 2 bis 3 Metern hätte man (wenn überhaupt) nur aus sehr festem Titan bauen können – zu einem astronomischen Preis, von dem wir nicht einmal zu träumen wagten. Zwar baute Bessler seinen Apparat aus Holz, Eisenstücken, Seilen und Federn – er führte jedoch keine Messungen durch. Er hatte gleichzeitig Glück und war genial – allerdings auch sehr egozentrisch.

Uns waren weder Glück noch Genialität gegeben. So ging die qualvolle Arbeit vieler Jahre sozusagen verloren – über den Elektronentornado schreibe ich an dieser Stelle zum ersten und wahrscheinlich auch zum letzten Mal. Die schwierigsten Aufgaben waren die Energiemessungen, die wir an Kreiseln durchführten, die präzessierten und nutierten – aber abgesehen von einigen Ergebnissen, die uns als Fata Morgana erschienen, fanden wir auch hier nichts, was von irgendeinem geometrischen Erhaltungsgesetz abgewichen wäre.

Einen Verdacht hatten wir nur bei einigen Spiralbewegungen in der Ebene, aber wirklich starker Kritik von Skeptikern hätten sie gerade wegen der alles verdeckenden Reibung nicht standgehalten.

Wahrscheinlich ging es uns so wie Galilei, als er versuchte, die Lichtgeschwindigkeit zu messen: Innerhalb der gegebenen technischen Möglichkeiten war dies einfach noch nicht machbar. Mit den Elektronenstrahlen ja, da hier die auf die Massepunkte wirkenden Kräfte und die Beschleunigungen die, die wir bei unseren einige Zentimeter großen mechanischen Maschinen erreichen konnten, um Größenordnungen übertrafen.

Im Falle der Beschleunigungen am Ende von Insektenflügeln oder bei den außerhalb der Forellenkörper auftretenden Wirbeln scheint die Raumzeit aber auf erreichbare Weise verzerrbar zu sein, und so ist hier eine Abweichung von der Energie- und der Impulserhaltung zu beobachten.

Ich denke weiterhin, dass Leibniz auch am Ende seines Lebens normal blieb, bei der Bewertung des Besslerrades einen kühlen Kopf bewahrte und keine Fata Morgana sah. Es ist aber auch wahrscheinlich, dass Bessler in einem anderen Bereich arbeitete: Seine Massen schlugen während der Rotation wahrscheinlich auf eine Feder auf. Dann konnte man natürlich laute Fall- und Klopfgeräusche hören, und es trat auch ein bedeutender Reibungsverlust auf.

Solche Fälle untersuchten wir gar nicht, da Inkrementalgeber bei Vibration und Einschlägen verrücktspielen. In solchen Fällen können die Signale der Position (Ort) nicht deriviert werden, weswegen die Geschwindigkeit und deshalb auch die kinetische Energie nicht gemessen werden können.

Es ging uns wie dem Betrunkenen in dem Witz, der seinen Schlüssel verloren hat und unter einer Laterne im Kreis geht. Als er gefragt wird: »Haben Sie den Schlüssel hier fallen gelassen?«, antwortet er: »Nein, aber hier kann ich sehen.«

Auch wir konnten nur »normale«, rauschsignalfreie Fälle messen. Wenn Bessler fallende, einschlagende Massen in seinem Apparat benutzt hat, sind die heutigen Messmethoden unbrauchbar, und ich habe keine Ahnung, was man in diesem Fall in der Festkörpermechanik tun könnte.

Leben »außerhalb der Mauern«

An Wirtschaftsschulen wird gelehrt, dass man auch außerhalb des gewöhnlichen Schemas denken soll. Ein Motto der Harvard Business School lautet: »Great minds think alike. And that's the problem.« Kluge Köpfe denken gleich – und das ist das Problem. Deshalb machen Krebs- und Cholesterinforschung keine Fortschritte, deshalb ist Letztere mit den Statinen völlig vom Weg abgekommen, und deshalb ist die Erforschung des Gedächtnisses und des Bewusstseins erfolglos. Es ist ein falsches Schema entstanden, und um dieses drehen die Forscher sich im Kreis, wie wenn der Betrunkene seinen Schlüssel unter der Laterne sucht, den er woanders verloren hat.

Hierzu müsste die Taschenlampe erfunden werden – und es dürfte nicht verboten sein, woanders zu suchen. Doch dies ist heutzutage schon unmöglich. Nicht nur die Medizin, sondern auch die Physik ist von der experimentellen Erforschung der Natur abgekommen, auch wenn noch so viele große Misserfolge als große Siege dargestellt werden. Das beste Beispiel hierfür ist die jetzt schon 60 Jahre anhaltende erfolglose Erforschung der kontrollierten Heißen Fusion, obwohl es stattdessen etwas viel Besseres gäbe – eine Version der Kalten Fusion –, doch die kann man offenbar nicht genug schlechtmachen.

Die gefährlichsten Irrlehren aller Zeiten sind, dass wir uns »fortschrittlich« entwickeln und dass diese Entwicklung keine Grenzen hat – und der Staat unterstützt dies sogar. Die Realität ist das Gegenteil davon. Aber auch, dass unermüdliche, kreative Köpfe mit ihren Entdeckungen – wenn auch mit kleineren Schwierigkeiten – immer Erfolg haben, ist ein gefährlich unwahrer Mythos. Eine andere Version dieser Dummheit: Was man erfinden konnte, ist bereits erfunden. Ein sehr destruktiver Irrtum.

So gräbt sich die jeweilige Macht selbst eine Grube. Warum erfanden wohl die pyramidenbauenden altägyptischen oder die südamerikanischen Kulturen, die Granitblöcke mit erstaunlicher Genauigkeit und Feinheit verwendeten, weder das Papier noch das Drucken, ja nicht einmal die Daguerrotypie (Fotografie mit Silberplatten)? Die Ägypter und Römer konnten schöne Glasgefäße herstellen. Wo riesige Granitblöcke geschliffen wurden, konnte man kein Glas schleifen? Was wäre, wenn die Brille, das Fernrohr, das Mikroskop und die galvanische Zelle schon im Altertum erfunden worden wären? Der gesamte technische Hintergrund für die Geburt des Telegrafen oder der ersten Dampfmaschine war vorhanden. Die Herrscher benötigten diese Dinge einfach nicht – also blieben diese Erfindungen außerhalb der im Bewusstsein errichteten Mauern.

Wenn wir nicht einmal wissen, was wir nicht wissen – also was sich außerhalb der Mauern befindet –, ist die Chance des Fortschritts natürlich gering.

Meister Gutenberg leitete eine riesige Wende im Aufstieg Europas ein – der Preis war sein Untergang. Kein König, Herzog, Graf oder Feldherr kann es mit ihm aufnehmen – in den Geschichtsstunden lernen wir aber von ihnen und nicht von den Erfindern. Dies zeigt, wie krank das Bildungssystem ist. Nicht gewonnene Schlachten bringen die Geschichte weiter, sondern große Erfinder. Dies ist das größte verschwiegene Geheimnis.

Wie groß mag wohl das Verhältnis der noch nicht erfundenen oder in Vergessenheit geratenen Erfindungen zu den bekannten sein? An Tagen, an denen ich optimistisch bin, schätze ich es auf 1:1000, also könnte es tausendmal so viele bedeutende, grundlegende Erfindungen geben, wie es sie heute gibt. An pessimistischen Tagen ist das Verhältnis viel schlechter, so etwa 1:1 000 000. Alle Untersysteme, die dem Fortschritt dienen, sind nämlich tragisch schlecht: die Bildung, die Wissenschaft als Institution, die Patentierung und auch die Politik als Institution.

Was würde Angela Merkel als Physikerin wohl sagen, wenn sie mitbekommen würde, dass Leibniz ein Perpetuum mobile gesehen hat? Oder Joschka Fischer, der einstige Vorsitzender der Grünen (und Ehrenbürger des kleinen schwäbischen Ortes in Ungarn, in dem ich wohne)? Sie würden sich wahrscheinlich vor Lachen biegen, weil die Mauern schon in ihren Köpfen sind. Ob sie wohl die Arbeiten von Hans Coler oder Viktor Schauberger kennen? Sicher nicht.

Denkt ein Politiker beim Anblick eines Tornados etwa darüber nach, dass die Reibung das Phänomen bei solch einer Geschwindigkeit innerhalb von Sekunden lahmlegen müsste? Nein. Nicht einmal Experten fällt das auf, und das ist die Tragödie. Es ist halt nicht leicht, über den Tellerrand seines eigenen Horizonts hinauszuschauen.

Auch mir ging es einmal so. Als ich Berichte über Kugelblitze sammelte, achtete ich sehr darauf, nur sorgfältig geprüfte Fälle in meine Sammlung aufzunehmen. Ich warf gleich zwei Briefe in den Papierkorb, die mir bizarr erschienen, denn es war von dem die Rede, was man heute als »Zeitsturm« bezeichnet, wenn man es überhaupt erwähnt. Dabei geht es um Fälle, bei denen Menschen oder Gegenstände in ein schwarzes, wirbelartiges Etwas geraten, in dem sie verschwinden, um dann an einem anderen Ort und in einer anderen Zeit wieder aufzutauchen. Dies sind seltene Phänomene, die an das Unglaubliche grenzen. Ich habe nur ein Buch mit solchen Fallbeschreibungen gefunden (Jenny Randles: *Time Storms*, J. Piatkus Publisher Ltd.). Natürlich fehlten darin die zwei von mir gesammelten Fälle wegen meiner Selbstzensur. Im Nachhinein tut es mir leid, und es sind bestimmt schon tausende Beobachtungen zu diesem Thema, bei denen »Wurmlöcher« in der Raumzeit entstanden sind, verloren gegangen.

Nur dass diese Fälle so selten und ungewöhnlich sind, dass sie keine Chance haben, hinter die Mauern der Wissenschaft zu gelangen. Denn die Gemeinschaft der Physiker hat nicht einmal den ersten Schritt auf dem dorthin führenden Weg gemacht, und wenn man ihre geistigen Fähigkeiten und ihre wissenschaftlichen Leistungen betrachtet, wird sie diesen ersten Schritt auch niemals tun. Sie ist bei der Gravitostatik hängen geblieben und wird für immer dort bleiben. Dabei hätte sie nur auf die Symmetrien achten müssen, aber dieses Niveau ist der Gemeinschaft der Physiker schon zu hoch.

Bei der Gravitation kann man analog zur Elektrodynamik viele Effekte finden. Die gravomagnetischen wirbelartigen Gravitationsfelder oder die Gravitationsinduktion – also die zahlreichen Möglichkeiten der Raumzeitverzerrung – sind auch schon experimentell bewiesen worden, indem einige Physiker und Ingenieure (der Architekt László Bodonyi, der Physiker Dezső Sarkadi) in jahrzehntelanger Arbeit viele gravomagnetische Vorrichtungen bauten und maßen. Ich habe diese in Betrieb gesehen, und das Interessante ist, dass die Intensität der Felder ca. 100 000-mal größer ist als die »durchschnittlicher« statischer Gravitationsfelder. Natürlich hat das alles keinen direkten praktischen Nutzen, es ist nur in der Theorie wichtig (milliardenmal wichtiger als das Higgs-Boson!).

Einige Ingenieure haben Maschinen gebaut, die dynamische Gravitation erzeugen, zum Beispiel bekam Henry Wallace 1971 (unter der Nummer 3.626.605) ein Patent für seine Wirbel-Gravitationsmaschine.

In Form von Patenten habe ich mindestens ein halbes Dutzend solcher Lösungen gefunden, aber Vorgänge, die auf Gravodynamik basieren, bringen in der Anfangsphase kein Geld ein. Jedem fehlen einige hunderttausend Euro zur Unterstützung, um alles gründlich zu messen und zu publizieren.

Der nächste Schritt wäre die Verbindung der Elektrodynamik und der Gravitation. Auch ich habe einige Amateurversuche gesehen, bei denen ein Lichtstrahl die Periodendauer eines Torsionspendels beeinflusste. Mit der Unterstützung von einigen zehntausend Euro könnte eine ganze Reihe solcher Experimente als Doktorarbeit durchgeführt werden. Natürlich nur theoretisch, denn heute darf der Zusammenhang zwischen Elektromagnetismus und Gravitation nicht einmal erwähnt werden. Als Letzter schaffte es Ørsted, einen Zusammenhang zwischen Elektrizität und Magnetismus nachzuweisen – bis dahin dachte man nämlich, zwischen den zwei Phänomenen könne keine Brücke gebaut werden.

Auch ich selbst unterstütze erfolgreiche, wenn auch sehr bescheidene Elektrogravitationsexperimente, die eine präzise ausbalancierte Waage aus dem Gleichgewicht bringen können. Sie sind zwar noch sehr weit von den antigravitativen Skateboards aus dem Film *Zurück in die Zukunft* entfernt, die theoretische Möglichkeit aber ist gegeben.

Erst nach dieser Stufe folgt eine derartige Verzerrung der Raumzeit, dass auch die Energieerhaltung (und die Impulserhaltung) nicht mehr gültig sind. Von der jetzigen primitiven Ebene aus betrachtet ist dies natürlich unvorstellbar. Der Höhenunterschied der mentalen Ebenen ist zu groß, um dies heute begreifen zu können – obwohl auf dieser Ebene eine ganze Reihe von Erfindungen gemacht werden würden, die für die ganze Gesellschaft wichtig sind. Aber auch Bessler wurde von seinen Zeitgenossen nicht akzeptiert … Umsonst taucht von Zeit zu Zeit in irgendeiner Form eine Maschine auf, die Freie Energie produziert, sie geht für die Menschheit verloren, wie die in diesem Buch beschriebenen Ereignisse zeigen. Doch genauso wenig kann die Gemeinschaft der Forscher die seit Jahrzehnten rotierenden Tornados der Gasplaneten akzeptieren. Der Fehler liegt nicht bei den Individuen, das System ist so. Und das System ist unveränderlich, wie die Geschichte schon so oft gezeigt hat.

Die Opposition Ihrer Hoheit

Dass es ein Problem mit der Physik als Institution gibt, beschreiben schon einige vorsichtige Kritiker, die mit einem Bein innerhalb der Mauer stehen. Solch eine zusammenfassende Kritik ist beispielsweise das Buch von Alexander Unzicker und Sheilla Jones: *Bankrupting Physics – How Today's Top Scientists are Gambling Away Their Credibility* (Springer-Verlag, 2010).

In ihrem Buch beschreiben sie detailliert, wie lächerlich irrational alle Teile der kosmologischen Forschung mitsamt der Dunklen Materie und der Dunklen Energie sind. Hat sich in den Jahren, die seit dem Erscheinen des Buches vergangen sind, etwas auch nur minimal verändert? Ja. Alles hat sich noch mehr verschlechtert. Leere, sinnlose Spekulationen haben die rationalen Annäherungen schon völlig verdrängt. Leider ist die allgemeine Relativitätstheorie nicht allgemein genug, die Reihe der gravomagnetischen und gravoinduktiven Phänomene »passt nicht hinein«, und man wundert sich, dass die Theorie nichts mit den beobachteten Bewegungen zu tun hat. Doch bei all meiner Anerkennung ist auch Unzicker nicht dazu in der Lage, über seinen Schatten zu springen, und kann weder einen Weg zur Entwicklung weisen noch die statische Gravitation in Richtung der dynamischen Effekte erweitern. Er kann also nicht einmal den ersten Schritt in Richtung der Lösung tun. Er hält sogar das Erbauen von »Perpetuum mobilia« für unmöglich und hat noch nie etwas von Bessler gehört. So schreibt er im 21. Kapitel: »Ein Physiker braucht sich mit der Idee des Perpetuum mobile nicht im Detail zu befassen, denn aufgrund des Energieerhaltungsgesetzes kann es so etwas ja sowieso nicht geben.« Allerdings schreibt er zwei Sätze später: »Die Wissenschaft kann ohne Experimente auf die Dauer nicht auskommen.« … Und das ist die Hauptsache.

Auch die Erhaltungsgesetze dürfen beim Sammeln von Experimenten und Messbeweisen keine heiligen Kühe sein. So denke aber nur ich, womit ich mich gegen die gesamte Gesellschaft der Physiker stelle. Ich habe auch sehr oft den Lohn dafür bekommen … Als mich Studenten, die meine Bücher gelesen hatten, an die Eötvös-Loránd-Universität und die Technische Universität Budapest einluden, erzählte ich ihnen in meinen Vorträgen von diversen aus den Lehrbüchern verbannten physikalischen Effekten. In den folgenden Vorlesungen stellten die Studenten den Dozenten natürlich Fragen, bei denen sie sich blamierten. Die Dozenten wurden böse auf mich, weil ich ihr Ansehen ruiniert hatte. Danach rief mich einer der Lehrer (Károly Härtlein) fast 5 Jahre lang jeden Werktag an, oft mehrmals täglich. Er sagte nichts, aber ich hörte den typischen Ton der Zweistufen-Vakuumpumpe der Marke Tungsram im Hintergrund (auch in unserem Labor benutzen wir solche …).

Ein anderer Lehrer, László Orosz, gab seinen Studenten die Aufgabe, pro Kopf zehn beleidigende anonyme Briefe an das Internetnachrichtenportal *Index* zu schreiben und mich darin zu diskreditieren.

Dieses Phänomen ist aber nicht auf Ungarn beschränkt. Genauso erging es dem in Deutschland arbeitenden Professor Julius Szász. Er kam in dem 110 Meter hohen Vakuum-Fallturm der Universität Bremen zu experimentellen Ergebnissen, die nicht in das heutige öffentliche Denken passen. Ergo: Er wurde von der Universität verbannt, damit er nicht noch weitere verwirrende Ergebnisse erzielte.

In *The Trouble with Physics* zeigt Lee Smolin, dass die Stringtheorie heute schon eine Art Glaube ist, und so wünscht man sich auch keinen experimentellen Beweis. Man muss daran glauben wie an die Erhaltungsgesetze …

Dieser Vorgang findet seit den vergangenen 30 Jahren bei der Kalten/Heißen Fusion auf noch beschämendere Weise statt. Ich kenne das sozusagen von innen. Ich bin nämlich technischer Redakteur bei der US-Zeitschrift *Infinite*

Energy, die sich mit dem Thema beschäftigt, und arbeite mit unterschiedlicher Intensität seit 20 Jahren an dem Thema.

Die Erforschung der Heißen Fusion hat bereits diverse katastrophale Reinfälle erlebt. Seit nunmehr 60 Jahren wird auf diesem Gebiet nur Geld verschwendet. Und je mehr Misserfolge es gibt, desto größere und teurere Einrichtungen werden gebaut. Ich glaube, die gesamte Gesellschaft wird an der Nase herumgeführt. Man könnte einen Schauerroman über die Hintergrundereignisse schreiben, neben denen die Irrtümer der Kosmologie als harmlose Kinderscherze erscheinen.

Die Anhänger der Trägheitsfusion und der Tokamaks streiten sich sogar untereinander; sie sind sich nur einig, wenn die deutlich erfolgreichere Kalte Fusion beschimpft werden muss. Ich hoffe, dass bis 2020 oder 2025 wärmeerzeugende Kaltfusionsreaktoren hergestellt werden. Aber vielleicht wird das Ungeheuer namens ITER in Cadarache auch danach weitergebaut werden …

Ich habe einen mehrere Jahrzehnte langen Kampf hinter mir und denke, dass ich die Lage der Physik als Institution real und in Kenntnis der Fakten einschätzen kann. Sie ist völlig aussichtslos. Aus Prestigegründen werden Ende des 21. Jahrhunderts Florida, Bangkok, das Mekongdelta und Bangladesch unter Wasser sein … Man muss mit hunderten Millionen Klimaflüchtlingen rechnen. Nur, dass dieser Absturz nicht umzukehren und schon nicht mehr aufzuhalten ist. Jetzt tritt schon die zweite Generation von Physikern ihre Arbeit an, die noch kein neues, echtes Ergebnis gesehen hat. Sie glaubt (zu Recht), dass dies normal sei … Für sie sind Hawking oder Penrose nachahmenswerte Vorbilder, die niemals neue oder alte Patente lesen …

Genau deswegen halte ich es für unseriös, dass Roger Penrose ein über 1000 Seiten langes Physikbuch geschrieben hat, dessen Titel *The Road to Reality* lautet. Darin wimmelt es nur so von Calabi-Yau-Mannigfaltigkeiten und Versionen der Quantengravitation. Doch es wird kein einziges Patent, keine einzige neue gravomagnetische Messung darin erwähnt. Nicht einmal der Kugelblitz als Phänomen des Hyperraums hat bei jemandem Interesse geweckt. Man beschäftigt sich mit Eigenschaften einer Raumzeit, die weit von der Realität entfernt ist. Rückblickend wäre »The Road Away from Reality« ein passenderer Titel.

Es ist eingetreten, was John Horgan vor 20 Jahren vorausgesagt hat: Das Ende der Wissenschaft (als Institution) ist ein für alle Mal gekommen. Der Titel seines Buches ist *End of Science – Facing the Limits of Knowledge in the Twilight of Scientific Age*. Damals dämmerte es erst, doch heute ist es schon fast überall dunkel geworden. Vielleicht halten sich die Mathematik und die

Chemie noch, die Medizin beispielsweise aber ist katastrophal erfolglos bei der Heilung von Tumoren, Herz-Kreislauf-Erkrankungen oder degenerativen Krankheiten wie Parkinson und Alzheimer.

Bei der letztgenannten Krankheit hat ein wichtiger Durchbruch stattgefunden. Professor István Horváth hat eine Methode zur Reinigung der Aderwände durch das Einstellen des guten/schlechten Cholesterinspiegels entdeckt und ausgearbeitet. Meine Familie, meine Kollegen und ich haben uns das Serum geben lassen, wodurch die Adern wieder elastisch wurden. Durch die Reinigung der Kapillaren im Gehirn verbesserte sich beispielsweise mein Denkvermögen deutlich. Dieser Kur unterzogen sich etwa 15 000 Menschen. Bei niemandem gab es Komplikationen. So funktioniert Wissenschaft als Methode. Natürlich geschah dies ohne Genehmigung, da Horváth die 3 000 000 Euro, die für eine klinische Untersuchung nötig gewesen wären, nicht aufbringen konnte. Auch bei den ungarischen staatlichen Organen versuchte er es – ohne Erfolg. Ein hoher Beamter war ehrlich zu ihm: »Wenn sich die Methode verbreiten würde, würden die Rentner länger leben und die Rentenkasse zusammenbrechen.« Der Forscher wurde wegen unerlaubter Experimente am Menschen verklagt und im Alter von 70 Jahren zu 5 Jahren Haft verurteilt. So viel zum gesetzlich verankerten Recht auf Leben …

Einer meiner ehemaligen Jahrgangskameraden, Tivadar Lippényi, war jahrelang Staatssekretär für Innovation. Ich suchte ihn in mehreren Fällen auf – auch im Fall des cholesterinregelnden Mittels –, um ihn um Hilfe zu bitten. Er wies mich hochmütig ab. 2 Jahre später starb er von einem Tag auf den anderen an einem Herzinfarkt. Er hatte die Gelegenheit zurückgewiesen – und auch sein eigenes Leben.

Lassen Sie mich noch ein letztes Beispiel beschreiben. Mihály Dávid, ein betagter Ingenieur aus Nyíregyháza, lebt seit vielen Jahren davon, dass er das Wetter für ein Jahr im Voraus berechnet und diese Vorhersagen verkauft. Er kann davon leben, weil die Methode zuverlässig ist. Der Schlüssel seiner Methode ist kinderleicht. Er ist darauf gekommen, dass die Gravitation auch auf die Erdkruste, die Meere und die Luft wirkt.

Aus dem Ersteren können die Zahl und die Wahrscheinlichkeit der Erdbeben sowie der zu erwartenden Rohrbrüche berechnet werden. Die Wirkung der Gravitation von Planeten und Sonne sowie die Gezeitenbewegung sind schon lange bekannt, aber nur dieser Effekt hat gesellschaftliche Anerkennung erlangt. Geophysiker und Meteorologen bestreiten aber, dass die Gravitation auch auf die Luft wirkt. Mihály Dávid berechnet jedoch daraus, woher und wohin sich die Luft bewegen wird und ob sie eventuell Feuchtigkeit vom

Ozean, Kälte aus Richtung des Polarkreises oder Wärme aus Afrika mit sich bringt. So funktioniert Wissenschaft als Methode.

Ich kaufe seit Jahren seine Vorhersagen, die die Temperatur überraschend genau beschreiben und auch bei der Niederschlagsmenge recht verlässlich sind. Die Meteorologen hassen ihn und schweigen berharrlich zu seinen Erfolgen. Aus ihrer Sicht wirkt die Gravitation nur auf das Wasser, also weder auf die Luft noch auf die Erdkruste. So funktioniert die Wissenschaft als Institution.

Ich könnte anhand vieler weiterer Beispiele beweisen, dass die Wissenschaft als Institution die Wissenschaft als Methode getötet hat... Das ist deshalb ein großes Problem, weil sich die Geschichte von Bessler und den verbotenen und in Vergessenheit geratenen, großartigen Erfindungen sehr oft wiederholt.

Den offenen Hass habe ich am eigenen Leib x-mal erlebt. Deshalb traue ich mich zu schreiben, dass wir einen Großteil unserer Möglichkeiten endgültig vertan haben. Unsere Gesellschaft bestraft den kreativen, ruhelosen Erfinder und belohnt die, die Verbote aufstellen, mit hohen wissenschaftlichen Rängen. Es gibt keinen Ausweg. Einen Großteil der Erde haben wir schon zerstört.

Wenn die Wissenschaft oder die Politik mal einen Fehler begeht, lernt sie nicht daraus – sie scheitert lieber. Es gibt kein Lernen, kein Eingestehen von Irrtümern und keine »Neuverhandlung«. Offiziell gibt es natürlich auch keine Mauern. Deswegen kann auch nichts außerhalb der gegenwärtigen Mauern liegen – das wird uns von allen Seiten von den Medien eingebläut.

Wegen des schmelzenden Grönlandeises werden die Meere New York, London, Tokio und Florida bedecken, ohne dass wir wüssten, wie viele Menschen und wie oft man wie viel dagegen hätte unternehmen können. Ganz nebenbei hätten einige hundert Millionen Menschen eine Chance bekommen, und es wären uns einige Ölkriege (wie der Irakkrieg) erspart geblieben.

Wie immer hat der Durchschnittsmensch nur Steuern zu zahlen und weder das Recht noch die Möglichkeit, sich in den Lauf der Dinge einzumischen.

Ich höre schon das reflexartige Gegenargument: Es kann doch nicht sein, dass sich so viele Forscher geirrt haben und die Energieerhaltung nicht stimmt! Doch es gibt keinen allgemeinen Beweis dafür, weder in der Elektrodynamik (wo es auch fast unmöglich ist, dies nachzumessen) noch in der Mechanik. Wer das nicht glaubt, soll anfangen, zu zweifeln und nachzumessen – wie wir es auch taten.

— Budakeszi, August 2017

Anhang

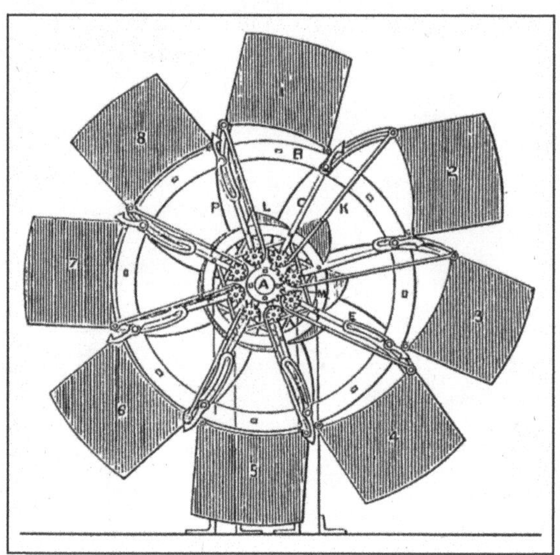

Abb. 110

Bauplan eines naiven Perpetuum mobile aus dem 19. Jahrhundert. Auch dieser Erfinder arbeitete mit einem falschen, statischen Modell. Eine echte Lösung kann nur ein dynamisches System bieten.

Literaturverzeichnis und Anmerkungen

Kapitel 1: Anfänge

① John Collins: *Perpetual Motion: An Ancient Mystery Solved?*, Permo Publications, Leamington Spa 1997.

② Henry Dircks: *Perpetuum mobile – A History of the search for self-motive power*, London 1861.

③ Dieses Dekret, das sogenannte Carolo-Attestat, kann im Originalwortlaut hier aufgerufen werden: *http://www.besslerrad.de/html/carolo.html.*

Kapitel 3: Verbotene Erfindungen der Natur

Schaubergers Leben:

Callum Coats: *Living energies*, Gateway Books, Bath, U. K.

Dunkle Materie:

Mordehai Milgrom: »A modification of Newtonian Dynamics as a Possible Alternative to Hidden Mass«, *Astrophysical Journal*, Vol. 270, S. 365–370, 1983.

Robert H. Sanders; Stacy S. McGaugh: »Modified Newtonian Dynamics as an Alternative to Dark Matter«, *Annual Reviews of Astronomy and Astrophysics*, Vol. 40, 2002.

Tornados:

Robert-Jones Davies: »Tornadoes«, *Scientific American*, August 1995.

John T. Snow: »*The Tornado*«, *Scientific American*, Vol. 250, No. 4, April 1984.

Josh Wurman Jerk; Jerry M. Straka, Erik N. Rasmussen: »Fine-Scale Radar Observations of Tornadoes«, *Science*, Vol. 272, Juni 1996, S. 1774–1776.

Christopher Church et al.: The Tornado – »Its Structure, Dynamics, Prediction, and Hazards«, *Geophysical Monographs* 79. American Geophysical Union.

Der Flug der Insekten:

Dickinson, Michael: »Solving the Mystery of Insect Flight«, *Scientific American*, Vol. 284, No. 6, Juni 2001.

George Lauder: »Flight of the Robofly«, *Nature,* Vol. 412, August 2001, S. 688.
Michael H. Dickinson: »Wing Rotation and the Aerodynamical Basis of Insect Flight«, *Science,* Vol. 284, June 1999, S. 1954.
Charles P. Ellington et al.: »Leading-edge Vortices in Insect Flight«, *Nature,* Vol. 384, Dezember 1996, S. 626.
Annie Liu, Dr. Keiji Kawachi: »A Numerical Study of Insect Flight«, *Journal of Computational Physics,* Vol. 146, S. 124–156.
Juan Rius-Camps: »El vuelo del Abejorro«, *Investigacion y Ciencia,* Februar 1986, S. 41.

Kapitel 5:

Thomas Henry Moray: *The Sea of Energy in which the Earth Floats,* Cosray Research Institute Inc., 1978.

Kapitel 7:

① Frank Close: *Too hot to handle: The race for cold fusion,* Penguin Books, 1992.
② John Robert Huizenga: *Cold Fusion – The Scientific Fiasco of the Century,* University of Rochester Press, 1992.
③ Eugene Franklin Mallove: *Fire from Ice,* Wiley Science Editions, 1991.
④ M. H. Miles, B. F. Bush, K. B. Johnson: »Anomalous Effects in Deuterated Systems«, *Research Report* NAWCWPNS8302.
⑤ Edmund Storms: »How to Produce the Pons-Fleischman Effect«, *Fusion Technology,* Vol. 29, März 1996, S. 261–268.
⑥ János Vajda: *Az energiatétel sérülése hullámterekben,* Kornétás Kiadó, Budapest 1998.

Glossar

Drehimpuls: Der Drehimpuls ist das Drehvermögen des Impulses auf einen Punkt bezogen, dessen Betrag in der Mechanik $L = v \cdot m \cdot r$ ist. Er ist eine ähnliche Symmetrie wie die Energie und der Impuls. Er zeigt, wie invariant ein gegebenes System sich gegenüber der räumlichen Rotation verhält, und ist somit das Maß der Isotropie des Raumes. Der Impuls ist das Maß der Homogenität des Raumes, während die Energie das Maß der zeitlichen Homogenität eines Ablaufes ist.

Der Drehimpuls ähnelt der Energie und dem Impuls als Symmetrie sehr. Diese drei physikalischen Größen werden zusammengefasst als »geometrische Symmetrie« bezeichnet, da die Systeme invariant gegenüber der zeitlichen und räumlichen Verschiebung sowie der räumlichen Rotation sind, wenn diese Größen erhalten bleiben. Diese drei Größen sind sehr wahrscheinlich nicht voneinander trennbar, was bedeutet, dass entweder alle drei oder keine der drei Größen erhalten bleibt. Auch der Drehimpuls ist ein Vektor und ist relativ. Er ist aber ein Axial- und kein Polarvektor wie der Impuls, was aber nur bedeutet, dass die beiden unterschiedliche Spiegelungseigenschaften haben.

Da die drei Symmetrien zusammen gebrochen werden – sofern dies geschieht –, lohnt es sich nur, solch eine Maschine als Energieproduzenten zu bauen, bei der alle drei Größen verletzt werden. So kommen allein Systeme infrage, deren Rotation sich dauernd und unterschiedlich verändert. Bei allen Erfindungen in diesem Buch ist diese Eigenschaft vorhanden. Eigentlich findet man Maschinen mit zeitlich variablen Translations- und Rotationsmaßen der Kategorie der Lösungen für die Nichterhaltung der drei Größen. Wenn auch nur eine dieser Größen unverändert bleibt, ist keine geometrische Symmetriebrechung vorhanden. Daher finden wir bei diesen Apparaten nur Bahnen (und Felder), die sich kontinuierlich unterschiedlich verändern. Wenn all diese Dinge beachtet werden, können alle drei Symmetrien gebrochen werden.

Energie: Dieser Begriff wird meistens als die Fähigkeit eines Systems zur Arbeitsverrichtung definiert. Er ist also das Maß dafür, wie viel wir an einem physikalischen System verändern können. Diese Definition ist ziemlich nichtssagend und baut nur auf der Alltagserfahrung auf. Sie verweist sofort auf den Begriff Arbeit in der Physik. Diese alltägliche Definition ist aber auch irreführend, da Arbeit ein engerer Begriff ist als Energie und ein weiterer Begriff

(Energie) nicht mit einem engeren Begriff (Arbeit) definiert werden kann (ein kalter, ruhender Körper hat auch Energie, kann aber keine Arbeit leisten).

Eine andere übliche (aber falsche) Definition von Energie ist: eine skalare Größe, die bei allen Veränderungen eines geschlossenen Systems zeitlich konstant bleibt.

In diesem Buch haben wir Beispiele gesehen, bei denen die Energie nur bei konservativen Kraftfeldern oder nur dann erhalten bleibt, wenn nur *ein* nichtkonservatives Kraftfeld die Veränderung verursacht. Bei zwei oder mehr nichtkonservativen Kraftfeldern bleiben Energie, Impuls und Drehimpuls nicht immer erhalten. Daher kann der Begriff »Energie« nicht ohne die Eigenschaften und Symmetrien der erzeugenden Kraftfelder eines Vorgangs definiert werden. Ob ein Kraftfeld konservativ ist oder nicht, entscheiden die vorhandenen Symmetrien, weswegen sie die eigentlich wichtigen Bestimmungskriterien sind und nicht die oberflächliche Fähigkeit zur Arbeitsverrichtung.

In der Praxis kann ein konservatives Kraftfeld mithilfe räumlicher und zeitlicher Zwangsbedingungen nichtkonservativ gemacht werden – dies findet bei den Symmetriereduktionsmaschinen wie zum Beispiel bei den im Buch vorgestellten Fällen wie dem Besslerrad oder bei Gasentladungen statt.

Je mehr, je einfachere und je verlustärmere Möglichkeiten wir finden, konservative Kraftfelder in nichtkonservative Kraftfelder zu konvertieren, desto mehr Möglichkeiten haben wir, Überschussenergie (Impuls) zu produzieren.

Energie als Symmetrie: Wie wir gesehen haben, sagt die übliche, auf die Fähigkeit zur Arbeitsverrichtung beschränkte Begriffsdefinition der Energie über ihr Wesen als physikalische Größe nichts aus – dies kann nur durch die Begriffswelt der Symmetrien richtig definiert werden. Deshalb müssen zuerst die diskreten und dann die kontinuierlichen Symmetrien unter die Lupe genommen werden, um die Energie verstehen zu können.

Als Grundprinzip gilt (nach dem Noether-Theorem) die Tatsache, dass die Energie eines geschlossenen Systems nur dann erhalten bleibt, wenn die Gleichungen, die die Bewegung beschreiben, auch mit der Zeit (also nach einer Transformation) unverändert bleiben, wenn also die Resultate nach der Verschiebung in der Zeit (nach der Transformation) gleich sind.

In der Praxis bedeutet dies, dass wir statt des Zeitpunktes t den Zeitpunkt $t \pm dt$ bzw. makroskopisch $t \pm \Delta t$ einsetzen, also den zeitlichen Ablauf nach vorn oder hinten verschieben können. Die Gleichungen sind aber auch nach der Verschiebung (Transformation) unverändert (symmetrisch, invariant). Es ist also egal, wann wir den Vorgang beobachten, da er immer gleich bleibt. Ein

Stein wird beispielsweise immer auf die gleiche Weise herunterfallen, unabhängig davon, ob wir die Zeiteinstellung von London oder Peking benutzen. Dies macht klar, dass Energie eigentlich die Differenz von Energieniveaus ist; ihr Betrag hängt nicht von der Zeit ab, sondern ist immer gleich.

All dies gilt aber nur in konservativen Kraftfeldern, da die Gleichungen des Vorgangs im Laufe der Zeit nur in diesem Fall immer gleich bleiben und damit symmetrisch sind. Man könnte auch sagen, dass die Energie in einem konservativen System konstant ist, unabhängig davon, ob wir uns in der Zeit vorwärts oder rückwärts bewegen. Energie ist also das Maß der zeitlichen Homogenität (dies trifft aber schon im Fall von magnetischen Monopolen, die sich bewegen, nicht immer zu).

Vom Begriff der Energie als Fähigkeit, Arbeit zu leisten, sind wir also bis zur zeitlichen Verschiebung (Transformation) gekommen; diese Transformation kann aber nur im Fall von konservativen Kraftfeldern ohne Folgen angewandt werden; denn bei nichtkonservativen Kraftfeldern beeinflusst sie den Vorgang. Denken wir nur an Körper, die sich in rotierenden oder wirbelartigen Kraftfeldern bewegen. Die Energie des Körpers hängt von dem in diesem Kraftfeld zurückgelegten Weg ab, oder einfacher gesagt: Je mehr Umdrehungen der Körper in einem Wirbelkraftfeld schafft, desto größer ist seine Energie und desto mehr Arbeit kann er leisten; seine Energie nimmt im Laufe der Zeit also zu, der Vorgang kann nicht zeitlich beliebig verschoben werden.

Wir sehen, dass die zeitliche Symmetrie uns zur Erkenntnis über die Wichtigkeit der Kraftfelder gebracht hat, die die Bewegung erzeugt haben; diese Erkenntnis fehlt aber in den Definitionen der gewöhnlichen Schulbücher. Die Energieerhaltung kann also nur mit dem Wissen über die Symmetrieeigenschaften der verursachenden Kraftfelder ausgesprochen werden; außerdem müssen die Anzahl und die Art der Kraftfelder in Betracht gezogen werden.

Ohne es zu merken, denken wir fast immer in konservativen Kraftfeldern. Dies ist in der Thermodynamik zwar immer korrekt, führt bei der klassischen Mechanik und der Elektrodynamik aber zu falschen Ergebnissen, da es hier auch nichtkonservative Kraftfelder gibt. Als »universal« können die Erhaltungssätze also nur in konservativen Kraftfeldern gelten.

Impuls: Der Impuls (oder »Schwung«) ist eine ähnliche physikalische Größe wie die Energie und weist auch eine ähnliche Symmetrie auf. In der Mechanik beträgt sein Wert $I = m \cdot v$, obwohl auch elektromagnetische Felder einen Impuls haben. Der Impuls ist wie die Energie relativ, sein Betrag hängt auch vom Bezugssystem ab.

Als Symmetrie wird der Impuls als die Symmetrie der räumlichen Verschiebung gedeutet, während die Energie als die Symmetrie der zeitlichen Verschiebung gilt. In nichtkonservativen Kraftfeldern bleibt auch der Impuls nicht erhalten. Wenn also ein System kontinuierlich von innen verändert wird, verändert es sich sowohl im Raum als auch in der Zeit; das bedeutet, dass es nicht invariant und damit nichtsymmetrisch ist. So können aber weder die Energie noch der Impuls erhalten bleiben; diese beiden physikalischen Größen sind eng miteinander verbunden.

Während die Energie skalar ist, verfügt der Impuls auch über eine Richtung, die wieder vom Bezugssystem abhängt.

Während die zeitliche Translationsinvarianz zur Erhaltung der Energie geführt hat, führt die räumliche Translationsinvarianz zur Erhaltung des Impulses.

Wenn wir also – wie bei den Erfindungen in diesem Buch – die Eigenschaften der Kraftfelder (sowohl räumlich als auch zeitlich) in unserem offenen System mit nichtkonservativen Kraftfeldern verändern, bleibt bei unserer Maschine weder die Energie noch der Impuls des Systems unverändert.

Kraftfeld: Alle Veränderungen und Bewegungen finden in Kraftfeldern statt, ihre Eigenschaften sind aber sehr unterschiedlich. Die Kraft wird in der Mechanik mit der Gleichung $F = m \cdot a$ bestimmt; diese Gleichung trifft aber nur zu, wenn die Energie erhalten bleibt. Diese Verbindung zeigt, dass auf den ersten Blick weit voneinander entfernte Begriffe sehr wohl durch implizite Bedingungen miteinander verbunden sind und so definiert wurden.

Entscheidend für ein Kraftfeld ist, ob die Energie, der Impuls und der Drehimpuls in ihm erhalten bleiben. Wenn ja, spricht man von einem konservativen (erhaltenden) Kraftfeld. In konservativen Kraftfeldern bleibt die Energie bei Bewegungen auf beliebigen geschlossenen Bahnen erhalten. Diese Tatsache zeigt, wie wichtig die Symmetrie auch im Fall der Kraftfelder ist.

Konservatives Kraftfeld: Kann eine Kraft mit der Funktion $F = -gradU(\vec{r})$ (skalarer Vektor) beschrieben werden, ist sie konservativ. In diesen Kraftfeldern bleiben die Energie, der Impuls und der Drehimpuls erhalten. Beispiele für konservative Kraftfelder sind das Gravitationskraftfeld, das bei Entfernungen von einigen Metern praktisch ort- und zeitunabhängig ist. Bei Abständen von mehreren hundert Kilometern ist es ortsabhängig (da die Gravitationskraft mit der Entfernung vom Erdmittelpunkt abnimmt), in der Zeit aber immer noch konstant.

In der Natur gehört zu allen konservativen Kraftfeldern eine Wechselwirkung. Man sollte deswegen aber nicht denken, dass es nur konservative Kraftfelder gäbe. Die Skalarvektorfunktion $U(\vec{r})$, deren Derivat das Kraftfeld ergibt, nennt man Kraftfeld-Skalar-Potenzialfunktion.

Auch das elektrische Kraftfeld wird mit einer solchen Funktion beschrieben. Solche Kraftfelder treten bei der Kollision von Molekülen auch in der Thermodynamik auf. Dies garantiert, dass die Energie in der Thermodynamik immer erhalten bleibt. Das magnetische Kraftfeld kann – solange es stationär ist – mit Skalarpotenzialen beschrieben werden. Wenn es aber dynamisch wird, ist dies nicht immer der Fall.

Nichtkonservatives Kraftfeld: Es können auch Kraftfelder erstellt werden, die praktisch bedeutend sind, deren Kraftfeld aber nicht mit Skalarpotenzialen beschrieben werden kann. Beispiele hierfür sind die wirbelartigen und die zeit- oder geschwindigkeitsabhängigen Kraftfelder. All diese Kraftfelder können aus konservativen Kraftfeldern durch deren Umformung entstehen. Wirbelartige Kraftfelder können auch in der Mechanik und in der Elektrodynamik hergestellt werden. Ein Gegenstand in rotierendem Gas oder rotierender Flüssigkeit zum Beispiel nimmt ein wirbelartiges Kraftfeld wahr (zum Beispiel die Schaufel einer Gasturbine). Um sich zeitlich ändernden elektrischen Strom herum entsteht ein wirbelartiges Magnetfeld.

In der Natur gibt es gleich mehrere zeitabhängige Kraftfelder: Eines dieser Kraftfelder ist der durch den Passatwind erzeugte Luftstrom, der die seit Jahrhunderten währende Schifffahrt zwischen dem Nahen Osten und Indien möglich machte. Im Winter blies der Wind in Richtung Indien, im Sommer in Richtung Arabien. Dieser Wind leistete an den Segeln der Schiffe Arbeit, deren Wert auch nach der Rückkehr nicht gleich null war.

Auch im Innern einer Verbrennungskraftmaschine ist ein zeitabhängiges Kraftfeld vorhanden, da beim Verbrennungszyklus die Kräfte in eine andere Richtung wirken und eine andere Größe haben als beim Auspuffzyklus.

Auch eine zusammengedrückte, arretierte und zur richtigen Zeit losgelassene Feder kann als zeitabhängiges Kraftfeld betrachtet werden, ist aber noch konservativ. In der Elektrodynamik erzeugt die Lorentzkraft geschwindigkeitsabhängige Kraftfelder. Auch die Strömungswiderstände sind solche. Sie sind aber stark defizitär.

Bei den technischen Abläufen können konservative und nichtkonservative Kraftfelder ineinander überführt werden – natürlich mit Verlusten. Dies sind mehr oder weniger umkehrbare Abläufe. Die Reibung und die Wärmeleitung (und andere einfache Leitungsabläufe) sind aber nicht umkehrbar, sie sind verlustreich, weswegen sie auch nichtkonservative Kraftfelder ergeben.

Man kann praktisch unendlich viele nichtkonservative Kraftfelder erzeugen; man könnte sogar sagen, dass die nichtkonservativen Kraftfelder häufiger vorkommen als die konservativen. Mit konservativen Kraftfeldern können geschlossene Systeme erstellt werden (da in dem Fall die Erhaltungssätze zutreffen); nichtkonservative Kraftfelder können aber nicht von ihrer Umgebung getrennt werden und müssen deshalb als offene Systeme angesehen werden.

Symmetrie: ein umfassender Begriff aus der Geometrie. In der Physik werden durch äußere Einwirkungen (Störungen, Transformationen) verursachte Veränderungen bei den Vorgängen untersucht. Wenn eine äußere Wirkung an einer beobachteten Eigenschaft nichts verändert, bleibt diese invariant bzw. symmetrisch. In der Geometrie sind diskrete und kontinuierliche Symmetrien bekannt. Diese Begriffe werden aber auch in der Physik benutzt. Eine diskrete Symmetrie ist beispielsweise die der räumlichen oder zeitlichen Spiegelung. Also bleiben viele Vorgänge unverändert, wenn eine Maschine aus spiegelsymmetrischen Bauteilen besteht. Im Falle einer Uhr würde sie sich rückwärts drehen, den Fortschritt der Zeit könnte eine solche Maschine aber trotzdem messen. Viele Vorgänge bleiben auch unverändert, wenn sie zeitlich rückwärts verlaufen; bei mehreren Bauteilen und Zusammenstößen könnten hier aber Probleme auftauchen (auf magnetische Monopole trifft dies nicht zu).

In der Praxis sind die nützlichsten – und trotzdem unbekanntesten – Symmetrien aber nicht die diskreten, sondern die kontinuierlichen. Eine solche kontinuierliche geometrische Symmetrie ist zum Beispiel die Verschiebung entlang einer geraden Linie. Dies ist die älteste Art des Transports. Ein Gegenstand sieht nach der Verschiebung auf einer Fläche genauso aus wie vorher. Hier ist die Transformation die kontinuierliche Verschiebung, da ihr Wert keine Grenze hat; somit kann ein Gegenstand ganz wenig oder unendlich weit verschoben werden, der Gegenstand selbst bleibt immer exakt gleich. Bei der Kreisrotation wird die Eigenschaft ausgenutzt, dass ein (gut gebautes) Rad nach einer Drehung um einen beliebigen Winkel immer gleich aussieht. So können mithilfe der Translation bessere Fortbewegungsmittel gebaut werden als der Schlitten. Bei den Symmetrien ist es eine grundsätzliche Frage, ob eine Transformation das System oder den Vorgang unverändert lässt. Wenn dies der Fall ist, haben wir ein invariantes, also symmetrisches System oder einen symmetrischen Vorgang. Eine Symmetrie charakterisiert nicht nur die Form von Gegenständen, sondern auch den räumlichen und zeitlichen Ablauf von Vorgängen. Aus diesem Grunde sind Symmetrien in der Physik auch so wichtig.

In der Physik sind die Größen, die erhalten, also unverändert bleiben, somit Invarianten oder Symmetrien. Aus der Geometrie ist bekannt, dass Symmetrien reduziert oder sogar vollkommen eliminiert werden können. All dies kann mit geeigneten technischen Schritten auch in der Physik und in der Technik erreicht werden. Die Symmetriereduktion hat nicht nur eine Methode, sondern auch einen Grad. Somit kann auch der Wert einer gegebenen Symmetrie erhöht oder reduziert werden.

① **Abb. 111** *Viktor Schauberger*
② **Abb. 112** *Schaubergers »UFO«*
③ **Abb. 113** *Nikola Tesla vor einer spiralartigen Spule*
④ **Abb. 114** *Teslas 500-PS-Generator (Weltausstellung Chicago (1893)*
⑤ **Abb. 115** *Thomas Henry Moray*
⑥ **Abb. 116** *Einer von Morays Stromgeneratoren in Betrieb*

Bildnachweise

Die Bilder, Zeichnungen und Abbildungen in diesem Buch wurden zu einem großen Teil der Internetplattform *Wikimedia Commons* entnommen. Die dazugehörigen Lizenzen sind unten ausgewiesen.

Darüber hinaus stellten zwei ungarische Künstler eigens für dieses Buch angefertigte Zeichnungen zur Verfügung: Hajnal Eszes (S. 34, 95, 108, 119, 145, 176); Tamás Gáspár (S. 42, 148, 243, 245).

Die Fotos von einigen Versuchsaufbauten wurden vom Autor selbst aufgenommen und zur Verfügung gestellt: S. 327, 336.

Einige Kopien von Patenten und weitere Abbildungen stammen aus den Archiven des Autors.

Seite 14 Wasserschraubengetriebenes Perpetuum mobile; Quelle: *Wikimedia Commons;* Autor: George A. Bockler; gemeinfrei.

Seite 15 Johann Ernst Elias Bessler (1719); Quelle: *Wikimedia Commons* (Ausschnitt); Autor: unbekannt; gemeinfrei.

Seite 25 Das Merseburgische Perpetuum mobile; Quelle: *Wikimedia Commons* (grafisch nachbearbeitet), Triumphans Perpetuum Mobile Orffyreanum; Autor: Johann Ernst Elias Bessler; Datum: 1719; gemeinfrei.

Seite 41 Landgraf Karl von Hessen-Kassel (1654-1730); Quelle: *Wikimedia Commons;* Gemälde von Jean-Baptiste Perronneau; gemeinfrei.

Seite 66 Sir Isaac Newton (1643-1726), Gemälde von Kneller, Quelle: *Wikimedia Commons;* gemeinfrei.

Seite 68 Gottfried Wilhelm Leibniz (1646-1712), Gemälde von Christoph Bernhard Francke (1660-1729), Quelle: *Wikimedia Commons;* gemeinfrei.

Seite 71 Jean Le Rond d'Alembert (1717-1783); Gemälde von Maurice Quentin de La Tour, Quelle: *Wikimedia Commons;* gemeinfrei.

Seite 71 Leonhard Euler (1707-1783), Ölgemälde von Emanuel Handmann; Quelle: *Wikimedia Commons;* Datum: 1756; gemeinfrei.

Seite 72 Joseph Louis Lagrange (1736-1813); Quelle: *Wikimedia Commons;* gemeinfrei.

Seite 74 William Rowan Hamilton (1805-1865); Quelle: *Wikimedia Commons;* V0002552 Credit: Wellcome Library, London; Sir William Rowan Hamilton; Etching after J. Kirkwood after C. Grey; Collection: Iconographic Collections; Library reference no.: ICV No 2746; Full Bibliographic Record Link to Wellcome Library Catalogue; Copyrighted work available under Creative Commons Attribution only licence CC BY 4.0 *http://creativecommons.org/licenses/by/4.0/;* this file comes from Wellcome Images, a website operated by Wellcome Trust, a global charitable foundation based in the United Kingdom. Es wurde nur ein Ausschnitt der Originaldatei verwendet, mit leichter grafischer Überarbeitung.

Seite 79 Hermann Wilhelm von Helmholtz (1821-1894); Quelle: *Wikimedia Commons;* nach einem Scan von Kogo; gemeinfrei (Copyright erloschen).

Seite 81 James Prescott Joule (1818-1889); Quelle: *Wikimedia Commons;* Stich, Datum: 1882; *Nature,* volume 26, facing page 616 (Oktober 1882); Autor: C.H. Jeens, gemeinfrei (Copyright erloschen).

Seite 82 Julius Robert von Mayer (1814-1878); Quelle: *Wikimedia Commons;* ursprünglich entnommen aus: Bibliothek allgemeinen und praktischen Wissens für Militäranwärter Band III, 1905 / Deutsches Verlagshaus Bong & Co; Autor: Scan made by Kogo; gemeinfrei (Copyright erloschen).

Seite 100 Pierre Curie (1859-1906); Quelle: *Wikimedia Commons;* Traité de radioactivité, edition, Paris: Gauthier, 1910; Urheber: Dujardin; Datum: 1906.

Seite 100 Pierre Curie und Marie Curie (1867-1937) nach der Überreichung des Nobelpreises; Quelle: *Wikimedia Commons;* Urheber unbekannt; Datum: etwa 1903.

Seite 105 Hans Christian Ørsted (1777-1851); Quelle: *Wikimedia Commons;* E-Pics Bildarchiv online *http://doi.org/10.3932/ethz-a-000046097;* Zeichner unbekannt; Datum: etwa 1830.

Seite 118 Évariste Galois (1811-1832); Quelle: *Wikimedia Commons;* Urheber unbekannt; gemeinfrei; Iyanaga, Shokichi, ガロアの時代 ガロアの数学 第一部 時代篇, Springer-Verlag Tokyo, 1999; Datum: ca. 1826.

Seite 122 Niels Henrik Abel (1802-1829); Quelle: *Wikimedia Commons;* Zeichner: Johan Gørbitz, gemeinfrei.

Seite 123 Sophus Lie (1842-1899); Quelle: *Wikimedia Commons;* Autor: Ludwik Szacinski (1844-1894); Datum unbekannt; gemeinfrei.

Seite 127 Emmy Amalie Noether (1882-1935). Quelle: *Wikimedia Commons;* Autor: unbekannt; Datum: vor 1910.

Seite 179 Nikola Tesla (1856-1943); Quelle: *Wikimedia Commons;* Autor: unbekannt; Datum: 1910; gemeinfrei.

Seite 312 Darstellung eines wasserbetriebenen Perpetuum mobile; Quelle: *Wikimedia Commons;* Autor unbekannt; Datum: Mittelalter; gemeinfrei.

Seite 362 Viktor Schauberger (1885-1958); Quelle: *Wikimedia Commons;* Autor: Landway1983; Datum: 26. März 2013; Lizenz: Creative Commons Attribution Share Alike 3.0 Unported.

Seite 362 Nikola Tesla (1856-1943); with Rudjer Boscovich's book *Theoria Philosophiae Naturalis,* in front of the spiral coil of his high-voltage Tesla coil transformer at his East Houston St., New York, laboratory; Quelle: *Wikimedia Commons;* Autor: unbekannt; Datum: 20. Mai 1896; gemeinfrei.

Seite 362 Tesla's Polyphase Alternating Current 500 horse power generator, in Westinghouse exhibit in the Electricity building of the 1893 World Columbian Exposition in Chicago; Quelle: *Wikimedia Commons;* Autor unbekannt; gemeinfrei.

Danksagung

Dieses Buch habe ich über einen Zeitraum von vielen Jahren geschrieben, und bei der Sammlung des Materials haben mir viele Menschen geholfen. An dieser Stelle möchte ich mich für die Hilfe der Beamten des Patentamtes und den Bibliothekaren der OMIKK und der Technischen Universität Budapest bedanken. Ich möchte auch Antal Benedek danken, der mir viel Material aus dem Internet gesammelt hat, und Zsolt Kása, der Fotos von diversen Videos gemacht hat.

Über den Autor

György Egely machte 1973 an der Technischen Universität Budapest seinen Diplomabschluss. Von 1974 bis 1990 arbeitete er im Forschungslabor für Kernenergie der Ungarischen Akademie der Wissenschaften. 1977 war er für 3 Monate als Gastwissenschaftler am CISE (Italien) tätig, 1981 bis 1982 für 16 Monate am US-amerikanischen Brookhaven National Laboratory. 1982 promovierte er über das Thema »Nuklearunfälle bei Druckwasserreaktoren«.

Egely verfügt über eine umfassende Sammlung von Augenzeugenberichten zum Auftreten von Kugelblitzen und hat zu diesem Thema mehrere populärwissenschaftliche Bücher verfasst. Er ist Autor von drei Lehrbüchern über die Physik von »verschollenen oder vergessenen« Effekten und Erfindungen. Zum gleichen Thema schrieb er mehrere populärwissenschaftliche Bücher (auf Ungarisch). Seit 1990 war er Gruppenleiter bei einer Reihe kleinerer Projekte auf dem Gebiet alternativer Technologien.